6

Schlüssel zur Mathematik

Rheinland-Pfalz

Unter Beratung von
Manuela Becker (Edenkoben)
Marion Heller (Bobenheim-Roxheim)
Martin M. Klauer (Emmelshausen)
Luitgard Schatral (Speyer)
Sebastian Schönthaler (Saarbrücken)
Diana Tibo (Winnweiler)

Dieses Buch gibt es auch auf
www.scook.de

Es kann dort nach Bestätigung der
Allgemeinen Geschäftsbedingungen
genutzt werden.

Buchcode: **vbgoj-sozsw**

Teile dieses Unterrichtswerkes basieren auf Inhalten bereits erschienener Lehrwerke.
Diese wurden herausgegeben von Reinhold Koullen † und Udo Wennekers
sowie erarbeitet von:
Helga Berkemeier, Ilona Gabriel, Wolfgang Hecht, Jeannine Heinrichs, Barbara Hoppert, Reinhold Koullen †,
Doris Ostrow, Hans-Helmut Paffen, Günther Reufsteck, Jutta Schaefer, Gabriele Schenk, Hermann Schneider,
Willi Schmitz, Ingeborg Schönthaler, Christine Sprehe, Wolfgang Stindl, Herbert Strohmayer, Diana Tibo,
Martina Verhoeven, Udo Wennekers, Ralf Wimmers, Rainer Zillgens

Unter Beratung von: Manuela Becker, Marion Heller, Martin Klauer, Luitgard Schatral, Sebastian Schönthaler,
Diana Tibo

Redaktion: Inga Knoff, Viola Wilhelm

Illustration: Roland Beier

Grafik: Christian Böhning, Ulrich Sengebusch †

Umschlaggestaltung und Layoutkonzept:
Syberg | Kirstin Eichenberg und Torsten Symank

Layout und technische Umsetzung:
CMS – Cross Media Solutions GmbH

Begleitmaterialien zum Lehrwerk			
für Schülerinnen und Schüler		**für Lehrerinnen und Lehrer**	
Arbeitsheft	978-3-06-040129-1	Lösungsheft	978-3-06-040130-7
		Handreichungen	978-3-06-040131-4

www.cornelsen.de

Alle Drucke dieser Auflage sind inhaltlich unverändert
und können im Unterricht nebeneinander verwendet werden.

Druck: Mohn Media Mohndruck, Gütersloh

1. Auflage, 1. Druck 2016
Schülerbuch
978-3-06-040128-4

Inhalt

👥 Partnerarbeit   👥 Gruppenarbeit   * fakultative Lerneinheit

3

4

Rallye durch dein Mathe-Buch

Auf diesen zwei Seiten findest du einige Hinweise zu deinem neuen Mathematikbuch.
Löse die Rätsel (ä, ö und ü sind erlaubt).
Das Lösungswort verrät dir, was das Bild auf dem Umschlag zeigt.

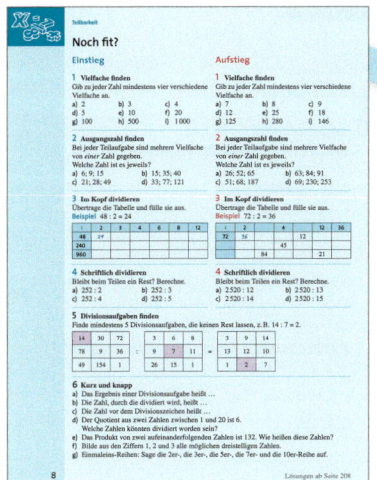

■ **Noch fit?**
Mit dem Einstiegstest kannst du dein bisher erworbenes Wissen testen. Deine Ergebnisse kannst du mit den Lösungen im Anhang vergleichen.
Rätsel zum Noch fit? im Kapitel Daten:
Wann soll es regnen?
$\_\ \_\ \boxed{8}\ \_\ \_\ \_\ \_$

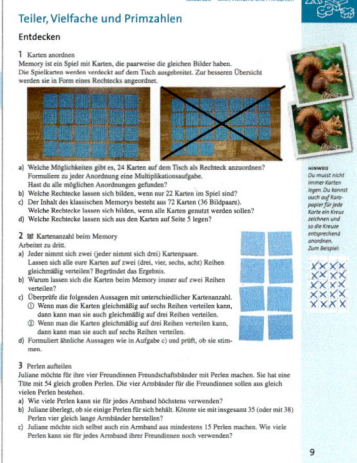

■ **Entdecken**
Jede Lerneinheit beginnt mit einführenden Aufgaben, die zum Ausprobieren und Entdecken anregen.
Rätsel zum Entdecken zum Thema Brüche – Vergleichen, Addieren und Subtrahieren – Brüche addieren und subtrahieren:
Was ist beim Schulfest übrig geblieben? $\_\ \boxed{3}\ \_\ \boxed{7}\ \_\ \_$

■ **Verstehen**
Der neue Unterrichtsstoff wird anhand von Merksätzen und Beispielen erklärt.
Rätsel zum Verstehen zum Thema Dezimalbrüche – Umwandeln, Addieren und Subtrahieren – Brüche, Dezimalbrüche und Prozentschreibweise:
Was kostet 2,75 Euro? $\boxed{9}\ \_\ \_\ \_\ \_\ \_\ \_\ \_\ \_$

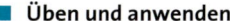

■ **Üben und anwenden**
Die Aufgaben trainieren den neu gelernten Unterrichtsstoff.
Rätsel zum Üben und anwenden zum Thema Körper – Vergleichen und Messen von Körpern:
Welcher Artikel wird in einer 10 ml-Dose angeboten?
$\boxed{6}\ \_\ \_\ \_\ \boxed{2}$

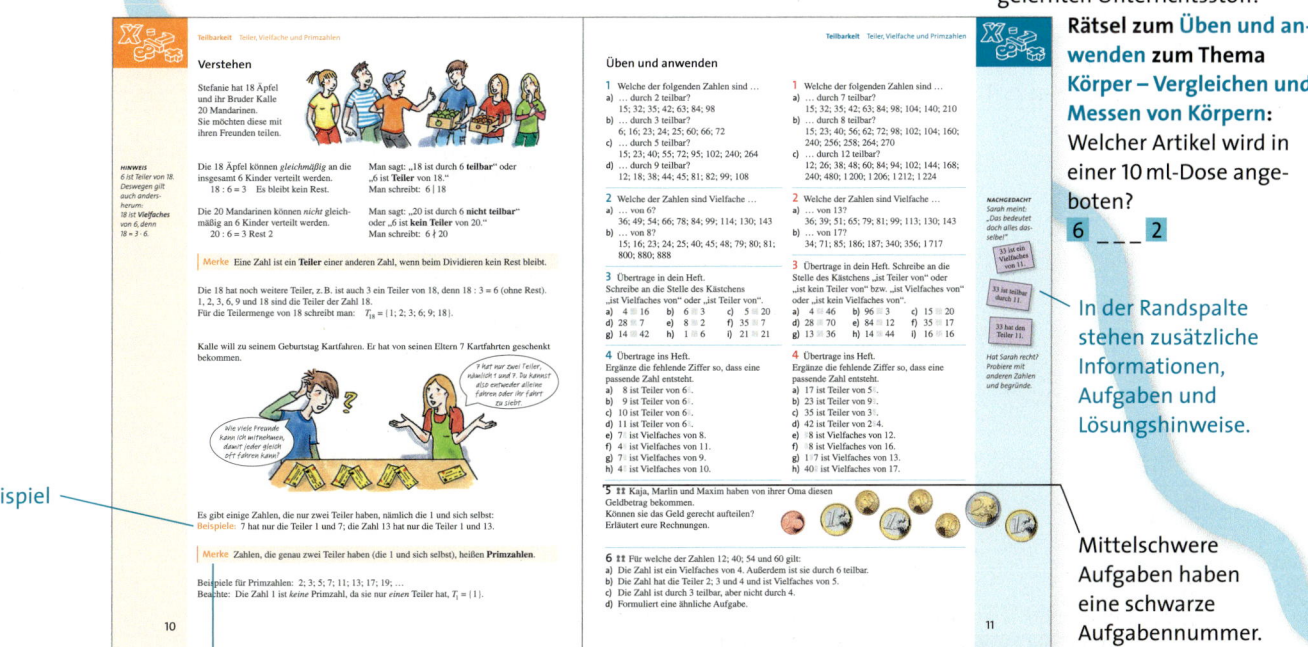

In der Randspalte stehen zusätzliche Informationen, Aufgaben und Lösungshinweise.

Mittelschwere Aufgaben haben eine schwarze Aufgabennummer.

Beispiel

Wichtiger Merkstoff

Die linke Spalte enthält leichtere Aufgaben.

Die rechte Spalte enthält schwierigere Aufgaben.

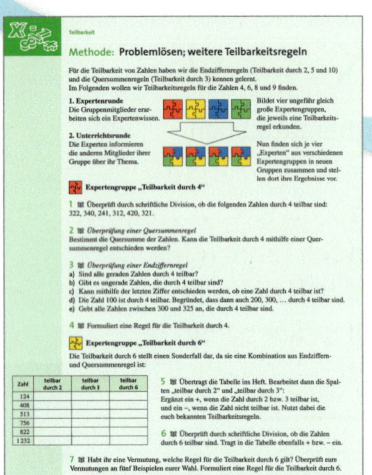

Die Symbole in den oberen Ecken stehen für bestimmte Bereiche in der Mathematik:

Zahlen und Variablen

Geometrie

Funktionen

Daten und Zufall

■ **Methode und Thema**
Auf den Methodenseiten werden die wichtigsten mathematischen Methoden vorgestellt und geübt. Die Themenseiten zeigen mathematische Inhalte aus verschiedenen Lebensbereichen.
Rätsel zum Thema Musik:
Welche zwei Noten dauern zusammen so lange wie eine halbe Note?
_ _ _ _ 4 _ _ _ _ _ _ _

■ **Klar so weit?**
Mit dem Zwischentest kannst du überprüfen, ob du den neuen Unterrichtsstoff verstanden hast. Deine Ergebnisse kannst du mit den Lösungen im Anhang vergleichen.
Rätsel zum Klar so weit? im Kapitel Winkel:
Welches Tier hat ein Gesichtsfeld von 260°?
_ _ _ 1

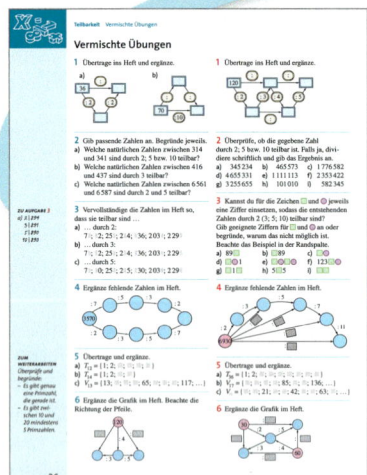

■ **Vermischte Übungen**
Die Seiten enthalten Aufgaben zu allen Lerneinheiten eines Kapitels.
Rätsel zu den Vermischten Übungen im Kapitel Teilbarkeit:
Wie heißt der Käpt'n, dem der Tresor gehört?
_ 12 _ _ _ _

■ **Zusammenfassung**
Die Zusammenfassung am Ende eines Kapitels enthält die wichtigsten Merksätze zum Nachschlagen.
Rätsel zu der Zusammenfassung im Kapitel Dezimalbrüche und Brüche – Multiplizieren und Dividieren:
Das Ergebnis von 3,65 · 2,723 hat 5 ...?
_ _ 11 _ _ _ _ _ _ _ _ _ _ _

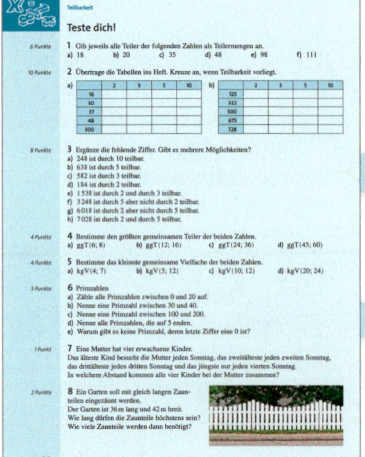

■ **Teste dich!**
Überprüfe zur Vorbereitung auf die Klassenarbeit dein Können. Die Lösungen zum Abschlusstest findest du im Anhang.

Rätsel zum Teste dich! im Kapitel Symmetrie:
Was hat fünf Zacken?
_ 10 _ 5 _ _ _ _

Wie lautet das Lösungswort?

■■■■■■■■ ■■■ ■■■

Teilbarkeit

Beim Memory werden die Karten zu Spielbeginn
verdeckt im Rechteck auf den Tisch gelegt.
Dabei gibt es mehrere Möglichkeiten, ein Rechteck zu legen.
Die Anzahl der Möglichkeiten hängt von der Anzahl der Karten ab.
In diesem Fall wurden die 30 Karten in 6 Zeilen und 5 Spalten ausgelegt,
da 30 durch 6 und durch 5 teilbar ist.

Noch fit?

Einstieg

1 Vielfache finden

Gib zu jeder Zahl mindestens vier verschiedene Vielfache an.

a) 2   b) 3   c) 4
d) 5   e) 10   f) 20
g) 100   h) 500   i) 1 000

2 Ausgangszahl finden

Bei jeder Teilaufgabe sind mehrere Vielfache von *einer* Zahl gegeben.

Welche Zahl ist es jeweils?

a) 6; 9; 15   b) 15; 35; 40
c) 21; 28; 49   d) 33; 77; 121

3 Im Kopf dividieren

Übertrage die Tabelle und fülle sie aus.

Beispiel 48 : 2 = 24

:	2	3	4	6	8	12
48	24					
240						
960						

4 Schriftlich dividieren

Bleibt beim Teilen ein Rest? Berechne.

a) 252 : 2   b) 252 : 3
c) 252 : 4   d) 252 : 5

Aufstieg

1 Vielfache finden

Gib zu jeder Zahl mindestens vier verschiedene Vielfache an.

a) 7   b) 8   c) 9
d) 12   e) 25   f) 18
g) 125   h) 280   i) 146

2 Ausgangszahl finden

Bei jeder Teilaufgabe sind mehrere Vielfache von *einer* Zahl gegeben.

Welche Zahl ist es jeweils?

a) 26; 52; 65   b) 63; 84; 91
c) 51; 68; 187   d) 69; 230; 253

3 Im Kopf dividieren

Übertrage die Tabelle und fülle sie aus.

Beispiel 72 : 2 = 36

:	2		4		12	36
72	36			12		
			45			
			84		21	

4 Schriftlich dividieren

Bleibt beim Teilen ein Rest? Berechne.

a) 2 520 : 12   b) 2 520 : 13
c) 2 520 : 14   d) 2 520 : 15

5 Divisionsaufgaben finden

Finde mindestens 5 Divisionsaufgaben, die keinen Rest lassen, z. B. 14 : 7 = 2.

14	30	72
78	9	36
49	154	1

:

3	6	8
9	7	11
26	15	1

=

3	9	14
13	12	10
1	2	7

6 Kurz und knapp

a) Das Ergebnis einer Divisionsaufgabe heißt …
b) Die Zahl, durch die dividiert wird, heißt …
c) Die Zahl vor dem Divisionszeichen heißt …
d) Der Quotient aus zwei Zahlen zwischen 1 und 20 ist 6.
   Welche Zahlen könnten dividiert worden sein?
e) Das Produkt von zwei aufeinanderfolgenden Zahlen ist 132. Wie heißen diese Zahlen?
f) Bilde aus den Ziffern 1, 2 und 3 alle möglichen dreistelligen Zahlen.
g) Einmaleins-Reihen: Sage die 2er-, die 3er-, die 5er-, die 7er- und die 10er-Reihe auf.

Lösungen ab Seite 208

Teiler, Vielfache und Primzahlen

Entdecken

1 Karten anordnen
Memory ist ein Spiel mit Karten, die paarweise die gleichen Bilder haben.
Die Spielkarten werden verdeckt auf dem Tisch ausgebreitet. Zur besseren Übersicht
werden sie in Form eines Rechtecks angeordnet.

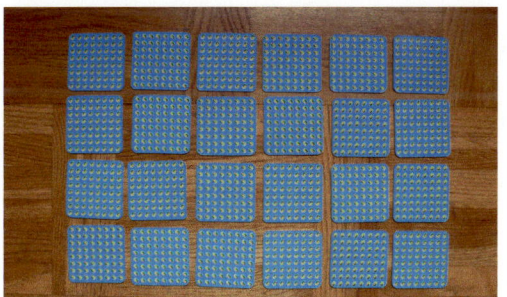

a) Welche Möglichkeiten gibt es, 24 Karten auf dem Tisch als Rechteck anzuordnen?
 Formuliere zu jeder Anordnung eine Multiplikationsaufgabe.
 Hast du alle möglichen Anordnungen gefunden?
b) Welche Rechtecke lassen sich bilden, wenn nur 22 Karten im Spiel sind?
c) Der Inhalt des klassischen Memorys besteht aus 72 Karten (36 Bildpaare).
 Welche Rechtecke lassen sich bilden, wenn alle Karten genutzt werden sollen?
d) Welche Rechtecke lassen sich aus den Karten auf Seite 7 legen?

2 👥 Kartenanzahl beim Memory
Arbeitet zu dritt.
a) Jeder nimmt sich zwei (jeder nimmt sich drei) Kartenpaare.
 Lassen sich alle eure Karten auf zwei (drei, vier, sechs, acht) Reihen
 gleichmäßig verteilen? Begründet das Ergebnis.
b) Warum lassen sich die Karten beim Memory immer auf zwei Reihen
 verteilen?
c) Überprüfe die folgenden Aussagen mit unterschiedlicher Kartenanzahl.
 ① Wenn man die Karten gleichmäßig auf sechs Reihen verteilen kann,
  dann kann man sie auch gleichmäßig auf drei Reihen verteilen.
 ② Wenn man die Karten gleichmäßig auf drei Reihen verteilen kann,
  dann kann man sie auch auf sechs Reihen verteilen.
d) Formuliert ähnliche Aussagen wie in Aufgabe c) und prüft, ob sie stimmen.

3 Perlen aufteilen
Juliane möchte für ihre vier Freundinnen Freundschaftsbänder mit Perlen machen. Sie hat eine
Tüte mit 54 gleich großen Perlen. Die vier Armbänder für die Freundinnen sollen aus gleich
vielen Perlen bestehen.
a) Wie viele Perlen kann sie für jedes Armband höchstens verwenden?
b) Juliane überlegt, ob sie einige Perlen für sich behält. Könnte sie mit insgesamt 35 (oder mit 38)
 Perlen vier gleich lange Armbänder herstellen?
c) Juliane möchte sich selbst auch ein Armband aus mindestens 15 Perlen machen. Wie viele
 Perlen kann sie für jedes Armband ihrer Freundinnen noch verwenden?

Verstehen

Stefanie hat 18 Äpfel und ihr Bruder Kalle 20 Mandarinen. Sie möchten diese mit ihren Freunden teilen.

HINWEIS
6 ist Teiler von 18. Deswegen gilt auch andersherum:
*18 ist **Vielfaches** von 6, denn*
18 = 3 · 6.

Die 18 Äpfel können *gleichmäßig* an die insgesamt 6 Kinder verteilt werden.

  $18 : 6 = 3$ Es bleibt kein Rest.

Man sagt: „18 ist durch 6 **teilbar**" oder „6 ist **Teiler** von 18."
Man schreibt: $6 \mid 18$

Die 20 Mandarinen können *nicht* gleichmäßig an 6 Kinder verteilt werden.

  $20 : 6 = 3$ Rest 2

Man sagt: „20 ist durch 6 **nicht teilbar**" oder „6 ist **kein Teiler** von 20."
Man schreibt: $6 \nmid 20$

> **Merke** Eine Zahl ist ein **Teiler** einer anderen Zahl, wenn beim Dividieren kein Rest bleibt.

Die 18 hat noch weitere Teiler, z.B. ist auch 3 ein Teiler von 18, denn $18 : 3 = 6$ (ohne Rest).
1, 2, 3, 6, 9 und 18 sind die Teiler der Zahl 18.
Für die Teilermenge von 18 schreibt man: $T_{18} = \{\,1;\ 2;\ 3;\ 6;\ 9;\ 18\,\}$.

Kalle will zu seinem Geburtstag Kartfahren. Er hat von seinen Eltern 7 Kartfahrten geschenkt bekommen.

Wie viele Freunde kann ich mitnehmen, damit jeder gleich oft fahren kann?

7 hat nur zwei Teiler, nämlich 1 und 7. Du kannst also entweder alleine fahren oder ihr fahrt zu siebt.

Es gibt einige Zahlen, die nur zwei Teiler haben, nämlich die 1 und sich selbst:
Beispiele: 7 hat nur die Teiler 1 und 7; die Zahl 13 hat nur die Teiler 1 und 13.

> **Merke** Zahlen, die genau zwei Teiler haben (die 1 und sich selbst), heißen **Primzahlen**.

Beispiele für Primzahlen: 2; 3; 5; 7; 11; 13; 17; 19; …
Beachte: Die Zahl 1 ist *keine* Primzahl, da sie nur *einen* Teiler hat, $T_1 = \{\,1\,\}$.

Üben und anwenden

1 Welche der folgenden Zahlen sind …
a) … durch 2 teilbar?
   15; 32; 35; 42; 63; 84; 98
b) … durch 3 teilbar?
   6; 16; 23; 24; 25; 60; 66; 72
c) … durch 5 teilbar?
   15; 23; 40; 55; 72; 95; 102; 240; 264
d) … durch 9 teilbar?
   12; 18; 38; 44; 45; 81; 82; 99; 108

2 Welche der Zahlen sind Vielfache …
a) … von 6?
   36; 49; 54; 66; 78; 84; 99; 114; 130; 143
b) … von 8?
   15; 16; 23; 24; 25; 40; 45; 48; 79; 80; 81;
   800; 880; 888

3 Übertrage in dein Heft.
Schreibe an die Stelle des Kästchens
„ist Vielfaches von" oder „ist Teiler von".
a) 4 ▢ 16   b) 6 ▢ 3   c) 5 ▢ 20
d) 28 ▢ 7   e) 8 ▢ 2   f) 35 ▢ 7
g) 14 ▢ 42   h) 1 ▢ 6   i) 21 ▢ 21

4 Übertrage ins Heft.
Ergänze die fehlende Ziffer so, dass eine
passende Zahl entsteht.
a) 8 ist Teiler von 6▢.
b) 9 ist Teiler von 6▢.
c) 10 ist Teiler von 6▢.
d) 11 ist Teiler von 6▢.
e) 7▢ ist Vielfaches von 8.
f) 4▢ ist Vielfaches von 11.
g) 7▢ ist Vielfaches von 9.
h) 4▢ ist Vielfaches von 10.

1 Welche der folgenden Zahlen sind …
a) … durch 7 teilbar?
   15; 32; 35; 42; 63; 84; 98; 104; 140; 210
b) … durch 8 teilbar?
   15; 23; 40; 56; 62; 72; 98; 102; 104; 160;
   240; 256; 258; 264; 270
c) … durch 12 teilbar?
   12; 26; 38; 48; 60; 84; 94; 102; 144; 168;
   240; 480; 1 200; 1 206; 1 212; 1 224

2 Welche der Zahlen sind Vielfache …
a) … von 13?
   36; 39; 51; 65; 79; 81; 99; 113; 130; 143
b) … von 17?
   34; 71; 85; 186; 187; 340; 356; 1 717

3 Übertrage in dein Heft. Schreibe an die
Stelle des Kästchens „ist Teiler von" oder
„ist kein Teiler von" bzw. „ist Vielfaches von"
oder „ist kein Vielfaches von".
a) 4 ▢ 46   b) 96 ▢ 3   c) 15 ▢ 20
d) 28 ▢ 70   e) 84 ▢ 12   f) 35 ▢ 17
g) 13 ▢ 36   h) 14 ▢ 44   i) 16 ▢ 16

4 Übertrage ins Heft.
Ergänze die fehlende Ziffer so, dass eine
passende Zahl entsteht.
a) 17 ist Teiler von 5▢.
b) 23 ist Teiler von 9▢.
c) 35 ist Teiler von 3▢.
d) 42 ist Teiler von 2▢4.
e) ▢8 ist Vielfaches von 12.
f) ▢8 ist Vielfaches von 16.
g) 1▢7 ist Vielfaches von 13.
h) 40▢ ist Vielfaches von 17.

NACHGEDACHT
Sarah meint:
„Das bedeutet
doch alles das-
selbe!"

33 ist ein Vielfaches von 11.

33 ist teilbar durch 11.

33 hat den Teiler 11.

Hat Sarah recht?
Probiere mit
anderen Zahlen
und begründe.

5 👥 Kaja, Marlin und Maxim haben von ihrer Oma diesen
Geldbetrag bekommen.
Können sie das Geld gerecht aufteilen?
Erläutert eure Rechnungen.

6 👥 Für welche der Zahlen 12; 40; 54 und 60 gilt:
a) Die Zahl ist ein Vielfaches von 4. Außerdem ist sie durch 6 teilbar.
b) Die Zahl hat die Teiler 2; 3 und 4 und ist Vielfaches von 5.
c) Die Zahl ist durch 3 teilbar, aber nicht durch 4.
d) Formuliert eine ähnliche Aufgabe.

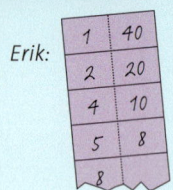

Erik:

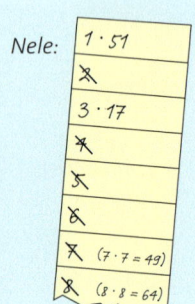

Nele:

$T_{51} = \{1; 3; 17; 51\}$

7 Erik hat alle Teiler von 40 bestimmt.

a) In der Randspalte seht ihr, wie Erik vorgegangen ist. Beschreibt seinen Lösungsweg.
Woran hat er erkannt, dass er *alle* Teiler gefunden hat und fertig ist?
Gebt die Teilermenge T_{40} in geordneter Weise an, beginnt mit dem kleinsten Teiler.

b) In der Randspalte seht ihr auch, wie Nele alle Teiler von 51 bestimmt hat.
Warum konnte sie bereits aufhören, nachdem sie geprüft hatte, ob 8 ein Teiler von 51 ist?

8 Durch welche Zahlen ist diese Zahl teilbar? Schreibe auf.
Gehe vor wie Erik in Aufgabe 7.

a) 6   b) 4   c) 9   d) 10
e) 12   f) 15   g) 16   h) 20

8 Bestimme alle Teiler und gib die Teilermenge an.
Gehe vor wie Nele in Aufgabe 7.

a) T_{84} b) T_{110} c) T_{218} d) T_{53} e) T_{96}
f) T_{126} g) T_{164} h) T_{195} i) T_{72} j) T_{300}

9 Vervollständige die Teilermengen im Heft.

a) $T_{12} = \{1; 2; 3; \blacksquare; \blacksquare; 12\}$
b) $T_{20} = \{1; \blacksquare; \blacksquare; 5; \blacksquare; 20\}$

9 Nenne zwei Zahlen mit genau …

a) … zwei Teilern.   b) … drei Teilern.
c) … vier Teilern.   d) … fünf Teilern.

10 Bei der Suche nach Primzahlen ist ein Verfahren hilfreich, das vor über 2000 Jahren der griechische Gelehrte Eratosthenes von Kyrene (284–202 v. Chr.) erfunden hat.
Es heißt „Primzahl-Sieb" und funktioniert so:

– Schreibe alle Zahlen von 2 bis z. B. 100 auf;
– Kreise die 2 ein, dann streiche alle Vielfachen von 2, aber nicht die 2 selbst (im Bild rote Striche);
– Verfahre ebenso mit der 3 (im Bild blaue Striche);
– Gehe zur nächsten nicht durchgestrichenen Zahl, kreise sie ein und streiche alle Vielfachen aber nicht die Zahl selbst;
– Wiederhole den vorhergehenden Schritt so lange, bis alle Zahlen eingekreist oder gestrichen sind.

Die eingekreisten Zahlen sind Primzahlen.

a) Schreibe alle Zahlen von 2 bis 200 in dein Heft und probiere das Primzahl-Sieb aus.
b) Überlege, warum du die Vielfachen von 4, 6 und 8 nicht streichen musst.

11 Bestimme die Teilermengen. Kennzeichne alle Primzahlen durch Unterstreichen.
Beispiel $\underline{T_{13}} = \{1; 13\}$

T_{28} T_{35} T_{43} T_{99} T_{81} T_{169} T_{19} T_{37} T_{111} T_{39} T_{201} T_{196}

12 Begründe.

a) Warum ist 17 eine Primzahl?
b) Warum ist 24 keine Primzahl?
c) Warum ist 35 keine Primzahl?

12 Es gibt zwei direkt aufeinander folgende Zahlen, die Primzahlen sind.

a) Wie heißen diese Zahlen?
b) Warum gibt es nur *ein* solches Paar?

Teilbarkeitsregeln

Entdecken

1 Übertrage die Tabelle in dein Heft.

1	②	3	④	5̶	6	7	8	9	10
11	12	13	14	15	16	17	18	19	20
21	22	23	24	25	26	27	28	29	30
31	32	33	34	35	36	37	38	39	40
41	42	43	44	45	46	47	48	49	50
51	52	53	54	55	56	57	58	59	60
61	62	63	64	65	66	67	68	69	70
71	72	73	74	75	76	77	78	79	80
81	82	83	84	85	86	87	88	89	90
91	92	93	94	95	96	97	98	99	100

a) Kreise alle Zahlen rot ein, die durch 2 teilbar sind.
b) Kreuze alle Zahlen blau an, die durch 5 teilbar sind.
c) Welche Zahlen sind durch 2 *und* durch 5 teilbar? Warum?
d) Ergänze die folgenden Satzanfänge:
   – Eine Zahl ist durch 5 teilbar, wenn …
   – Eine Zahl ist durch 2 teilbar, wenn …
   – Eine Zahl ist durch 10 teilbar, wenn …
e) Die Teilbarkeitsregeln für 2; 5 und 10 bezeichnet man als *Endziffernregeln*.
   Kannst du begründen, warum?
f) Denke dir eine Zahl aus und teile sie deinem Tischnachbarn mit. Dieser gibt dann an, ob die Zahl durch 2; 5 oder 10 teilbar ist oder nicht. Wechselt danach die Rollen.

2 Jeder Euro-Schein hat eine Nummer, z. B. X 17291528696. Diese sogenannte Seriennummer kann helfen, einen Schein auf Echtheit zu prüfen. Der erste Buchstabe ist ein Ländercode für das Herstellungsland. Darauf folgen zehn Ziffern.
Führe die folgenden Berechnungen mit der Nummer eines Euro-Scheins durch:

a) Addiere alle elf Ziffern der Geldscheinnummer.
   Beispiel $1 + 7 + 2 + 9 + 1 + 5 + 2 + 8 + 6 + 9 + 6 = 56$
b) Ersetze den Buchstaben durch seine Position im Alphabet (A wird durch 1 ersetzt, B durch 2 usw.)
   Beispiel X ist der 24. Buchstabe im Alphabet.
c) Addiere die Buchstabenposition zur Summe der Ziffern in Aufgabenteil a).
   Beispiel $56 + 24 = 80$
d) Addiere die Ziffern der entstandenen Summe, bis die Zahl einstellig wird.
   Beispiel $8 + 0 = 8$
e) Probiert mit mehreren Euro-Scheinen und vergleicht eure Ergebnisse.
   Was fällt euch auf?

Ländercodes			
Belgien	Z	Niederlande	P
Deutschland	X	Österreich	N
Finnland	L	Portugal	M
Frankreich	U	Spanien	V
Griechenland	Y	Slowenien	H
Italien	S	Slowakei	E
Irland	T	Malta	F
Luxemburg	R	Zypern	G
Estland	D		

NACHGEDACHT
Welche Länder gehören zur EU (Europäische Union)? Haben alle Länder der EU den Euro eingeführt? Erkundige dich, ob es noch weitere Länder gibt, die als Währung Euro haben.

Verstehen

Miriam und Jonas haben ihre Sparschweine vertauscht. Nun wissen sie nicht mehr, welches wem gehört. Im Sparschwein Ⓐ befinden sich 120 € und im Sparschwein Ⓑ sind 135 €. Miriam hat in ihrem Sparschwein nur 10-€-Scheine gesammelt. Jonas hat ausschließlich 5-€-Scheine gespart. Wem gehört welches Sparschwein?

Ob eine Zahl durch 2, durch 5 oder durch 10 teilbar ist, kann man leicht prüfen: Das erkennt man schon an der letzten Ziffer (**Endziffer**) der Zahl.

> **Merke**
> Eine Zahl ist **durch 10 teilbar**, wenn ihre letzte Ziffer **0** ist.
> Eine Zahl ist **durch 5 teilbar**, wenn ihre letzte Ziffer **0** oder **5** ist.
> Eine Zahl ist **durch 2 teilbar**, wenn ihre letzte Ziffer **0**; **2**; **4**; **6** oder **8** ist.
> Eine durch 2 teilbare Zahl heißt **gerade Zahl**, alle anderen Zahlen heißen **ungerade Zahlen**.

Beispiel 1

120 ist durch 10; 5 und 2 teilbar, da die Endziffer 0 ist.
135 ist durch 5 teilbar, aber nicht durch 2 und nicht durch 10, da die Endziffer 5 ist.

Zurück zum Beispiel ganz oben auf der Seite: Wem gehört das Sparschwein Ⓑ?
135 ist *nicht* durch 10 teilbar, da die Endziffer *nicht* 0 ist.
Also können im Sparschwein Ⓑ *nicht* ausschließlich 10-€-Scheine sein, es gehört also Jonas.

Miriam und Jonas machen mit ihrer Freundin Esra einen Ausflug. Für Bahnfahrt und Eintritt kaufen sie Gruppenkarten für zusammen 48 €.
Können sie diesen Betrag zwischen sich ganz gerecht aufteilen?

Hm, 8 ist nicht durch 3 teilbar, dann ist wohl 48 auch nicht durch 3 teilbar.

Aber 48 ist doch durch 3 teilbar, denn 48 : 3 = 16 ohne Rest!

Um zu prüfen, ob eine Zahl durch 3 teilbar ist, gibt es ein anderes Verfahren. Zunächst muss man die Quersumme der Zahl berechnen.

> **Merke** Die Summe aller Ziffern einer Zahl nennt man **Quersumme**.

HINWEIS
Man kann beim Prüfen der Teilbarkeit auch die Quersumme von der Quersumme nehmen. Beispiel: Die Quersumme von 978 ist 24, die Quersumme von 24 ist 6 und 6 ist durch 3 teilbar. Also ist auch 978 durch 3 teilbar.

Beispiel 2

Die Quersumme von 48 ist 12, denn 4 + 8 = 12.
Die Quersumme von 533 ist 11, denn 5 + 3 + 3 = 11.

Anhand der Quersumme kann man leicht ermitteln, ob eine Zahl durch 3 teilbar ist. Man muss dazu prüfen, ob die Quersumme durch 3 teilbar ist.

Beispiel 2 (Fortsetzung)

Die Quersumme von 48 ist 12; und 12 ist durch 3 teilbar. Also ist auch 48 durch 3 teilbar.
Die Quersumme von 533 ist 11; und 11 ist *nicht* durch 3 teilbar. Also ist auch 533 *nicht* durch 3 teilbar.

> **Merke** Eine Zahl ist **durch 3 teilbar**, wenn ihre Quersumme durch 3 teilbar ist.

Üben und anwenden

1 Setze | oder ∤ ein.
a) 10 ▨ 20
b) 10 ▨ 25
c) 10 ▨ 60
d) 10 ▨ 65
e) 10 ▨ 650
f) 10 ▨ 100

1 Setze | oder ∤ ein.
a) 10 ▨ 120
b) 10 ▨ 425
c) 10 ▨ 893
d) 10 ▨ 1010
e) 10 ▨ 1020
f) 10 ▨ 1001

2 Setze | oder ∤ ein.
a) 5 ▨ 22
b) 5 ▨ 25
c) 5 ▨ 26
d) 5 ▨ 100
e) 5 ▨ 650
f) 5 ▨ 651

2 Welche der Zahlen sind durch 5 teilbar? Begründe jeweils.
a) 121
b) 135
c) 7150
d) 55552
e) 48505
f) 15514

3 Welche der folgenden Zahlen sind durch 2 teilbar? Schreibe mit | bzw. ∤.
a) 4
b) 15
c) 16
d) 20
e) 21
f) 22
g) 111
h) 121
i) 212

3 Welche der Zahlen sind durch 2 teilbar? Begründe jeweils.
a) 674
b) 2225
c) 1680
d) 20000
e) 21000
f) 22222
g) 10101
h) 1 Mio.
i) 5 Mrd.

4 Entscheide, ob die Zahlen durch 2; 5 bzw. 10 teilbar sind.
a) 40; 25; 36; 18; 75; 30
b) 195; 200; 564; 101; 450; 305
c) 988; 989; 990; 991; 992; 993
d) 2600; 1109; 6650; 3700; 4468

4 Entscheide, ob die Zahlen durch 2; 5 bzw. 10 teilbar sind.
a) 478; 1225; 3658; 1876; 300
b) 925; 32615; 5617; 1010; 23455
c) 5250; 980; 999; 1000; 2775
d) 25; 24; 25000; 444; 42375

5 👥 Arbeitet zu zweit. Schreibt die Zahlen von 302 bis 330 geordnet ins Heft. Zeichnet um alle durch 2 teilbaren Zahlen einen grünen Kreis, um alle durch 5 teilbaren Zahlen einen blauen und um alle durch 10 teilbaren Zahlen einen roten Kreis. Was fällt euch auf? Stellt euer Ergebnis und eure Überlegungen in der Klasse vor.

5 Ergänze im Heft, so dass die Zahlen …
a) … durch 10 teilbar sind:
   3▨; 43▨; 1▨0; ▨34▨; 337▨51▨
b) … durch 5 teilbar sind:
   7▨; 2▨0; 33▨0; 5▨0; ▨▨0; ▨300
c) … durch 2 teilbar sind:
   ▨; 15▨; 80▨; ▨7▨; ▨▨9▨9

6 Welche der Geldbeträge kann man passend mit ausschließlich 2-€-Stücken (oder: mit ausschließlich 5-€-Scheinen; mit ausschließlich 10-€-Scheinen) bezahlen?
a) 146 €
b) 235 €
c) 605 €
d) 193 €
e) 1245 €
f) 4400 €
g) 804 €
h) 1229 €
i) 👥 Überlege dir drei weitere Geldbeträge und gebe sie zum Lösen einem Partner.

ZU AUFGABE 6
Wie kann man die Beträge d) und h) bezahlen, wenn man sowohl 2-€-Stücke als auch 5-€-Scheine benutzen darf? Stellt euch zu zweit gegenseitig ähnliche Aufgaben.

7 Jeweils 10 Eier werden in einer Schachtel verpackt.
Bei welcher Anzahl bleibt kein Rest?
Wie viele Eier bleiben in den anderen Fällen übrig?
a) 200
b) 875
c) 250
d) 255
e) 420
f) 25
g) 785
h) 257
i) 698
j) 391

7 Bei einem Reitturnier werden am Eingang A Stehplatzkarten für 2 €, am Eingang B Sitzplatzkarten für 5 € und am Eingang C VIP-Karten für 10 € verkauft. Der Hauptkassierer hat sich die Einnahmebeträge der Kassen notiert: 725 €, 494 € und 440 €.
a) Ordne die Einnahmebeträge den jeweiligen Eingängen zu.
b) Wie viele Karten wurden an den drei Eingängen insgesamt verkauft?

Methode: Problemlösen; weitere Teilbarkeitsregeln

Für die Teilbarkeit von Zahlen haben wir die Endziffernregeln (Teilbarkeit durch 2, 5 und 10) und die Quersummenregeln (Teilbarkeit durch 3) kennen gelernt.
Im Folgenden wollen wir Teilbarkeitsregeln für die Zahlen 4, 6, 8 und 9 finden.

1. Expertenrunde
Die Gruppenmitglieder erarbeiten sich ein Expertenwissen.

2. Unterrichtsrunde
Die Experten informieren die anderen Mitglieder ihrer Gruppe über ihr Thema.

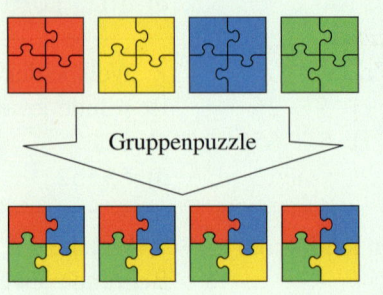

Gruppenpuzzle

Bildet vier ungefähr gleich große Expertengruppen, die jeweils eine Teilbarkeitsregel erkunden.

Nun finden sich je vier „Experten" aus verschiedenen Expertengruppen in neuen Gruppen zusammen und stellen dort ihre Ergebnisse vor.

 Expertengruppe „Teilbarkeit durch 4"

1 Überprüft durch schriftliche Division, ob die folgenden Zahlen durch 4 teilbar sind: 322, 340, 241, 312, 420, 321.

2 *Überprüfung einer Quersummenregel*
Bestimmt die Quersumme der Zahlen. Kann die Teilbarkeit durch 4 mithilfe einer Quersummenregel entschieden werden?

3 *Überprüfung einer Endziffernregel*
a) Sind alle geraden Zahlen durch 4 teilbar?
b) Gibt es ungerade Zahlen, die durch 4 teilbar sind?
c) Kann mithilfe der letzten Ziffer entschieden werden, ob eine Zahl durch 4 teilbar ist?
d) Die Zahl 100 ist durch 4 teilbar. Begründet, dass dann auch 200, 300, … durch 4 teilbar sind.
e) Gebt alle Zahlen zwischen 300 und 325 an, die durch 4 teilbar sind.

4 Formuliert eine Regel für die Teilbarkeit durch 4.

 Expertengruppe „Teilbarkeit durch 6"

Die Teilbarkeit durch 6 stellt einen Sonderfall dar, da sie eine Kombination aus Endziffern- und Quersummenregel ist:

Zahl	teilbar durch 2	teilbar durch 3	teilbar durch 6
124			
408			
513			
756			
822			
1 232			

5 Übertragt die Tabelle ins Heft. Bearbeitet dann die Spalten „teilbar durch 2" und „teilbar durch 3":
Ergänzt ein +, wenn die Zahl durch 2 bzw. 3 teilbar ist, und ein –, wenn die Zahl nicht teilbar ist. Nutzt dabei die euch bekannten Teilbarkeitsregeln.

6 Überprüft durch schriftliche Division, ob die Zahlen durch 6 teilbar sind. Tragt in die Tabelle ebenfalls + bzw. – ein.

7 Habt ihr eine Vermutung, welche Regel für die Teilbarkeit durch 6 gilt? Überprüft eure Vermutungen an fünf Beispielen eurer Wahl. Formuliert eine Regel für die Teilbarkeit durch 6.

 Expertengruppe „Teilbarkeit durch 8"

8 🙎 Überprüft durch schriftliche Division, ob die folgenden Zahlen durch 8 teilbar sind: 1 048, 1 408, 4 081, 6 328, 5 428, 5 008.

9 🙎 *Überprüfung einer Quersummenregel*
Bestimmt die Quersumme der Zahlen. Kann die Teilbarkeit durch 8 mithilfe einer Quersummenregel entschieden werden?

10 🙎 *Überprüfung einer Endziffernregel*
a) Sind alle geraden Zahlen durch 8 teilbar?
b) Gibt es ungerade Zahlen, die durch 8 teilbar sind?
c) Kann mithilfe der letzten Ziffer der Zahl entschieden werden, ob eine Zahl durch 8 teilbar ist?
d) Kann mithilfe der aus den *letzten beiden* Ziffern gebildeten Zahl ermittelt werden, ob eine Zahl durch 8 teilbar ist?
e) Die Zahl 1 000 ist durch 8 teilbar. Begründet, dass dann auch 2 000, 3 000, … durch 8 teilbar sind.
f) Gebt alle Zahlen zwischen 3 000 und 3 035 an, die durch 8 teilbar sind.

11 🙎 Formuliert eine Regel für die Teilbarkeit durch 8.

 Expertengruppe „Teilbarkeit durch 9"

12 🙎 Überprüft durch schriftliche Division, ob die folgenden Zahlen durch 9 teilbar sind: 201, 261, 562, 882, 5 094, 8 937, 8 024, 10 515.

13 🙎 *Überprüfung einer Quersummenregel*
Bestimmt die Quersumme der Zahlen. Kann die Teilbarkeit durch 9 mithilfe einer Quersummenregel entschieden werden?

14 🙎 *Überprüfung einer Endziffernregel*
Gebt die ersten zehn Vielfachen von 9 an. Kann die Teilbarkeit durch 9 mit einer Endstellenregel entschieden werden?

15 🙎 Formuliert eine Regel für die Teilbarkeit durch 9.

8 Berechne die Quersumme der Zahlen.
a) 25   b) 153   c) 890
d) 1 987   e) 8 054   f) 2 500 657
g) 578 964   h) 10 942   i) 5 987 458

9 Fülle die Tabelle im Heft aus.

Zahl	Quersumme der Zahl	teilbar durch 3?
411		
414		
855		
3 194		
7 032		

10 Überprüfe, ob die Zahl durch 3 teilbar ist. Wenn ja, teile die Zahl durch 3 und gib das Ergebnis an.
a) 39   b) 49   c) 126
d) 405   e) 753   f) 939

11 Bestimme die nächstkleinere Zahl, die durch 3 teilbar ist.
a) 56   b) 85   c) 235
d) 163   e) 328   f) 659
g) Erläutere, wie du vorgegangen bist.

12 Bestimme die nächstgrößere Zahl, die durch 3 teilbar ist.
a) 28   b) 64   c) 73
d) 122   e) 284   f) 361
g) Erläutere, wie du vorgegangen bist.

13 Ist deine Telefonnummer, Hausnummer, Postleitzahl, Körpergröße in cm, Schuhgröße oder dein Geburtsjahr durch 3 teilbar?
Wer aus eurer Klasse hat dabei die meisten durch 3 teilbaren Zahlen?

50670
153
2004
39

14 Maja ist 12 Jahre alt und meint: „Mein älterer Bruder Tim hat heute Geburtstag. Sein Alter ist durch 2, 3 und 6 teilbar." Wie alt könnte Tim sein?
Wie bist du vorgegangen?

8 👥 Würfelt mit drei Würfeln. Bildet aus den gewürfelten Ziffern verschiedene dreistellige Zahlen. Berechnet die Quersumme aller Zahlen. Was fällt euch auf? Probiert mit weiteren Würfen und präsentiert euer Experiment und eure Überlegungen.

9 Welche der Zahlen sind durch 3 teilbar? Teile diese Zahlen durch 3.
a) 318; 497; 397; 548; 648; 732
b) 1 123; 2 232; 3 357; 4 456; 6 333
c) 12 345; 34 560; 90 009; 46 789; 32 211
d) 54 241; 63 711; 238 947; 425 763
e) 1 356 484; 3 884 211; 69 351 264

10 Ergänze eine Ziffer, so dass die Zahl durch 3 teilbar ist. Gibt es mehrere Lösungen? Begründe jeweils.
a) 52▮   b) 22▮57
c) 3▮51   d) ▮5 402

11 Bestimme die nächstkleinere Zahl, die durch 3 *und* durch 5 teilbar ist.
a) 23   b) 46   c) 67
d) 89   e) 125   f) 248
g) Erläutere, wie du vorgegangen bist.

12 Bestimme die nächstgrößere Zahl, die durch 3 *und* durch 5 teilbar ist.
a) 35   b) 43   c) 99
d) 120   e) 141   f) 1 325
g) Erläutere, wie du vorgegangen bist.

13 Paul behauptet: „Wenn ich aus allen zehn Ziffern eine zehnstellige Zahl zusammenstelle, egal in welcher Reihenfolge, so ist sie immer durch 3 teilbar."
Stimmst du Paul zu?

14 Bilde aus den Ziffern von 0 bis 5 fünfstellige Zahlen, die durch 3 teilbar sind. Dabei darf keine Ziffer doppelt vorkommen und innerhalb der Zahl sollen die Ziffern der Größe nach geordnet sein (vorne die größte). Wie viele solche Zahlen gibt es? Begründe.

Gemeinsame Teiler und gemeinsame Vielfache

Entdecken

1 👥 Gummibärchen verpacken
Arbeitet zu zweit oder in einer Gruppe.
60 rote, 42 gelbe und 36 weiße Gummibärchen sollen farblich gemischt in Tüten abgefüllt werden.
Dabei soll jede Tüte die gleiche Anzahl von roten, gelben und weißen Gummibärchen haben.
Es dürfen keine Gummibärchen übrig bleiben.
a) Ist es möglich, drei solche Tüten abzufüllen?
b) Warum kann die Mischung nicht in fünf Tüten abgefüllt werden?
c) Erfasst in einer Tabelle alle möglichen Mischungen in eurem Heft.

Anzahl der Tüten	1	2	...	...
rote Gummibären	60	30		
gelbe Gummibären	42			
weiße Gummibären	36			

d) Wie könnte man die Anzahl der Gummibärchen ändern, damit man sie in fünf Tüten abfüllen kann? Bleibt dabei die Abfüllung in 3 Tüten möglich?
e) Welche Tütenanzahl ist bei 72 roten, 60 gelben und 36 weißen Gummibärchen möglich?
f) Es sollen zusätzlich grüne Gummibärchen in die Tüten gefüllt werden. Fügt eurer Tabelle aus c) eine zusätzliche Zeile für die grünen Gummibärchen hinzu.
Bestimmt die Gesamtanzahl der grünen Gummibärchen selbst. Es sollen alle bei c) möglichen Tütenmischungen auch mit den zusätzlichen grünen Bärchen möglich sein.
Welche Möglichkeiten gibt es?

2 An einem Bahnhof fahren zur vollen Stunde ein Bus und eine Straßenbahn ab.
Der Bus fährt im 15-Minuten-Takt, die Straßenbahn im 20-Minuten-Takt.
a) Ergänze den Abfahrtsplan für Bus und Straßenbahn jeweils bis 10:00 Uhr.

Bus	8:00	8:15	...
Straßenbahn	8:00	8:20	...

b) Zu welchen Zeitpunkten fahren die Straßenbahn und der Bus gleichzeitig ab?
In welchem „Minuten-Takt" wiederholt es sich, dass sie gleichzeitig abfahren?
c) An einem Bremer Bahnhof fährt ab 6:00 der Bus alle 15 Minuten und die Straßenbahn alle 6 Minuten ab. In welchem Minuten-Takt fahren Straßenbahn und Bus gleichzeitig ab?

3 Auf einer Straßenseite von 50 m Länge sollen Stände für einen Flohmarkt aufgestellt werden.
Jedoch wird die Reihe der Stände durch zwei jeweils 1 m breite Stromkästen unterbrochen.
Der erste Stromkasten befindet sich nach 12 m, der zweite nach insgesamt 22 m.
a) Zeichne eine maßstabsgetreue Skizze von der Straße (1 m ≙ 1 Karokästchen).
Denke daran, die 1 m breiten Stromkästchen mit einzuzeichnen.
b) Wie viele Meter sind es nach dem zweiten Stromkasten bis zum Ende der Straße?
c) Wie viele Stände haben insgesamt auf der Straße Platz,
wenn alle Stände die gleiche Länge haben sollen?

Verstehen

Julia hat aus ihrer Gummibärchentüte noch 12 rote und 15 gelbe Bärchen übrig. Sie möchte beide Farben gleichmäßig in kleinere Tüten sortieren.

Zuerst überlegt sie, wie sie die 12 roten Bärchen aufteilen könnte: Sie könnte sie alle zusammen in 1 Tüte füllen oder sie auf 2, auf 3, auf 4, auf 6 oder sogar auf 12 Tüten verteilen.
Die 15 gelben Bärchen könnte sie aufteilen auf 1, 3, 5, oder 15 Tüten.

Julia will die 12 roten zusammen mit den 15 gelben Bärchen gleichmäßig auf die Tüten verteilen.
$$T_{12} = \{\textbf{1}; 2; \textbf{3}; 4; 6; 12\}$$
$$T_{15} = \{\textbf{1}; \textbf{3}; 5; 15\}$$
Die **gemeinsamen Teiler** von 12 und 15 sind blau markiert: Sie haben die Teiler **1** und **3** gemeinsam. Also kann Julia die Bärchen entweder alle in **1** Tüte füllen oder sie auf **3** Tüten verteilen.

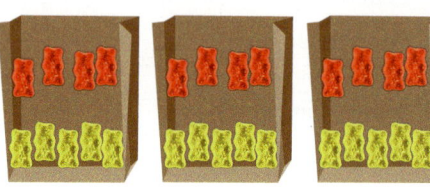

Beispiel 1
3 ist der *größte* gemeinsame Teiler von 12 und 15; kurz: ggT(12; 15) = 3

Merke Der **größte gemeinsame Teiler** (kurz: **ggT**) zweier Zahlen ist die größte Zahl, die in *beiden* Teilermengen vorkommt.

Beispiel 2
$T_8 = \{\textbf{1}; 2; 4; 8\}$
$T_{15} = \{\textbf{1}; 3; 5; 15\}$

Zahlen, die *keinen* gemeinsamen Teiler außer der 1 haben, heißen **teilerfremd**.

In jeder Gummibärchentüte sind 12 Bärchen.
In jedem Schokolinsenpäckchen sind 8 Schokolinsen.
Wie viele Gummibärchentüten und wie viele Schokolinsenpäckchen muss man nehmen, damit man gleich viele Bärchen wie Schokolinsen hat?
Wie viele Bärchen und Schokolinsen hat man dann?

Ähnlich wie eine Teilermenge kann man auch die Vielfachen einer Zahl in einer **Vielfachenmenge** aufschreiben.

Beispiel 3
$V_{12} = \{12; \textbf{24}; 36; \textbf{48}; 60; \textbf{72}; 84; \textbf{96}; 108; \textbf{120}; 132; \dots\}$
$V_8 = \{8; 16; \textbf{24}; 32; 40; \textbf{48}; 56; 64; \textbf{72}; 80; 88; \textbf{96}; 104; \dots\}$

Die **gemeinsamen Vielfachen** der Zahlen 12 und 8 sind grün markiert.

Das *kleinste* gemeinsame Vielfache der Zahlen 8 und 12 ist die 24; kurz: kgV(8; 12) = 24.

Merke Das **kleinste gemeinsame Vielfache** (kurz: **kgV**) zweier Zahlen ist die kleinste Zahl, die in *beiden* Vielfachenmengen vorkommt.

Üben und anwenden

1 Teilermengen
a) Schreibe zu jeder der folgenden Zahlen alle Teiler auf.
6; 8; 14; 15; 20; 25; 36; 60
b) Schreibe folgende Teilermengen in dein Heft.
T_6; T_9; T_{11}; T_{14}; T_{19}; T_{22}; T_{24}; T_{100}

2 Übertrage die Tabelle und prüfe, ob die Zahl zur Teilermenge gehört.

	T_{12}	T_{18}	T_{72}
2			
3			
4			
5			
6			
8			
12			

3 Stelle die Teilermengen der Zahlen auf. Bestimme den größten gemeinsamen Teiler.
a) 9 und 12   **b)** 20 und 48
c) 15 und 18   **d)** 32 und 72
e) 9 und 10   **f)** 12 und 30

4 Ermittle jeweils die gemeinsamen Teiler. Was fällt dir auf?
a) 9 und 20   **b)** 18 und 29
c) 5 und 7   **d)** 100 und 101

5 Finde den größten gemeinsamen Teiler der beiden Zahlen.
Welche Zahlen sind teilerfremd?
a) $\text{ggT}(15; 55)$ **b)** $\text{ggT}(24; 38)$
c) $\text{ggT}(9; 32)$ **d)** $\text{ggT}(12; 54)$
e) $\text{ggT}(32; 8)$ **f)** $\text{ggT}(9; 12)$
g) $\text{ggT}(2; 40)$ **h)** $\text{ggT}(15; 18)$
i) $\text{ggT}(32; 72)$ **j)** $\text{ggT}(9; 10)$

6 Ermittle den größten gemeinsamen Teiler der beiden Zahlen.
a) $\text{ggT}(12; 150)$ **b)** $\text{ggT}(75; 144)$
c) $\text{ggT}(144; 18)$ **d)** $\text{ggT}(64; 72)$
e) $\text{ggT}(7; 1\,008)$ **f)** $\text{ggT}(126; 21)$
g) $\text{ggT}(45; 100)$ **h)** $\text{ggT}(512; 128)$
i) $\text{ggT}(195; 15)$ **j)** $\text{ggT}(32; 576)$

1 Teilermengen
a) Schreibe die Teilermengen der Zahlen in dein Heft.
50; 48; 125; 144; 167; 260; 360; 1 000
b) Schreibe folgende Teilermengen in dein Heft.
T_{35}; T_{36}; T_{37}; T_{63}; T_{99}; T_{101}; T_{120}; T_{240}

2 Übertrage die Tabelle und prüfe, ob die Zahl zur Teilermenge gehört.

	T_{120}	T_{256}	T_{1152}
4			
6			
8			
10			
12			
16			
20			

3 Ermittle den größten gemeinsamen Teiler.
a) $\text{ggT}(24; 36)$ **b)** $\text{ggT}(28; 42)$
c) $\text{ggT}(20; 90)$ **d)** $\text{ggT}(35; 41)$
e) $\text{ggT}(105; 150)$ **f)** $\text{ggT}(140; 315)$
g) $\text{ggT}(225; 375)$ **h)** $\text{ggT}(169; 390)$

4 👥 Überprüft an Beispielen, ob die Aussagen wahr sein können.
Präsentiert eure Ergebnisse in der Klasse.
a) Zwei benachbarte Zahlen sind immer teilerfremd.
b) Zwei gerade Zahlen sind nie teilerfremd.
c) Zwei ungerade Zahlen sind immer teilerfremd.
d) Primzahlen sind immer teilerfremd.

5 Schreibe jeweils zwei Paare von Zahlen auf, die die gegebene Zahl als größten gemeinsamen Teiler haben.
a) 3   **b)** 4   **c)** 5   **d)** 7
e) 9   **f)** 11   **g)** 13   **h)** 25

6 Finde den ggT der drei Zahlen.
a) 8; 12; 20   **b)** 10; 25; 85
c) 7; 84; 147   **d)** 16; 84; 96
e) 72; 120; 154   **f)** 30; 75; 165
g) 12; 66; 96   **h)** 48; 96; 192

NACHGEDACHT
Merrit behauptet: „Denke dir im Stillen zwei Zahlen – ohne sie mir zu verraten. Und simsalabim: Ich kann dir ihren kleinsten gemeinsamen Teiler sagen." Kann das sein?

Lisa meint:„Das größte gemeinsame Vielfache zweier Zahlen kann man nicht bestimmen." Hat sie recht?

7 Schreibe jeweils die ersten fünf Vielfachen der Zahlen in dein Heft.
a) 2   b) 5   c) 6   d) 8
e) 11   f) 12   g) 20   h) 100

8 Schreibe zunächst die ersten fünf Vielfachen in dein Heft.
Finde anschließend jeweils das kleinste gemeinsame Vielfache.
a) V_3 und V_6 b) V_9 und V_{18}
c) V_7 und V_{21} d) V_{10} und V_{50}
e) V_9 und V_6 f) V_{14} und V_{28}
g) V_5 und V_{15} h) V_{17} und V_{51}

9 Gib die ersten drei *gemeinsamen Vielfachen* an.
a) 4 und 18   b) 7 und 14
c) 12 und 15   d) 15 und 8
e) 24 und 36   f) 9 und 12
g) 18 und 27   h) 21 und 14

10 Gib das kleinste gemeinsame Vielfache an.
a) kgV(12; 16)   b) kgV(15; 25)
c) kgV(6; 7)   d) kgV(12; 40)
e) kgV(15; 36)   f) kgV(21; 28)
g) kgV(120; 144)   h) kgV(14; 26)

11 In Milas Klasse sind 16 Mädchen und 14 Jungen. Sie sollen in Gruppen arbeiten, in jeder Gruppe sollen gleich viele Mädchen und in jeder Gruppe gleich viele Jungen sein.

ZU DEN AUFGABEN 12 UND 12
Ein Quadrat hat gleich lange Seiten. Ein Würfel hat gleich lange Kanten.

12 In einem Kinderzimmer, das 3,20 m lang und 4,60 m breit ist, sollen quadratische Teppichfliesen verlegt werden.
Welche größtmögliche Seitenlänge sollte eine Teppichfliese haben, damit das Zimmer ohne Verschnitt ausgelegt werden kann?
Tipp: Forme die Einheiten geschickt um.

7 Übertrage und ergänze im Heft.
a) $V_4 = \{4; \blacksquare; 12; \blacksquare; 20; \blacksquare; \ldots\}$
b) $\blacksquare = \{8; 16; 24; 32; 40; \ldots\}$
c) $\blacksquare = \{\blacksquare; 14; 21; 28; 35; \ldots\}$
d) $\blacksquare = \{\blacksquare; 24; \blacksquare; 48; \blacksquare; \ldots\}$
e) $\blacksquare = \{\blacksquare; \blacksquare; 45; 60; 75; \blacksquare; \ldots\}$
f) $\blacksquare = \{\blacksquare; 18; \blacksquare; \blacksquare; \blacksquare; 54; \ldots\}$
g) $\blacksquare = \{\blacksquare; \blacksquare; \blacksquare; \blacksquare; 25; \blacksquare; \blacksquare; \ldots\}$

8 Bestimme das kleinste gemeinsame Vielfache.
a) kgV(3; 5)   b) kgV(5; 6)
c) kgV(6; 8)   d) kgV(6; 7)
e) kgV(2; 15)   f) kgV(7; 12)
g) kgV(15; 45)   h) kgV(14; 21)

9 Schreibe jeweils zwei Paare von Zahlen auf, die die gegebene Zahl als kgV haben.
a) 10   b) 20   c) 15
d) 50   e) 75   f) 80

10 Ergänze passende Zahlen. Gib jeweils, wenn möglich, drei verschiedene Möglichkeiten an.
a) 36 ist das kgV von 9 und $\blacksquare$.
b) 60 ist das kgV von 12 und $\blacksquare$.
c) 124 ist das kgV von 31 und $\blacksquare$.

11 Hanna geht neben ihrem Vater am Strand. Hannas Schritte sind 60 cm lang, ein Schritt des Vaters ist 75 cm lang. Sie gehen zusammen mit dem rechten Fuß los.
Nach wie vielen Metern befinden sich die rechten Füße wieder genau nebeneinander?

12 Ein Container ist 2,40 m hoch, 3,20 m breit und 5,40 m tief. Es sollen würfelförmige Kartons hergestellt werden, mit denen der Container ganz voll bepackt werden kann. Die Chefin findet Kartons praktisch, die möglichst groß sind.

13 Pia und Mark vom Detektivklub „Clever, Clever & besonders Clever" belauschen am 30. November, dass die beiden Gangster Big Teddy und Macho Mirko ab diesem Tag regelmäßig in der Kneipe „Black Sheep" auftauchen wollen:
Big Teddy will jeden dritten, Macho Mirko jeden fünften Tag dort erscheinen.
Pia und Mark geben der Polizei einen Tipp, damit sie beide Gauner gleichzeitig festnehmen kann. An welchem Tag könnte die Polizei das erste Mal zuschlagen?

Thema: EAN-Code

Fast alle Artikel, die man im Supermarkt kaufen kann, tragen eine Europäische Artikelnummer (EAN). Diese Nummer ermöglicht es, den Artikel eindeutig zu registrieren.

Die EAN ist zusätzlich auch als Strichcode aufgedruckt, der an der Kasse über ein Lesegerät gezogen wird. Der Kassencomputer erkennt die EAN, ermittelt den zugehörigen Preis und bringt ihn an der Kasse zur Anzeige.

Die einzelnen Ziffern der EAN haben folgende Bedeutung:

4 0 0	–	8 6 1 7	–	7 5 2 0 1	–	1
Hersteller-land		Hersteller-firma		Artikelnummer der Firma		Prüf-ziffer

EAN-Codes einzelner Herstellerländer

000 – 099	USA, Kanada	599	Ungarn
300 – 379	Frankreich	640 – 649	Finnland
400 – 440	Deutschland	690 – 691	China
45	Japan	730 – 739	Schweden
500 – 509	Großritannien	760 – 769	Schweiz
540 – 549	Belgien, Luxemburg	800 – 839	Italien
570 – 579	Dänemark	840 – 849	Spanien
590	Polen	900 – 919	Österreich

1 Untersuche die EAN-Codes nach ihrem Herstellerland. In welchen Ländern wurden die folgenden Artikel hergestellt?

Mineralwasser:	4250106690667	Nudeln:	8076809524021
Kaffeemaschine:	8000624095538	CD:	4027927000292
Fußball:	7611318439165	Jeans:	5412456185470

Die letzte Ziffer, die Prüfziffer, wurde eingeführt, um fehlerhafte Eingaben bei den ersten zwölf Ziffern (z. B. beim Eintippen in einen Computer) sofort zu bemerken.

Die Prüfziffer der EAN errechnet sich über eine „gewichtete Quersumme":
- Zuerst werden die 12 Ziffern nacheinander im Wechsel mit 1 bzw. mit 3 multipliziert.
- Anschließend werden die einzelnen Produkte addiert.
- Die Prüfziffer gibt an, wie weit es von dieser Summe bis zum nachfolgenden Vielfachen von 10 ist.

Beispiel EAN-Code: 400–8617–75201–1

$1 \cdot 4 + 3 \cdot 0 + 1 \cdot 0 + 3 \cdot 8 + 1 \cdot 6 + 3 \cdot 1 + 1 \cdot 7 + 3 \cdot 7 + 1 \cdot 5 + 3 \cdot 2 + 1 \cdot 0 + 3 \cdot 1 = 79$

Das nachfolgende Vielfache von 10 ist 80. Die Prüfziffer ist: $80 - 79 = 1$

2 Stimmen die angegebenen EAN-Codes?
a) Überprüfe die EAN der Artikel von Aufgabe 1 durch Rechnung. Bei welchen Artikeln liegt ein Eingabefehler vor?
b) Überprüfe die EAN von drei Artikeln, die du in eurem Haushalt findest.
c) Überprüfe die EAN-Codes im Bild rechts.

NACHGEDACHT
Julia behauptet, sie habe einen Trick, um die gewichtete Quersumme der EAN besonders schnell auszurechnen: „Ich addiere die zweite, vierte, sechste, achte, zehnte und zwölfte Zahl und multipliziere die Summe mit 3. Dann addiere ich die Summe der anderen Ziffern." Überprüfe an einem Beispiel, ob Julias Trick funktioniert. Begründe, warum Julias Trick immer funktioniert.

23

Klar so weit?

→ Seite 10

Teiler, Vielfache und Primzahlen

1 Übertrage in dein Heft und setze das Zeichen | oder ∤ richtig ein.
a) 4 ■ 36 b) 6 ■ 74 c) 7 ■ 82
d) 3 ■ 330 e) 5 ■ 501 f) 8 ■ 56

1 Übertrage in dein Heft und setze das Zeichen | oder ∤ richtig ein.
a) 11 ■ 352 b) 13 ■ 263 c) 24 ■ 576
d) 31 ■ 810 e) 49 ■ 980 f) 21 ■ 221

2 Welche Aussagen sind wahr?
a) 3 ist ein Teiler von 43.
b) 260 ist ein Vielfaches von 13.
c) 30 ist kein Vielfaches von 5.
d) 7 ist kein Teiler von 84.
e) 12 ist ein Vielfaches von 1.
f) 12 ist ein Teiler von 12.

2 Welche Aussagen sind wahr?
a) 11 ist ein Teiler von 143.
b) 119 ist ein Vielfaches von 13.
c) 130 ist kein Vielfaches von 15.
d) 37 ist kein Teiler von 111.
e) 101 ist ein Vielfaches von 11.
f) 11 ist ein Teiler von 111.

3 Gib die Teilermenge der Zahlen an.
a) 4 b) 6 c) 7 d) 12 e) 20

3 Gib die Teilermenge der Zahlen an.
a) 24 b) 16 c) 17 d) 52 e) 125

4 Begründe.
a) Warum ist 13 eine Primzahl?
b) Warum ist 15 keine Primzahl?

4 Welche der Zahlen sind Primzahlen? Begründe.
a) 47 b) 73 c) 51 d) 63 e) 91 f) 27

→ Seite 14

Teilbarkeitsregeln

5 Welche der Zahlen sind gerade Zahlen, welche sind ungerade?
a) 13 b) 94 c) 941
d) 3 018 e) 5 573 f) 8 021
g) 10 098 h) 1 001 i) 1 Mio.

5 Welche der Zahlen sind durch 2, 5 bzw. 10 teilbar?
a) 53 b) 940 c) 9 400
d) 3 003 e) 5 555 f) 0
g) 1 980 h) 10 001 i) 1 Mrd.

6 Prüfe, ob die Zahlen durch 2 (durch 5; durch 10) teilbar sind.
Tipp: Fertige eine Tabelle in deinem Heft an.
a) 25 b) 12 c) 38
d) 79 e) 410 f) 2 510
g) 146 h) 999 i) 300
j) 6 666 k) 4 370 l) 134 576

6 Ergänze in deinem Heft, sodass die Zahlen …
a) … durch 10 teilbar sind:
77■; 5■■; 6■0; 4■■; 3 37■51■
b) … durch 5 teilbar sind:
5■; 7■0; 3 3■5; 6 ■0■; 7 ■■0; ■800
c) … durch 2, aber nicht durch 5 teilbar sind:
■; 15■; 80■; ■7■■; ■■9■9■

7 Ergänze die Zahlen in deinem Heft, sodass sie …
a) … durch 10 teilbar sind:
5■; 42■; 7■0; 24■; 54 ■3■
b) … durch 5 teilbar sind:
6■; 4■5; 7 77■; 4 30■; ■900
c) … durch 2 und durch 5 teilbar sind:
3■; ■0; 756 ; 4 40■; ■900

7 Welche Endziffer kann eine Zahl besitzen, die teilbar ist …
a) … durch 1 000;
b) … durch 2 und durch 5;
c) … durch 2, aber nicht durch 10;
d) … durch 5, aber nicht durch 2;
e) … weder durch 2 noch durch 5?

24

8 Entscheide, ob die Zahlen durch 3 teilbar sind. Begründe.
a) 75; 93; 25; 72; 111; 207
b) 124; 126; 813; 749; 477

8 Entscheide, ob die Zahlen durch 3 teilbar sind. Begründe.
a) 235; 486; 534; 2 311; 3 336
b) 6 777; 6 824; 33 312; 87 702

9 Setze eine Ziffer ein, sodass die Zahl durch 3 teilbar ist.
a) 5■; 2■; 11■; 4■; 19■
b) 73■; 1■1; 1■0; ■00

9 Welche Ziffern kann man einsetzen, sodass die Zahl durch 3 teilbar ist?
a) 4■82   b) 8■48   c) 4 12■
d) 41 3■4   e) 74■32   f) 44■6■

Gemeinsame Teiler und gemeinsame Vielfache

→ Seite 20

10 Bestimme erst die gemeinsamen Teiler, dann den größten gemeinsamen Teiler.
a) 18 und 24   b) 12 und 26
c) 15 und 33   d) 24 und 56
e) 36 und 48   f) 21 und 49

10 Bestimme erst die gemeinsamen Teiler, dann den größten gemeinsamen Teiler.
a) 112 und 144   b) 210 und 42
c) 164 und 188   d) 276 und 48
e) 366 und 360   f) 2 142 und 1 428

11 Ermittle den größten gemeinsamen Teiler der beiden Zahlen.
a) $ggT(16; 20)$
b) $ggT(24; 60)$
c) $ggT(38; 66)$
d) $ggT(52; 85)$
e) $ggT(27; 81)$
f) $ggT(30; 90)$
g) $ggT(25; 75)$
h) $ggT(17; 31)$

11 Ermittle den größten gemeinsamen Teiler der drei Zahlen.
a) $ggT(12; 36; 100)$
b) $ggT(51; 17; 136)$
c) $ggT(72; 48; 108)$
d) $ggT(40; 64; 104)$
e) $ggT(18; 27; 63)$
f) $ggT(12; 144; 186)$
g) $ggT(108; 162; 54)$
h) $ggT(25; 75; 150)$

12 Schreibe für jede Zahl die ersten fünf Vielfachen auf und gib dann das kleinste gemeinsame Vielfache an.
a) 4 und 6   b) 7 und 14
c) 12 und 15   d) 14 und 8
e) 15 und 20   f) 9 und 12
g) 4 und 18   h) 8 und 10

12 Gib das kleinste gemeinsame Vielfache an.
a) $kgV(12; 18)$ b) $kgV(15; 25)$
c) $kgV(6; 7)$ d) $kgV(12; 40)$
e) $kgV(13; 17)$ f) $kgV(15; 36)$
g) $kgV(21; 28)$ h) $kgV(120; 144)$
i) $kgV(84; 108)$ j) $kgV(14; 26)$

13 Kapitän Carter, der gefürchtete Seeräuber, hat mit seinen Piraten wieder ein Schiff überfallen und eine Kiste mit wertvollem Inhalt erbeutet. In der Kiste befinden sich:
- 280 Goldtaler,
- 490 Silbermünzen,
- 910 Perlen.

Nun hocken alle Seeräuber zusammen und verteilen die Beute gleichmäßig untereinander.
Wie viele Seeräuber können auf dem Piratenschiff gewesen sein?

Vermischte Übungen

1 Übertrage ins Heft und ergänze.

a) b)

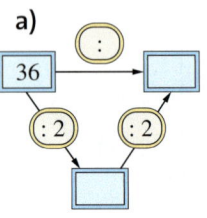
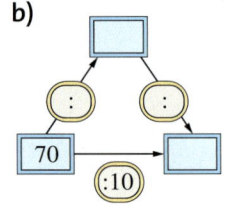

1 Übertrage ins Heft und ergänze.

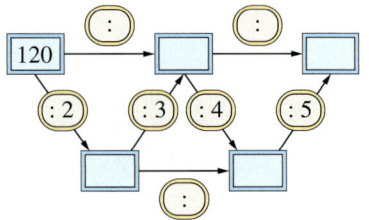

2 Gib passende Zahlen an. Begründe jeweils.
a) Welche natürlichen Zahlen zwischen 314 und 341 sind durch 2; 5 bzw. 10 teilbar?
b) Welche natürlichen Zahlen zwischen 416 und 437 sind durch 3 teilbar?
c) Welche natürlichen Zahlen zwischen 6 561 und 6 587 sind durch 2 und 5 teilbar?

2 Überprüfe, ob die gegebene Zahl durch 2; 5 bzw. 10 teilbar ist. Falls ja, dividiere schriftlich und gib das Ergebnis an.
a) 345 234 b) 465 573 c) 1 776 582
d) 4 655 331 e) 1 111 113 f) 2 353 422
g) 3 255 655 h) 101 010 i) 582 345

ZU AUFGABE 3
a) 2 | 894
3 | 891
5 | 890
10 | 890

3 Vervollständige die Zahlen im Heft so, dass sie teilbar sind …
a) … durch 2:
7◼; ◼2; 25◼; 2◼4; ◼36; 2 03◼; 2 29◼
b) …durch 3:
7◼; ◼2; 25◼; 2◼4; ◼36; 2 03◼; 2 29◼
c) …durch 5:
7◼; ◼0; 25◼; 2◼5; ◼30; 2 03◼; 2 29◼

3 Kannst du für die Zeichen ◻ und ◯ jeweils eine Ziffer einsetzen, sodass die entstehenden Zahlen durch 2 (3; 5; 10) teilbar sind?
Gib geeignete Ziffern für ◻ und ◯ an oder begründe, warum das nicht möglich ist.
Beachte das Beispiel in der Randspalte.
a) 89◻ b) ◻89 c) ◻◯
d) ◻◯1 e) ◻◯◻◯ f) 123◻◯
g) ◻1◻ h) 5◻5 i) ◻◻

4 Ergänze fehlende Zahlen im Heft.

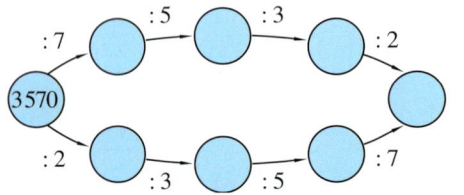

4 Ergänze fehlende Zahlen im Heft.

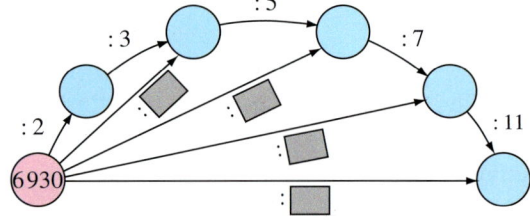

ZUM WEITERARBEITEN
Überprüfe und begründe:
– Es gibt genau eine Primzahl, die gerade ist.
– Es gibt zwischen 10 und 20 mindestens 5 Primzahlen.

5 Übertrage und ergänze.
a) $T_{12} = \{1; 2; ◼; ◼; ◼; ◼\}$
b) $T_{14} = \{1; 2; ◼; ◼\}$
c) $V_{13} = \{13; ◼; ◼; ◼; 65; ◼; ◼; ◼; 117; …\}$

5 Übertrage und ergänze.
a) $T_{36} = \{1; 2; ◼; ◼; ◼; ◼; ◼; ◼; ◼\}$
b) $V_{17} = \{◼; ◼; ◼; ◼; 85; ◼; ◼; 136; …\}$
c) $V_◼ = \{◼; ◼; 21; ◼; ◼; 42; ◼; ◼; 63; ◼; …\}$

6 Ergänze die Grafik im Heft. Beachte die Richtung der Pfeile.

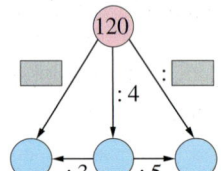

6 Ergänze die Grafik im Heft.

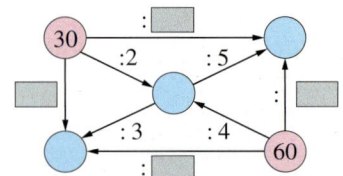

26

7 Um das Kreisfeld mit der 21 herum sind alle Teiler von 21 in die benachbarten Felder eingetragen. Ergänze im Heft.

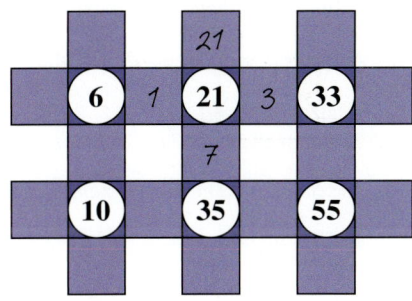

8 Schreibe die Zahlen als Produkte, deren Faktoren nur Primzahlen sind.

a) $4 = \square \cdot \square$
b) $9 = \square \cdot \square$
c) $25 = \square \cdot \square$
d) $35 = \square \cdot \square$
e) $33 = \square \cdot \square$
f) $77 = \square \cdot \square$
g) $12 = \square \cdot \square \cdot \square$
h) $66 = \square \cdot \square \cdot \square$

9 Nenne eine Primzahl zwischen …

a) … 8 und 16;
b) … 12 und 24;
c) …24 und 48;
d) … 17 und 34;
e) …54 und 110;
f) … 111 und 222.

10 Bestimme das kleinste gemeinsame Vielfache.

a) kgV (4; 18)
b) kgV (12; 44)
c) kgV (72; 120)
d) kgV (64; 160)
e) kgV (6; 61)
f) kgV (35; 25)
g) kgV (7; 9)
h) kgV (13; 169)
i) kgV (39; 72)
j) kgV (21; 35)

7 Zeichne das Teilermengen-Puzzle ab. Fülle anschließend die leeren Felder im Heft aus.

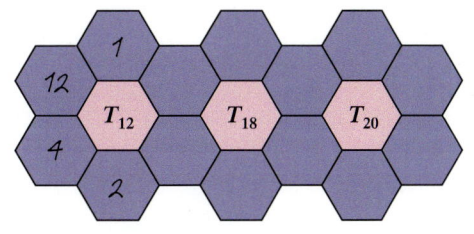

8 Schreibe die folgenden geraden Zahlen als Summe zweier Primzahlen. Gibt es mehrere Möglichkeiten?

a) $16 = \square + \square$
b) $32 = \square + \square$
c) $20 = \square + \square$
d) $36 = \square + \square$
e) $52 = \square + \square$
f) $38 = \square + \square$
g) $42 = \square + \square$
h) $44 = \square + \square$
i) $46 = \square + \square$
j) $56 = \square + \square$

9 Zwei Primzahlen, deren Differenz 2 ist, heißen Primzahlzwillinge.

a) Nenne 5 Primzahlzwillinge.
b) Suche 3 Primzahlzwillinge größer als 100.

10 Bestimme das kleinste gemeinsame Vielfache der Zahlen.

a) 8; 12; 15
b) 12; 24; 36
c) 20; 30; 40
d) 4; 6; 12
e) 3; 6; 8; 12
f) 7; 11; 13; 19
g) 6; 18; 24; 27
h) 5; 10; 20; 40
i) 9; 27; 54; 108
j) 12; 24; 42; 84

BEISPIELE
Primzahlzwillinge:
11 und 13;
29 und 31

11 Betrachte die Zahnräder rechts. Stelle fest, ob nach einer Umdrehung des *großen* Zahnrades die roten Markierungen wieder übereinanderstehen.
a) Wie viele Umdrehungen macht dabei das kleine Zahnrad?
b) Das große Zahnrad wird ausgewechselt. Das neue Zahnrad hat 46 Zähne. Stehen nach einer Umdrehung des neuen Zahnrades die roten Markierungen wieder übereinander?
c) Überlege: Was hat die Aufgabe mit dem Thema „gemeinsame Vielfache" zu tun?

12 Ben hat bei seinem Fahrrad auf einen mittleren Gang geschaltet. Vorn liegt die Kette auf einem Zahnrad mit 32 Zähnen, hinten auf einem Zahnrad mit 20 Zähnen.
Nach wie vielen Umdrehungen der Pedale haben beide Zahnräder wieder die Ausgangsstellung erreicht?

27

13 Zahlenrätsel

Wer knackt den Tresor? Käpt'n Skippy hat sich einen Tresor für die sichere Aufbewahrung seiner Einnahmen angeschafft, hat aber seine Geheimzahl vergessen. Er hat jedoch eine Anweisung zur Bestimmung der Geheimnummer angefertigt.

Nimm das kleinste gemeinsame Vielfache von drei und fünf.
Multipliziere diese Zahl mit der kleinsten ungeraden Primzahl.
Rechne 4 dazu.
Teile nun durch die Märchenzahl (z.B. aus „Schneewittchen"), für die es keine einfache Teilbarkeitsregel gibt.
Kontrolle (erstes Zwischenergebnis):
Diese Zahl ist eine Primzahl. Wenn nicht, hast du dich verrechnet.
Multipliziere nun diese Zahl mit $2 \cdot 2 \cdot 5 \cdot 5$.
Subtrahiere dann siebenundzwanzig.
Untersuche, ob diese Zahl durch vier teilbar ist.
Wenn ja, addiere sechzehn, wenn nicht, addiere zwei.
Kontrolle (zweites Zwischenergebnis):
Diese Zahl ist durch neun teilbar. Wenn nicht, hast du dich verrechnet.
Addiere das kleinste gemeinsame Vielfache von sechs und fünfzehn.
Bestimme den größten Teiler von 138 und addiere auch ihn.
Subtrahiere die fünfte (d.h. die fünftkleinste) Primzahl.

Nun weißt du die Geheimnummer für den Tresor.

14 Primzahlen

a) Bestimme alle Primzahlen, deren letzte Ziffer eine 5 ist.
b) Bestimme alle geraden Primzahlen.
c) Warum gibt es keine Primzahl, deren letzte Ziffer eine 0 ist?
d) Welche Ziffern können als letzte Ziffer einer mehrstelligen Primzahl vorkommen, welche nicht? Begründe und nenne Beispiele.

14 ♟♟ Arbeitet als Zahlendetektive.

a) Nennt die kleinste Zahl, die durch drei (durch fünf) verschiedene Primzahlen teilbar ist.
b) Welche zweistelligen natürlichen Zahlen erfüllen alle genannten Bedingungen?
– Die Zahl ist ungerade und größer als 60.
– Vertauscht man die Ziffern, entsteht eine Primzahl.
– Die Zahl hat genau vier Teiler.

15 ♟♟ Gesetze und Regeln

Arbeitet zu zweit oder in einer Gruppe.

Begründe deine Antworten anhand von Beispielen.
a) Wie groß ist der ggT zweier Primzahlen?
b) Kann es zwei Zahlen geben, die kein gemeinsames Vielfaches haben?

Welche Behauptung ist richtig? Bestätige oder widerlege mithilfe von Beispielen.
a) Wenn eine Zahl durch 8 teilbar ist, dann ist sie auch durch 2 und durch 4 teilbar.
b) Wenn eine Zahl durch 2 *und* durch 4 teilbar ist, dann ist sie auch durch 8 teilbar.
c) Wenn eine Zahl *nicht* durch 4 teilbar ist, dann ist sie auch nicht durch 8 teilbar.
d) Wenn eine Zahl *nicht* durch 8 teilbar ist, dann ist sie auch nicht durch 4 teilbar.
e) Wenn eine Zahl durch 25 teilbar ist, dann ist sie auch durch 5 teilbar.

Überprüfe die Behauptungen mithilfe von Beispielen oder Gegenbeispielen.
a) Zwei gerade Zahlen sind nie zueinander teilerfremd.
b) Zwei ungerade Zahlen sind immer zueinander teilerfremd.
c) Von vier aufeinanderfolgenden natürlichen Zahlen ist immer eine durch 4 teilbar. Können auch mehrere dieser Zahlen durch 4 teilbar sein?
d) Jakob behauptet: „Je größer eine Zahl ist, desto größer ist auch die Quersumme."

HINWEIS
*Wenn du zeigen möchtest, dass eine Behauptung nicht stimmt, brauchst du nur **ein** Beispiel zu finden, das gegen diese Behauptung spricht. Man nennt dies ein **Gegenbeispiel**.*

Zusammenfassung

Teiler, Vielfache und Primzahlen

→ Seite 10

Wenn man ohne Rest teilen kann, sagt man z. B.: „18 ist durch 6 **teilbar**" oder „6 ist **Teiler** von 18."

$18 : 6 = 3 \qquad 6 \mid 18$
$35 : 7 = 5 \qquad 7 \mid 35$

Wenn das Teilen nicht aufgeht, sagt man z. B.: „18 ist durch 4 **nicht teilbar** oder 4 ist **nicht Teiler** von 18."

$18 : 4 = 4 \text{ Rest } 2 \qquad 4 \nmid 18$
$35 : 4 = 8 \text{ Rest } 3 \qquad 4 \nmid 35$

Es gilt: „18 ist **Vielfaches** von 6."

$18 = 3 \cdot 6$

Alle Teiler einer Zahl zusammen bilden die **Teilermenge** dieser Zahl.

$T_{18} = \{1; 2; 3; 6; 9; 18\}$
$T_{35} = \{1; 5; 7; 35\}$

Zahlen, die genau zwei Teiler haben (und zwar 1 und sich selbst), heißen **Primzahlen**.

Primzahlen: $2; 3; 5; 7; 11; 13; \dots$

Teilbarkeitsregeln

→ Seite 14

Eine Zahl ist durch …
10 teilbar, wenn ihre letzte Ziffer **0** ist.
 5 teilbar, wenn ihre letzte Ziffer **0** oder **5** ist.
 2 teilbar, wenn ihre letzte Ziffer **0**; **2**; **4**; **6** oder **8** ist.

270 ist durch 10 teilbar, da die Endziffer 0 ist.
85 ist durch 5 teilbar, da die Endziffer 5 ist.
567 ist *nicht* teilbar durch 2, da die Endziffer nicht 0; 2; 4; 6 oder 8 ist.

Eine durch 2 teilbare Zahl heißt **gerade Zahl**, alle anderen heißen **ungerade Zahlen**.

568 ist eine gerade Zahl.
283 865 411 761 ist eine ungerade Zahl.

Die Summe aller Ziffern einer Zahl nennt man **Quersumme**.

Die Quersumme von 735 ist $7 + 3 + 5 = 15$

Eine Zahl ist durch **3 teilbar**, wenn ihre Quersumme durch 3 teilbar ist.

735 ist durch 3 teilbar, da die Quersumme 15 von 735 ist und durch 3 teilbar ist.

Gemeinsame Teiler und gemeinsame Vielfache

→ Seite 20

Der **größte gemeinsame Teiler (ggT)** zweier Zahlen ist die größte Zahl, die in *beiden* Teilermengen vorkommt.

$T_8 = \{1; 2; 4; 8\}$
$T_{12} = \{1; 2; 3; 4; 6; 12\}$
$\text{ggT}(8; 12) = 4$

Zahlen, die *keinen* gemeinsamen Teiler außer der 1 haben, heißen **teilerfremd**.

$\text{ggT}(3; 7) = 1;$ also sind 3 und 7 teilerfremd.
$\text{ggT}(9; 25) = 1;$ also sind 9 und 25 teilerfremd.

Das **kleinste gemeinsame Vielfache (kgV)** zweier Zahlen ist die kleinste Zahl, die in *beiden* Vielfachenmengen vorkommt.

$V_4 = \{4; 8; 12; 16; 20; 24; 28; 32; 36; \dots\}$
$V_6 = \{6; 12; 18; 24; 30; 36; \dots\}$
$\text{kgV}(4; 6) = 12$

Teste dich!

6 Punkte

1 Gib jeweils alle Teiler der folgenden Zahlen als Teilermengen an.

a) 18   b) 20   c) 35   d) 48   e) 98   f) 111

10 Punkte

2 Übertrage die Tabellen ins Heft. Kreuze an, wenn Teilbarkeit vorliegt.

a)

	2	3	5	10
16				
30				
37				
48				
300				

b)

	2	3	5	10
125				
322				
500				
675				
728				

8 Punkte

3 Ergänze die fehlende Ziffer. Gibt es mehrere Möglichkeiten?

a) 24▮ ist durch 10 teilbar.

b) 63▮ ist durch 5 teilbar.

c) 5▮2 ist durch 3 teilbar.

d) 1▮4 ist durch 2 teilbar.

e) 1 53▮ ist durch 2 und durch 3 teilbar.

f) 3 24▮ ist durch 5 aber nicht durch 2 teilbar.

g) 6 01▮ ist durch 2 aber nicht durch 5 teilbar.

h) 7 02▮ ist durch 2 und durch 5 teilbar.

4 Punkte

4 Bestimme den größten gemeinsamen Teiler der beiden Zahlen.

a) ggT(6; 8)   b) ggT(12; 16)   c) ggT(24; 36)   d) ggT(45; 60)

4 Punkte

5 Bestimme das kleinste gemeinsame Vielfache der beiden Zahlen.

a) kgV(4; 7)   b) kgV(5; 12)   c) kgV(10; 12)   d) kgV(20; 24)

5 Punkte

6 Primzahlen

a) Zähle alle Primzahlen zwischen 0 und 20 auf.

b) Nenne eine Primzahl zwischen 30 und 40.

c) Nenne eine Primzahl zwischen 100 und 200.

d) Nenne alle Primzahlen, die auf 5 enden.

e) Warum gibt es keine Primzahl, deren letzte Ziffer eine 0 ist?

1 Punkt

7 Eine Mutter hat vier erwachsene Kinder.

Das älteste Kind besucht die Mutter jeden Sonntag, das zweitälteste jeden zweiten Sonntag, das drittälteste jeden dritten Sonntag und das jüngste nur jeden vierten Sonntag.

In welchem Abstand kommen alle vier Kinder bei der Mutter zusammen?

2 Punkte

8 Ein Garten soll mit gleich langen Zaunteilen eingezäunt werden.

Der Garten ist 36 m lang und 42 m breit.

Wie lang dürfen die Zaunteile höchstens sein?

Wie viele Zaunteile werden dann benötigt?

Gold: 36–40 Punkte, Silber: 30–35 Punkte, Bronze: 24–29 Punkte   Lösungen ab Seite 208

Brüche – Vergleichen, Addieren und Subtrahieren

Wusstest du schon, dass …

… mehr als $\frac{2}{3}$ der Erdoberfläche von Wasser bedeckt ist?

… Afrika etwa $\frac{1}{5}$ der Landfläche der Erde einnimmt?

… Deutschland nur ca. $\frac{1}{400}$ der Landfläche ausmacht,

… hier aber immerhin $\frac{1}{90}$ aller Menschen wohnen,

… die sogar $\frac{1}{20}$ des weltweiten Reichtums besitzen?

Noch fit?

Einstig

Aufstieg

1 Welche Brüche sind hier dargestellt?

a) 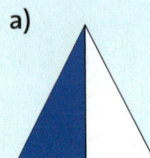 b) 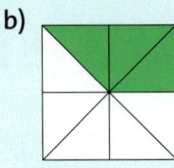 c) 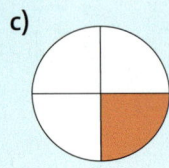 d) 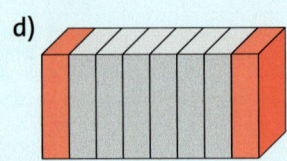 e)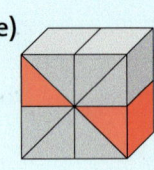

ZU AUFGABE 2
Beispiel:
$\frac{1}{5} + \frac{4}{5} = 1$

2 Brüche ergänzen
Ergänze so, dass ein Ganzes entsteht.

a) $\frac{3}{4}$ b) $\frac{4}{7}$ c) $\frac{2}{9}$ d) $\frac{10}{11}$

2 Brüche ergänzen
Ergänze auf 5 Ganze.

a) $4\frac{3}{4}$ b) $1\frac{4}{9}$ c) $3\frac{2}{7}$ d) $\frac{5}{6}$

3 Größen umrechnen

a) $1\frac{1}{2}\,m = \blacksquare\,cm$ b) $3\frac{3}{4}\,m = \blacksquare\,cm$

c) $3\frac{1}{5}\,kg = \blacksquare\,g$ d) $5\frac{1}{10}\,kg = \blacksquare\,g$

3 Größen umrechnen

a) $1\frac{1}{2}\,h = \blacksquare\,min$ b) $5\frac{2}{5}\,km = \blacksquare\,m$

c) $12\frac{3}{4}\,g = \blacksquare\,mg$ d) $10\frac{1}{4}\,l = \blacksquare\,ml$

NACHGEDACHT
Wofür stehen die Abkürzungen „kgV" und „ggT"? Warum gibt es keine Aufgaben zu „kgT" und „ggV"?

4 kgV und ggT
Bestimme das kgV bzw. den ggT.

a) kgV (4; 5)   b) kgV (6; 8)
c) kgV (14; 21)   d) ggT (12; 18)
e) ggT (20; 30)   f) ggT (5; 8)

4 kgV und ggT
Bestimme das kgV bzw. den ggT.

a) kgV (5; 6)   b) kgV (10; 16)
c) kgV (12; 15)   d) ggT (6; 15)
e) ggT (40; 100)   f) ggT (9; 19)

5 Zahlenstrahl
a) Welche Zahlen sind hier markiert?

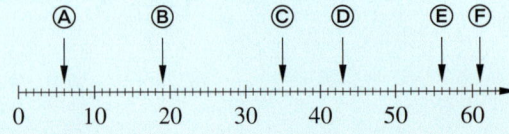

b) Zeichne einen Zahlenstrahl von 0 bis 100. Überlege dir eine sinnvolle Einteilung und trage ein:
5; 82; 99; 18; 46; 65

5 Zahlenstrahl
a) Welche Zahlen sind hier markiert?

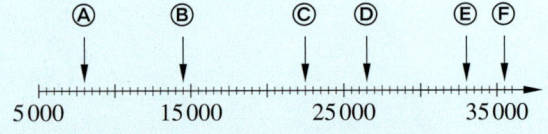

b) Zeichne einen Zahlenstrahl von 1 000 bis 2 000. Überlege dir eine sinnvolle Einteilung und trage ein:
1 500; 1 850; 1 050; 1 200; 1 450

6 Kopfrechnen

a) $5 \cdot 3 \cdot 3$ b) $7 \cdot 5 \cdot 5$
c) $9 \cdot 2 \cdot 2 \cdot 2$ d) $100 : 5 : 5$
e) $162 : 3 : 3 : 3$ f) $800 : 2 : 2 : 2 : 2$

6 Kopfrechnen

a) $4 \cdot 5 \cdot 5 \cdot 5$ b) $3 \cdot 4 \cdot 5 \cdot 6$
c) $7 \cdot 2 \cdot 3 \cdot 4$ d) $200 : 2 : 4 : 5$
e) $500 : 5 : 5 : 5$ f) $900 : 2 : 3 : 5 : 10$

7 Kurz und knapp

a) Ein Eishockeyspiel dauert 60 Minuten. Zwei Drittel sind vorüber.
b) Ein Profiboxkampf geht über 12 Runden von je 3 Minuten.
c) Ein Gewichtheber wiegt 82 kg und hebt das $1\frac{1}{2}$-Fache seines Gewichtes.
d) Die 12. Etappe der Tour de France ist 196 km lang. Ein Viertel der Strecke ist geschafft.

Lösungen ab Seite 208

Brüche erweitern und kürzen

Entdecken

1 Auf dem Schulfest bieten Jan, Lea und Berna das Spiel „Glücksrad" an.

Einen Preis gewinnt man, wenn der Zeiger beim Drehen auf dem grünen Feld stehen bleibt.
Vergleiche die Glücksräder: Bei wem würdest du spielen? Begründe.

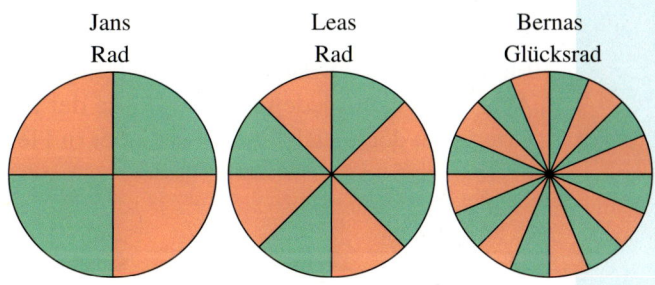
Jans Rad Leas Rad Bernas Glücksrad

2 Zu Leons Geburtstagsfeier haben seine Eltern zwei Bleche Kuchen gebacken, einen Bienenstich und einen Streuselkuchen.

Nach der Feier sind einige Stücke übriggeblieben.
Schaue genau: Von welchem Kuchen ist mehr übriggeblieben?

3 Welcher Anteil ist grün, welcher Anteil ist blau? Gib die Anteile in möglichst vielen verschiedenen Schreibweisen an.
🎭 Vergleiche deine Ergebnisse mit deinen Nachbarn. Wer findet die meisten Schreibweisen?

4 Welcher Anteil vom Streifen ist gelb?

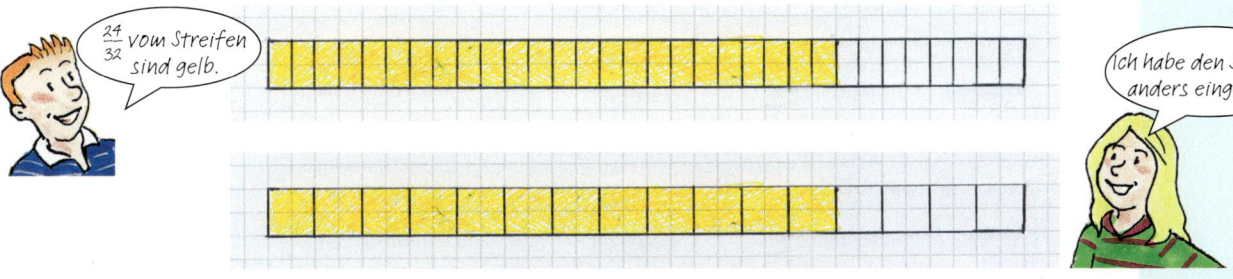

$\frac{24}{32}$ vom Streifen sind gelb.

Ich habe den Streifen anders eingeteilt.

a) Wie hat Nora den Streifen eingeteilt? Gib mit dem passenden Bruch den gelben Anteil an.
b) Kannst du den Streifen anders einteilen als Timm und Nora? Zeichne selbst solche Streifen in dein Heft: Jeder Streifen soll 16 cm lang sein, davon 12 cm gelb.
   Zeichne möglichst viele verschiedene Einteilungen und gib mit dem jeweils passenden Bruch den gelben Anteil an.
c) Warum kann man den gelben Anteil *nicht* angeben, wenn man diesen Streifen so einteilt, dass immer 3 (oder 6) Kästchen zusammengehören?

33

Verstehen

Tom und Pia wollen sich eine Pizza teilen.

„Kannst du die Pizza nicht in kleinere Stücke schneiden?" fragt Pia, als Tom die Riesenpizza halbiert. „Solch große Stücke passen doch gar nicht auf unsere Teller!"

Tom überlegt einen Augenblick und teilt jede Hälfte mit zwei weiteren Schnitten.

„Aber ich will auf jeden Fall die Hälfte der Pizza haben", sagt er.

„Kriegst du doch auch" lacht Pia, „aber in kleineren Stücken".

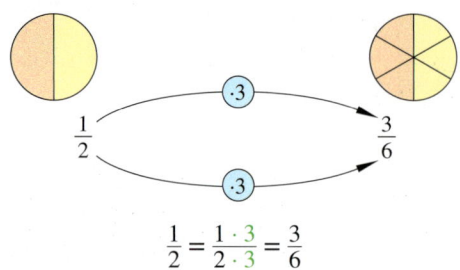

$$\frac{1}{2} = \frac{1 \cdot 3}{2 \cdot 3} = \frac{3}{6}$$

Merke **Erweitern eines Bruchs** bedeutet, Zähler und Nenner des Bruchs mit der gleichen natürlichen Zahl zu multiplizieren.

Dadurch ändert sich der Wert des Bruchs nicht.

Beispiel 1

$\frac{2}{5} = \frac{2 \cdot 4}{5 \cdot 4} = \frac{8}{20}$ (Erweitern mit 4)

Beispiel 2

$1\frac{3}{4} = 1\frac{3 \cdot 2}{4 \cdot 2} = 1\frac{6}{8}$ (Erweitern bei einer gemischten Zahl)

Beim Kuchenessen am Nachmittag bemerkt Pia: „Jetzt haben wir tatsächlich 9 von den 12 Kuchenstücken aufgegessen!" „Dann haben wir ja drei Viertel des Kuchens gegessen", stellt Tom fest.

Er hat so gerechnet:

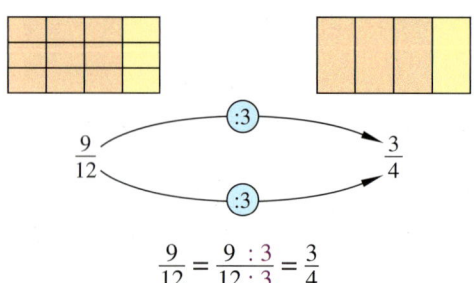

$$\frac{9}{12} = \frac{9 : 3}{12 : 3} = \frac{3}{4}$$

Merke **Kürzen eines Bruchs** bedeutet, Zähler und Nenner des Bruchs durch die gleiche natürliche Zahl zu dividieren.

Auch durch das Kürzen ändert sich der Wert des Bruchs nicht.

Beispiel 3

$\frac{100}{160} = \frac{100 : 20}{160 : 20} = \frac{5}{8}$ (Kürzen durch 20)

Beispiel 4

$3\frac{16}{24} = 3\frac{16 : 8}{24 : 8} = 3\frac{2}{3}$ (Kürzen bei einer gemischten Zahl)

In Beispiel 3 sieht man, dass die Brüche $\frac{100}{160}$ und $\frac{5}{8}$ gleich groß sind.

Als Ergebnis einer Aufgabe schreibt man den gekürzten Bruch, also hier $\frac{5}{8}$.

Einen Bruch, der nicht weiter gekürzt werden kann, nennt man **vollständig gekürzt**.

Beispiel 5

Kürze $\frac{72}{96}$ vollständig. Man kann einen Bruch auf zwei Arten vollständig kürzen.

a) Schrittweises Kürzen:

$\frac{72}{96} = \frac{72 : 2}{96 : 2} = \frac{36 : 2}{48 : 2} = \frac{18 : 2}{24 : 2} = \frac{9 : 3}{12 : 3} = \frac{3}{4}$

b) Kürzen in *einem* Schritt durch den ggT:

ggT (72; 96) = 24, also kürzen durch 24:

$\frac{72}{96} = \frac{72 : 24}{96 : 24} = \frac{3}{4}$

Üben und anwenden

1 Erkläre an der Zeichnung, wie erweitert wurde. Notiere auch die zugehörigen Brüche.

a) 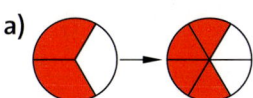   b) 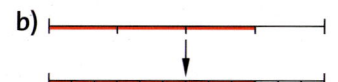   c)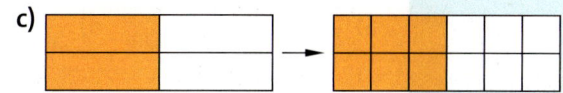

2 Erkläre an der Zeichnung, wie gekürzt wurde. Notiere auch die zugehörigen Brüche.

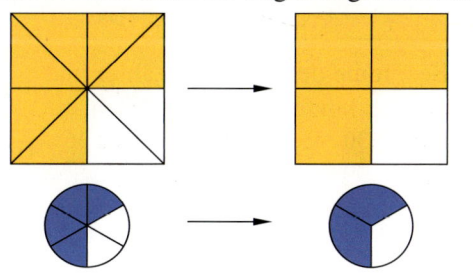

2 Finde je zwei Brüche, die den roten Anteil an der Figur angeben.

Beschreibe: Was haben die beiden Brüche mit „Kürzen/Erweitern" zu tun?

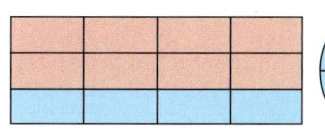 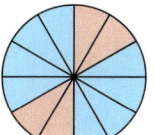 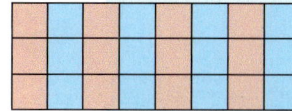

3 Mit welcher Zahl wurde erweitert?

a) $\frac{3}{4} = \frac{3 \cdot \blacksquare}{4 \cdot \blacksquare} = \frac{9}{12}$ b) $\frac{5}{2} = \frac{5 \cdot \blacksquare}{2 \cdot \blacksquare} = \frac{25}{10}$ c) $\frac{8}{9} = \frac{8 \cdot \blacksquare}{9 \cdot \blacksquare} = \frac{48}{54}$ d) $\frac{2}{3} = \frac{2 \cdot \blacksquare}{3 \cdot \blacksquare} = \frac{28}{42}$

4 Durch welche Zahl wurde gekürzt?

a) $\frac{4}{6} = \frac{4 : \blacksquare}{6 : \blacksquare} = \frac{2}{3}$ b) $\frac{24}{36} = \frac{24 : \blacksquare}{36 : \blacksquare} = \frac{4}{6}$ c) $\frac{16}{32} = \frac{16 : \blacksquare}{32 : \blacksquare} = \frac{2}{4}$ d) $\frac{42}{28} = \frac{42 : \blacksquare}{28 : \blacksquare} = \frac{3}{2}$

5 Erweitere jeden Bruch mit 2, mit 5 und mit 12.

a) $\frac{1}{2}$ b) $\frac{2}{3}$ c) $\frac{4}{7}$ d) $\frac{1}{5}$ e) $1\frac{1}{2}$ f) $2\frac{3}{4}$

5 Bestimme die fehlende Zahl.

a) $\frac{\blacksquare}{7} = \frac{15}{35}$ b) $\frac{\blacksquare}{9} = \frac{45}{81}$ c) $\frac{\blacksquare}{5} = \frac{12}{20}$

d) $\frac{\blacksquare}{11} = \frac{35}{77}$ e) $\frac{\blacksquare}{3} = \frac{7}{21}$ f) $\frac{\blacksquare}{15} = \frac{56}{120}$

6 Kürze durch 5.

a) $\frac{15}{25}$ b) $\frac{40}{100}$ c) $\frac{35}{45}$ d) $\frac{50}{30}$ e) $\frac{10}{55}$

f) $\frac{65}{75}$ g) $\frac{20}{30}$ h) $\frac{45}{60}$ i) $\frac{80}{95}$ j) $\frac{105}{125}$

6 Bestimme die fehlende Zahl x.

a) $\frac{3}{x} = \frac{24}{56}$ b) $\frac{7}{x} = \frac{84}{108}$ c) $\frac{5}{x} = \frac{50}{90}$

d) $\frac{8}{x} = \frac{72}{90}$ e) $\frac{10}{x} = \frac{40}{96}$ f) $\frac{11}{x} = \frac{66}{96}$

7 Zeige durch Kürzen oder Erweitern, dass das Gleichheitszeichen stimmt.

a) $\frac{2}{6} = \frac{1}{3}$ b) $\frac{12}{36} = \frac{2}{6}$ c) $\frac{12}{36} = \frac{1}{3}$

d) $\frac{4}{12} = \frac{12}{36}$ e) $\frac{2}{6} = \frac{4}{12}$ f) $\frac{1}{3} = \frac{4}{12}$

g) $\frac{24}{48} = \frac{1}{2}$ h) $\frac{28}{35} = \frac{4}{5}$ i) $\frac{7}{8} = \frac{28}{32}$

7 Erweiterungszahl gesucht

a) Schreibe als Bruch mit dem Nenner 24.

① $\frac{2}{3}$ ② $\frac{7}{12}$ ③ $\frac{3}{8}$ ④ $\frac{1}{2}$ ⑤ $\frac{11}{3}$

b) Schreibe als Bruch mit dem Nenner 48.

① $\frac{1}{2}$ ② $\frac{5}{6}$ ③ $\frac{7}{12}$ ④ $\frac{23}{24}$ ⑤ $\frac{7}{3}$

8 Bestimme die fehlende Zahl.

a) $\frac{5}{8} = \frac{\blacksquare}{32}$ b) $\frac{4}{5} = \frac{\blacksquare}{30}$ c) $\frac{5}{6} = \frac{\blacksquare}{24}$

d) $\frac{7}{4} = \frac{\blacksquare}{28}$ e) $\frac{2}{3} = \frac{\blacksquare}{27}$ f) $\frac{8}{9} = \frac{\blacksquare}{63}$

8 Stimmt das Gleichheitszeichen?

a) $\frac{8}{9} = \frac{96}{108}$ b) $\frac{7}{8} = \frac{63}{64}$ c) $\frac{1}{9} = \frac{5}{95}$

d) $\frac{96}{104} = \frac{12}{13}$ e) $\frac{154}{214} = \frac{15}{21}$ f) $\frac{105}{213} = \frac{34}{71}$

9 Mit welcher Zahl wird erweitert, damit der Nenner 100 ist? **Beispiel** $\frac{1}{4} = \frac{25}{100}$, also 25

a) $\frac{1}{2}$ b) $\frac{7}{10}$ c) $\frac{13}{20}$ d) $\frac{9}{50}$ e) $\frac{3}{4}$ f) $\frac{19}{25}$

9 Welche der Brüche lassen sich auf eine Stufenzahl (10; 100; 1 000; …) erweitern?

a) $\frac{3}{5}$ b) $\frac{7}{25}$ c) $\frac{2}{3}$ d) $\frac{1}{8}$ e) $\frac{5}{6}$ f) $\frac{19}{200}$

10 Jeweils ein roter und ein blauer Bruch sind gleich groß.

Schreibe so: $\frac{3}{4} = \frac{3 \cdot 4}{4 \cdot 4} = \frac{12}{16}$

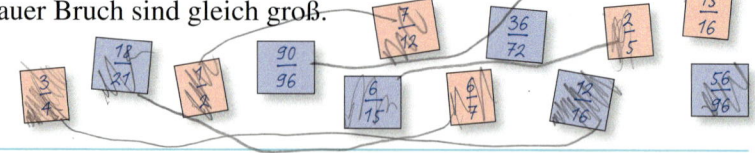

11 Bestimme den ggT von Zähler und Nenner und kürze damit den Bruch.

a) $\frac{14}{49}$ b) $\frac{24}{36}$ c) $\frac{33}{77}$ d) $\frac{90}{100}$ e) $\frac{30}{42}$ f) $\frac{5}{55}$

11 Bestimme den ggT von Zähler und Nenner und kürze damit den Bruch.

a) $\frac{18}{38}$ b) $\frac{30}{36}$ c) $\frac{27}{72}$ d) $\frac{75}{90}$ e) $\frac{36}{54}$ f) $\frac{125}{175}$

12 Kürze den Bruch schrittweise bis zum Ende. **Beispiel** $\frac{20}{120} = \frac{10}{60} = \frac{5}{30} = \frac{1}{6}$

a) $\frac{60}{180} = \frac{\square}{90} = \frac{\square}{18} = \frac{\square}{6} = \frac{\square}{3}$

b) $\frac{72}{270} = \frac{36}{\square} = \frac{\square}{45} = \frac{4}{\square}$

c) $\frac{\square}{360} = \frac{48}{\square} = \frac{12}{\square} = \frac{\square}{6} = \frac{2}{3}$

d) $\frac{60}{80} = \frac{\square}{\square} = \frac{\square}{\square} = \frac{\square}{\square} = \ldots$ e) $\frac{50}{250} = \frac{\square}{\square} = \frac{\square}{\square} = \ldots$

12 Kürze den Bruch vollständig.

a) $\frac{240}{\square} = \frac{\square}{72} = \frac{20}{24} = \frac{10}{\square} = \frac{\square}{6}$

b) $\frac{\square}{630} = \frac{45}{\square} = \frac{\square}{105} = \frac{5}{35} = \frac{1}{\square}$

c) $\frac{\square}{360} = \frac{72}{\square} = \frac{24}{60} = \frac{\square}{15} = \frac{2}{\square}$

d) $\frac{144}{180} = \frac{\square}{\square} = \frac{\square}{\square} = \ldots$ e) $\frac{64}{128} = \frac{\square}{\square} = \frac{\square}{\square} = \ldots$

13 Kürze so lange, bis Zähler und Nenner teilerfremd sind.

a) $\frac{32}{40}$ b) $\frac{25}{30}$ c) $\frac{72}{84}$ d) $\frac{56}{64}$

e) $\frac{24}{60}$ f) $\frac{8}{12}$ g) $\frac{16}{20}$ h) $\frac{15}{35}$

13 Kürze so lange, bis Zähler und Nenner teilerfremd sind.

a) $\frac{75}{105}$ b) $\frac{80}{120}$ c) $\frac{20}{24}$ d) $\frac{39}{65}$

e) $\frac{105}{120}$ f) $\frac{60}{108}$ g) $\frac{216}{102}$ h) $\frac{276}{216}$

14 Zeichne geeignete Kreisbilder oder Rechtecke und zeige, dass $\frac{1}{2} = \frac{4}{8}$ und $\frac{3}{4} = \frac{12}{16}$.

14 Finde fünf Brüche mit …
a) dem Nenner 36, die sich kürzen lassen.
b) dem Nenner 36, die sich *nicht* kürzen lassen. Kannst du begründen, warum man sie nicht kürzen kann?

15 Welche dieser Brüche kann man auf den Nenner 24 erweitern? Welche nicht?
$\frac{1}{2}$, $\frac{1}{3}$, $\frac{1}{4}$, $\frac{1}{5}$, $\frac{1}{6}$, $\frac{1}{7}$, $\frac{1}{8}$
Erkläre: Warum kann man manche der Brüche nicht auf den Nenner 24 erweitern?

15 Aidyl stellt fest: „Man kann jeden Bruch mit 2, 3, 4, …, 10 erweitern, aber nicht jeden Bruch durch diese Zahlen kürzen."
Warum ist das so?

16 Nico sammelt Briefmarken. Von seinen 120 Briefmarken stammen 40 aus Deutschland, 30 aus England, 24 aus Frankreich und der Rest aus anderen Ländern.
Gib die Anteile an der Gesamtmenge als gekürzte Bruchteile an.

16 Die Erich-Kästner-Schule hat 950 Schüler. An einem Sommermorgen kommen 380 Schüler mit dem Fahrrad zur Schule, 300 mit dem Bus, 25 werden mit dem Auto gebracht und der Rest geht zu Fuß. Gib die Anteile als vollständig gekürzte Brüche an.

Brüche vergleichen und ordnen

Entdecken

1 Niclas und Ahmed sind Torhüter und haben beim Fußballturnier mehrere Elfmeter gehalten. Niclas hat 2 von 5 Elfmetern gehalten, Ahmed konnte 3 von 8 Elfmetern abwehren.
Welcher Torhüter war erfolgreicher beim Elfmeterhalten?

2 Bei welchem der drei Gefäße ist die Chance, eine orange Kugel zu ziehen, am geringsten? Bei welchem Gefäß am höchsten? Gib eine Begründung an.

3 Übertrage den folgenden Zahlenstrahl in dein Heft.

a) Ergänze die fehlenden Brüche am Zahlenstrahl.
b) Kürze alle Brüche, bei denen dies möglich ist. Schreibe den gekürzten Bruch an die gleiche Stelle unter den Zahlenstrahl.
c) Welcher Bruch liegt auf dem Zahlenstrahl genau zwischen $\frac{1}{2}$ und $\frac{2}{3}$?
d) Bestimme die Lage der Brüche $\frac{1}{4}$ und $\frac{3}{4}$ auf dem Zahlenstrahl.
e) Warum befinden sich $\frac{6}{6}$ und 1 an der gleichen Stelle des Zahlenstrahls?
f) Florian möchte lieber $1\frac{1}{6}$ statt $\frac{7}{6}$ schreiben. Darf er das? Begründe.

4 Zeichne einen Zahlenstrahl mit folgenden Eigenschaften:
– Der Zahlenstrahl ist mindestens 14 cm lang.
– Zwischen der 0 am Beginn des Zahlenstrahls und der 1 liegen genau 8 cm.

Trage auf dem Zahlenstrahl die folgenden Brüche ein: $\frac{1}{8}$; $\frac{3}{8}$; $\frac{7}{8}$; $\frac{1}{4}$; $\frac{3}{4}$; $\frac{1}{2}$; $1\frac{1}{2}$; $1\frac{3}{8}$; $\frac{5}{16}$.

5 Setze im Heft das richtige Zeichen (>, <, =).
Formuliere jeweils eine passende Regel und begründe sie.

a) $\frac{5}{8} \boxempty \frac{3}{8}$; $\frac{7}{10} \boxempty \frac{9}{10}$; $\frac{4}{7} \boxempty \frac{5}{7}$; $1\frac{7}{12} \boxempty 1\frac{4}{12}$

Beispiel *Regel: Von zwei Brüchen mit gleichem Nenner ist der größer, der ….*
Begründung: …

b) $\frac{2}{3} \boxempty \frac{2}{5}$; $\frac{4}{8} \boxempty \frac{4}{9}$; $\frac{19}{100} \boxempty \frac{19}{50}$; $2\frac{3}{7} \boxempty 2\frac{3}{10}$

c) $\frac{2}{3} \boxempty \frac{4}{6}$; $\frac{5}{10} \boxempty \frac{1}{2}$; $\frac{3}{4} \boxempty \frac{8}{12}$; $\frac{7}{8} \boxempty \frac{30}{40}$

d) $\frac{7}{7} \boxempty 1$; $3 \boxempty \frac{12}{4}$; $\frac{9}{3} \boxempty 9$; $1 \boxempty \frac{5}{1}$

e) 👥 Vergleicht in der Klasse: Welche Regeln findest du am verständlichsten formuliert?

HINWEIS
Beim Begründen der Regeln können Skizzen helfen: Stelle die Brüche mithilfe von Kreisen oder Rechtecken dar.

37

Verstehen

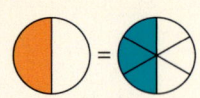

Tom und Pia haben durch Teilen einer Pizza herausgefunden, dass $\frac{1}{2}$ das Gleiche wie $\frac{3}{6}$ ist. Das kann man sich auch am Zahlenstrahl verdeutlichen:

Ein Ganzes wird geteilt in 6 gleiche Teile:

Ein Ganzes wird geteilt in 2 gleiche Teile:

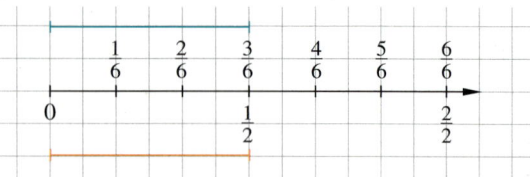

> **Merke** Jeder Bruch lässt sich als Punkt auf dem Zahlenstrahl darstellen.
>
> Brüche, die gleich groß sind, liegen auf dem Zahlenstrahl an derselben Stelle.
>
> Von zwei Brüchen ist der größer, der auf dem Zahlenstrahl weiter rechts liegt.

ZU BEISPIEL 2
Was ist mehr:

$\frac{2}{5}l$ *oder* $\frac{1}{3}l$?

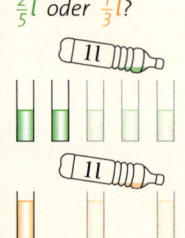

Beispiel 1

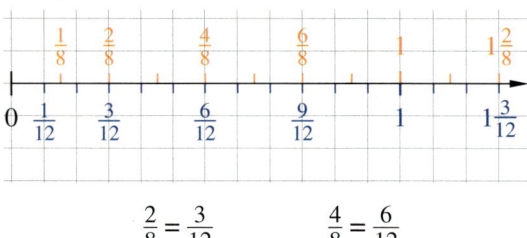

$$\frac{2}{8} = \frac{3}{12} \qquad \frac{4}{8} = \frac{6}{12}$$

Beispiel 2

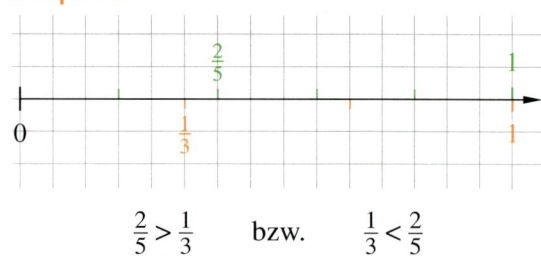

$$\frac{2}{5} > \frac{1}{3} \qquad \text{bzw.} \qquad \frac{1}{3} < \frac{2}{5}$$

Man kann Brüche auch ohne Zahlenstrahl vergleichen.

Der leichte Fall: Die Nenner sind gleich.

HINWEIS
Brüche mit gleichem Nenner nennt man **gleichnamige Brüche**. *Sie haben den gleichen Namen,*

z.B. $\frac{3}{11}$ *und* $\frac{10}{11}$.

Brüche mit unterschiedlichem Nenner heißen **ungleichnamige Brüche**.

Beispiel 3

$\frac{3}{5} \;\blacksquare\; \frac{4}{5}$ Weil 3 Fünftelstücke weniger sind als 4 Fünftelstücke, gilt: $\frac{3}{5} < \frac{4}{5}$.

Regel: Bei gleichem Nenner ist der Bruch größer, dessen Zähler größer ist.

Der Normalfall: Die Nenner sind verschieden. Dann hat der Lösungsweg zwei Schritte.

Beispiel 4

$\frac{1}{2} \;\blacksquare\; \frac{3}{5}$ ① $\frac{1}{2} = \frac{5}{10}$ und $\frac{3}{5} = \frac{6}{10}$

② Da $\frac{5}{10} < \frac{6}{10}$, gilt auch: $\frac{1}{2} < \frac{3}{5}$.

① Die Brüche werden durch Erweitern auf einen gemeinsamen Nenner gebracht. Das nennt man **Gleichnamigmachen**.

② Dann kann man sie leicht vergleichen.

Beispiel 5

$\frac{5}{8} \;\blacksquare\; \frac{7}{12}$ ① Hauptnenner: kgV (8; 12) = 24
Erweitern auf den Hauptnenner 24:

$$\frac{5}{8} = \frac{15}{24} \text{ und } \frac{7}{12} = \frac{14}{24}$$

② Da $\frac{15}{24} > \frac{14}{24}$, gilt auch: $\frac{5}{8} > \frac{7}{12}$.

① Gleichnamigmachen: Diesmal wird nicht ein beliebiger gemeinsamer Nenner, sondern der *kleinste* gemeinsame Nennner gesucht, der sogenannte **Hauptnenner**. Dafür bestimmt man zuerst das *kleinste gemeinsame Vielfache* (kgV) der Nenner.

② Nun kann man die Brüche vergleichen.

Üben und anwenden

1 Welche Brüche sind markiert?

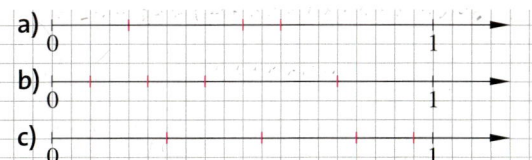

a)
b)
c)

1 Welche Brüche sind markiert?

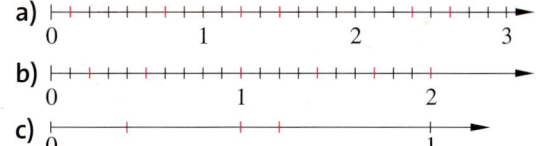

a)
b)
c)

HINWEIS
zu 1
Schaue zuerst, welche Einteilung der Zahlenstrahl hat. Wo liegt die 1?

2 Markiere am Zahlenstrahl und vergleiche.

a) $2\frac{1}{4}$ und $\frac{11}{4}$

b) $1\frac{5}{6}$ und $1\frac{5}{12}$

c) $\frac{10}{3}$ und $3\frac{2}{3}$

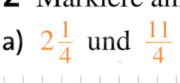
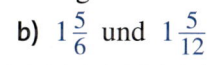

3 Zeichne einen Zahlenstrahl mit dem genannten Abstand zwischen 0 und 1. Dann trage die Zahlen ein.

a) 12 cm Abstand zwischen 0 und 1

$\frac{5}{12}; \frac{7}{12}; \frac{1}{6}; \frac{5}{6}; \frac{2}{3}; \frac{1}{4}; \frac{3}{4}; \frac{1}{2}; \frac{11}{24}$

b) 3 cm Abstand zwischen 0 und 1

$\frac{1}{3}; \frac{5}{6}; \frac{1}{2}; 3\frac{2}{3}; \frac{1}{12}; \frac{12}{6}; \frac{9}{3}; 1\frac{1}{6}$

3 Zeichne einen Zahlenstrahl mit dem genannten Abstand zwischen 0 und 1. Dann trage die Zahlen ein.

a) 4 cm Abstand zwischen 0 und 1

$\frac{1}{4}; \frac{3}{4}; \frac{1}{2}; \frac{5}{8}; \frac{7}{4}; \frac{8}{4}; 2\frac{1}{2}; \frac{5}{2}; \frac{18}{8}$

b) 6 cm Abstand zwischen 0 und 1

$\frac{4}{6}; \frac{1}{3}; \frac{1}{2}; \frac{1}{4}; 1\frac{3}{4}; \frac{10}{6}; \frac{5}{12}; \frac{7}{24}; \frac{13}{12}$

ZU DEN AUF-GABEN 3 UND 3
Zeichne den Zahlenstrahl über die 1 hinaus.

4 Vergleiche die beiden dargestellten Brüche. Welcher Bruch ist größer?

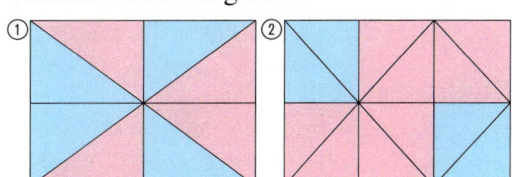

① ②

4 Vergleiche die beiden dargestellten Brüche.

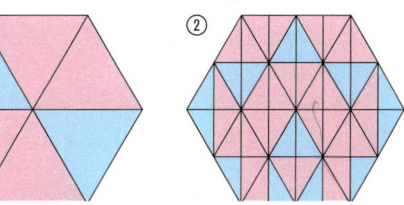

① ②

5 Erweitere auf einen gemeinsamen Nenner und vergleiche.

a) $\frac{1}{2}$ und $\frac{1}{4}$

b) $\frac{3}{5}$ und $\frac{1}{10}$

c) $\frac{2}{3}$ und $\frac{1}{4}$

5 Mache gleichnamig und vergleiche.

a) $\frac{3}{4}; \frac{5}{7}$

b) $\frac{7}{3}; \frac{2}{5}$

c) $\frac{2}{3}; \frac{4}{7}$

d) $\frac{5}{8}; \frac{7}{9}$

e) $\frac{5}{6}; \frac{3}{11}$

f) $\frac{9}{8}; \frac{7}{6}$

g) $\frac{4}{3}; \frac{9}{2}$

h) $\frac{7}{12}; \frac{4}{5}$

6 Setze im Heft < oder > ein.

a) $\frac{7}{12}$ ▧ $\frac{5}{12}$

b) $\frac{3}{4}$ ▧ $\frac{1}{4}$

c) $\frac{1}{2}$ ▧ $\frac{2}{3}$

d) $\frac{2}{3}$ ▧ $\frac{2}{5}$

e) $\frac{3}{4}$ ▧ $\frac{3}{7}$

f) $\frac{5}{6}$ ▧ $\frac{5}{9}$

6 Übertrage in dein Heft und vergleiche die Brüche. Setze das richtige Zeichen (<, >, =) ein.

a) $\frac{2}{7}$ ▧ $\frac{7}{9}$

b) $\frac{8}{11}$ ▧ $\frac{9}{10}$

c) $\frac{24}{25}$ ▧ $\frac{35}{35}$

d) $\frac{5}{3}$ ▧ $\frac{7}{5}$

e) $\frac{7}{15}$ ▧ $\frac{28}{60}$

f) $\frac{18}{12}$ ▧ $\frac{33}{22}$

7 Welcher Anteil ist größer?

a) $\frac{5}{24}$ oder $\frac{11}{24}$

b) $\frac{7}{12}$ oder $\frac{5}{12}$

c) $\frac{9}{12}$ oder $\frac{4}{12}$

d) $\frac{1}{2}$ oder $\frac{1}{4}$

e) $\frac{1}{8}$ oder $\frac{1}{6}$

f) $\frac{5}{6}$ oder $\frac{2}{3}$

g) $\frac{3}{4}$ oder $\frac{9}{12}$

h) $\frac{2}{3}$ oder $\frac{3}{4}$

7 Vergleiche die Brüche.

a) $\frac{5}{6}; \frac{3}{8}$

b) $\frac{3}{10}; \frac{4}{15}$

c) $\frac{7}{8}; \frac{11}{12}$

d) $\frac{5}{12}; \frac{7}{9}$

e) $\frac{3}{16}; \frac{5}{24}$

f) $\frac{5}{14}; \frac{10}{21}$

g) $\frac{15}{27}; \frac{10}{18}$

h) $\frac{11}{20}; \frac{13}{25}$

NACHGEDACHT
Clara vergleicht so:

$\frac{5}{8}$ ▧ $\frac{7}{12}$

$\frac{5 \cdot 12}{8 \cdot 12}$ ▧ $\frac{7 \cdot 8}{12 \cdot 8}$

$\frac{60}{96} > \frac{56}{96}$

Wie geht Clara vor? Ist ihr Ergebnis korrekt? Kann man ihr Verfahren immer anwenden? Welchen Nachteil hat das Verfahren?

*ZU DEN AUFGA-
BEN 8 UND 9
Um **mehrere**
Brüche zu ordnen,
muss man zuerst
alle Brüche
auf den kleinsten
gemeinsamen
Nenner (Haupt-
nenner) erwei-
tern.
Beispiel:
Bei 8 a) erweitert
man die drei
Brüche auf ihren
Hauptnenner 24.*

8 Vergleiche die Brüche. Es wird einfacher, wenn du zuerst kürzt.

a) $\frac{10}{14}$ und $\frac{16}{21}$ b) $\frac{13}{26}$ und $\frac{15}{30}$ c) $\frac{8}{18}$ und $\frac{11}{33}$

d) $\frac{8}{40}$ und $\frac{7}{30}$ e) $\frac{9}{64}$ und $\frac{15}{120}$ f) $\frac{48}{16}$ und $\frac{14}{5}$

8 Ordne die Brüche der Größe nach. Lies den Hinweis in der Randspalte.

a) $\frac{3}{4}; \frac{2}{3}; \frac{5}{8}$ b) $\frac{4}{7}; \frac{2}{5}; \frac{1}{2}$ c) $\frac{13}{20}, \frac{11}{15}; \frac{3}{5}$

d) $\frac{11}{7}; \frac{3}{2}; \frac{7}{6}$ e) $\frac{9}{4}; \frac{31}{25}; \frac{63}{50}$ f) $\frac{21}{40}, \frac{13}{25}; \frac{13}{20}$

9 Erweitere die Brüche auf den Hauptnenner und ordne sie dann nach der Größe. Beginne mit dem kleinsten Bruch.

a) $\frac{1}{2}; \frac{3}{4}; \frac{2}{5}; \frac{11}{20}; \frac{7}{10}$ b) $\frac{1}{2}; \frac{2}{3}; \frac{3}{5}; \frac{5}{6}; \frac{7}{15}; \frac{17}{30}; \frac{7}{10}$ c) $\frac{3}{4}; 1\frac{2}{3}; \frac{1}{2}; 1\frac{1}{4}; \frac{5}{6}; \frac{11}{12}; 1\frac{1}{6}; \frac{13}{12}$

10 Welche Zahlen kannst du einsetzen? Manchmal gibt es mehrere Möglichkeiten.

a) $\frac{4}{7} < \frac{\blacksquare}{7} < \frac{6}{7}$ b) $\frac{3}{8} < \frac{\blacksquare}{8} < \frac{7}{8}$ c) $\frac{1}{5} < \frac{\blacksquare}{5} < 1$

10 Welche Brüche liegen dazwischen? Gib jeweils zwei mögliche Brüche an.

a) $\frac{3}{7}$ und $\frac{5}{7}$ b) $\frac{1}{9}$ und $\frac{2}{9}$ c) $\frac{1}{3}$ und $\frac{1}{4}$

11 Welcher Bruch liegt genau in der Mitte zwischen den beiden Brüchen?

a) $\frac{3}{7}$ und $\frac{5}{7}$ b) $\frac{1}{9}$ und $\frac{5}{9}$ c) $\frac{1}{3}$ und $\frac{2}{3}$

11 Welcher Bruch liegt genau in der Mitte zwischen den beiden Brüchen?

a) $\frac{1}{3}$ und $\frac{7}{9}$ b) $\frac{1}{2}$ und $\frac{5}{9}$ c) $\frac{4}{5}$ und $\frac{1}{2}$

12 Ralph fotografiert sehr gerne. An seinem Fotoapparat muss er die Belichtungszeit einstellen. Er kann wählen zwischen $\frac{1}{500}$ s, $\frac{1}{250}$ s, $\frac{1}{125}$ s und $\frac{1}{60}$ s.
Welches ist die kürzeste, welches die längste Belichtungszeit?

12 An welchem Glücksrad ist die Chance größer …
a) für einen Hauptgewinn,
b) für einen Kleingewinn,
c) für eine Niete?

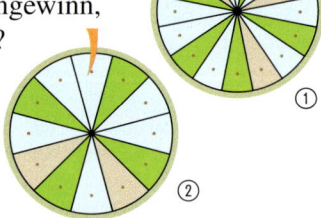

 Niete

 Kleingewinn

 Hauptgewinn

*HINWEIS
„Jedes vierte Los"
bedeutet:
„$\frac{1}{4}$ von allen
Losen".*

13 Wo würdest du deine Lose kaufen?

13 Wer hatte den kleinsten Fehleranteil bei der Englischarbeit?

	Anzahl der Worte	Anzahl der Fehler	Fehler-anteil
Silke	200	7	$\frac{7}{200}$
Heike	250	8	
Ina	150	6	
Lena	300	9	

*ERINNERE DICH
$\frac{1}{10\,000}$ von 3 km
rechnet man so:*

*3 km = 3 000 m =
= 300 000 cm*

300 000 cm
: 10 000
$\longrightarrow$ *30 cm*
· 1
$\longrightarrow$ *30 cm*

14 Maßstab bei Landkarten (zum Beispiel im Erdkundebuch)

Der Maßstab 1 : 10 000 kann auch als Bruch $\frac{1}{10\,000}$ geschrieben werden.

Das bedeutet: Auf der Landkarte sind alle Strecken $\frac{1}{10\,000}$-mal so lang wie in der Wirklichkeit.

Beispiel Eine 3 km lange Strecke ist auf der Karte $\frac{1}{10\,000}$ von 3 km lang, vgl. Randspalte.

Welche Landkarte von Rheinland-Pfalz benötigt mehr Platz: eine Karte im Maßstab 1 : 10 000 oder eine Karte im Maßstab 1 : 20 000? Begründe mithilfe von Brüchen.

Brüche addieren und subtrahieren

Entdecken

1 Nach dem Schulfest ist noch allerhand Kuchen übrig.
Er soll später beim Helferfest gegessen werden.
Marco räumt auf und will die restlichen Kuchenstücke auf runden
Tortenblechen zusammenstellen.
Er überlegt: Werden zwei Tortenbleche reichen?

2 Bruchaufgaben zeichnen
a) Welche Subtraktionsaufgaben sind
hier gezeichnet?

b) Welche Aufgabe wurde dargestellt und
welche Lösung ergibt sich?

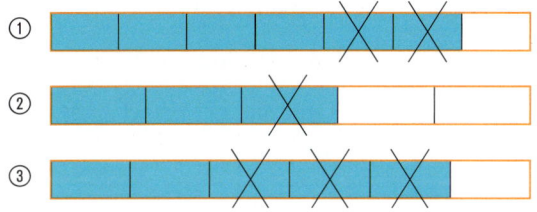

3 👥 Rechnen mit Bruchstreifen
a) Schneidet fünf Pappstreifen von je 12 cm Länge aus.
Unterteilt jeden Streifen in 12 gleich lange Abschnitte.
Malt auf jedem Streifen einen der folgenden Brüche
aus, nehmt dazu verschiedene Farben:
$\frac{1}{2}, \frac{2}{3}, \frac{3}{4}, \frac{5}{12}, \frac{1}{6}.$

Beispiel

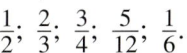
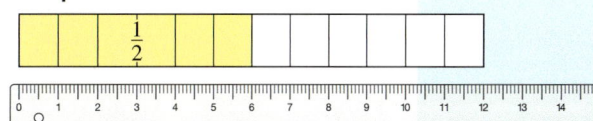

HINWEIS
*Bewahre deine
Bruchstreifen
gut auf. Du wirst
sie in diesem
Kapitel häufiger
benötigen.*

b) Welche Aufgabe ist hier dargestellt und welche Lösung ergibt sich?
Was ist in dem Bild „1 Ganzes"?

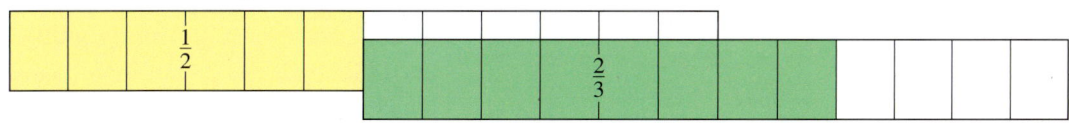

c) Bildet mit euren Bruchstreifen folgende
Summen und lest die Ergebnisse ab.   ① $\frac{1}{2} + \frac{1}{6}$ ② $\frac{3}{4} + \frac{2}{3}$ ③ $\frac{5}{12} + \frac{1}{2}$

d) Überlegt, wie ihr eure Bruchstreifen nutzen könnt, um Brüche zu subtrahieren.
Probiert es aus und lest die Ergebnisse ab.   ① $\frac{2}{3} - \frac{1}{6}$ ② $\frac{5}{12} - \frac{1}{6}$ ③ $\frac{2}{3} - \frac{1}{2}$
Beschreibt an einer Aufgabe, wie ihr dabei
vorgeht. Zeichnet eine Skizze.

e) Stellt euch gegenseitig je fünf weitere Aufgaben und löst sie mit den Bruchstreifen.

4 Zeichne auf Pappe zwei Kreise mit gleichem Radius.
Trage in den einen Kreis $\frac{3}{4}$ und in den anderen Kreis $\frac{3}{16}$ ein, male die
beiden anderen Bruchteile verschiedenfarbig an und schneide sie aus.
Jetzt schiebe beide Kreisteile zusammen und bilde die Summe.
Wie viel ergibt das insgesamt?
Wie viel fehlt an einem Ganzen?

HINWEIS
*Um den Kreis
gleichmäßig zu
unterteilen,
kannst du ihn
mehrmals falten.*

Verstehen

Im Erdkundeunterricht werden die Anteile der einzelnen Kontinente an der gesamten Landfläche der Erde berechnet.

Südamerika umfasst $\frac{3}{25}$ von der Landfläche und Nordamerika $\frac{4}{25}$.

Christin soll den Anteil von ganz Amerika berechnen.

Sie rechnet so: $\frac{3}{25} + \frac{4}{25} = \frac{3+4}{25} = \frac{7}{25}$

Insgesamt hat Amerika einen Anteil von $\frac{7}{25}$ an der Landfläche der Erde.

Beispiel 1

a) $\frac{2}{9} + \frac{5}{9} = \frac{2+5}{9} = \frac{7}{9}$

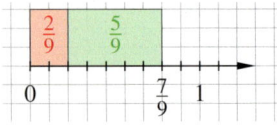

b) $\frac{11}{12} - \frac{7}{12} = \frac{11-7}{12} = \frac{4}{12} = \frac{4:4}{12:4} = \frac{1}{3}$

> **Merke** **Gleichnamige Brüche** werden **addiert**, indem man die Zähler addiert und den Nenner beibehält.
>
> Das Ergebnis wird vollständig gekürzt.
>
> Dieses Verfahren gilt entsprechend auch für die **Subtraktion**.

Europa und Asien bilden den zusammenhängenden Doppelkontinent Eurasien.

Asien hat mit $\frac{3}{10}$ einen viel größeren Anteil an der Landfläche der Erde als Europa mit nur $\frac{1}{15}$. Welchen Anteil hat Eurasien zusammen?

$$\frac{3}{10} + \frac{1}{15} = \frac{9}{30} + \frac{2}{30} = \frac{9+2}{30} = \frac{11}{30}$$

Eurasien hat einen Anteil von $\frac{11}{30}$ an der Landfläche der Erde.

Beispiel 2

a) $\frac{1}{2} + \frac{1}{3}$;   Hauptnenner ist 6

$\frac{1}{2} + \frac{1}{3} = \frac{3}{6} + \frac{2}{6} = \frac{3+2}{6} = \frac{5}{6}$

> **Merke** **Ungleichnamige Brüche addiert** man in zwei Schritten:
> 1. Die Brüche auf einen gemeinsamen Nenner erweitern (**Gleichnamigmachen**). Sinnvoll ist, sie auf ihren Hauptnenner zu erweitern.
> 2. Die **Zähler addieren**, der neue Nenner bleibt erhalten. Das Ergebnis vollständig kürzen.
>
> Dieses Verfahren gilt entsprechend auch für die **Subtraktion**.

b) $\frac{5}{6} - \frac{5}{9}$;   Hauptnenner ist 18

$\frac{5}{6} - \frac{5}{9} = \frac{15}{18} - \frac{10}{18} = \frac{15-10}{18} = \frac{5}{18}$

Beispiel 3

Beim Addieren (und Subtrahieren) **gemischter Zahlen** ist folgendes Vorgehen möglich:

$4\frac{3}{5} - 1\frac{7}{10} = \frac{23}{5} - \frac{17}{10}$

$= \frac{46}{10} - \frac{17}{10} = \frac{46-17}{10} = \frac{29}{10} = 2\frac{9}{10}$

1. Die Zahlen in Brüche umwandeln.
2. Die Brüche gleichnamig machen und addieren (subtrahieren).
3. Das Ergebnis wieder in eine gemischte Zahl umwandeln (wenn möglich).

$1\frac{1}{2} + 2\frac{1}{3} = \frac{3}{2} + \frac{7}{3} = \frac{9}{6} + \frac{14}{6}$

$= \frac{9+14}{6} = \frac{23}{6} = 3\frac{5}{6}$

Üben und anwenden

1 Wie heißen die Additionsaufgaben?

a)

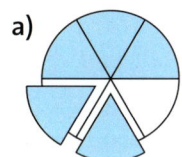

b)

2 Addiere die Brüche, indem du sie am Zahlenstrahl darstellst.
Nutze deine Bruchstreifen.

a) $\frac{1}{4} + \frac{2}{4}$ b) $\frac{1}{3} + \frac{1}{3}$ c) $\frac{3}{8} + \frac{4}{8}$

d) $\frac{5}{12} + \frac{7}{12}$ e) $\frac{8}{9} + \frac{2}{9}$ f) $\frac{3}{8} + \frac{7}{8}$

3 Berechne. Kürze, wenn möglich.

a) $\frac{5}{6} - \frac{2}{6}$ b) $\frac{2}{3} + \frac{4}{3}$ c) $\frac{3}{4} - \frac{1}{4}$

d) $\frac{7}{10} - \frac{6}{10}$ e) $\frac{5}{9} - \frac{1}{9}$ f) $\frac{7}{8} + \frac{1}{8}$

4 Berechne.

a) $1\frac{2}{5} + 2\frac{2}{5}$ b) $4\frac{5}{6} + 1\frac{5}{6}$ c) $3\frac{3}{4} + 1\frac{3}{4}$

d) $7\frac{7}{9} - 3\frac{4}{9}$ e) $2\frac{1}{3} - 1\frac{2}{3}$ f) $3\frac{5}{21} - 1\frac{20}{21}$

5 Ergänze zur nächstgrößeren natürlichen Zahl.

Beispiel $1\frac{2}{5} + \blacksquare = 2$ $1\frac{2}{5} + \frac{3}{5} = 2$

a) $\frac{1}{7}$ b) $1\frac{3}{5}$ c) $3\frac{1}{7}$ d) $3\frac{2}{5}$ e) $4\frac{5}{12}$

6 Übertrage die Tabelle in dein Heft und ergänze.

a)

+	$\frac{2}{3}$	$1\frac{1}{3}$	$2\frac{2}{3}$	$3\frac{1}{3}$
$\frac{2}{3}$				
$1\frac{1}{3}$				

b)

−	$\frac{1}{12}$	$1\frac{1}{12}$	$\frac{5}{12}$	$2\frac{5}{12}$
$3\frac{11}{12}$				
$4\frac{4}{12}$				

7 Beim Stadtmarathon schaffte der schnellste Läufer die Strecke in $\frac{11}{4}$ h. Der letzte Teilnehmer brauchte $\frac{5}{4}$ h länger.
Nach wie viel Stunden kam er ins Ziel?

1 Schreibe zu jeder Zeichnung eine Subtraktionsaufgabe und löse sie.

a)   b)

2 Löse im Kopf. Denke auch an das Kürzen.

a) $\frac{1}{12} + \frac{7}{12}$ b) $\frac{4}{11} - \frac{2}{11}$ c) $\frac{1}{15} + \frac{4}{15}$

d) $\frac{9}{12} - \frac{5}{12}$ e) $\frac{1}{11} + \frac{4}{11}$ f) $\frac{11}{15} - \frac{5}{15}$

3 Berechne. Kürze und schreibe als gemischte Zahl, wenn möglich.

a) $\frac{2}{9} + \frac{4}{9}$ b) $\frac{12}{17} + \frac{22}{17}$ c) $\frac{7}{18} + \frac{5}{18}$

d) $\frac{8}{9} - \frac{4}{9}$ e) $\frac{5}{3} - \frac{2}{3}$ f) $\frac{18}{11} - \frac{2}{11}$

4 Berechne.

a) $2\frac{4}{5} + 3\frac{2}{5} + \frac{3}{5}$ b) $3\frac{3}{8} + 2\frac{6}{8} + \frac{1}{8}$

c) $4\frac{1}{6} - 2\frac{5}{6}$ d) $12\frac{3}{4} + 5\frac{2}{4}$

5 Setze die richtigen Brüche ein.
Notiere auch die passende Umkehraufgabe.

a) $3\frac{2}{3} - \blacksquare = \frac{1}{3}$ b) $5\frac{7}{15} - \blacksquare = 2\frac{11}{15}$

c) $\blacksquare - 2\frac{2}{5} = 1\frac{3}{5}$ d) $\blacksquare - 3\frac{3}{8} = 3\frac{7}{8}$

6 Ergänze die magischen Quadrate, sodass die Summe jeder Zeile, jeder Spalte und jeder Diagonalen …

a) … 1 ergibt.

$\frac{10}{18}$		
	$\frac{6}{18}$	
	$\frac{10}{18}$	

b) … 2 ergibt.

$\frac{4}{15}$		$\frac{8}{15}$
		$\frac{6}{15}$

7 Von einem Stoffballen mit 20 m Länge verkauft eine Verkäuferin an einem Tag $\frac{3}{4}$ m, $1\frac{1}{4}$ m, $3\frac{3}{4}$ m und $6\frac{2}{4}$ m Stoff.
Wie viel Meter Stoff sind noch übrig?

8 Berechne den Hauptnenner und addiere dann die Brüche.

a) $\frac{5}{6}$ und $\frac{3}{8}$ b) $\frac{9}{8}$ und $\frac{7}{10}$ c) $\frac{3}{4}$ und $\frac{11}{6}$

d) $\frac{1}{3}$ und $\frac{2}{7}$ e) $\frac{5}{18}$ und $\frac{1}{3}$ f) $\frac{6}{9}$ und $\frac{3}{18}$

8 Berechne den Hauptnenner und addiere dann die Brüche.

a) $\frac{3}{8}$ und $\frac{4}{5}$ b) $\frac{2}{7}$ und $\frac{4}{6}$ c) $\frac{7}{9}$ und $\frac{5}{12}$

d) $\frac{8}{12}$ und $\frac{4}{5}$ e) $\frac{5}{10}$ und $\frac{20}{30}$ f) $\frac{6}{20}$ und $\frac{4}{13}$

9 Erweitere die Brüche zuerst auf den Hauptnenner, dann berechne die Aufgabe.

a) $\frac{1}{2} + \frac{2}{3}$ b) $\frac{1}{3} + \frac{1}{4}$ c) $\frac{3}{4} + \frac{2}{5}$

d) $\frac{7}{8} + \frac{3}{5}$ e) $\frac{2}{7} + \frac{2}{3}$ f) $\frac{2}{9} + \frac{2}{3}$

g) $\frac{2}{3} - \frac{1}{2}$ h) $\frac{7}{12} - \frac{1}{3}$ i) $\frac{4}{5} - \frac{2}{3}$

9 Berechne.

a) $\frac{1}{3} + \frac{1}{4}$ b) $\frac{5}{7} + \frac{2}{14}$ c) $\frac{7}{8} + \frac{3}{5}$

d) $\frac{1}{3} + \frac{17}{27}$ e) $\frac{2}{9} + \frac{2}{3}$ f) $\frac{13}{18} + \frac{1}{6}$

g) $\frac{3}{5} - \frac{1}{4}$ h) $\frac{5}{6} - \frac{3}{4}$ i) $\frac{3}{4} - \frac{7}{10}$

j) $\frac{7}{8} - \frac{1}{4}$ k) $\frac{2}{3} - \frac{3}{8}$ l) $\frac{4}{9} - \frac{2}{6}$

10 Überprüfe Sonjas Hausaufgaben. Welche Fehler hat sie gemacht?

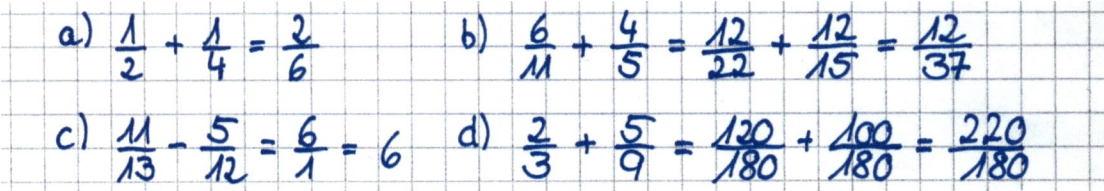

11 Berechne.

a) $\frac{7}{12} + \frac{4}{15}$ b) $\frac{1}{6} - \frac{1}{9}$ c) $\frac{9}{12} - \frac{3}{4}$

d) $5\frac{7}{8} + 3\frac{1}{2}$ e) $13\frac{4}{9} + 6\frac{1}{4}$ f) $8\frac{8}{11} - 6\frac{2}{3}$

11 Berechne.

a) $4\frac{5}{8} + \frac{3}{10}$ b) $3\frac{7}{10} + 2\frac{3}{4}$

c) $8\frac{1}{2} - 4\frac{1}{2}$ d) $5 - 2\frac{1}{2} + 1\frac{1}{3}$

12 Ersetze die Platzhalter.

a) $\frac{4}{5} + \frac{2}{3} = \blacksquare$ b) $\frac{7}{9} - \blacksquare = \frac{11}{18}$

c) $\frac{3}{4} + \frac{1}{8} = \blacksquare$ d) $\frac{2}{5} + \blacksquare = \frac{2}{3}$

e) $\frac{3}{2} + \blacksquare = 3\frac{1}{6}$ f) $\blacksquare - \frac{5}{18} = \frac{5}{36}$

12 Ersetze die Platzhalter.

a) $\frac{5}{7} - \blacksquare = \frac{3}{14}$ b) $\blacksquare - \frac{3}{4} = \frac{5}{12}$

c) $\frac{3}{8} + \blacksquare = \frac{13}{16}$ d) $\frac{7}{10} + \blacksquare = \frac{11}{15}$

e) $\blacksquare + \frac{6}{5} = \frac{13}{10}$ f) $\frac{9}{18} - \blacksquare = \frac{13}{36}$

13 Welche Gesetze wurden hier benutzt, um die gemischten Zahlen zu addieren?

Beispiel $7\frac{1}{2} + 5\frac{3}{4} = 7 + 5 + \frac{1}{2} + \frac{3}{4} = 7 + 5 + \left(\frac{2}{4} + \frac{3}{4}\right) = 12 + 1\frac{1}{4} = 13\frac{1}{4}$

Rechne wie im Beispiel.

a) $2\frac{1}{2} + \frac{5}{8}$ b) $7\frac{1}{3} + 6\frac{5}{12}$ c) $5\frac{7}{8} + 3\frac{1}{2}$ d) $7\frac{1}{7} + 6\frac{11}{21}$

14 Rechne vorteilhaft wie im Beispiel.

Beispiel $\left(\frac{3}{4} + \frac{1}{8}\right) + \frac{1}{4} = \left(\frac{1}{8} + \frac{3}{4}\right) + \frac{1}{4} = \frac{1}{8} + \left(\frac{3}{4} + \frac{1}{4}\right) = \frac{1}{8} + 1 = 1\frac{1}{8}$

a) $\frac{2}{5} + \frac{10}{11} + \frac{8}{5} + \frac{3}{33}$ b) $\frac{1}{10} + \left(\frac{9}{100} + \frac{1}{10}\right)$ c) $\frac{6}{7} + \frac{19}{12} + \frac{15}{7}$ d) $\frac{18}{5} + \frac{22}{13} + \left(\frac{18}{13} + \frac{9}{10}\right)$

ZU DEN AUFGABEN 13 UND 14

Auch bei der Addition von Brüchen gelten:

- *Kommutativgesetz,*

  z.B. $\frac{2}{3} + \frac{3}{4} =$
  $= \frac{3}{4} + \frac{2}{3}$

- *Assoziativgesetz,*

  z.B. $\frac{3}{5} + \left(\frac{1}{2} + \frac{1}{3}\right) =$
  $= \left(\frac{3}{5} + \frac{1}{2}\right) + \frac{1}{3}$

Achtung: Bei der Subtraktion gelten diese Gesetze nicht.

44

Thema: Musik

Notenwerte

Lieder werden mit einer besonderen Notenschrift aufgeschrieben. Wie lange man einen Ton spielen oder singen soll, zeigen dabei die *Notenwerte* an.

Beispiel 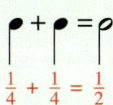 Zwei Viertelnoten dauern zusammen so lange wie eine halbe Note.

$\frac{1}{4} + \frac{1}{4} = \frac{1}{2}$

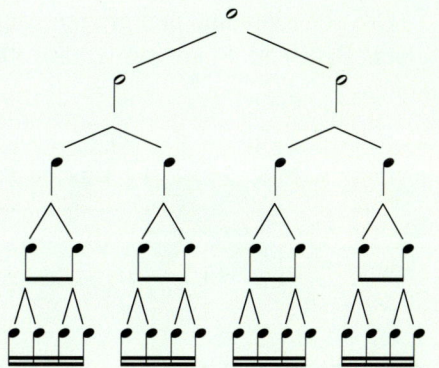

Eine ganze Note

2 halbe Noten

4 Viertelnoten

8 Achtelnoten

16 Sechzehntelnoten

1 Betrachte die Grafik rechts.
a) Zeichne mehrere Noten, die zusammen genau so lang sind wie eine Viertelnote. Wie viele verschiedene Möglichkeiten findest du?
b) Was dauert länger: 5 Achtelnoten oder eine halbe Note? Begründe anhand der Grafik.

Punktierte Noten

Steht hinter einer Note ein Punkt, so wird diese um die Hälfte ihres Wertes verlängert. Durch dieses **Punktieren** kann man mit nur einem Zeichen auch Tonlängen von $\frac{3}{4}$, $\frac{3}{8}$ oder $\frac{3}{16}$ ausdrücken.

Beispiel

$\frac{1}{2}$ punktiert $= \frac{1}{2} + \frac{1}{4}$

2 Suche aus der folgenden Notenzeile alle punktierten Noten heraus und bestimme ihre Tonlängen.

Taktstriche

ein Takt

Taktarten

Lieder haben eine Taktart, die zu Beginn des Liedes angegeben wird.
Bei einem Lied im $\frac{3}{4}$-Takt ergeben die Notenwerte in jedem Takt zusammen $\frac{3}{4}$.

3 Welcher Takt ist zu Beginn dieses Liedes angegeben?
Prüfe bei jedem Takt, ob die Notenwerte der Taktart entsprechen.

Bru - der Ja - kob, Bru - der Ja - kob, schläfst du noch? Schläfst du noch?

Hörst du nicht die Glo - cken, hörst du nicht die Glo - cken?

Ding, ding, dong, ding, ding, dong!

4 In welchem Takt sind die Lieder komponiert?
Erkennst du sie und kannst du sie singen oder summen?

a)

b)

45

Klar so weit?

→ Seite 34

Brüche erweitern und kürzen

1 Gib den roten und den grünen Anteil mit einem Bruch an. Finde immer drei Möglichkeiten.

a)   b)   c)

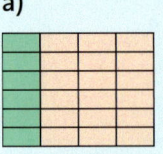 

d)

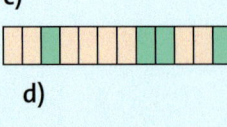

1 Erkläre, an der Zeichnung, wie erweitert wurde.

a)   b)

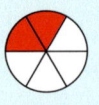 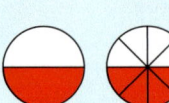

c)   d)

2 Erweitere jeweils.

a) $\frac{1}{2}$; $\frac{4}{5}$; $\frac{2}{3}$; $\frac{5}{6}$; $\frac{14}{15}$ auf $\frac{\blacksquare}{30}$

b) $\frac{1}{4}$; $\frac{1}{6}$; $\frac{2}{3}$; $\frac{3}{8}$; $\frac{5}{6}$; $\frac{7}{12}$ auf $\frac{\blacksquare}{24}$

c) $\frac{1}{2}$; $\frac{1}{3}$; $\frac{1}{4}$; $\frac{1}{6}$; $\frac{1}{12}$ auf $\frac{\blacksquare}{36}$

d) $\frac{3}{4}$; $\frac{2}{3}$; $\frac{5}{6}$; $\frac{3}{8}$; $\frac{4}{9}$; $\frac{11}{18}$ auf $\frac{\blacksquare}{72}$

2 Ergänze im Heft.

a) $\frac{3}{11} = \frac{\blacksquare}{33}$ b) $\frac{4}{7} = \frac{24}{\blacksquare}$

c) $\frac{5}{8} = \frac{20}{\blacksquare}$ d) $\frac{4}{13} = \frac{\blacksquare}{52}$

e) $\frac{3}{7} = \frac{\blacksquare}{105}$ f) $\frac{3}{4} = \frac{99}{\blacksquare}$

g) $\frac{1}{3} = \frac{\blacksquare}{24}$ h) $\frac{2}{5} = \frac{50}{\blacksquare}$

3 Kürze, falls möglich.

a) $\frac{3}{9}$ b) $\frac{8}{12}$ c) $\frac{18}{27}$

d) $\frac{18}{16}$ e) $\frac{4}{24}$ f) $\frac{21}{44}$

3 Kürze so weit wie möglich.

a) $\frac{5}{100}$ b) $\frac{6}{81}$ c) $\frac{180}{540}$

d) $\frac{12}{90}$ e) $\frac{14}{41}$ f) $\frac{40}{200}$

4 Ermittle durch Kürzen: Welche Brüche haben denselben Wert?

$\frac{18}{24}$; $\frac{7}{28}$; $\frac{7}{21}$; $\frac{5}{15}$; $\frac{4}{6}$; $\frac{16}{24}$; $\frac{15}{20}$; $\frac{3}{12}$

4 Ermittle durch Kürzen: Welche Brüche haben denselben Wert?

$\frac{42}{35}$; $\frac{6}{16}$; $1\frac{2}{12}$; $\frac{8}{18}$; $\frac{20}{45}$; $\frac{15}{40}$; $1\frac{2}{10}$; $\frac{56}{48}$

→ Seite 38

Brüche vergleichen und ordnen

5 Welche Brüche sind hier dargestellt?

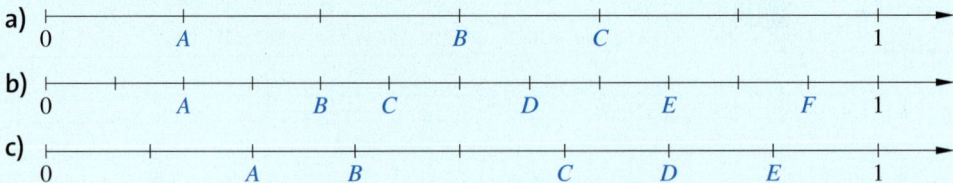

6 Mache gleichnamig und vergleiche.

a) $\frac{2}{3}$ und $\frac{4}{7}$ b) $\frac{5}{4}$ und $\frac{11}{9}$ c) $\frac{3}{5}$ und $\frac{7}{25}$

d) $\frac{7}{8}$ und $\frac{11}{12}$ e) $\frac{5}{14}$ und $\frac{10}{21}$ f) $\frac{8}{15}$ und $\frac{9}{20}$

6 Übertrage in dein Heft. Setze das richtige Zeichen (<, >, =) ein.

a) $\frac{3}{11}$ ▦ $\frac{3}{5}$ b) $\frac{85}{5}$ ▦ 17   c) $\frac{57}{35}$ ▦ $\frac{11}{7}$

d) $\frac{5}{12}$ ▦ $\frac{13}{18}$ e) $\frac{12}{14}$ ▦ $\frac{30}{70}$ f) $\frac{7}{20}$ ▦ $\frac{3}{8}$

46

7 Vergleiche die Brüche. Es wird einfacher, wenn du zuerst kürzt.

a) $\frac{4}{12} \blacksquare \frac{3}{9}$ b) $\frac{2}{5} \blacksquare \frac{18}{45}$ c) $\frac{7}{12} \blacksquare \frac{5}{6}$

d) $\frac{12}{14} \blacksquare \frac{40}{35}$ e) $\frac{27}{18} \blacksquare \frac{6}{4}$ f) $\frac{44}{48} \blacksquare \frac{30}{36}$

7 Ordne die Brüche der Größe nach.

a) $\frac{3}{10}; \frac{4}{5}; \frac{7}{10}$ b) $\frac{2}{3}; \frac{5}{6}; \frac{7}{6}$

c) $\frac{1}{3}; \frac{5}{6}; \frac{1}{6}; \frac{7}{12}; \frac{1}{12}; \frac{11}{12}; \frac{7}{6}; \frac{5}{3}; \frac{4}{3}; \frac{3}{4}; \frac{3}{2}$

8 Schreibe als natürliche Zahl oder als gemischte Zahl.

a) $\frac{11}{3}$ b) $\frac{25}{1}$ c) $\frac{54}{9}$ d) $\frac{155}{2}$ e) $\frac{57}{11}$ f) $\frac{19}{19}$ g) $\frac{77}{12}$ h) $\frac{256}{16}$ i) $\frac{121}{13}$ j) $\frac{139}{8}$

Brüche addieren und subtrahieren

→ Seite 42

9 Schreibe zu jeder Zeichnung eine Additionsaufgabe und löse sie.

a)   b)  c)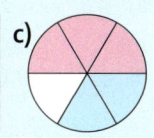

9 Löse die Additionsmauer im Heft.

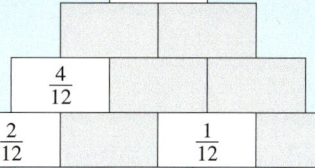

10 Berechne. Kürze, falls möglich.

a) $\frac{1}{5} + \frac{2}{5}$ b) $\frac{1}{8} + \frac{5}{8}$ c) $\frac{1}{12} + \frac{7}{12}$

d) $\frac{8}{7} - \frac{1}{7}$ e) $\frac{8}{9} - \frac{5}{9}$ f) $\frac{4}{11} - \frac{2}{11}$

10 Setze das richtige Zeichen (= oder ≠) ein.

a) $\frac{2}{5} + \frac{4}{5} \blacksquare \frac{3}{8} + \frac{5}{8}$ b) $\frac{7}{3} - \frac{5}{3} \blacksquare \frac{11}{6} - \frac{7}{6}$

c) $\frac{9}{30} + \frac{6}{30} \blacksquare \frac{11}{28} + \frac{3}{28}$ d) $\frac{5}{4} + \frac{1}{4} \blacksquare \frac{5}{6} - \frac{1}{6}$

11 Finde den Hauptnenner und berechne.

a) $\frac{1}{2} + \frac{1}{3}$ b) $\frac{2}{5} + \frac{5}{10}$ c) $\frac{2}{3} + \frac{3}{7}$

d) $\frac{3}{4} + \frac{5}{7}$ e) $\frac{1}{4} - \frac{1}{5}$ f) $\frac{23}{30} - \frac{3}{5}$

11 Finde den Hauptnenner und berechne.

a) $\frac{13}{7} + \frac{7}{8}$ b) $\frac{2}{7} + \frac{3}{5}$ c) $\frac{15}{24} + \frac{11}{16}$

d) $\frac{8}{5} - \frac{9}{13}$ e) $\frac{5}{4} + \frac{1}{100}$ f) $\frac{19}{9} - \frac{11}{12}$

12 Rechne vorteilhaft.

a) $\frac{3}{7} + \frac{2}{3} + \frac{4}{7}$ b) $\frac{7}{8} + \frac{3}{4} + \frac{3}{8}$

12 Rechne vorteilhaft.

a) $\frac{3}{10} + \frac{1}{3} + \frac{14}{20}$ b) $\frac{1}{4} + \frac{1}{5} + \frac{2}{8}$

13 Berechne und kürze vollständig. Schreibe, wenn möglich, das Ergebnis als gemischte Zahl.

a) $\frac{17}{12} + \frac{10}{24}$ b) $\frac{10}{15} + \frac{4}{10}$ c) $\frac{2}{4} + \frac{6}{10}$

d) $\frac{3}{7} + \frac{10}{14}$ e) $\frac{3}{4} - \frac{1}{2}$ f) $\frac{9}{12} - \frac{2}{8}$

13 Berechne und kürze vollständig. Schreibe, wenn möglich, das Ergebnis als gemischte Zahl.

a) $\frac{12}{15} - \frac{6}{10}$ b) $\frac{5}{7} - \frac{6}{14}$ c) $\frac{10}{16} + \frac{5}{24}$

d) $\frac{16}{20} - \frac{9}{15}$ e) $\frac{6}{12} + \frac{19}{18}$ f) $\frac{9}{12} - \frac{8}{16}$

14 Gib das Ergebnis als gemischte Zahl an.

a) $1\frac{3}{4} + \frac{5}{6}$ b) $3\frac{5}{8} + 1\frac{3}{4}$

c) $\frac{1}{2} + 4\frac{5}{7}$ d) $4\frac{3}{10} + 9\frac{7}{10}$

14 Gib das Ergebnis als gemischte Zahl an.

a) $1\frac{1}{2} + 3\frac{1}{3} + 4\frac{2}{3}$ b) $2\frac{1}{5} + 2\frac{2}{3} + 2\frac{4}{5}$

c) $4\frac{1}{2} + 2\frac{1}{5} - 3\frac{1}{2}$ d) $6\frac{3}{4} + 3\frac{1}{5} - 2\frac{1}{5}$

Vermischte Übungen

1 Erläutere die folgenden Abbildungen.

a)
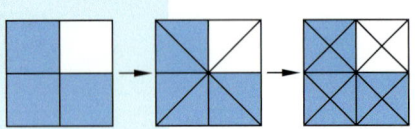

b)
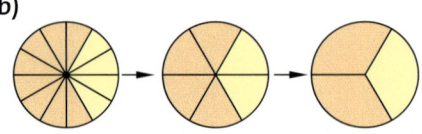

c)
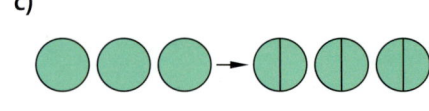

2 Erweitere die Brüche mit der in Klammern angegebenen Zahl.

a) $\frac{1}{3}$ (4)   b) $\frac{2}{5}$ (3)   c) $\frac{6}{7}$ (10)   d) $\frac{5}{9}$ (5)

e) $\frac{8}{13}$ (4)   f) $\frac{7}{15}$ (6)   g) $\frac{9}{16}$ (7)   h) $\frac{12}{23}$ (9)

2 Finde drei gleich große Brüche mit jeweils anderem Nenner und Zähler.

a) $\frac{3}{7}$ = ■ = ■ = ■   b) $\frac{6}{11}$ = ■ = ■ = ■

c) $\frac{11}{101}$ = ■ = ■ = ■   d) $\frac{8}{52}$ = ■ = ■ = ■

3 Kürze vollständig.

a) $\frac{2}{4}$ b) $\frac{5}{10}$ c) $\frac{6}{18}$ d) $\frac{4}{20}$

e) $\frac{25}{30}$ f) $\frac{26}{39}$ g) $\frac{84}{48}$ h) $\frac{92}{76}$

3 Kürze vollständig.

a) $\frac{48}{72}$ b) $\frac{56}{144}$ c) $\frac{70}{112}$ d) $\frac{95}{209}$

e) $\frac{144}{180}$ f) $\frac{280}{392}$ g) $\frac{256}{364}$ h) $\frac{432}{688}$

4 Welche Brüche sind gleich? Begründe.

$\frac{4}{24}$; $\frac{1}{3}$; $\frac{2}{6}$; $\frac{2}{12}$; $\frac{1}{6}$; $\frac{3}{18}$; $\frac{40}{240}$; $\frac{3}{9}$; $\frac{4}{12}$; $\frac{20}{60}$; $\frac{10}{30}$

4 Erweitere, falls möglich, auf Hundertstel.

$\frac{1}{2}$; $\frac{1}{3}$; $\frac{3}{4}$; $\frac{3}{5}$; $\frac{5}{6}$; $\frac{2}{8}$; $\frac{3}{8}$; $\frac{7}{10}$; $\frac{8}{12}$; $\frac{9}{12}$; $\frac{10}{12}$; $\frac{11}{12}$; $\frac{7}{13}$

5 Ordne, beginne mit dem kleinsten Bruch.

a) $\frac{3}{5}$; $\frac{16}{30}$; $\frac{7}{10}$; $\frac{9}{15}$

b) $\frac{2}{5}$; $\frac{5}{6}$; $\frac{1}{2}$; $\frac{3}{4}$; $\frac{9}{10}$

5 Ordne, beginne mit dem kleinsten Bruch.

a) $\frac{2}{3}$; $\frac{1}{4}$; $\frac{7}{8}$; $\frac{5}{6}$; $\frac{11}{12}$

b) $\frac{1}{9}$; $\frac{1}{4}$; $\frac{1}{2}$; $\frac{1}{6}$; $\frac{1}{12}$; $\frac{1}{36}$; $\frac{1}{18}$

6 Löse die Additionsmauern im Heft.

a)
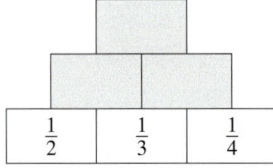

b)
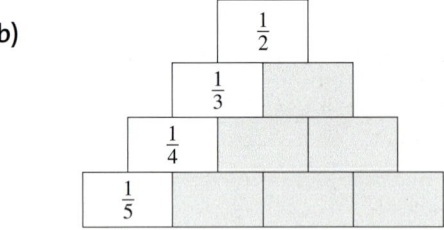

6 Löse die Additionsmauern im Heft.

a)
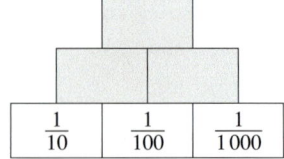

b)
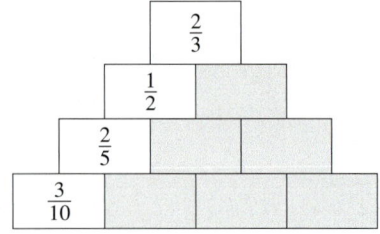

7 Rechne aus. Denke an die Vorrangregeln.

a) $\frac{3}{4} + \frac{1}{8} + \frac{3}{8}$ b) $\frac{3}{5} + \frac{7}{20} + \frac{13}{20}$

c) $\frac{3}{5} - \left(\frac{1}{2} + \frac{1}{10}\right)$ d) $\frac{1}{2} - \left(\frac{1}{3} - \frac{1}{4}\right)$

7 Rechne aus. Denke an die Vorrangregeln.

a) $\frac{1}{2} + \frac{3}{6} + \frac{4}{7}$ b) $\frac{3}{4} - \frac{3}{5} + \frac{3}{6}$

c) $\frac{7}{10} - \left(\frac{4}{15} + \frac{1}{6}\right)$ d) $2\frac{1}{2} - \left(3\frac{3}{5} - 1\frac{1}{4}\right)$

8 Berechne.

a) $1\frac{4}{5} + 1\frac{3}{7}$

b) $2\frac{1}{4} - \frac{7}{8}$

c) $1\frac{3}{5} - \frac{9}{10}$

d) $4\frac{1}{8} + 1\frac{3}{10}$

8 Nutze Rechenvorteile, wenn möglich.

a) $1\frac{1}{2} + 3\frac{1}{3} + 4\frac{2}{3}$

b) $4\frac{1}{2} + 2\frac{1}{5} - 3\frac{1}{2}$

c) $2\frac{1}{5} + 2\frac{2}{3} + 2\frac{4}{5}$

d) $6\frac{3}{4} + 3\frac{1}{5} - 2\frac{1}{5}$

9 Sandra fragt Bert: „Welche Zahl liegt genau in der Mitte zwischen $\frac{1}{2}$ und $\frac{1}{4}$?" Bert antwortet: „Das ist $\frac{1}{3}$, denn genau in der Mitte zwischen 2 und 4 liegt doch 3." Stimmt das? Überprüfe Berts Behauptung am Zahlenstrahl. Nutze deine Bruchstreifen.

9 Prüfe die Aussagen. Begründe bzw. gib für falsche Behauptungen ein Gegenbeispiel an.

a) Jede natürliche Zahl lässt sich als Bruch schreiben.

b) Wenn der Zähler ein Teiler des Nenners ist, dann kann man den Bruch als natürliche Zahl schreiben.

10 Der Anteil von Äpfeln und Kirschen an der Obsternte war besonders groß.

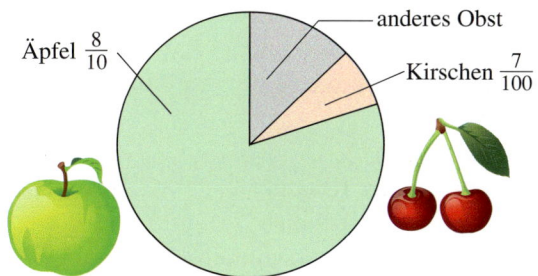

Äpfel $\frac{8}{10}$ — anderes Obst — Kirschen $\frac{7}{100}$

Wie groß ist der Anteil der übrigen Obstarten?

10 Das Diagramm veranschaulicht die Anteile der Gemüseernte eines Bauern.

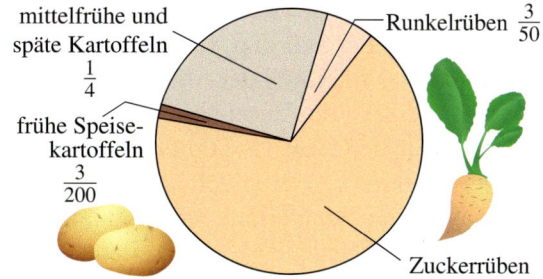

mittelfrühe und späte Kartoffeln $\frac{1}{4}$ — Runkelrüben $\frac{3}{50}$ — frühe Speisekartoffeln $\frac{3}{200}$ — Zuckerrüben

Welchen Bruchteil der Gemüseernte umfasste die Ernte von Zuckerrüben?

11 Berechne jeweils die Differenz.

a) $\frac{1}{7} - \frac{1}{8}$

b) $\frac{3}{4} - \frac{2}{3}$

c) $\frac{1}{9} - \frac{1}{10}$

d) $\frac{3}{8} - \frac{2}{7}$

e) $\frac{4}{7} - \frac{5}{9}$

f) $\frac{6}{7} - \frac{5}{6}$

11 Aufgaben bilden

a) Bilde vier Subtraktionsaufgaben, deren Differenz $\frac{1}{2}$; $\frac{1}{3}$; $\frac{1}{4}$ und $\frac{1}{5}$ beträgt.

b) Der Minuend ist die Summe von $\frac{3}{5}$ und $\frac{6}{9}$. Der Subtrahend ist die Summe $\frac{1}{3}$ und $\frac{4}{15}$. Berechne die Differenz.

12 Zwischen Bochum und Düsseldorf wird eine Autobahn gebaut. Wie viele Kilometer Autobahn sind noch zu bauen, wenn bereits $27\frac{3}{4}$ km gebaut sind und die gesamte Autobahn eine Länge von $41\frac{1}{2}$ km haben wird?

12 Martina ist $11\frac{3}{4}$ Jahre alt, ihr Bruder Jan ist $2\frac{1}{2}$ Jahre älter. Jans Freund Michael ist $1\frac{1}{4}$ Jahre jünger als Jan. Wie alt sind Jan und Michael?

ERINNERE DICH
Summand +
+ Summand =
= Summe

Minuend –
– Subtrahend =
= Differenz

13 Marie hat im Bio-Unterricht ihr Lungenvolumen gemessen. Es beträgt $2\frac{3}{4}$ Liter. Bei ihrem Lehrer beträgt es $5\frac{3}{10}$ l, bei einem Leistungssportler (Ruderer) $7\frac{1}{2}$ l. Wie groß ist der Unterschied zwischen den Lungenvolumina …

a) des Lehrers und Marie,

b) des Leistungssportlers und Marie,

c) des Leistungssportlers und des Lehrers?

Die Ägypter kannten nur Brüche mit dem Zähler 1. Sie heißen **Stammbrüche**.

Beispiele $\frac{1}{3}$; $\frac{1}{8}$; $\frac{1}{13}$; $\frac{1}{121}$

Andere Brüche stellten sie als Summe von Stammbrüchen dar.

Beispiel $\frac{7}{12} = \frac{1}{4} + \frac{1}{3}$

14 Bestimme die fehlenden Stammbrüche.

a) $\frac{3}{10} = \frac{1}{5} + \blacksquare$

b) $\frac{5}{24} = \frac{1}{8} + \blacksquare$

c) $\frac{10}{21} = \blacksquare + \frac{1}{3}$

d) $\frac{19}{90} = \blacksquare + \frac{1}{9}$

e) $\frac{5}{96} = \frac{1}{32} + \blacksquare$

f) $\frac{3}{16} = \blacksquare + \frac{1}{8}$

14 Ergänze in deinem Heft die fehlenden Stammbrüche.

a) $\frac{3}{8} = \blacksquare + \blacksquare$

b) $\frac{9}{20} = \blacksquare + \blacksquare$

c) $\frac{7}{12} = \blacksquare + \blacksquare$

d) $\frac{8}{15} = \blacksquare + \blacksquare$

e) $\frac{13}{12} = \frac{1}{2} + \blacksquare + \blacksquare$

f) $\frac{3}{4} = \frac{1}{3} + \blacksquare + \blacksquare$

ZU AUFGABE 15

*Das **Mischungsverhältnis** von roten Kugeln zu gelben Kugeln ist 3:2 (sprich: „3 zu 2").*

15 Mischungsverhältnisse

a) Yannick stellt einen Liter Apfelsaftschorle her.
   Dazu mischt er Saft und Mineralwasser im Verhältnis 2:3.
   ① Welcher Bruchteil der Mischung ist Saft, welcher Mineralwasser?
   ② Gib die Anteile in ml an.

b) In der Klasse 6 c ist das Verhältnis von Jungen zu Mädchen 4:3.
   ① Bestimme den Bruchteil an Jungen und an Mädchen in der Klasse.
   ② Wie viele Schülerinnen und Schüler könnten die Klasse besuchen?
      Gib verschiedene Möglichkeiten an. Welche hältst du für wahrscheinlich?

16 Berechne die Aufgaben. Erkenne das Muster der Aufgaben und setze es im Heft fort.

a) Berechne und kürze vollständig.

$$\frac{1}{1 \cdot 3}$$

$$\frac{1}{1 \cdot 3} + \frac{1}{3 \cdot 5}$$

$$\frac{1}{1 \cdot 3} + \frac{1}{3 \cdot 5} + \frac{1}{5 \cdot 7}$$

$$\frac{1}{1 \cdot 3} + \frac{1}{3 \cdot 5} + \frac{1}{5 \cdot 7} + \frac{1}{7 \cdot 9}$$

$$\blacksquare + \blacksquare + \blacksquare + \blacksquare + \blacksquare = \frac{5}{11}$$

$$\blacksquare + \blacksquare + \blacksquare + \blacksquare + \blacksquare + \blacksquare = \frac{6}{13}$$

b) Berechne.

$$\frac{1}{6} + \frac{2}{2 \cdot 3}$$

$$\frac{1}{12} + \frac{2}{12} + \frac{3}{3 \cdot 4}$$

$$\frac{1}{20} + \frac{2}{20} + \frac{3}{20} + \frac{4}{4 \cdot 5}$$

$$\frac{1}{30} + \frac{2}{30} + \frac{3}{30} + \frac{4}{30} + \frac{5}{5 \cdot 6}$$

$$\blacksquare + \blacksquare + \blacksquare + \blacksquare + \frac{6}{6 \cdot 7} = \frac{1}{2}$$

$$\blacksquare + \blacksquare + \blacksquare + \blacksquare + \blacksquare + \frac{7}{7 \cdot 8} = \frac{1}{2}$$

ZUM WEITERARBEITEN
Ergänze, so dass die Summen der Zahlen jeder Zeile, jeder Spalte und jeder Diagonalen 1 betragen.

$\frac{1}{2}$		
	$\frac{1}{3}$	
	$\frac{5}{9}$	
$\frac{5}{12}$	$\frac{2}{9}$	
		$\frac{1}{4}$

17 Aufgabenfolge am Zahlenstrahl

a) Fülle die Tabelle im Heft aus und setze sie um 3 weitere Zeilen fort.

	Ergebnis	Ergebnis <1	>1
Ⓐ $1\frac{1}{3} - \frac{1}{2}$	$\frac{5}{6}$	×	
Ⓑ $1\frac{1}{3} - \frac{1}{2} + \frac{1}{4}$			
Ⓒ $1\frac{1}{3} - \frac{1}{2} + \frac{1}{4} - \frac{1}{8}$			

b) Zeichne einen 15 cm langen Zahlenstrahl. Markiere die „1", so dass sie 12 cm von der „0" entfernt ist.
   Trage die Ergebnisse aus der Tabelle am Zahlenstrahl ein und beschrifte sie mit Ⓐ, Ⓑ etc.
   Was fällt dir auf?

Zusammenfassung

Brüche erweitern und kürzen
→ Seite 34

Erweitern eines Bruchs: Zähler und Nenner werden mit der gleichen natürlichen Zahl multipliziert. Der Wert des Bruchs ändert sich dadurch nicht.

Erweitern eines Bruchs:

$$\frac{3}{4} = \frac{3 \cdot 2}{4 \cdot 2} = \frac{6}{8} \qquad 2\frac{1}{3} = 2\frac{1 \cdot 5}{3 \cdot 5} = 2\frac{5}{15}$$

Kürzen eines Bruchs: Zähler und Nenner werden durch die gleiche natürliche Zahl dividiert. Der Wert des Bruchs ändert sich dadurch nicht.

Kürzen eines Bruchs:

$$\frac{6}{9} = \frac{6:3}{9:3} = \frac{2}{3} \qquad 5\frac{12}{16} = 5\frac{12:4}{16:4} = 5\frac{3}{4}$$

Ein Bruch, der nicht weiter gekürzt werden kann, heißt **vollständig gekürzt**. Man bildet zuerst den ggT von Zähler und Nenner, dann kürzt man durch diesen.

Kürze $\frac{72}{96}$ vollständig.

① ggT (72; 96) = 24 ② $\frac{72}{96} = \frac{72:24}{96:24} = \frac{3}{4}$

Brüche vergleichen und ordnen
→ Seite 38

Auf dem Zahlenstrahl:
Brüche, die gleich groß sind, liegen auf dem Zahlenstrahl an derselben Stelle. Von zwei Brüchen ist der größer, der auf dem Zahlenstrahl weiter rechts liegt.

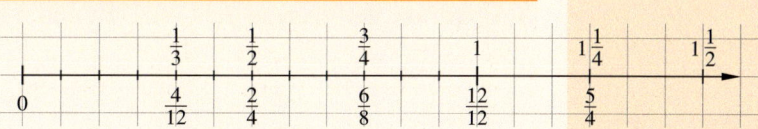

$$\frac{3}{4} = \frac{6}{8}; \quad 1 = \frac{12}{12}; \quad \frac{5}{4} = 1\frac{1}{4}; \quad \frac{1}{3} < \frac{1}{2}; \quad 1\frac{1}{2} > 1\frac{1}{4}$$

Rechnerisch:
① Die Brüche **gleichnamig machen**: Man erweitert sie auf ihren gemeinsamen **Hauptnenner** (das kgV der beiden Nenner).
② Der Bruch mit dem größeren Zähler ist größer.

$\frac{5}{8} \blacksquare \frac{7}{12}$ ① Hauptnenner: 24
Erweitern auf den Hauptnenner 24:

$\frac{5}{8} = \frac{15}{24}$ und $\frac{7}{12} = \frac{14}{24}$

② Da $\frac{15}{24} > \frac{14}{24}$, gilt auch: $\frac{5}{8} > \frac{7}{12}$.

Brüche addieren und subtrahieren
→ Seite 42

Gleichnamige Brüche addieren (subtrahieren): Zähler addieren (bzw. subtrahieren) und den Nenner beibehalten. Das Ergebnis vollständig kürzen.

$$\frac{2}{7} + \frac{3}{7} = \frac{2+3}{7} = \frac{5}{7}$$

$$3\frac{1}{8} - \frac{3}{8} = \frac{25}{8} - \frac{3}{8} = \frac{25-3}{8} = \frac{22}{8} = \frac{11}{4} = 2\frac{3}{4}$$

Ungleichnamige Brüche werden in 2 Schritten addiert (bzw. subtrahiert):
① Die Brüche gleichnamig machen (s. oben).
② Die Zähler addieren (bzw. subtrahieren), der gemeinsame Nenner bleibt erhalten. Ergebnis kürzen.

$$\frac{4}{5} - \frac{2}{3} = \frac{12}{15} - \frac{10}{15} = \frac{12-10}{15} = \frac{2}{15}$$

$$2\frac{1}{4} + 3\frac{5}{6} = \frac{9}{4} + \frac{23}{6} = \frac{27}{12} + \frac{46}{12} = \frac{27+46}{12} =$$
$$= \frac{73}{12} = 6\frac{1}{12}$$

51

Teste dich!

3 Punkte

1 Erweitere die Brüche jeweils mit 3, mit 7 und mit 12.

a) $\frac{5}{6}$ b) $\frac{3}{11}$ c) $4\frac{7}{10}$

6 Punkte

2 Kürze so weit wie möglich.

a) $\frac{12}{18}$ b) $\frac{24}{32}$ c) $\frac{35}{140}$ d) $3\frac{54}{81}$ e) $\frac{24}{84}$ f) $12\frac{84}{144}$

12 Punkte

3 Ermittle die fehlenden Zahlen.

a) $\frac{1}{5} = \frac{\blacksquare}{10}$ b) $\frac{5}{15} = \frac{1}{\blacksquare}$ c) $\frac{18}{24} = \frac{\blacksquare}{4}$ d) $\frac{2}{\blacksquare} = \frac{12}{30}$

e) $\frac{\blacksquare}{3} = \frac{16}{24}$ f) $\frac{3}{4} = \frac{21}{\blacksquare}$ g) $\frac{49}{63} = \frac{7}{\blacksquare}$ h) $\frac{132}{180} = \frac{11}{\blacksquare}$

i) $\frac{2}{9} = \frac{\blacksquare}{81}$ j) $\frac{7}{8} = \frac{49}{\blacksquare}$ k) $\frac{17}{5} = \blacksquare\frac{\blacksquare}{5}$ l) $\frac{14}{8} = \blacksquare\frac{3}{\blacksquare}$

4 Punkte

4 Schreibe als natürliche Zahl oder als gemischte Zahl.

a) $\frac{46}{7}$ b) $\frac{168}{12}$ c) $\frac{77}{17}$ d) $\frac{69}{26}$

6 Punkte

5 Übertrage den Zahlenstrahl ins Heft und markiere die Lage der folgenden Brüche.

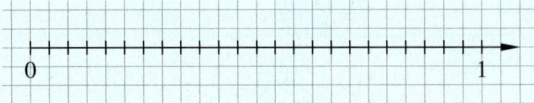

$\frac{1}{2}$; $\frac{3}{4}$; $\frac{1}{3}$; $\frac{5}{8}$; $\frac{7}{12}$; $\frac{17}{24}$

3 Punkte

6 Ordne die folgenden Brüche nach der Größe. Beginne mit dem größten Bruch.

a) $\frac{2}{8}$; $\frac{5}{8}$; $\frac{3}{8}$; $\frac{7}{8}$; $\frac{4}{8}$; $\frac{1}{8}$; $\frac{8}{8}$; $\frac{9}{8}$; $\frac{6}{8}$ b) $\frac{3}{4}$; $\frac{2}{3}$; $\frac{7}{8}$; $\frac{11}{12}$; $\frac{1}{2}$; $\frac{5}{6}$; $\frac{23}{24}$; $\frac{47}{48}$

c) $\frac{1}{6}$; $\frac{3}{10}$; $\frac{2}{3}$; $\frac{8}{15}$; $\frac{7}{10}$; $\frac{5}{6}$; $\frac{3}{5}$; $\frac{13}{30}$; $\frac{1}{2}$; $\frac{4}{15}$

12 Punkte

7 Berechne die Additionsmauern im Heft.

a)

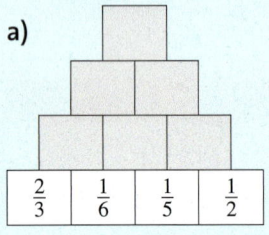

b)

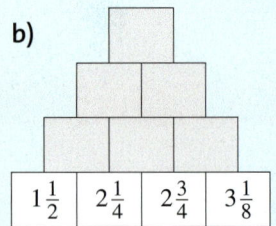

4 Punkte

8 Berechne. Kürze das Ergebnis vollständig und schreibe es als gemischte Zahl, falls möglich.

a) $\frac{9}{16} + 2\frac{5}{16}$ b) $\frac{1}{15} + \frac{4}{12}$ c) $\frac{17}{30} - \frac{1}{6}$ d) $10\frac{2}{9} - 3\frac{1}{6} + 2\frac{2}{3}$

1 Punkte

9 Ein junger Mensch soll täglich 2 l Flüssigkeit trinken. Corinna überlegt abends, was sie am Tag getrunken hat: zum Frühstück $\frac{1}{4}$ l Milch; $\frac{1}{2}$ l Mineralwasser in der Schule; nachmittags 2 Tassen heißer Kakao $\left(\text{je } \frac{1}{8} \text{l}\right)$ und $\frac{3}{4}$ l Saftschorle nach dem Sport.

Gold: 46–51 Punkte, Silber: 39–45 Punkte, Bronze: 31–38 Punkte   Lösungen ab Seite 208

Winkel

Der Skifahrer zeigt sein Können beim Freestyle-Skiing.
Nach dem Absprung dreht er sich, dabei überkreuzen
sich seine Skier und bilden einen Winkel.
Bevor er landet, sind seine Skier wieder parallel.

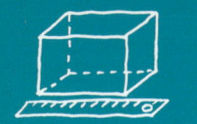

Noch fit?

Einstieg

Aufstieg

1 Linien beschreiben

Beschreibe die Linien. Benutze dazu die Fachbegriffe „Punkt", „Strecke", „Halbgerade", „Gerade", „zueinander parallel" und „zueinander senkrecht".

a)  b) 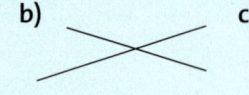 c) 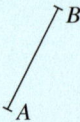 d) e)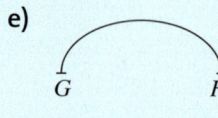

2 Senkrechte und Parallele zeichnen

Übertrage die Zeichnung in dein Heft. Die Kästchen helfen dir dabei.

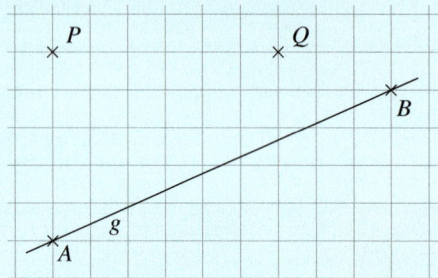

a) Zeichne eine Parallele h zu g durch Q.
b) Zeichne eine Senkrechte zu g durch P.
c) In welchem Winkel schneidet die Senkrechte die Gerade h?

2 Senkrechte und Parallele zeichnen

Zeichne die Geraden e, f und g wie im Bild in dein Heft.
Zeichne zu jeder Geraden einen zugehörigen Punkt E, F und G, der nicht auf den Geraden liegt.

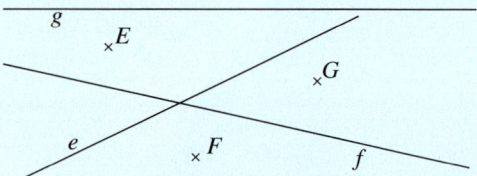

a) Zeichne zu jeder Geraden die senkrechte Gerade durch den zugehörigen Punkt.
b) Zeichne dann zu jeder Geraden die parallele Gerade durch den zugehörigen Punkt.

3 Figuren im Koordinatensystem

Zeichne ein Koordinatensystem (1 LE = 1 cm) in dein Heft. Überlege zunächst, wie viel Platz du im Heft benötigst.
Hinweis: LE ist die Abkürzung für Längeneinheit. 1 LE = 1 cm bedeutet, dass der Abstand zwischen 0 und 1 auf jeder Achse 1 cm beträgt.

a) Trage die Punkte $A(5|6)$, $B(2|4)$, $C(2|2)$, $D(5|0)$, $E(8|2)$, $F(8|4)$ und $P(5|3)$ ein.
b) Zeichne vom Punkt P aus Halbgeraden durch die Punkte A bis F.
c) Zeichne die Strecken $\overline{AB}$, $\overline{AC}$, $\overline{AE}$, $\overline{AF}$, $\overline{BC}$, $\overline{BF}$, $\overline{CD}$, $\overline{CE}$, $\overline{DE}$ und $\overline{EF}$.
d) Färbe gleich lange Strecken mit derselben Farbe.
e) Miss folgende Abstände mit einem Lineal:
   – Abstand von P zu $\overline{CE}$
   – Abstand von P zu $\overline{AC}$

3 Figuren im Koordinatensystem

Zeichne ein Koordinatensystem (1 LE = 1 cm).
Hinweis: LE ist die Abkürzung für Längeneinheit. 1 LE = 1 cm bedeutet, dass der Abstand zwischen 0 und 1 auf jeder Achse 1 cm beträgt.

a) Trage die Punkte $A(2|6)$, $B(6|2)$, $C(10|6)$ und $D(7|9)$ ein. Zeichne die Strecken $\overline{AB}$, $\overline{AD}$, $\overline{BC}$ und $\overline{CD}$.
b) Trage auf der Strecke $\overline{AB}$ den Mittelpunkt R ein, auf der Strecke $\overline{AD}$ den Mittelpunkt Q, auf der Strecke $\overline{BC}$ den Mittelpunkt S und auf der Strecke $\overline{CD}$ den Mittelpunkt T.
c) Miss folgende Abstände:
   von A zu $\overline{QR}$ von B zu $\overline{RS}$
   von C zu $\overline{ST}$ von D zu $\overline{QT}$
d) Sind $\overline{QS}$ und $\overline{RT}$ senkrecht zueinander?
e) Zu welcher Viereckart gehört $QRST$?

Lösungen ab Seite 208

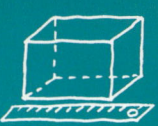

Winkel erkennen und Winkelarten beschreiben

Entdecken

1 👥 Auf den Bildern findet ihr Winkel. Zeigt euch gegenseitig möglichst viele Winkel.

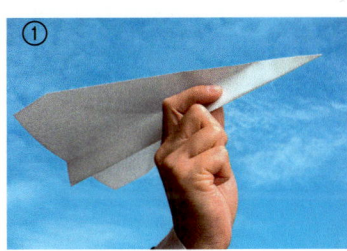

2 Du kannst durch Falten Winkel selbst erzeugen. Falte ein Blatt Papier zweimal, sodass sich die Faltlinien schneiden.
a) Wie viele Winkel erkennst du?
b) 👥 Vergleiche mit deinem Nachbarn oder deiner Nachbarin die entstandenen Winkel. Was fällt euch auf?
c) Wie musst du das Papier falten, damit
 – gleich große Winkel entstehen?
 – unterschiedlich große Winkel entstehen?

3 Mithilfe eines DIN-A4-Blatts kannst du Winkelgrößen vergleichen.
Schneide eine Ecke ab und vergleiche den rechten Winkel mit den abgebildeten Winkeln.
Welche Winkel sind gleich groß, größer oder kleiner?
Notiere deine Ergebnisse.

rechter Winkel

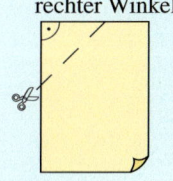

4 👥 Arbeiten mit einem Winkelmodell

Material:
Für den Bau des Winkelmodells benötigt ihr
– Pappe für zwei rechteckige Pappstreifen
– eine Musterbeutelklammer

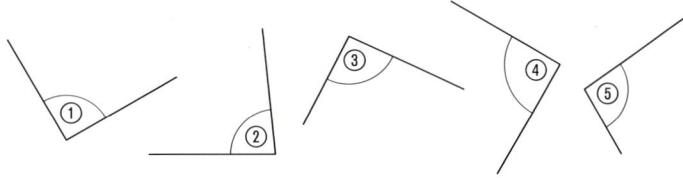

HINWEIS
So sehen Musterbeutelklammern aus.

Anleitung:
① Zeichnet zwei unterschiedlich lange, rechteckige Streifen auf einen Bogen Pappe.
② Schneidet die Streifen aus.
③ Beschriftet die beiden Streifen mit „1. Schenkel" und „2. Schenkel".
④ Verbindet beide Streifen mithilfe der Klammer.

Stellt einen rechten Winkel am Winkelmodell ein. Verändert den Winkel wie unten beschrieben.
Diskutiert miteinander, welche Bezeichnung ihr dem neuen Winkel geben könnt.
Stellt einen Winkel ein, der …
a) halb so groß ist wie ein rechter Winkel.
b) doppelt so groß ist wie ein rechter Winkel.
c) größer, aber nicht doppelt so groß ist wie ein rechter Winkel.
d) dreimal so groß ist wie ein rechter Winkel.

55

Verstehen

Winkel findest du überall in deiner Umgebung. Stellt man z. B. eine Leiter auf, so darf der Winkel zwischen den beiden Hälften nicht zu klein werden. Sonst besteht die Gefahr, dass man mit der Leiter umkippt.

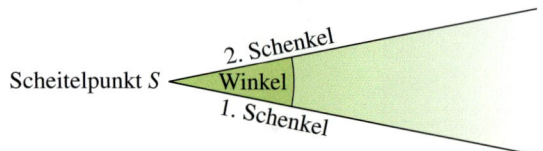

> **Merke** Ein **Winkel** wird durch zwei **Schenkel** begrenzt, die von einem gemeinsamen Punkt ausgehen. Diesen Anfangspunkt nennt man **Scheitelpunkt** S.

Winkel werden meistens mit griechischen Buchstaben bezeichnet.

alpha: α beta: β gamma: γ delta: δ epsilon: ε

Für einen sicheren Stand der Leiter sollte der Winkel α zwischen den beiden Schenkeln der Leiter mindestens 40° betragen.

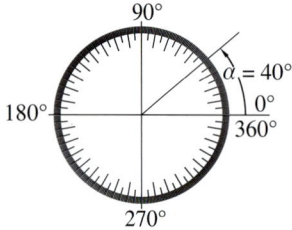

Bei einem Winkel α von 40 Grad schreibt man $\alpha = 40°$.

> **Merke** Die Größe eines Winkels wird im Winkelmaß **Grad** (°) angegeben.
> Einen Winkel von 1° erhält man, wenn ein Kreis in 360 gleich große Teile geteilt wird.

Mithilfe des Winkelmodells können Winkel dargestellt werden.
Je nach Größe des Winkels unterscheidet man verschiedene Winkelarten.

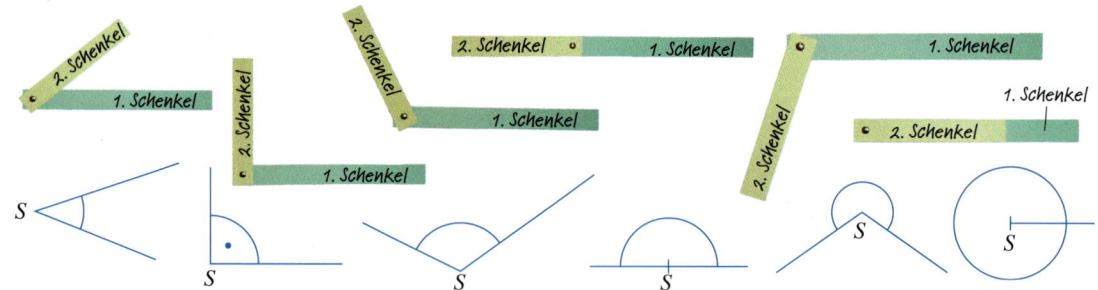

> **Merke** **Winkelarten** im Überblick
>
> | spitzer Winkel | rechter Winkel | stumpfer Winkel | gestreckter Winkel | überstumpfer Winkel | Vollwinkel |
> |---|---|---|---|---|---|
> | größer als 0°, aber kleiner als 90° | genau 90°, Schenkel sind senkrecht zueinander | größer als 90°, aber kleiner als 180° | genau 180° | größer als 180°, aber kleiner als 360° | genau 360° |

Üben und anwenden

1 🧍🧍 Zeigt auf den Bildern möglichst viele Winkel.

2 Erkläre, wo sich Scheitelpunkt und Schenkel der Winkel an folgenden Gegenständen befinden: Zimmertür, Stuhl, Bücherschrank, Radiergummi, Geodreieck.

3 Zeichne zwei sich schneidende Geraden in dein Heft.
a) Bezeichne alle entstandenen Winkel mit griechischen Buchstaben. Vergleiche die Größen der Winkel. Beschreibe, was dir auffällt.
b) Wie viele verschieden große Winkel entstehen, wenn du zwei senkrecht aufeinanderstehende Geraden zeichnest? Begründe.

4 Übertrage die Figuren in dein Heft und kennzeichne die Winkel.

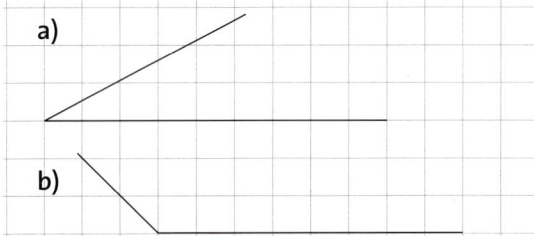

5 🧍🧍 Arbeitet zu zweit.
Zeige deinem Lernpartner mit den Armen, Beinen oder einem gebastelten Winkelmodell spitze, rechte, stumpfe und gestreckte Winkel. Dein Lernpartner muss die Winkel erkennen und bennenen.
Wechselt euch gegenseitig ab.

2 Suche in deinem Klassenzimmer verschiedene Winkel.
Erkläre an ihnen die Begriffe Scheitelpunkt und Schenkel.

3 Was ist gemeint?
Fertige eine Skizze an.
a) Er schießt aus einem *günstigen Winkel* auf das Tor.
b) Der *Steigungswinkel* beim Flugzeug darf nicht zu groß sein.
c) Die Straßen kreuzen sich unter einem bestimmten *Kreuzungswinkel*.
d) Der schiefe Turm von Pisa zeigt einen *Neigungswinkel* von einigen Grad.

4 Übertrage die Figuren in dein Heft und kennzeichne die Winkel.

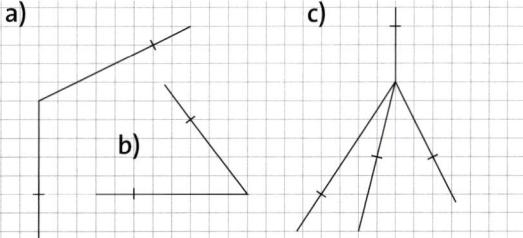

5 Suche in deinem Klassenzimmer Winkel.
a) Wo findest du rechte Winkel?
   Überlege dir, wie du ohne ein Geodreieck überprüfen kannst, ob es sich um einen rechten Winkel handelt.
b) Suche auch Beispiele für spitze, stumpfe, gestreckte und überstumpfe Winkel.

6 Gib zu den Winkeln α, β, γ, δ und ε die Winkelart an.

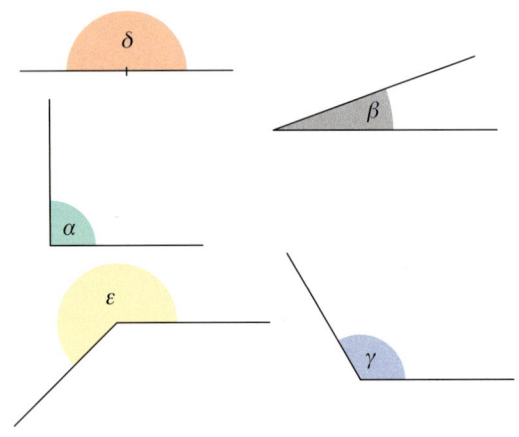

6 Gib für jeden Winkel in den Dreiecken und Vierecken an, ob es ein spitzer, rechter oder stumpfer Winkel ist.

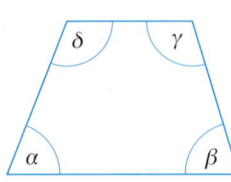

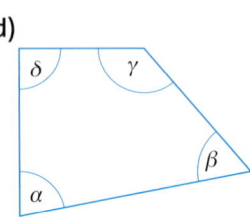

7 🯅🯅 Zeichne verschiedene Vierecke. Tausche mit einem Partner und bestimme die Winkelarten in den Vierecken.

7 Begründe jeweils zeichnerisch. Gibt es ein Viereck, bei dem alle Winkel spitz (alle Winkel stumpf) sind?

8 Ordne die verschiedenen Winkelgrößen den Winkeln α bis δ zu. Du musst dazu keine Winkel messen.
Begründe deine Vorgehensweise.
$120°$, $90°$, $45°$, $20°$

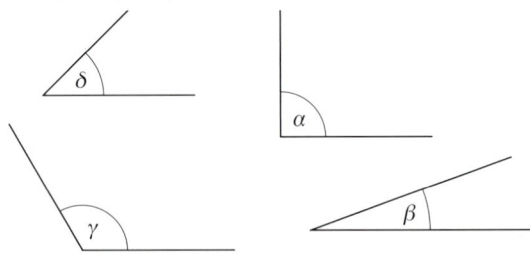

8 Gib für die Winkel α bis ε jeweils die Winkelart an.
Schätze die ungefähre Größe der Winkel.

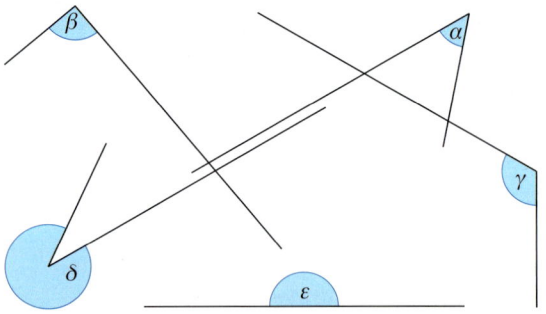

9 Welche Winkelarten bilden die Zeiger der Uhren?

a)

b)

c)

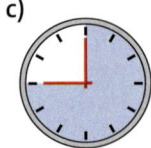

9 Die beiden Zeiger einer Uhr bilden zwei verschiedene Winkel.
a) Bestimme jeweils beide Winkelarten:
    20:00 Uhr   6:00 Uhr   15:05 Uhr
    10:30 Uhr   24:00 Uhr   3:45 Uhr
b) Finde für spitze, rechte, stumpfe und überstumpfe Winkel je zwei Uhrzeiten.

10 Ordne die folgenden Winkelgrößen den entsprechenden Winkelarten zu:
$360°$, $45°$, $138°$, $253°$, $17°$, $90°$, $179°$, $180°$, $89°$, $91°$.

11 Erstell einen Eintrag im Lerntagebuch oder Merkheft zum Thema „Winkelbezeichnungen".
a) Schreibe die ersten fünf griechischen Buchstaben groß ins Lerntagebuch.
b) Wie kannst du mehr als fünf Winkel unterschiedlich bezeichnen?

Winkel messen

Entdecken

1 👥 Baut eine Winkelscheibe oder verwendet eine vorhandene.

Material für den Bau einer Winkelscheibe:
- zwei verschiedenfarbige Bogen Pappe (DIN A4)
- zwei Winkelskalen.

Anleitung:

① Klebt je eine Winkelskala auf die beiden Pappbogen. Färbt die Skalen passend zur Pappe mit Buntstiften. Schneidet die Skalen aus.

② Schneidet beide Scheiben vom Rand bis zur Mitte ein.

③ Steckt beide Scheiben ineinander. Achtet darauf, dass beide Winkelskalen oben sind.

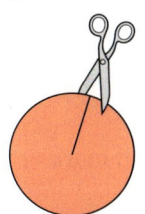 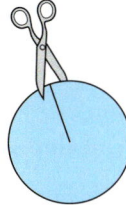  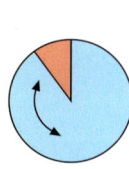 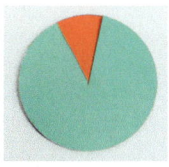 

a) Stellt die folgenden Winkel an der Winkelscheibe ein: 90°, 45°, 180°, 75°, 235°.

b) Schätzt Winkel: Stell einen Winkel so ein, dass dein Partner oder deine Partnerin nur die farbige Seite der Winkelscheibe sehen kann. Er oder sie schätzt die Winkelgröße. Notiert in einer Tabelle die geschätzte Winkelgröße, die tatsächliche Winkelgröße und die Abweichung. Wechselt euch beim Schätzen ab.

Winkelgröße		Abweichung
geschätzt	gemessen	
70°	55°	15°

2 👥 Tim misst den roten Winkel und meint:
„Der Winkel beträgt 145°."
Lisa widerspricht: „Das kann nicht stimmen, die Winkelgröße beträgt 45°."

a) Was meint ihr?

b) Warum ist sich Lisa sicher, dass die Angabe 145° nicht stimmen kann?

c) Ist es möglich, dass der Winkel 135° groß ist?

d) Stellt eine Regel auf, mit der dieses Problem geklärt wird.

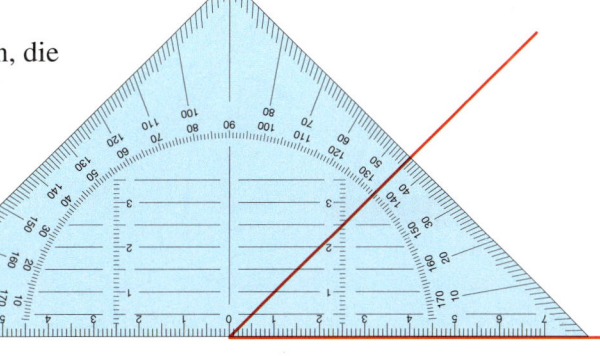

3 Übertrage die Winkel in dein Heft.

a) Bestimme jeweils die Winkelart.

b) Schätze die Winkelgröße.

c) Miss dann mit dem Geodreieck.

d) Wie bist du dabei vorgegangen? Achte dabei genau darauf, wo du das Geodreieck angelegt hast und wo du die Gradzahl abgelesen hast.

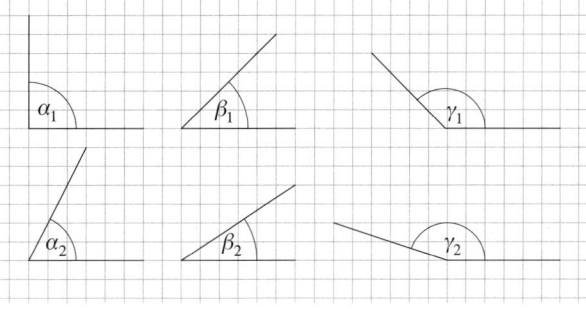

59

Verstehen

Um 15 Uhr erkennt man zwischen dem Stundenzeiger und dem Minutenzeiger genau einen rechten Winkel.

Sven möchte von Kai wissen, wie viel Grad der Winkel zwischen den beiden Zeigern um 15.05 Uhr beträgt.

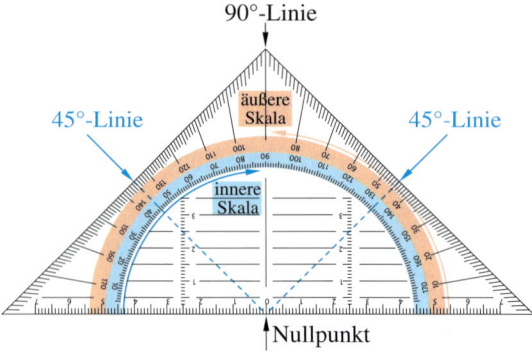

Kai zeigt Sven sein Geodreieck.
Die Grundkante des Geodreiecks zeigt eine **Zentimeter-Einteilung**, damit können Längen gemessen werden.
Die beiden kürzeren Kanten des Geodreiecks haben eine **Grad-Einteilung**, damit können Winkel gemessen werden.
Einige besondere Winkelgrößen sind markiert.

Kai legt das Geodreieck mit dem Nullpunkt auf den Scheitelpunkt und liest eine Winkelgröße von 60° auf der äußeren Skala ab.

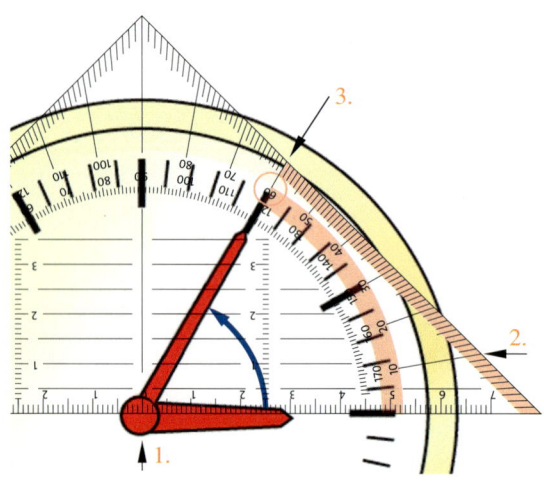

Merke Winkel werden mit dem Geodreieck gemessen. Dabei geht man in drei Schritten vor.
1. Anlegen: Der Nullpunkt des Geodreiecks und der Scheitelpunkt des Winkels liegen genau übereinander. Die Kante des Geodreiecks liegt genau auf dem 1. Schenkel.

2. Skala wählen: Die äußere Skala beginnt am 1. Schenkel mit 0°, also wird an der äußeren Skala abgelesen.

3. Ablesen: Die Winkelgröße beträgt 60°.

Um 21.05 Uhr kann zwischen den Zeigern ein stumpfer Winkel gemessen werden.
Dabei kann der Winkel auf der äußeren oder der inneren Skala abgelesen werden.

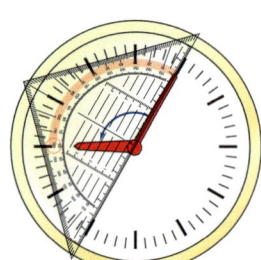

Beispiel 1
Die Grundkante liegt auf dem 1. Schenkel.

Der Winkel wird auf der **äußeren Skala** abgelesen.

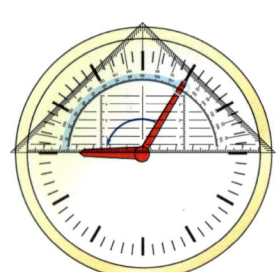

Beispiel 2
Die Grundkante liegt auf dem 2. Schenkel.

Der Winkel wird auf der **inneren Skala** abgelesen.

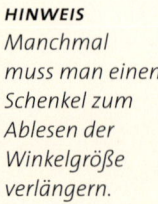

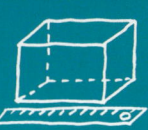

Üben und anwenden

1 Wie groß sind die Winkel? Lies die Größe am Geodreieck ab.

a)

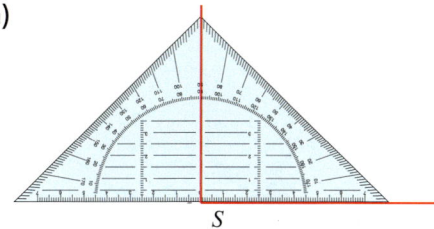

b)

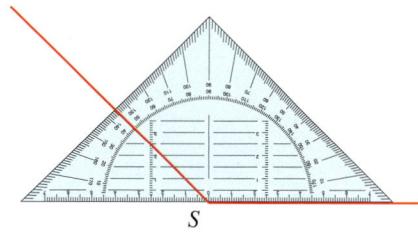

2 Miss die Größe der einzelnen Winkel und bestimme die Winkelart.

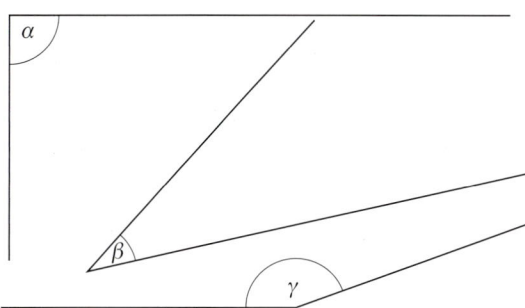

2 Gib für jeden Winkel die Winkelart an. Miss anschließend die Größe der einzelnen Winkel. Überprüfe, ob das Ergebnis zur Winkelart passt.

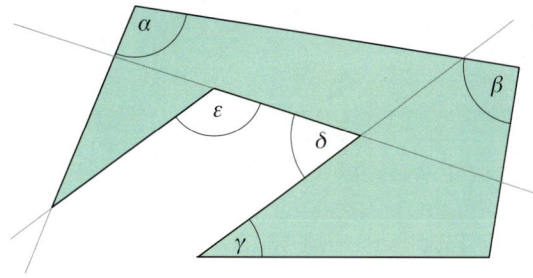

3 Zeichne das Dreieck ABC in ein Koordinatensystem. Wähle als Einheit ein Kästchen. Miss die Größe der Winkel innerhalb des Dreiecks und schreibe sie auf.
a) $A(1|5)$, $B(15|0)$, $C(7|10)$
b) $A(5|3)$, $B(15|3)$, $C(10|17)$
c) $A(2|2)$, $B(15|7)$, $C(0|11)$

3 Zeichne das Viereck $ABCD$ in ein Koordinatensystem. Wähle als Einheit ein Kästchen. Miss die Größe der Winkel innerhalb des Vierecks und schreibe sie auf.
a) $A(4|11)$, $B(7|2)$, $C(10|11)$, $D(7|15)$
b) $A(2|4)$, $B(15|4)$, $C(21|10)$, $D(8|10)$
c) $A(2|1)$, $B(18|1)$, $C(12|8)$, $D(4|8)$

4 Betrachte die Summe der Innenwinkel.
a) Miss die Winkel des Dreiecks und addiere ihre Größen.
   Miss die Winkel des Vierecks und addiere ihre Größen.
b) Vergleiche die Winkelsumme beider Figuren. Was stellst du fest?
c) Überprüfe deine Feststellung mit den Winkelsummen aus Aufgabe 3.

① Dreieck

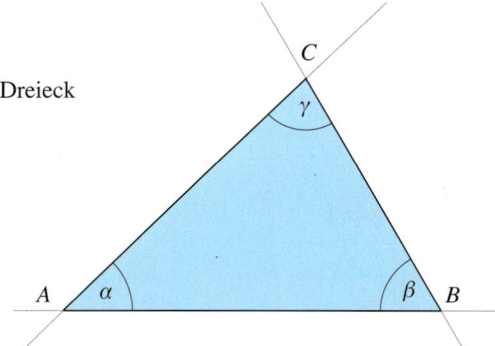

② Viereck

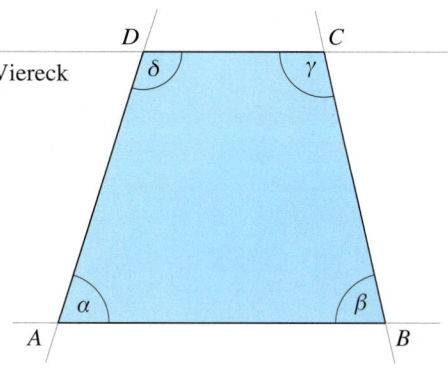

61

5 Vergleiche die Winkel der Größe nach. Trage die Zeichen „>, < und =" im Heft ein.

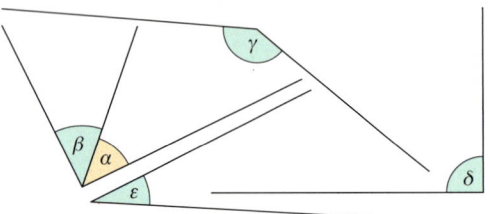

5 Miss die Winkel und ordne sie der Größe nach. Beginne mit der kleinsten Winkelgröße.

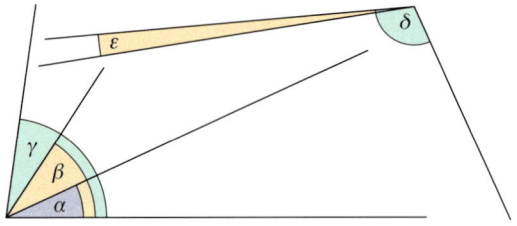

BEISPIEL

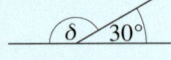

$\delta = 180° - 30°$
$\delta = 150°$

6 Berechne die Größe des Winkels.

a) α / $54°$ b) α / $72°$ c) $135°$ α d) $69°$ α

e) $123°$ α f) $33°$ α g) α $153°$ h) $146°$ α

7 Ist die Winkelgröße eines Winkels bekannt, dann lassen sich die anderen Winkelgrößen mithilfe des gestreckten Winkels berechnen.
In der Tabelle ist eine Winkelgröße angegeben. Berechne die übrigen Winkelgrößen.

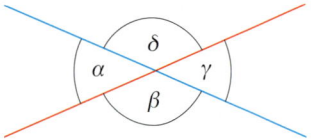

a)

α	β	γ	δ
54°			

b)

α	β	γ	δ
	104°		

NACHGEDACHT
Stell dir vor, man vergrößert die Kreise in Aufgabe 8 (bei gleicher Einteilung). Wie ändert sich dann die Größe der Winkel?

8 Bestimme die Größe des Winkels α.
Jeder der Kreise wurde in gleich große Teile zerlegt.
Beschreibe, wie man die Größe des Winkels α berechnen kann.

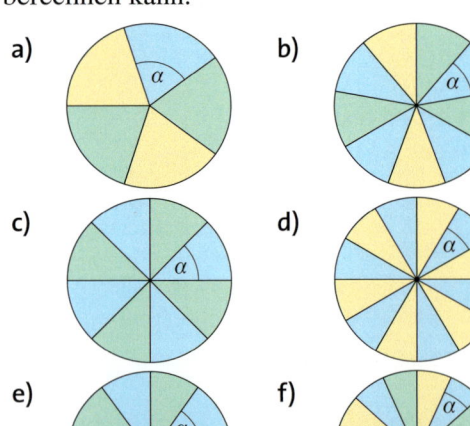

a)   b)

c)   d)

e)   f)

8 Zeichne auf ein Blatt Papier einen Kreis und schneide ihn aus. Falte ihn einmal, zweimal, dreimal usw. wie in den Bildern.

① 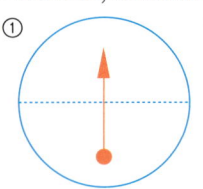 ② 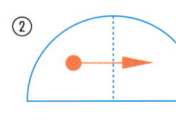 ③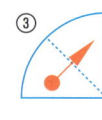

a) Gib nach jedem Falten an, wie groß die Winkel der entstandenen Kreisausschnitte sind.
Fülle dazu die Tabelle im Heft aus.

Anzahl der Kreisausschnitte	2	4		
Winkelgröße α eines Kreisausschnitts	180°			

b) Wie groß ist der Winkel, wenn du ihn in 10 (12, 18) gleich große Teile einteilst?
c) Wie kann man die Größe von α berechnen?

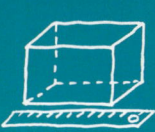

Winkel zeichnen

Entdecken

1 🐾 Welche Winkel könnt ihr mit einem Geodreieck leicht zeichnen? Untersucht dazu z. B. die Ecken des Geodreiecks und besondere Linien. Präsentiert eure Ergebnisse.

rechte Winkel   stumpfe Winkel   spitze Winkel   gestreckte Winkel   überstumpfe Winkel   Vollwinkel

2 Übertrage das Sternbild „Großer Wagen" so genau wie möglich in dein Heft. Beschreibe, wie du dabei vorgehst.

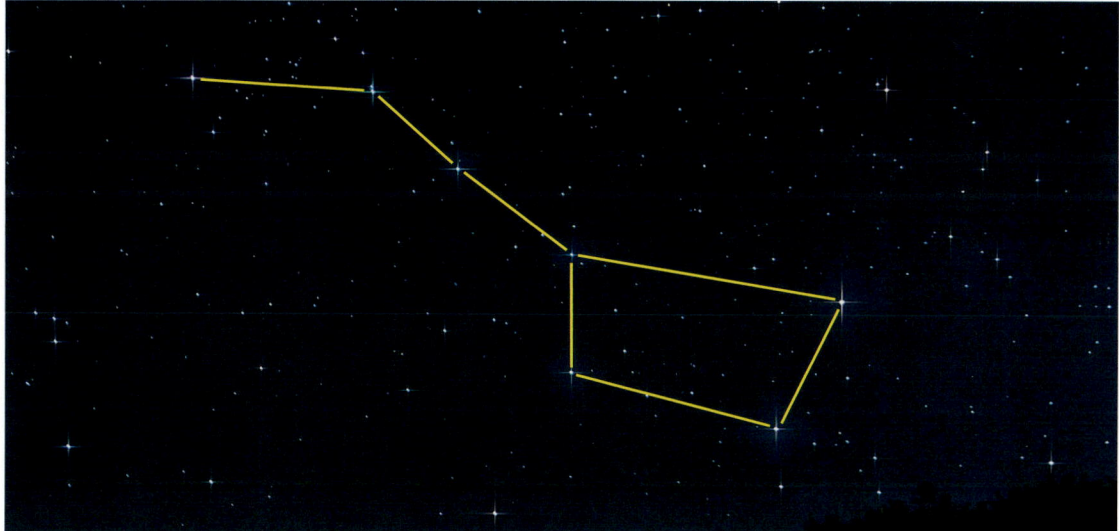

3 Auf dem Geodreieck sind drei verschiedene Skalen farblich gekennzeichnet. Erkläre, wofür die drei Skalen jeweils gebraucht werden. Werden alle drei Skalen beim Zeichnen von Winkeln verwendet? Begründe.

4 Zeichne folgende Winkel.

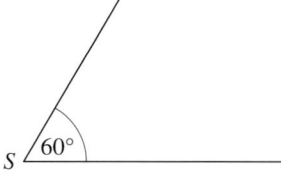
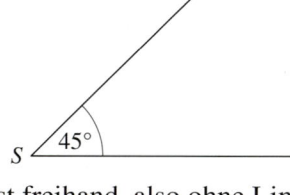
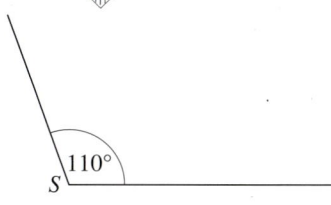

a) Zeichne die Winkel zunächst freihand, also ohne Lineal oder Geodreieck.
b) Zeichne sie dann mit einem Geodreieck:
   Zeichne dazu zunächst einen Schenkel und den Scheitelpunkt.
   Achte genau darauf, wo du den Nullpunkt des Geodreiecks anlegst und mithilfe welcher Skala du die Winkelgröße in Grad anträgst.
c) Vergleiche deine Ergebnisse aus a) und b).

Verstehen

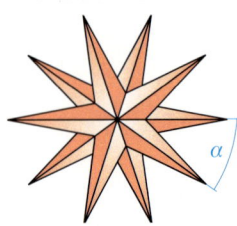

Die Theater-AG braucht für das Bühnenbild ihrer nächsten Aufführung viele regelmäßige Sterne.
Rainer und Jeanine haben eine Vorlage bekommen und wollen einige Sterne auf Tonpapier zeichnen. Dafür messen sie zuerst alle benötigten Winkel und zeichnen mit dem Geodreieck.

> **Merke** Winkel werden mit dem Geodreieck gezeichnet.
> Dabei geht man nach dem **Markierungsverfahren** oder dem **Drehverfahren** vor.

Beispiel 1 **Markierungsverfahren**

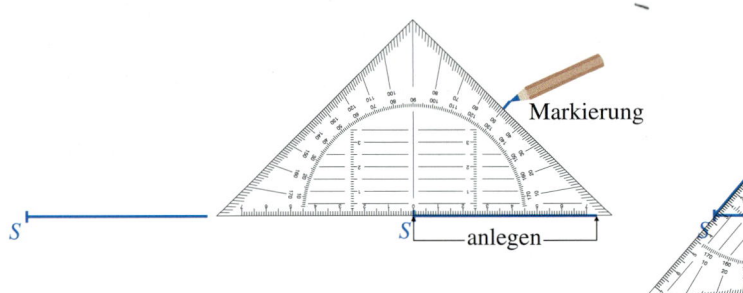

1. Schritt:
Zeichne den 1. Schenkel und markiere den Scheitelpunkt.

2. Schritt:
Lege die Grundkante des Geodreiecks an den 1. Schenkel. Achte darauf, dass der Nullpunkt genau auf dem Scheitelpunkt liegt. Markiere die Winkelgröße an der richtigen Winkelskala.

3. Schritt:
Verbinde deine Markierung mit dem Scheitelpunkt.

4. Schritt:
Beschrifte den Winkel.

Beispiel 2 **Drehverfahren**

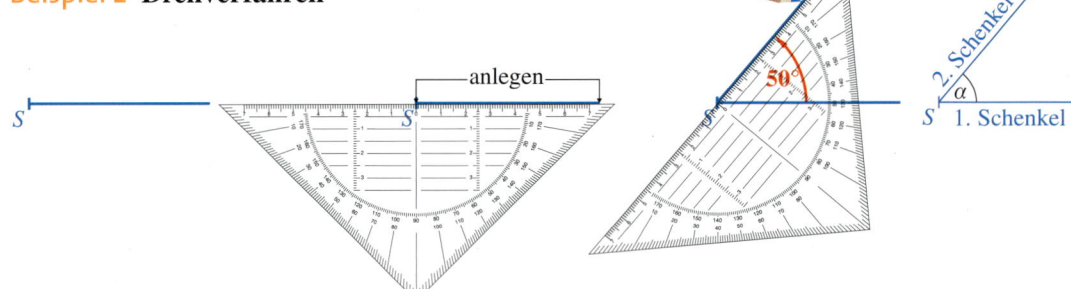

1. Schritt:
Zeichne den 1. Schenkel und markiere den Scheitelpunkt.

2. Schritt:
Lege die Grundkante des Geodreiecks an den 1. Schenkel. Das Geodreieck zeigt dabei nach unten. Achte darauf, dass der Nullpunkt genau auf dem Scheitelpunkt liegt.

3. Schritt:
Drehe das Geodreieck so weit, bis die Winkelgröße auf der Skala am 1. Schenkel erscheint. Zeichne vom Scheitelpunkt aus den 2. Schenkel.

4. Schritt:
Beschrifte den Winkel.

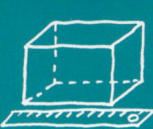

Üben und anwenden

1 Zeichne einen spitzen, rechten, stumpfen und gestreckten Winkel ins Heft.
Beschrifte die Winkel und gib die Winkelgröße an.
👥 Vergleiche dein Ergebnis mit deinem Partner oder deiner Partnerin.

2 Zeichne die Winkel ins Heft.
Beginne deine Zeichnung mit dem ersten
Schenkel, markiere den Scheitelpunkt, …
a) 30° b) 65° c) 78° d) 27° e) 86°
f) 105° g) 135° h) 139° i) 164° j) 6°

2 Zeichne eine Gerade g und einen Punkt P
auf der Geraden g. Trage den angegebenen
Winkel im Scheitelpunkt P ab.
a) 37° b) 72° c) 156° d) 129° e) 12°
f) 177° g) 91° h) 89° i) 55° j) 7°

3 👥 Stellt verschiedene Winkel an der Winkelscheibe ein
und zeichnet sie ins Heft.
Wechselt euch beim Einstellen des Winkels ab.

Rückseite   Vorderseite

4 Zeichne ein Dreieck mit den folgenden
Eigenschaften ins Heft.
a) Es hat drei spitze Winkel.
b) Es hat einen rechten Winkel.
c) Es hat zwei rechte Winkel.
d) Es hat einen stumpfen Winkel.
👥 Vergleicht eure Dreiecke.
Was fällt euch auf?

4 Zeichne ein Viereck mit den folgenden
Eigenschaften ins Heft.
a) Es hat einen stumpfen Winkel.
b) Es hat einen stumpfen und drei spitze
Winkel.
c) Es hat zwei stumpfe und zwei spitze
Winkel.
d) Es hat mindestens zwei rechte Winkel.

5 Übertrage die Dreiecke mit den angegebenen Maßen in dein Heft.
a) Beginne mit der Strecke $\overline{AB}$ = 5 cm.
Trage bei A den Winkel α und bei B den
Winkel β an, γ ergibt sich.
① $\alpha = 105°$, $\beta = 15°$
② $\alpha = 67°$, $\beta = 67°$
③ $\alpha = 90°$, $\beta = 29°$
b) Miss jeweils die Winkelgröße von γ.
c) Addiere die drei Winkelgrößen.
Was stellst du fest?

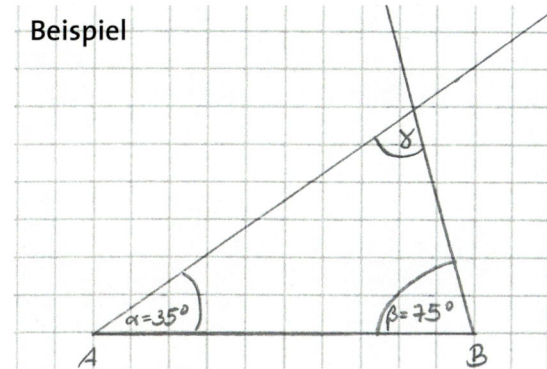

Beispiel

6 Zeichne die folgenden Winkel mit demselben Scheitelpunkt so oft aneinander,
dass ein stumpfer Winkel entsteht.
Wie viele Winkel musst du mindestens aneinander zeichnen?
a) 40°   b) 30°   c) 25°   d) 20°

7 Zeichne ins Heft.
a) Die Straßen kreuzen sich in einem Winkel
von 90°.
b) Die Pizza hat sechs gleich große Stücke.
c) Das Flugzeug hebt mit einem Winkel
von 30° ab.

7 Zeichne ins Heft.
a) Er schießt in einem Winkel von 90° auf
das Tor.
b) Die Torte hat zehn gleich große Stücke.
c) Der schiefe Turm von Pisa ist 55 m hoch
und neigt sich um 4°.

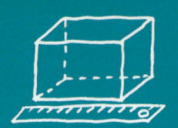

ERINNERE DICH
Eine Halbgerade hat einen Anfangspunkt, aber keinen Endpunkt.

8 Übertrage die Halbgeraden in dein Heft. Trage im Scheitelpunkt folgende Winkel ab:
S_1: $\alpha = 24°$; S_2: $\beta = 65°$; S_3: $\gamma = 105°$

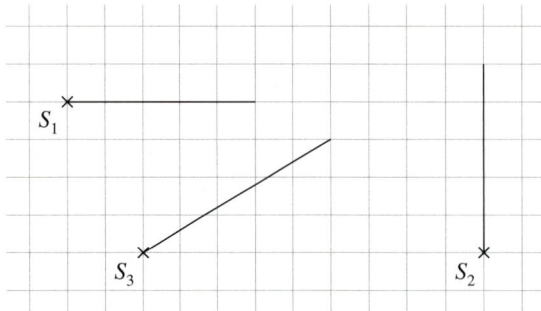

8 Übertrage die Halbgeraden in dein Heft. Trage im Scheitelpunkt folgende Winkel ab:
S_1: $\alpha = 91°$; S_2: $\beta = 122°$; S_3: $\gamma = 156°$

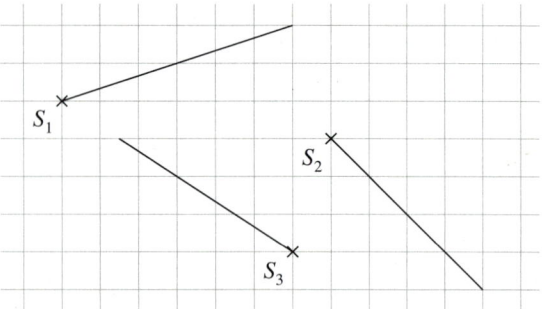

9 Wie weit ist das Schiff von den Leuchttürmen A und B entfernt?
Ermittle die Entfernungen zeichnerisch. Zeichne 1 cm für 1 km.

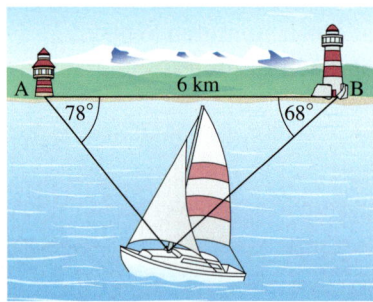

9 Der Baum wirft einen 6 m langen Schatten. Die Sonnenstrahlen bilden dabei mit dem Boden einen Winkel von 40°.
a) Zeichne das Dreieck ins Heft (1 m entspricht 1 cm).
b) Bestimme die Höhe des Baums.
c) Wie lang ist der Schatten, wenn die Sonnenstrahlen mit dem Boden einen Winkel von 55° bilden?

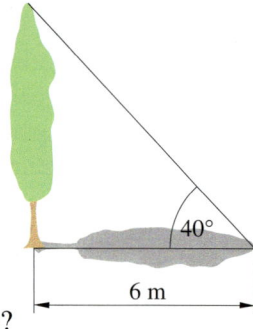

10 Zeichne den Stern ins Heft. Alle Seiten des Sterns sind 3 cm (4 cm) lang. Beginne mit der Strecke $\overline{AB}$.

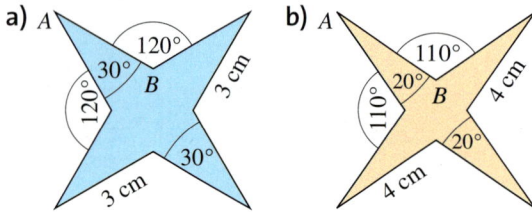

10 Zeichne das Segelboot ins Heft.
Beginne mit der Strecke $\overline{AB}$.

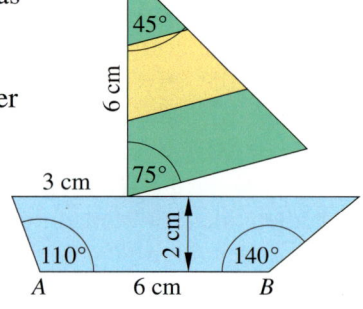

11 Zeichne den Drachen nach. Beginne mit der Strecke $\overline{AB}$.

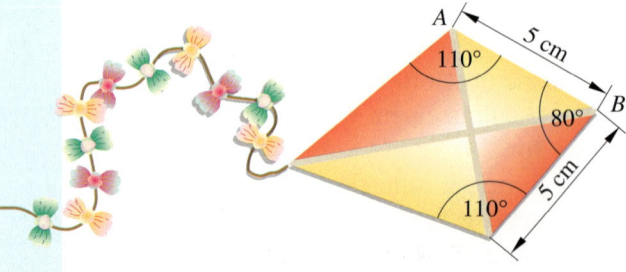

11 Überlege dir zuerst, wie du vorgehst.
a) Zeichne einen Winkel von 123°. Teile ihn auf in zwei Winkel. Der eine Winkel soll 24° messen. Wie viel Grad misst der zweite Winkel?
b) Zeichne einen Winkel von 88°. Unterteile ihn in zwei gleich große Winkel.
c) Zeichne einen Winkel von 86° und daran anschließend einen Winkel von 112°. Wie groß sind beide Winkel zusammen?

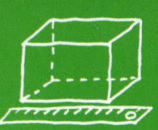

Methode: Überstumpfe Winkel messen und zeichnen

Mit einem Geodreieck kann man auch überstumpfe Winkel (Winkel > 180°) messen und zeichnen.
Da die Winkelskala auf dem Geodreieck aber nur bis 180° reicht, ist dazu ein Zwischenschritt nötig.

Ein überstumpfer Winkel α kann in einen gestreckten Winkel (180°) und einen anderen Teilwinkel (< 180°) zerlegt werden.

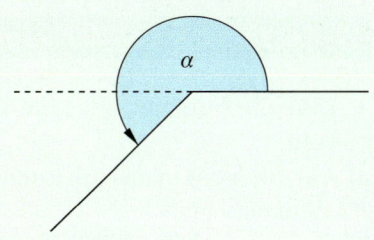

Messen von überstumpfen Winkeln

① Lege den Nullpunkt des Geodreiecks auf den Scheitelpunkt. Dabei schaut die Spitze des Geodreiecks nach unten.

② Lies die Winkelgröße des kleinen Teilwinkels ab. Dazu misst du die Winkelgröße bis zum 2. Schenkel. Achte auf die richtige Skala.

③ Addiere die Winkelgröße von beiden Teilwinkeln: 180° + 42° = 222°

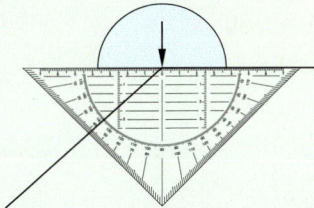
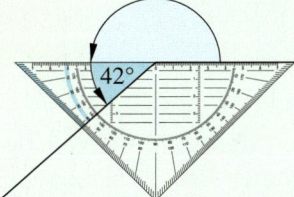
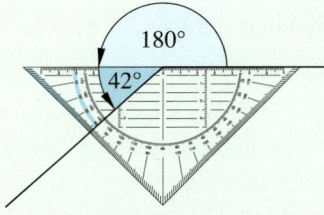

Zeichnen von überstumpfen Winkeln

① Ein Winkel von 287° wird gezeichnet. Berechne die Größe des Teilwinkels: 287° − 180° = 107°

② Lege das Geodreieck mit dem Nullpunkt auf den Scheitelpunkt. Dabei zeigt die Spitze des Geodreiecks nach unten.

③ Zeichne den Winkel mit 107° ein. Achte dabei auf die richtige Skala.

④ Beschrifte die Zeichnung.

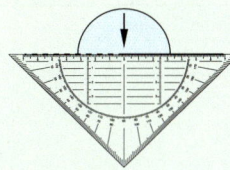
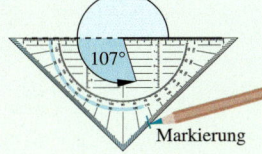
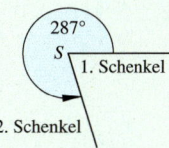

HINWEIS
Zum Beispiel ergänzen sich ein überstumpfer Winkel und ein stumpfer Winkel zum Vollwinkel. Daher kann man auch 360° − 225° = 135° berechnen und dann einen Winkel von 135° zeichnen.

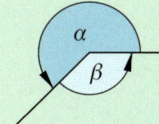

1 Miss die folgenden Winkel.

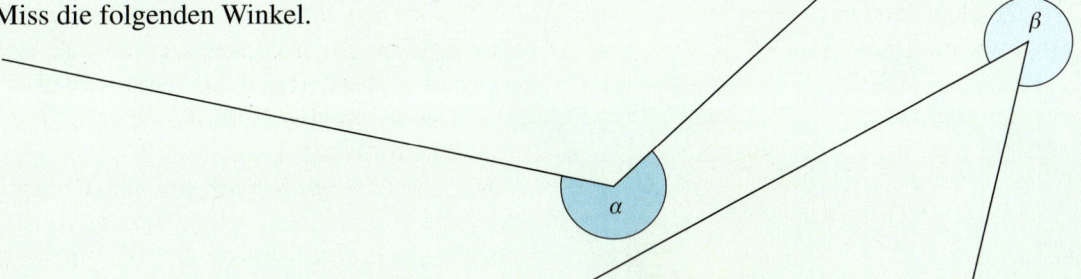

2 Zeichne Winkel mit den Größen 280°, 295°, 325°, 310° und 250° in dein Heft.

Klar so weit?

→ Seite 56

Winkel erkennen und Winkelarten beschreiben

1 Löse die Aufgabe, ohne die Winkel zu messen.
a) Gib für die Winkel α, β, γ und δ die jeweilige Winkelart an.
b) Zeichne zu jeder Winkelart zwei weitere Vertreter in dein Heft.

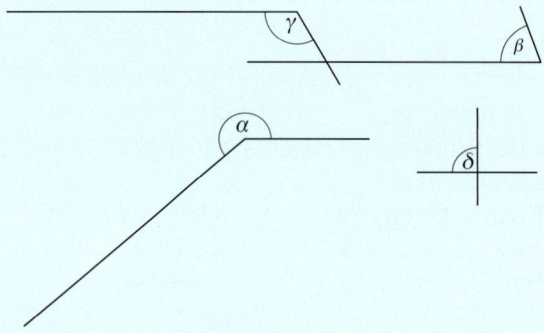

1 Zeichne die Figur in dein Heft.
a) Beschrifte alle Winkel innerhalb der Figur mit α_1 bis α_6.
b) Nenne alle in der Figur vorhandenen Winkelarten. Schätze ihre Größe.
c) Entwirf selbst solch eine Figur.
👥 Lass deinen Lernpartner die Innenwinkel schätzen.

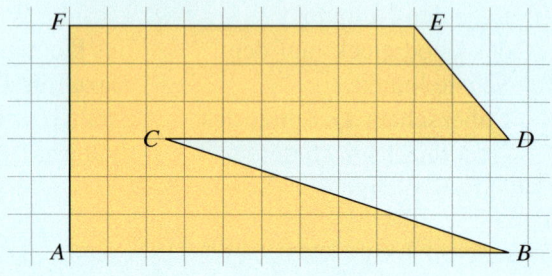

2 Welche Winkelarten kommen in Aufgabe **1** nicht vor? Zeichne für diese Winkelarten Beispiele und benenne sie.

2 Welche Winkelarten kommen in Aufgabe **1** nicht vor? Zeichne Beispiele.
Warum kommen diese Winkel nicht vor?

→ Seite 60

Winkel messen

3 Miss die Größe der Winkel in Aufgabe **1**.

3 Miss die Größe der Winkel in Aufgabe **1**.

4 Übertrage die Tabelle zu dem unten abgebildeten Haus in dein Heft. Gib die Winkelarten an und schätze die Größe der Winkel, bevor du misst.

Winkel	Winkelart	geschätze Größe	gemessene Größe
α_1			

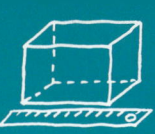

5 Schätze zunächst die Größe der Winkel und miss dann jeweils die beiden Winkel und den gesamten Winkel, der sich aus den beiden farbig markierten Winkeln ergibt.

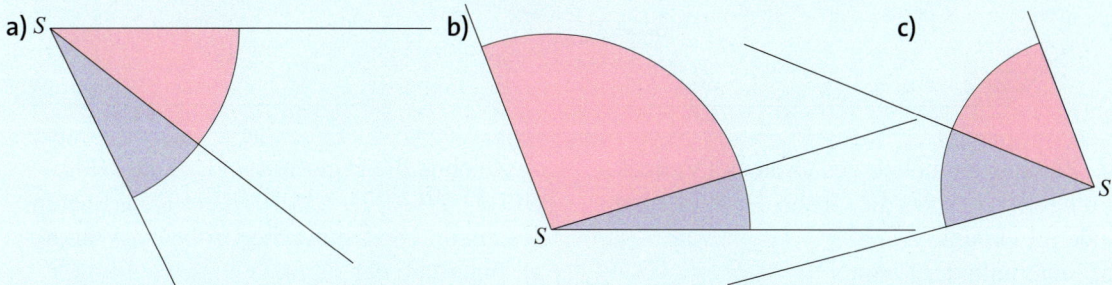

a) S   b)   c)

Winkel zeichnen

→ Seite 64

6 Zeichne jeweils eine Gerade g und einen Punkt P, der auf der Geraden g liegt.
Trage in P den Winkel mit der gegebenen Größe ab.
a) spitze Winkel: 30°, 40°, 70°
b) rechter Winkel
c) stumpfe Winkel: 120°, 165°, 95°
d) gestreckter Winkel

6 Zeichne jeweils eine Gerade g und einen Punkt P, der auf der Geraden g liegt.
Trage in P den Winkel mit der gegebenen Größe ab.
a) 5°, 39°, 66°, 73°
b) 154°, 161°, 93°, 111°
c) 48°, 98°, 84°, 121°
d) rechter Winkel, gestreckter Winkel

7 Zeichne das Dreieck mit den Eckpunkten $A(1|5)$, $B(7|1)$ und $C(5|8)$ in ein Koordinatensystem. Wähle als Einheit zwei Kästchen auf Karopapier.
Miss die Größe der Winkel innerhalb der Figur und schreibe sie ins Heft.

7 Zeichne das Viereck $ABCD$ in ein Koordinatensystem (1 LE = 1 cm):
$A(2|10)$; $B(7|1)$; $C(10|10)$; $D(7|16)$.
Miss die Größe der Winkel innerhalb der Figur.
Schreibe sie ins Heft.

8 Tiere haben unterschiedliche Gesichtsfelder. Zeichne die Gesichtsfelder der Tiere ins Heft. Benutze zum Zeichnen deinen Zirkel.
a) Hamster 110°   b) Pferd 270°
d) Frosch 340°   e) Hase 300°

Beispiel Hund 260°

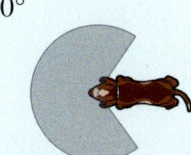

c) Leopard 180°
f) Fliege 360°

9 Zeichne das Dreieck mit den angegebenen Maßen in dein Heft. Wie groß ist der dritte Winkel?

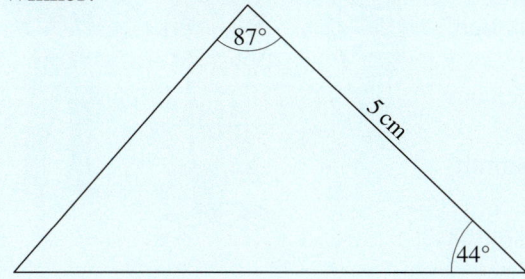

87°
5 cm
44°

9 Zeichne den Briefumschlag mit den angegebenen Maßen in dein Heft.

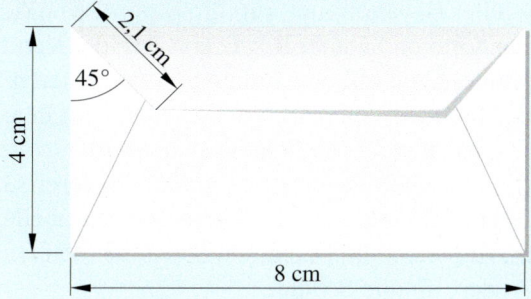

2,1 cm
45°
4 cm
8 cm

Vermischte Übungen

1 Miss die Winkel und zeichne sie in dein Heft.

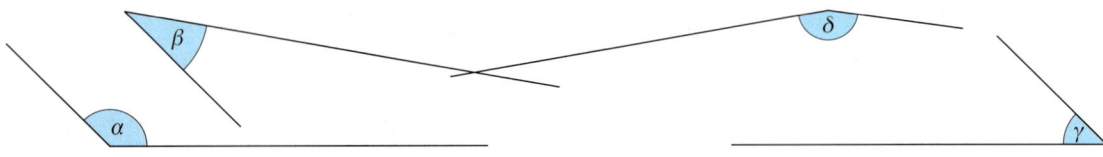

2 Zeichne ein beliebiges Dreieck (Viereck, Fünfeck) und miss die Größe der Winkel an jedem Eckpunkt …
a) innerhalb der Figur,
b) außerhalb der Figur.

2 Zeichne die Figur mit $A(1|5)$, $B(2|2)$, $C(7|1)$, $D(10|7)$, $E(5|8)$ in ein Koordinatensystem und bestimme die Größe der Winkel …
a) innerhalb der Figur,
b) außerhalb der Figur.

3 Zeichne die Winkel ins Heft.
a) 180°, 30°, 90°, 120°
b) Zwei der Winkel ergeben zusammen einen weiteren der angegebenen Winkel. Zeichne die beiden Winkel so nebeneinander, dass dieser Winkel entsteht.

3 Zeichne die folgenden Winkel so oft mit demselben Scheitelpunkt aneinander, dass ein überstumpfer Winkel entsteht.
Wie viele Winkel musst du jeweils mindestens aneinanderzeichnen?
a) 45°   b) 38°   c) 55°   d) 72°

4 Berechne die Größe der Winkel. Überprüfe dein Ergebnis durch Messen.

a)
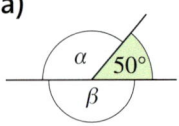

b)
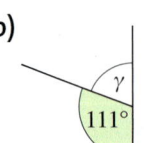

c)
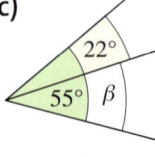

d)
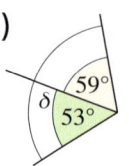

4 Berechne die Größe der Winkel.

a)
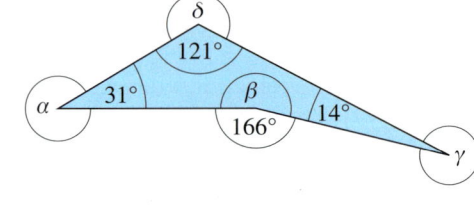

b)
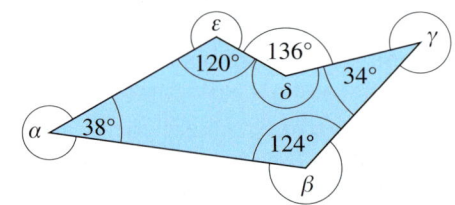

5 👥 Überprüft in der Klasse, wie groß euer Gesichtsfeld ist. Schüler A steht auf einem markierten Punkt und schaut gerade nach vorn. Schüler B nähert sich von hinten im seitlichen Abstand von einem Meter. Sobald Schüler A Schüler B wahrnimmt, ruft er „Stopp". Markiert den Standort von Schüler B z. B. mit Kreide. Nun nähert sich Schüler C im selben Abstand von der anderen Seite.
a) Messt aus den markierten Punkten auf dem Boden das Gesichtsfeld von Schüler A in Grad.
b) Wiederholt den Versuch mit den anderen Gruppenmitgliedern und tragt die Werte in eine Tabelle ein.
c) Vergleicht die Daten und berechnet den Durchschnittswert für alle Schüler.

6 Betrachte die Richtungsänderungen am Kompass.
Gehe dabei immer im Uhrzeigersinn vor.
a) Was für eine Winkelart ergibt sich bei dem eingezeichneten 120°-Winkel?
b) Welche Winkelarten ergeben sich bei den folgenden Richtungsänderungen?
① N → SO
② NO → W
③ W → N
④ N → SW
⑤ NW → NO
⑥ S → SO

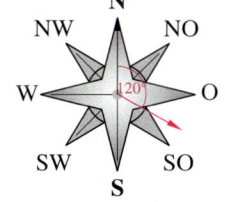

c) Gib die Richtungsänderungen aus a) als Gradzahl an.
Beispiel N → SO entspricht einer Änderung um 135°.

6 Auf dem Kompass siehst du eine Skala von 0° bis 360° und in der Mitte eine Windrose.
a) Gib Winkelart und Größe des Winkels an, der im Uhrzeigersinn zwischen der ersten und der zweiten Himmelsrichtung liegt.
① O nach S
② SO nach SW
③ NO nach S
④ NO nach NW
⑤ NW nach S

b) Welche Himmelsrichtung zeigt der Kompass an, wenn sich die Nadel von N …
① um 25° nach links dreht,
② um 140° nach rechts dreht,
③ um 50° nach rechts dreht?

7 Ein Flugzeug fliegt in Richtung Nordwesten.
Es ändert seinen Kurs um 45° nach Süden.
In welche Richtung fliegt das Flugzeug jetzt?

7 Ein Fischkutter fährt in Richtung Südosten.
Er ändert seinen Kurs um 45° in nördliche Richtung und dann um 90° in südliche Richtung.
Welchen Kurs hat er nun?

8 👥 Beim Speerwurf ist es wichtig, einen bestimmten Abwurfwinkel zu erreichen.
a) Messt, in welchem Winkel die drei Sportler den Speer werfen. Welcher Speer wird am weitesten fliegen? Diskutiert zu zweit und begründet eure Vermutung.
b) Nennt weitere Sportarten, bei denen Winkel eine Rolle spielen. Um welche Winkelart handelt es sich jeweils?

9 Miss alle Innenwinkel der Figuren.
Entscheide dich für eine Figur und setze sie im Heft zu einem Muster fort.

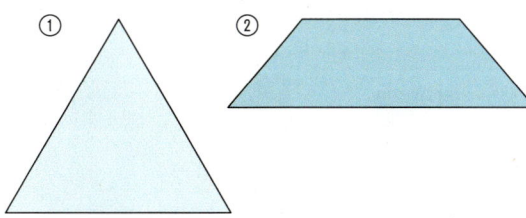

9 Zeichne einen Winkel $\alpha = 36°$ mit einer Schenkellänge von 5 cm in dein Heft. Benenne den Scheitelpunkt mit S_1 und das Ende des 2. Schenkels mit S_2. Trage bei S_2 einen Winkel $\alpha = 36°$ an und markiere auf dem neuen 2. Schenkel nach 5 cm S_3 usw.
Welche Form entsteht?
Nach wie vielen Strecken landest du beim Ausgangspunkt?

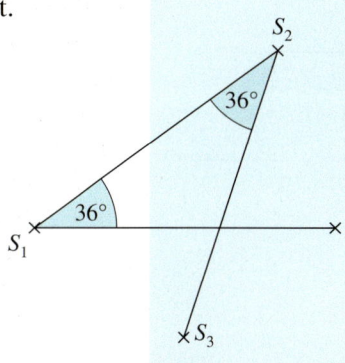

71

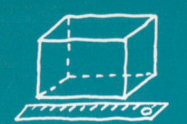

10 Wegen der vielen natürlichen Feinde des Feldhasen sind seine Sinne gut ausgeprägt.

a) Bestimme die Winkel, in denen der Feldhase sehen, wittern und hören kann.

b) Schau dir die Abbildung des Hasen an. Erkläre die Größe des Hör- und Sehwinkels aufgrund seines Körperbaus.

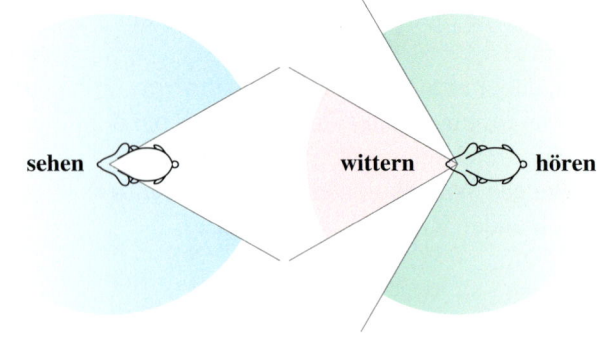

11 Kinder im Alter von etwa 6 Jahren sind im Straßenverkehr besonders stark gefährdet, weil ihr Sehwinkel um ein Drittel kleiner ist als bei Erwachsenen.

a) Wie groß ist der Sehwinkel bei einem sechsjährigen Kind?

b) Berechne, um wie viel Grad der Sehwinkel für ein sechsjähriges Kind kleiner ist, wenn der Winkel für einen Erwachsenen etwa 180° beträgt.

c) Zeichne beide Winkel aus a) und b) mit einem gemeinsamen Scheitelpunkt und einem gemeinsamen Schenkel ins Heft.

d) Emma behauptet, dass ein Erwachsener aufgrund des erweiterten Sehwinkels Dinge sehen kann, die ein Kind nicht sieht. Begründe mithilfe deiner Zeichnung.

12 Fotografen benutzen bei ihrer Arbeit verschiedene Objektive, um besondere Bildeffekte zu erreichen. Jedes Objektiv erfasst einen bestimmten Winkel.

a) Miss in der Zeichnung jeweils den maximalen Bildwinkel.

b) Ordne jedem Foto das Objektiv zu, mit dem es aufgenommen wurde.

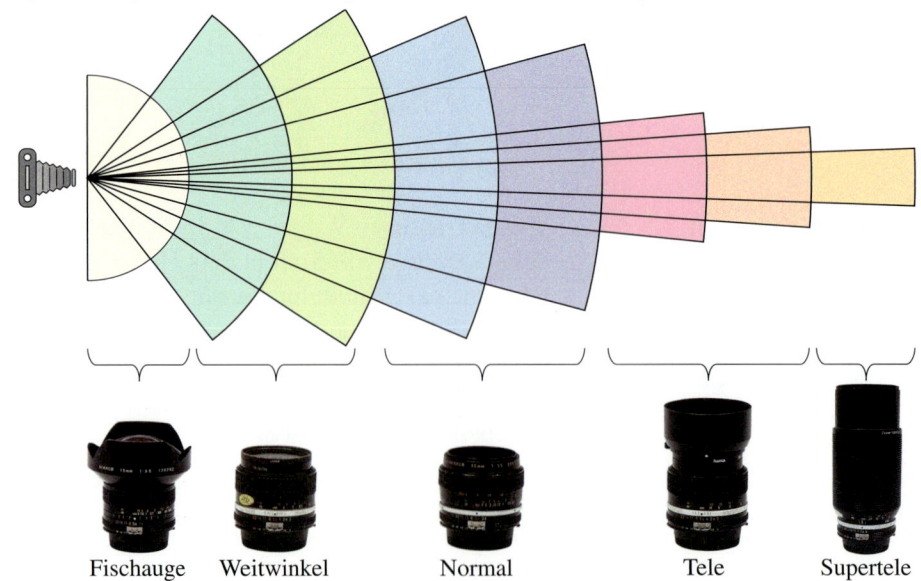

Fischauge   Weitwinkel   Normal   Tele   Supertele

Zusammenfassung

Winkel erkennen und Winkelarten beschreiben

→ Seite 56

Ein **Winkel** wird durch zwei Halbgeraden begrenzt, die **Schenkel**, die vom **Scheitelpunkt** ausgehen. Das Winkelmaß ist **Grad** (°).

Scheitelpunkt S — 2. Schenkel — Winkel — 1. Schenkel

spitzer Winkel
größer als 0°, kleiner als 90°

rechter Winkel
genau 90°

stumpfer Winkel
größer als 90°, kleiner als 180°

gestreckter Winkel
genau 180°

überstumpfer Winkel
größer als 180°, kleiner als 360°

Vollwinkel
genau 360°

Winkel messen

→ Seite 60

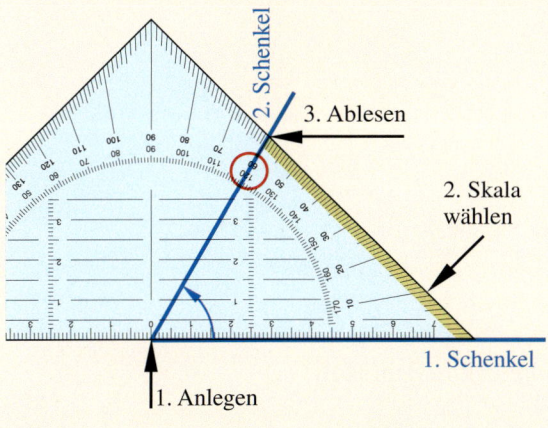

1. Anlegen:
Der Nullpunkt des Geodreiecks und der Scheitelpunkt des Winkels liegen genau übereinander. Die Kante des Geodreiecks liegt genau auf dem 1. Schenkel.

2. Skala wählen:
Hier beginnt die äußere Skala am 1. Schenkel mit 0°, also wird an der äußeren Skala abgelesen.

3. Ablesen:
Die Größe des Winkels beträgt 60°.

Winkel zeichnen

→ Seite 64

Markierungsverfahren
Der Nullpunkt liegt auf dem Scheitelpunkt. Markiere die Winkelgröße an der richtigen Skala und verbinde.

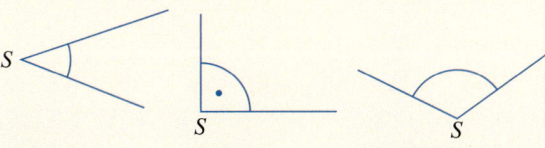

Drehverfahren
Das Geodreieck wird bis zur gewünschten Gradzahl um den Nullpunkt gedreht.

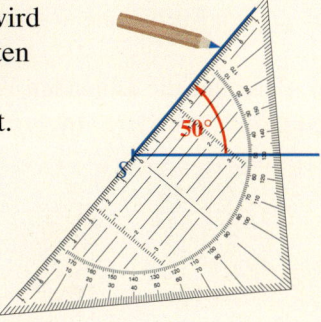

73

Teste dich!

2 Punkte

1 Erkläre die Begriffe „Schenkel eines Winkels" und „Scheitelpunkt eines Winkels" am Beispiel des Vorfahrt-Beachten-Schilds.

5 Punkte

2 Zeichne ein beliebiges Fünfeck ins Heft. Markiere die Winkel mit den griechischen Buchstaben alpha, beta, gamma, delta und epsilon.

8 Punkte

3 Ordne die folgenden Winkelgrößen den entsprechenden Winkelarten zu.
a) 30°   **b)** 254°   **c)** 4°   **d)** 90°   **e)** 102°   **f)** 360°   **g)** 180°   **h)** 335°

3 Punkte

4 Ordne den Winkeln α, β und γ die zugehörige Winkelgröße zu.

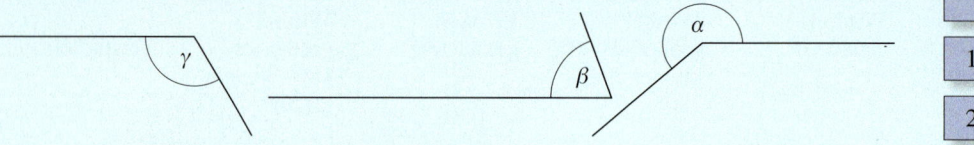

70°

120°

220°

3 Punkte

5 Miss die Winkelgrößen.

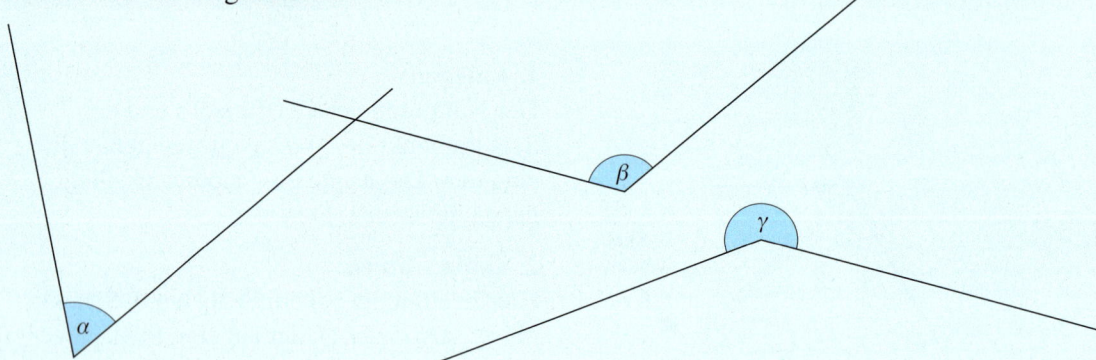

8 Punkte

6 Zeichne die gegebenen Winkel mit einem Geodreieck in dein Heft. Beschrifte sie und gib die Winkelart an.
a) 15°   **b)** 35°   **c)** 99°   **d)** 120°   **e)** 147°   **f)** 185°   **g)** 244°   **h)** 350°

2 Punkte

7 Zeichne einen Kreis in dein Heft.
Wie groß sind jeweils die Winkel am Mittelpunkt des Kreises, wenn …
a) du den Kreis in sechs gleich große Kreisausschnitte teilst?
b) du den Kreis in neun gleich große Kreisausschnitte teilst?

4 Punkte

8 Berechne die fehlenden Winkelgrößen.

a)   **b)**   **c)**   **d)**

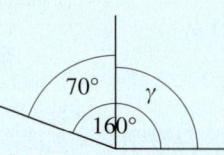
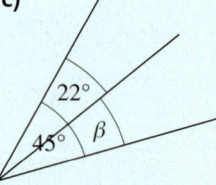
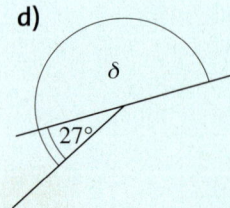

Gold: 32–35 Punkte, Silber: 27–31 Punkte, Bronze: 21–26 Punkte   Lösungen ab Seite 208

Dezimalbrüche – Umwandeln, Addieren und Subtrahieren

Der Anteil des Wassers am menschlichen Körper beträgt 60%.
Das Gehirn hat einen Anteil von 2%.
Die Muskelmasse nimmt 40% ein
und nur 12% entfallen auf das Skelett.

7,32 Milliarden Menschen leben
auf der Erde.
1,4 Milliarden leben allein in China.
Nur 0,08 Milliarden wohnen
in Deutschland.

Noch fit?

Einstieg

1 Stellenwerttafel
Übertrage die Tabelle in dein Heft. Trage die Zahlen 56; 4 983; 110 976 und 70 004 ein.

Tausender			Einer		
T	T	T	H	Z	E

2 Bruchteile ausmalen
Übertrage die Flächen in dein Heft und male den angegebenen Flächenteil farbig aus. Findest du mehrere Möglichkeiten?

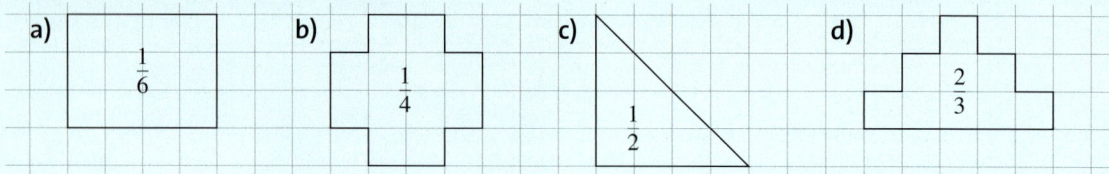

a) $\frac{1}{6}$ b) $\frac{1}{4}$ c) $\frac{1}{2}$ d) $\frac{2}{3}$

3 Bruchteile von Größen
a) $\frac{1}{4}$ m = ■ cm b) $\frac{3}{5}$ kg = ■ g c) $\frac{3}{4}$ h = ■ min

4 Brüche kürzen
Kürze die Brüche auf Zehntel.

a) $\frac{8}{40}$ b) $\frac{49}{70}$ c) $\frac{18}{60}$ d) $\frac{30}{50}$

5 Brüche erweitern
Erweitere auf den angegebenen Nenner.

a) $\frac{1}{2}; \frac{1}{5}; \frac{3}{5}$ auf $\frac{■}{10}$

b) $\frac{1}{10}; \frac{1}{20}; \frac{1}{25}$ auf $\frac{■}{100}$

6 Brüche vergleichen
Setze im Heft richtig ein: <, = oder >.

a) $\frac{3}{10}$ ■ $\frac{4}{10}$ b) $\frac{10}{12}$ ■ $\frac{10}{15}$ c) $\frac{5}{10}$ ■ $\frac{1}{2}$

7 Runden
Runde jeweils auf Zehner, auf Hunderter und auf Tausender.

a) 4 286 b) 25 498 c) 300 499 d) 4 505

8 Schriftlich rechnen
a) 145 + 203 639 + 59 571 b) 47 916 − 3 038 − 29 376 c) 26 502 : 3

Aufstieg

1 Stellenwerttafel
Zeichne eine Stellenwerttafel in dein Heft und trage die Zahlen ein.

a) 64 b) 709
c) 1 804 d) 33 789
e) 698 873 f) 110 005
g) 6 213 687 h) 406 883 729

3 Bruchteile von Größen
a) $\frac{3}{4}$ m = ■ cm b) $\frac{7}{8}$ kg = ■ g c) $\frac{5}{12}$ h = ■ min

4 Brüche kürzen
Kürze die Brüche auf Hundertstel.

a) $\frac{14}{200}$ b) $\frac{51}{300}$ c) $\frac{125}{500}$ d) $\frac{210}{375}$

5 Brüche erweitern
Ergänze die fehlenden Zahlen.

a) $\frac{2}{5} = \frac{4}{■}$ b) $\frac{1}{2} = \frac{■}{10}$ c) $\frac{3}{4} = \frac{75}{■}$

d) $\frac{6}{25} = \frac{■}{100}$ e) $\frac{4}{20} = \frac{2}{■}$ f) $\frac{16}{200} = \frac{■}{100}$

6 Brüche vergleichen
Setze im Heft richtig ein: <, = oder >.

a) $\frac{4}{10}$ ■ $\frac{39}{100}$ b) $\frac{4}{25}$ ■ $\frac{16}{100}$ c) $\frac{1\,000}{10\,000}$ ■ $\frac{1\,000}{20\,000}$

7 Runden
Runde jeweils auf Zehntausender, auf Hunderttausender und auf Millionen.

a) 2 567 876 b) 23 400 777 c) 9 898 677

Lösungen ab Seite 208

Brüche, Dezimalbrüche und Prozentschreibweise

Entdecken

1 Die Klasse 6 a hat im Sportunterricht einen Einbein-Weitsprung-Wettbewerb durchgeführt: Jeder Schüler musste mit dem Bein, mit dem er abgesprungen ist, auch wieder landen. Der Sportlehrer hat auf dem Hallenboden die Landestellen einiger Schüler markiert.

a) Wer ist am weitesten gesprungen? Wer belegte den zweiten und wer den dritten Platz?

b) Zeichne in dein Heft einen Zahlenstrahl (1 m ≙ 10 cm) und markiere die Weite der Jungen (der Mädchen).

c) Mareike war erfolgreicher als Jana, ist aber nicht so weit gesprungen wie Anna. Wie weit ist sie gesprungen?

d) Murat war nach Daniel der zweitbeste Junge. Wie weit kann er gesprungen sein?

e) 👥 Führt in eurer Klasse einen Einbein-Weitsprung-Wettbewerb durch und markiert die Ergebnisse auf einem Zahlenstrahl.

2 Bei den Olympischen Winterspielen in Vancouver kam es zu folgenden Ergebnissen.

	Langlauf 50 km Herren		Rodeln Einer Damen		Viererbob Herren	
	Name	Zeit (in h)	Name	Zeit (in min)	Team	Zeit (in min)
Gold	Northug	2:05:35,5	Hüfner	2:46,524	USA	3:24,46
Silber	Teichmann	2:05:35,8	Reithmayer	2:47,014	Deutschland	3:24,84
Bronze	Olsson	2:05:36,5	Geisenberger	2:47,101	Kanada I	3:24,85

a) Welche Bedeutung haben die jeweiligen Zahlen und Nachkommastellen bei einer Zeit von 2:05:35,5 h und bei einer Zeit von 3:24,46 min?

b) Warum wird beim Ergebnis des 50-km-Langlaufs nur eine Nachkommastelle angegeben, während die Ergebnisse beim Rodeln sogar auf drei Nachkommastellen genau angegeben werden? Informiere dich über die Genauigkeit der Zeitmessung bei anderen Sportarten.

c) 👥 Häufig werden Rennergebnisse auch in der folgenden Form angegeben:
1. Northug 2:05:35,5 h   2. Teichmann +0,3 s   3. Olsson +1,0 s
Welche Bedeutung haben die Zeitangaben hinter dem Zweit- und Drittplatzierten? Gebt die Ergebnisse beim Rodeln und beim Viererbob in gleicher Form an.

3 Das Gewicht der Schultasche soll 10 % des Körpergewichts nicht überschreiten.

a) Wie schwer sollte die Tasche eines 40 kg schweren Schülers maximal sein? Was bedeutet „10 %"?

b) Übertragt die Tabelle in euer Heft und ergänzt sie.

c) Untersucht, ob das Gewicht eurer Schultaschen der Regel entspricht.

Körpergewicht	Gewicht der Tasche
35 kg	3,5 kg
38 kg	
	4,2 kg
48 kg	
	3,9 kg

Verstehen

In deiner Umwelt findest du Zahlen in der Kommaschreibweise, sie werden **Dezimalbrüche** (oder **Dezimalzahlen**) genannt. Zum Beispiel werden Preise, Längen oder Gewichte häufig mit Dezimalbrüchen angegeben.

2,75 liest man so: „Zwei Komma sieben fünf."

Beispiel 1

Dezimalbrüche lassen sich in einer Stellenwerttafel darstellen. Die Nachkomma-stellen bedeuten:

z = Zehntel; h = Hundertstel; t = Tausendstel

H	Z	E	,	z	h	t	
		0	,	3			$\frac{3}{10}$
		2	,	7	5		$2\frac{75}{100}$
	1	3	,	0	4	9	$13\frac{49}{1000}$

a) 0,3

b) 2,75

c) 13,049

a) $0,3\,kg = \frac{3}{10}\,kg$,   denn 0,3   bedeutet: 0 Einer und 3 Zehntel.

b) $2,75\,€ = 2\frac{75}{100}\,€$,   denn 2,75 bedeutet: 2 Einer und 75 Hundertstel.

c) $13,049\,l = 13\frac{49}{1000}\,l$, denn 13,049 bedeutet: 13 Einer und 49 Tausendstel.

Merke **Dezimalbrüche** sind Brüche in einer anderen Schreibweise.

Dezimalbrüche lassen sich auch am Zahlen-strahl darstellen.
Je weiter rechts der Dezimalbruch auf dem Zahlenstrahl steht, desto größer ist er.

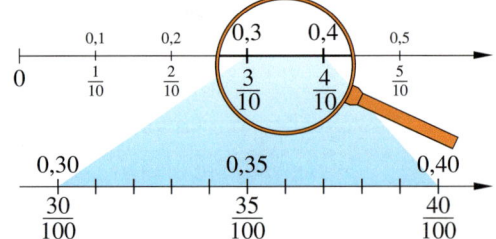

Oft werden Brüche in der **Prozentschreibweise** angegeben.

Beispiel 2

Inga liest in der Tageszeitung, dass ihre Lieblings-sendung „Dance Academy" von 24 % der Zuschauer gesehen wurde.

Das sind $\frac{24}{100}$ von allen Zuschauern.

Beispiel 3

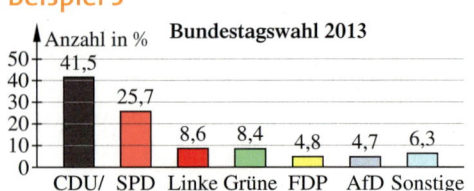

Merke Brüche mit dem Nenner 100 kann man in der Prozentschreibweise angeben.

$1\,\% = \frac{1}{100}$ Das Zeichen % (**Prozent**) bedeutet „von Hundert" (Hundertstel).

In folgender Tabelle wird der *gleiche* Wert mit je drei verschiedenen Schreibweisen dargestellt:

Prozent	1 %	10 %	20 %	25 %	50 %	75 %	100 %	110 %
Bruch	$\frac{1}{100}$	$\frac{10}{100} = \frac{1}{10}$	$\frac{20}{100} = \frac{1}{5}$	$\frac{25}{100} = \frac{1}{4}$	$\frac{50}{100} = \frac{1}{2}$	$\frac{75}{100} = \frac{3}{4}$	$\frac{100}{100}$	$\frac{110}{100}$
Dezimalbruch	0,01	0,1	0,2	0,25	0,5	0,75	1	1,1

Üben und anwenden

1 Gero hat Dezimalbrüche aus einer Stellenwerttafel abgelesen. Welche Fehler hat er gemacht?
Begründe und berichtige die falsch abgelesenen Dezimalbrüche in deinem Heft.

H	Z	E	z	h	t	
		3	4	5	6	3,456
		9	2	7	8	92,78
		0	0	4	5	0,45
1	6	7	4			1,674

1 Ergänze die Stellenwerttafel im Heft.

H	Z	E	z	h	t	
			1	4	5	*1,45*
		2	8	3	2	7
	2	5	0	8		
			4	2		
				3		
						27,51
						2,047
						0,008

HINWEIS
Der Doppelstrich in den Stellenwerttafeln steht für das Komma.

2 Trage in eine Stellenwerttafel ein und schreibe als Bruch.

a) 0,9   b) 0,7   c) 0,19   d) 0,03
e) 0,101   f) 0,1   g) 0,003   h) 0,097

2 Trage in eine Stellenwerttafel ein und schreibe als Bruch.

a) 0,4   b) 0,44   c) 0,464   d) 40,04
e) 0,806   f) 68,08   g) 0,006   h) 0,600 8

3 Trage in eine Stellenwerttafel ein und schreibe als Dezimalbruch.

a) $\frac{9}{10}$ b) $\frac{99}{100}$ c) $\frac{9}{100}$ d) $\frac{90}{100}$ e) $\frac{90}{10}$

3 Trage in eine Stellenwerttafel ein und schreibe als Dezimalbruch.

a) $\frac{7}{10}$ b) $\frac{3}{100}$ c) $\frac{19}{100}$ d) $\frac{247}{1\,000}$ e) $\frac{1}{1\,000}$

HINWEIS
Dezimal geteilte Skalen findet man an vielen Messgeräten.

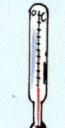

4 Suche gleich lange Strecken.

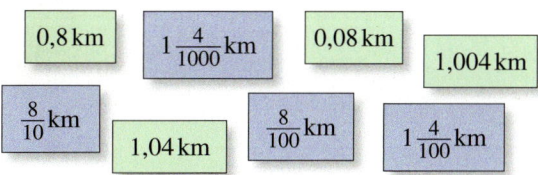

0,8 km $1\frac{4}{1000}$ km   0,08 km   1,004 km $\frac{8}{10}$ km   1,04 km $\frac{8}{100}$ km $1\frac{4}{100}$ km

4 Setze im Heft das richtige Zeichen (>, <, =) ein.

a) $\frac{2}{100} \;\blacksquare\; 0{,}2$ b) $0{,}2 \;\blacksquare\; \frac{1}{5}$ c) $1{,}5 \;\blacksquare\; 1\frac{1}{5}$

d) $\frac{27}{100} \;\blacksquare\; 0{,}027$ e) $0{,}03 \;\blacksquare\; \frac{3}{100}$ f) $3\frac{2}{10} \;\blacksquare\; 3{,}25$

5 Schreibe als Bruch.

a) 0,4   b) 0,5   c) 0,12   d) 0,08
e) 0,25   f) 0,84   g) 0,125   h) 0,005

5 Schreibe als Bruch und kürze so weit wie möglich.

a) 0,3   b) 0,75   c) 0,06   d) 0,025
e) 1,5   f) 11,08   g) 0,004   h) 10,002

6 Schreibe als Dezimalbruch.

a) $\frac{3}{10}$ b) $\frac{556}{1\,000}$ c) $3\frac{7}{10}$ d) $\frac{176}{1\,000}$

6 Schreibe als Dezimalbruch.

a) $\frac{7}{10}$ b) $\frac{33}{1\,000}$ c) $89\frac{21}{1\,000}$ d) $21\frac{5}{1\,000}$

7 Lege dein Heft quer. Vervollständige und setze den Zahlenstrahl bis zur 3 fort.

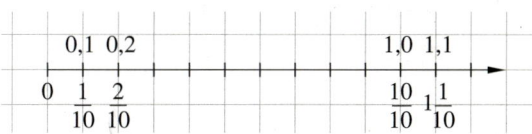

7 Lies die markierten Zahlen ab.

a)
0,4   0,5   0,6

b)
0,02   0,06

8 Jonas behauptet: „Zwischen 0,5 und 0,6 gibt es keine Zahlen mehr." Stimmt das? Begründe.

8 Gibt es Zahlen zwischen 0,11 und 0,12? Begründe mithilfe der Stellenwerttafel oder mithilfe des Zahlenstrahls.

HINWEIS
Oft zeichnet man nur einen Ausschnitt des Zahlenstrahls, der nicht mit 0 beginnt.

9 Gib in Prozentschreibweise an.

a) ① $\frac{37}{100}$ ② $\frac{9}{100}$ ③ $\frac{29}{100}$ ④ $\frac{7}{100}$

 ⑤ $\frac{18}{100}$ ⑥ $\frac{1}{100}$ ⑦ $\frac{50}{100}$ ⑧ $\frac{100}{100}$

b) Kürze oder erweitere zuerst auf den Nenner 100.

 Beispiel $\frac{6}{25} = \frac{6 \cdot 4}{25 \cdot 4} = \frac{24}{100} = 0{,}24$

 ① $\frac{29}{50}$ ② $\frac{14}{25}$ ③ $\frac{60}{1000}$ ④ $\frac{18}{300}$

10 Schreibe als Bruch.

a) 17%   b) 99%   c) 3%

d) 10%   e) 50%   f) 8%

11 👥 Welche Angaben gehören zusammen? Sucht weitere 5 Aufgaben und erklärt eure Ergebnisse vor der Klasse.

Beispiel 28 von 100 = 28% = $\frac{28}{100}$ = 0,28

Anteil von 100	Prozent	Bruch	Dezimal-bruch
96 von 100	3%	$\frac{11}{100}$	0,07
7 von 100	11%	$\frac{3}{100}$	0,11
11 von 100	96%	$\frac{7}{100}$	0,96
3 von 100	7%	$\frac{96}{100}$	0,03

12 Zeichne drei Rechtecke mit je 5 × 4 Kästchen in dein Heft.
Markiere darin folgende Anteile farbig.

a) 10%   b) 25%   c) 80%

13 Welcher Anteil ist rot gefärbt? Gib in Prozent an.

Beispiel 3 von 5 = $\frac{3}{5} = \frac{60}{100}$ = 60%

a) 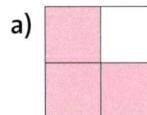   b) 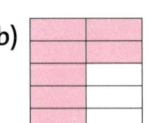   c)

14 Finde fünf verschiedene Brüche, die 25% entsprechen.
Gibt es zu *jeder* Prozentzahl mehrere gleichwertige Brüche? Begründe.

9 Gib in Prozentschreibweise an. Beschreibe, wie du vorgehst.

a) ① $\frac{2}{100}$ ② $\frac{15}{100}$ ③ $\frac{51}{100}$ ④ $\frac{20}{100}$

b) ① $\frac{36}{50}$ ② $\frac{11}{25}$ ③ $\frac{9}{10}$ ④ $\frac{2}{5}$

 ⑤ $\frac{1}{4}$ ⑥ $\frac{1}{2}$ ⑦ $\frac{10}{1000}$ ⑧ $\frac{1}{1000}$

10 Gib als Bruch und als Dezimalbruch an.

a) 45%   b) 18%   c) 10%

d) 80%   e) 1%   f) 95%

11 👥 Welche Angaben gehören zusammen? Erklärt eure Ergebnisse vor der Klasse.

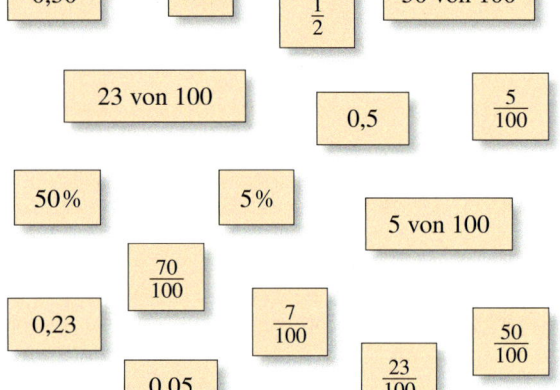

12 👥 Erfindet eine Rechengeschichte, in der vorkommt:
Fahrrad; *Geld*; *10%* und *20%*.

13 Gib die gefärbten Bruchteile in Prozentschreibweise an.

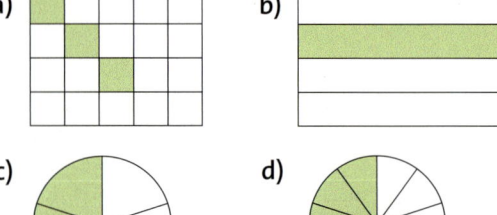

14 Erkläre den Satz: „Die Wahrscheinlichkeit, dass Lisa ein Gewinnlos zieht, beträgt 50%."

HINWEIS
Das Prozentzeichen stammt aus dem Mittelalter.
Italienische Kaufleute mussten sehr häufig „per cento" (von hundert) schreiben und kürzten es immer weiter ab:

cento → cto
→ ¢to → ¢/o
→ º/o → %

Brüche in Dezimalbrüche umwandeln

Entdecken

1 Am Dreikönigstag ziehen in vielen Gemeinden die Sternsinger von Haus zu Haus und sammeln Spenden für wohltätige Zwecke. Häufig bekommen die Kinder und Jugendlichen auch Süßigkeiten, die sie untereinander aufteilen dürfen.

a) Die Sternsinger der Gemeinde St. Markus sammelten insgesamt 3 000 €, die auf vier Projekte gleichmäßig verteilt werden sollten. Wie viel Geld stand für jedes Projekt zur Verfügung?

b) Vier Sternsinger bekamen drei Tafeln Schokolade. Ist es möglich, die Tafeln gerecht untereinander aufzuteilen?

2 🙌 Arbeitet in Gruppen zusammen.
Ihr benötigt einen Eimer mit einem Fassungsvermögen von mindestens 5 Litern und fünf Messbecher mit einem Fassungsvermögen von mindestens 1 Liter.
Nehmt folgende Verteilungen vor. Bestimmt dann jeweils die Höhe des Wasserstandes und notiert das Ergebnis als Bruch und als Dezimalbruch.

a) 3 l Wasser gleichmäßig auf vier Messbecher verteilen.
b) 4 l Wasser gleichmäßig auf fünf Messbecher verteilen.
c) 3 l Wasser gleichmäßig auf fünf Messbecher verteilen.
d) 2 l Wasser gleichmäßig auf drei Messbecher verteilen.
e) Nehmt weitere Verteilungen vor und notiert das Ergebnis.

3 👥 Vergleicht die Gewinnchancen der drei Lostrommeln. Aus welcher Lostrommel würdet ihr eure Lose ziehen? Begründet.

Verstehen

Speck
500 g   1,80 €

Kartoffeln
1000 g   1,40 €

Fleischwurst
500 g   2,10 €

Tim hat einen Einkaufszettel:

Einkaufszettel für Tim

$\frac{1}{2}$ kg   Fleischwurst

$\frac{1}{4}$ kg   Speck

$1\frac{3}{4}$ kg   Kartoffeln

Tim rechnet um:

$$\frac{1}{2}\,kg = 0{,}500\,kg = 500\,g$$

$$\frac{1}{4}\,kg = 0{,}250\,kg = 250\,g$$

$$1\frac{3}{4}\,kg = 1{,}750\,kg = 1\,750\,g$$

Bei Größenangaben können Brüche, Dezimalbrüche oder gemischte Zahlen verwendet werden. Die angegebenen Mengen sind trotz verschiedener Schreibweise gleich.
Um einen Bruch in einen Dezimalbruch umzuwandeln, gibt es zwei Möglichkeiten:

1. Möglichkeit: Erweitern/kürzen auf einen Zehnerbruch

Beispiel 1

$$\frac{1}{4} = \frac{1 \cdot 25}{4 \cdot 25} = \frac{25}{100} = 0{,}25 \qquad \frac{28}{200} = \frac{28 : 2}{200 : 2} = \frac{14}{100} = 0{,}14$$

$$\frac{1}{2} = \frac{1 \cdot 5}{2 \cdot 5} = \frac{5}{10} = 0{,}5 \qquad \frac{1}{8} = \frac{1 \cdot 125}{8 \cdot 125} = \frac{125}{1\,000} = 0{,}125$$

$$\frac{52}{25} = \frac{208}{100} = 2{,}08 \qquad \text{oder} \qquad \frac{52}{25} = 2\frac{2}{25} = 2\frac{8}{100} = 2{,}08$$

Der Bruch wird zuerst auf einen Bruch mit dem Nenner 10, 100 oder 1 000 erweitert oder gekürzt.

Merke Brüche mit den Nennern 10, 100, 1 000 nennt man **Zehnerbrüche**.

2. Möglichkeit: Schriftlich dividieren

Beispiel 2

$$\frac{1}{4} = 1 : 4 \qquad\qquad \frac{65}{25} = 65 : 25$$

```
  1,00 : 4 = 0,25              65,00 : 25 = 2,6
 −0 ↓                         −50 ↓
  10 ——— Komma-               150 ——— Komma-
  − 8     überschreitung      −150    überschreitung
   20                            0
 − 20
    0
```

Sobald der Dividend für die Division zu klein ist, wird er um ein Komma und weitere Nullen ergänzt.
Gleichzeitig setzt man auch im Ergebnis ein Komma.

Merke Der **Bruchstrich** kann als Divisionszeichen verstanden werden. Es kann somit jeder Bruch durch eine (schriftliche) Division in einen Dezimalbruch umgewandelt werden.

Beispiel 3

```
  2,000 : 9 = 0,22... = 0,2̄
 −0 ↓
  20 ——— Komma-
 −18     überschreitung
  20
 − 18
  20
```

Merke Bei vielen Brüchen führt die Division dazu, dass sich im Ergebnis Ziffern unendlich oft wiederholen. Diese Brüche nennt man **periodische Dezimalbrüche**. Die Ziffer (oder die Zifferngruppe), die sich wiederholt, wird durch einen Strich darüber gekennzeichnet und **Periode** genannt.

HINWEIS

$\frac{1}{3} = 0{,}333... = 0{,}\overline{3}$

$0{,}\overline{3}$ liest man: „Null Komma Periode 3".

$\frac{5}{6} = 0{,}833... = 0{,}8\overline{3}$

$0{,}8\overline{3}$ liest man: „Null Komma 8 Periode 3".

$\frac{1}{11} = 0{,}0909...$
$= 0{,}\overline{09}$

$0{,}\overline{09}$ liest man: „Null Komma Periode Null Neun".

82

Üben und anwenden

1 Schreibe als Bruch und als gemischte Zahl.
a) $43 : 10$ b) $16 : 5$ c) $11 : 2$
d) $607 : 100$ e) $5 : 4$ f) $109 : 20$
g) $17 : 4$ h) $57 : 10$ i) $999 : 10$

2 Schreibe als Dezimalbruch, indem du auf einen Zehnerbruch erweiterst oder kürzt.
a) $\frac{2}{5}$ b) $\frac{1}{2}$ c) $\frac{8}{25}$
d) $\frac{7}{20}$ e) $\frac{56}{700}$ f) $\frac{154}{2\,000}$

3 Schreibe als Dezimalbruch, indem du zuerst kürzt und dann auf eine Zehnerzahl erweiterst.

Beispiel $\frac{6}{30} = \frac{1}{5} = \frac{2}{10} = 0{,}2$

a) $\frac{4}{80}$ b) $\frac{27}{45}$ c) $\frac{9}{150}$
d) $\frac{20}{16}$ e) $\frac{12}{75}$ f) $\frac{28}{35}$

4 Schreibe den blauen Anteil als Dezimalbruch und als Prozentangabe.
a)    b)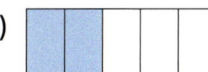

c) 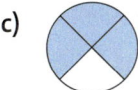   d)

5 Finde zu jedem Bruch den passenden Dezimalbruch.

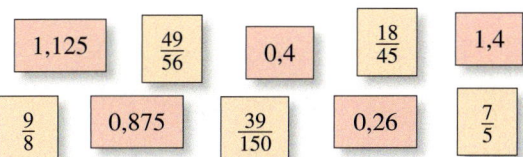

$1{,}125$ $\frac{49}{56}$ $0{,}4$ $\frac{18}{45}$ $1{,}4$

$\frac{9}{8}$ $0{,}875$ $\frac{39}{150}$ $0{,}26$ $\frac{7}{5}$

6 Schreibe die Zutatenliste für den Cocktail mit Dezimalbrüchen.

$\frac{3}{4}$ l Maracuja-Mango-Saft,
$\frac{1}{2}$ l Ananassaft, $\frac{1}{5}$ l Orangensaft,
$\frac{1}{4}$ l Grapefruitsaft, $\frac{1}{10}$ l Grenadine

1 Schreibe als Bruch und wenn möglich als gemischte Zahl.
a) $59 : 10$ b) $61 : 25$ c) $18 : 30$
d) $24 : 64$ e) $379 : 40$ f) $382 : 125$

2 Schreibe als Dezimalbruch, indem du auf einen Zehnerbruch erweiterst oder kürzt.
a) $\frac{41}{250}$ b) $\frac{178}{500}$ c) $\frac{18}{30}$
d) $\frac{3}{125}$ e) $\frac{19}{40}$ f) $\frac{24}{60}$
g) $3\frac{1}{5}$ h) $5\frac{1}{2}$ i) $5\frac{9}{20}$

3 Welche Zahlen sind gleich?
a) $0{,}1$; $0{,}2$; $0{,}03$; $0{,}05$; $\frac{1}{10}$; $\frac{1}{20}$; $\frac{1}{5}$; $\frac{3}{100}$

b) $\frac{2}{5}$; $\frac{5}{10}$; $\frac{2}{8}$; $\frac{1}{4}$; $\frac{2}{4}$; $\frac{4}{10}$; $\frac{1}{2}$; $0{,}5$; $0{,}25$; $0{,}4$

4 Welcher Anteil ist dargestellt? Gib auch als Dezimalbruch an.
a) 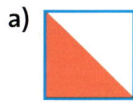   b)   c)

d) 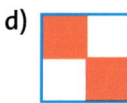   e)   f)

5 Schreibe als Dezimalbruch.
Bei welcher Aufgabe hast du schriftlich dividiert? Begründe.
a) $\frac{15}{25}$ b) $\frac{7}{16}$ c) $\frac{13}{8}$
d) $\frac{5}{4}$ e) $\frac{17}{32}$ f) $\frac{28}{125}$

6 Schreibe die Literangaben aus der Zutatenliste mit Dezimalbrüchen.

Apfeltörtchen

$\frac{3}{4}$ Liter Apfelmus, $\frac{1}{4}$ Liter saure Sahne,
1 TL Zitronensaft, 1 P. Vanillezucker,
$\frac{1}{2}$ Liter Schokoladensauce, $\frac{1}{8}$ Liter Sahne,
7 Blatt Gelatine, Minze und gebratene
Apfelspalten

83

7 Schreibe mit dem Periodenstrich.
a) $0,888\ldots$ b) $0,444\ldots$ c) $0,1333\ldots$
d) $0,17666\ldots$ e) $0,27277\ldots$ f) $0,1616\ldots$

7 Schreibe mit dem Periodenstrich.
a) $0,111\ldots$ b) $0,777\ldots$ c) $0,8666\ldots$
d) $0,1444\ldots$ e) $0,95959\ldots$ f) $3,32626\ldots$

8 👥 Zahlendiktat. Arbeitet zu zweit.
a) Der eine liest die Zahl vor, der andere
   schreibt. Wechselt euch ab.
   ① $0,\overline{5}$ ② $1,\overline{8}$ ③ $0,6\overline{7}$ ④ $3,4\overline{5}$
   ⑤ $0,\overline{21}$ ⑥ $2,\overline{38}$ ⑦ $0,\overline{469}$ ⑧ $0,4\overline{69}$
b) Überlegt beide mehrere eigene Beispiele
   und diktiert euch gegenseitig.

8 Finde die Fehler und korrigiere sie.
a) $0,6\overline{1}$ $= 0,616161\ldots$
b) $0,\overline{238}$ $= 0,2383838\ldots$
c) $0,9\overline{112}$ $= 0,9112112\ldots$
d) $0,31\overline{706}$ $= 0,317060606\ldots$
e) $0,41\overline{67}$ $= 0,416777 77\ldots$
f) $0,142\overline{857}$ $= 0,142857142\ldots$

9 *versteh ich nicht* Gibt es für jeden Dezimalbruch einen zugehörigen Bruch? Ergänze, falls nötig.

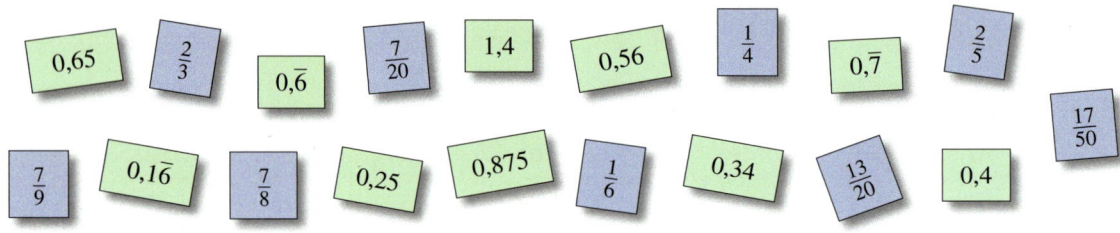

10 Setze im Heft richtig ein: $<$ oder $>$.
a) $0,3 \;\blacksquare\; 0,\overline{3}$ b) $0,\overline{5} \;\blacksquare\; 0,5$
c) $0,\overline{7} \;\blacksquare\; 0,7$ d) $0,6 \;\blacksquare\; 0,\overline{5}$
e) $0,\overline{75} \;\blacksquare\; 0,76$ f) $3,35 \;\blacksquare\; 3,3\overline{5}$
g) $8,92 \;\blacksquare\; 8,\overline{82}$ h) $5,\overline{75} \;\blacksquare\; 5,78$

10 Ordne die Zahlen nach der Größe.
a) $0,3$ $0,\overline{3}$ $0,334$ $0,33$ $0,333$
b) $0,\overline{099}$ $0,9$ $0,99$ $0,09$ $0,\overline{09}$
c) $0,\overline{1}$ $0,1$ $0,11$ $0,\overline{01}$ $0,01$
d) $2,37$ $2,\overline{37}$ $2,377$ $2,378$ $2,373$

11 Gib für jede Farbe den Anteil als Bruch und als Dezimalbruch an.

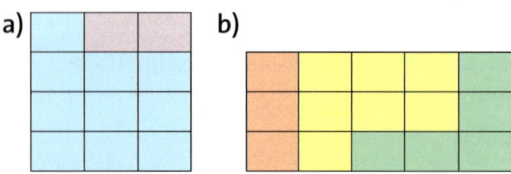

11 Gib für jede Farbe den vollständig gekürzten Bruch und den Dezimalbruch an.

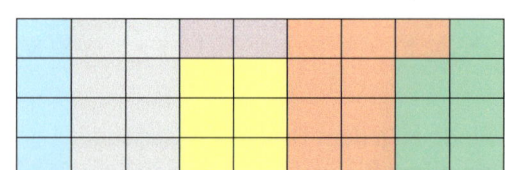

NACHGEDACHT
Kannst du dir erklären, wie es zu den Fehlern in den Aufgaben 12 und 12 kommen konnte?

12 Was haben die Kinder nicht beachtet?
Korrigiere. Erkläre auch die richtige Lösung.
a) Lea schreibt: $\frac{3}{50} = 0,6$
b) Max schreibt: $1,45 > 1,5$
c) Felicitas schreibt: $\frac{1}{6} = 0,\overline{6}$

12 Überprüfe und korrigiere die Fehler.
Begründe deine Lösungen.
a) $0,71 > 0,09$ b) $2,01 > 2,1$
c) $0,99 < 0,0999$ d) $7,28 > 7,280$
e) $0,4 > \frac{1}{4}$ f) $1,8 < 1\frac{4}{5}$
g) $\frac{1}{8} = 0,0125$ h) $\frac{1}{12} = 0,8$

13 Erstelle mit den folgenden Brüchen eine Tabelle wie rechts gezeigt.
Fülle die Tabelle aus und kreuze richtig an.

$\frac{3}{4}$, $\frac{1}{3}$, $\frac{1}{6}$, $\frac{3}{5}$, $\frac{7}{10}$, $\frac{8}{15}$, $\frac{4}{9}$, $\frac{7}{8}$, $\frac{3}{8}$, $\frac{7}{12}$, $\frac{11}{12}$

Bruch	Dezimalbruch	abbrechend	periodisch
$\frac{3}{4}$	$0,75$	✗	
$\frac{1}{6}$			

Dezimalbrüche vergleichen und runden

Entdecken

1 Knappe Entscheidungen beim Sport
Tabea liest die Sportberichte und meint, dass es Zeitgleichheit im Sport gar nicht gibt.
Hat sie recht? Begründe.

a) Tour de France 2014

> Bei der 7. Etappe der Tour de France kommen Matteo Trentin und Peter Sagan nach
> 234,5 km mit einer Zeit von 5:18:39 h zeitgleich ins Ziel.
> Erst anhand des Zielfotos kann festgestellt werden, wer Sieger ist:
> Der Italiener Matteo Trentin wird zum Etappensieger erklärt, Sagan ist „nur" Zweiter.
> Er hat den Etappensieg um einige Millimeter verpasst.

b) Deutsche Jugendmeisterschaften 2010

> Bei der deutschen Jugendmeisterschaft in Ulm liefen Felix Gehne und Patrick Domogla
> über 100 m zeitgleich in 10,74 s ins Ziel. Maurice Hauke wurde in 10,90 s Dritter.

2 👥 Sabrina soll für ihre Mutter im Supermarkt 500 g Hackfleisch einkaufen.
Welche Packung soll sie nehmen?
Diskutiere mit einer Partnerin oder einem Partner.

3 Frau Kreis hat die Mathearbeiten der Klassen 6a und 6b korrigiert. Nachdem sie den Notenspiegel erstellt hat, berechnet sie den jeweiligen Durchschnitt der Arbeiten mit dem Taschenrechner. Welchen Durchschnitt wird sie jeder Klasse an die Tafel schreiben?
Begründe.

Klasse 6a: 30 Schüler

Note	1	2	3	4	5	6
Anzahl	3	8	10	6	3	0

Klasse 6b: 29 Schüler

Note	1	2	3	4	5	6
Anzahl	2	9	8	6	3	1

HINWEIS
Berechnung des Durchschnitts für die Klasse 6a:
$((1 \cdot 3) + (2 \cdot 8) + (3 \cdot 10) + (4 \cdot 6) + (5 \cdot 3) + (6 \cdot 0)) : 30 = 88 : 30 = 2,9\overline{3}$

Verstehen

Marie hat jeweils den Notendurchschnitt der ersten beiden Klassenarbeiten mit dem Taschenrechner
berechnet.
Welche Klassenarbeit ist besser
ausgefallen?

1. Klassenarbeit:
2,346 153 846

2. Klassenarbeit:
2,384 615 385

Beispiel 1

Erste Arbeit:	2,…	Marie vergleicht zuerst die Ganzen. Da sie gleich sind, ergibt
Zweite Arbeit:	2,…	sich keine Entscheidung.

Erste Arbeit:	2,3…	Sie vergleicht die Zehntel. Da auch sie gleich sind, ergibt sich
Zweite Arbeit:	2,3…	wieder keine Entscheidung.

Erste Arbeit:	2,3**4**…	Der Vergleich der Hundertstel ergibt: **4** < **8**. Die erste Arbeit
Zweite Arbeit:	2,3**8**…	hatte den niedrigeren Notenschnitt, ist also besser ausgefallen.

> **Merke** **Dezimalbrüche vergleicht** man wie natürliche Zahlen. Man geht dabei **stellengleich** von links nach rechts vor.

Am Zahlenstrahl kann man übersichtlich vergleichen.

Beispiel 2

Vergleiche: 5,68 ▨ 5,73.

5,68 < 5,73

5,6 — 5,7 — 5,8

Es ist wie bei den natürlichen Zahlen und bei
den Brüchen:
Der größere Dezimalbruch
liegt auf dem Zahlenstrahl rechts vom kleineren
Dezimalbruch.

Häufig sind Dezimalbrüche zum Aufschreiben zu lang wie z. B. bei Maries Berechnung des
Notendurchschnitts. Dann sollten Dezimalbrüche gerundet werden.

Beispiel 3

Runde den Notenschnitt von Maries erster Klassenarbeit (2,346 153 846…) auf Hundertstel.

①

E	z	h	t	zt	ht	…
2,	3	4	6	1	5	…

②

E	z	h	t	zt	ht	…
2,	3	4	6	1	5	…

③

E	z	h	t	zt	ht	…
2,	3	5				

Markiere die **Rundungs-
stelle**, hier die Hundertstel (h).

Prüfe die **Rundungsziffer**
(die Ziffer *hinter* der Rundungsstelle): Die Ziffer **6** zeigt an, wie
gerundet wird.
Hier wird aufgerundet.

An der Rundungsstelle wird
von 4 h auf **5 h** aufgerundet.
Das Ergebnis des Rundens:
2,346 153 … ≈ 2,35

> **Merke** **Dezimalbrüche rundet** man wie natürliche Zahlen:
> Zuerst wird die Stelle festgelegt, auf die gerundet werden soll.
> Dann betrachtet man die Rundungsziffer und entscheidet, ob man auf- oder abrundet.

ERINNERE DICH
*Bei einer
Rundungsziffer
0–4 wird
abgerundet,
bei 5–9 wird
aufgerundet.
Das Zeichen ≈
gibt an, dass ge-
rundet wurde.*

Üben und anwenden

1 Welcher der beiden Dezimalbrüche ist größer? Begründe.
a) 3,45 oder 3,54   b) 0,241 oder 0,247
c) 12,101 oder 12,104 d) 4,34 oder 3,34
e) 0,473 oder 0,48   f) 0,708 oder 0,71
g) 33,05 oder 33,50   h) 0,4 oder 0,34

2 Zeichne den Zahlenstrahl, zwischen der 0 und der 1 liegen genau 10 cm. Beschrifte die Buchstaben mit Dezimalbrüchen.

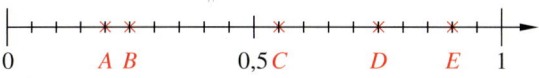

3 Zeichne einen Zahlenstrahl in dein Heft. Der Abstand zwischen 0 und 1 soll 10 cm betragen.
Markiere darauf die gegebenen Zahlen:
0,75; 1,5; 0,6; 1,4; 1,25; 1,05; 0,95; 1,1

4 Ergebnisse der Sommerjugendspiele: Gib die drei besten Schüler im Weitsprung, im Ballwurf und im 50-m-Lauf an.

	Weitsprung	Ballwurf	50-m-Lauf
Martin	3,45 m	27,5 m	10,0 s
Oliver	3,24 m	26,0 m	9,9 s
Erkan	2,98 m	27,0 m	10,4 s
Jan	3,14 m	26,5 m	10,8 s
Thomas	3,46 m	28,5 m	10,2 s

5 Finde vier Dezimalbrüche, die größer als 1,1 und kleiner als 1,2 sind.
Wie viele kannst du noch finden?

6 Wahr oder falsch? Begründe.
a) Die natürliche Zahl 4 ist der Vorgänger der natürlichen Zahl 5.
b) 0,4 ist der Nachfolger von 0,3.
c) Die nächstgrößere Zahl nach $\frac{11}{4}$ ist 3.
d) Der Vorgänger von $\frac{2}{3}$ ist $\frac{1}{3}$.

7 Für die Selbstbedienungstruhe der Kaufhalle wurde Käse in Portionen geschnitten und gewogen. Welche Preisschilder gehören zu welcher Portion?

1 Ordne die Dezimalbrüche der Größe nach. Wie bist du vorgegangen? Beschreibe.
a) 0,9; 0,99; 0,31; 0,14; 0,314; 0,413
b) 2,7; 2,07; 0,77; 0,207; 0,707
c) 0,21; 2,01; 2,1; 1,2; 1,75
d) 17,3; 14,80; 15,75; 17,28; 14,09

2 Notiere die Dezimalbrüche.

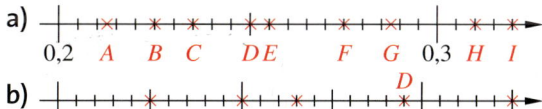

3 Zeichne den Zahlenstrahl in dein Heft und trage die Zahlen ein: 0,992; 1,01; 1,001; 0,995; 1,018; 0,989; 1,004; 0,987; 1,009

4 Stelle die Rangliste für ein Qualifying in der Formel 1 auf.

Fahrer	Team	Zeit (in min)
Alonso	Scuderia Ferrari	1:39,792
Button	McLaren-Mercedes	1:39,823
Hamilton	McLaren-Mercedes	1:39,425
Massa	Scuderia Ferrari	1:40,202
Vettel	Red Bull Racing	1:39,394
Webber	Red Bull Racing	1:39,925

5 Finde jeweils zwölf Dezimalbrüche:
a) größer als 2,25 und kleiner als 2,27
b) größer als 0,01 und kleiner als 0,02

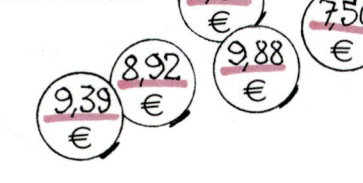

HINWEIS
*Ein Bruch (oder Dezimalbruch) hat **keinen** Vorgänger und **keinen** Nachfolger.*
Denn zwischen zwei Brüchen liegen stets unendlich viele weitere Brüche.

87

8 Gib an, auf welche Stelle (Zehntel, Hundertstel, Tausendstel, …) gerundet wurde.
a) $0{,}920\,9 \approx 0{,}9$ b) $2{,}084\,5 \approx 2{,}085$

8 Runde die Zahl $37{,}089\,526\,3$ auf …
a) … Zehner,   b) … Einer,
c) … Zehntel,   d) … Hundertstel.

9 Runde auf Zehntel und auf Hundertstel.
a) $0{,}411$ b) $2{,}007$ c) $5{,}928$
d) $8{,}445$ e) $14{,}096$ f) $15{,}739$
g) $3{,}77$ h) $0{,}773$ i) $0{,}09$

9 Runde auf Zehntel, auf Hundertstel und auf Tausendstel.
a) $6{,}959\,5$ b) $5{,}998\,2$ c) $13{,}955\,5$
d) $99{,}999\,9$ e) $0{,}989\,8$ f) $3{,}990\,5$

HINWEIS
zu Aufgabe 10
Beispiel:

$0{,}583 \approx 0{,}6$

Ausgangs-
zahl
      gerundete
      Zahl

10 Gib jeweils zwei Ausgangszahlen an, aus denen diese Dezimalbrüche durch Runden entstanden sein können.
a) $0{,}6$ b) $2{,}37$ c) $77{,}609$

10 Eine Zahl mit drei Nachkommastellen wurde auf $124{,}56$ gerundet.
Bestimme die kleinst- und die größtmögliche Ausgangszahl.

11 Runde auf Cent.
Beispiel $1{,}0389\,€ \approx 1{,}04\,€$
a) $2{,}674\,5\,€$ b) $0{,}458\,8\,€$
c) $23{,}4008\,€$ d) $3{,}999\,€$
e) $10{,}009\,€$ f) $9{,}999\,€$
g) $0{,}345\,6\,€$ h) $0{,}007\,€$

11 Wandle um in Dezimalbrüche und runde auf zwei Stellen nach dem Komma.
Dann ordne nach der Größe, beginne mit dem kleinsten Dezimalbruch.
a) $\dfrac{2}{3}; \dfrac{5}{8}; \dfrac{5}{6}; \dfrac{4}{9}; \dfrac{18}{11}; \dfrac{15}{7}$ b) $\dfrac{35}{9}; \dfrac{55}{13}; \dfrac{11}{6}; \dfrac{13}{16}; \dfrac{7}{12}; \dfrac{19}{6}$

12 👥 Diskutiere mit einem Partner: Warum sind die folgenden Größenangaben in unserem Alltag nicht sinnvoll? Begründet und gebt die Werte sinnvoll an.
a) Paul ist $1{,}436\,9\,m$ groß
c) Annika wiegt $40{,}196\,42\,kg$
e) Max Schulweg ist $874{,}392\,m$ lang.
b) Der Telefonhörer ist $22{,}482\,cm$ lang.
d) Der Elefant wiegt $2{,}036\,4\,t$.
f) Ein Blatt Papier kostet $2{,}99\,Cent$.

13 Welche Zahlen sind auf dem Zahlenstrahl markiert?
a) Schreibe sie als Dezimalbruch.
b) Schreibe sie als gekürzten Bruch.
c) Ordne die Dezimalbrüche der Größe nach. Beginne mit der größten Zahl.

13 Welche Zahlen sind auf dem Zahlenstrahl markiert?
a) Schreibe sie als gekürzten Bruch.
b) Schreibe sie als Dezimalbruch.
c) Ordne die Brüche der Größe nach. Beginne mit der kleinsten Zahl.

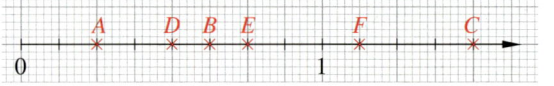

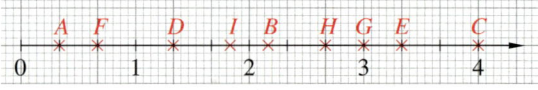

14 Übertrage ins Heft und setze das richtige Zeichen ($<$, $>$, $=$).
a) $1{,}75 \;▩\; 1\frac{3}{4}$ b) $\frac{3}{2} \;▩\; 1{,}52$
c) $5\frac{1}{5} \;▩\; 5{,}2$ d) $\frac{3}{8} \;▩\; 0{,}376$
e) $0{,}375 \;▩\; \frac{2}{5}$ f) $1{,}8 \;▩\; \frac{18}{9}$
g) $8\frac{1}{4} \;▩\; 8{,}4$ h) $4{,}5 \;▩\; 5{,}4$
i) $12{,}12 \;▩\; 12{,}3$ j) $4{,}08 \;▩\; 4{,}5$

14 Übertrage ins Heft und setze das richtige Zeichen ($<$, $>$, $=$).
a) $11\frac{1}{8} \;▩\; 11{,}26$ b) $5{,}125 \;▩\; 5\frac{1}{6}$
c) $4\frac{3}{12} \;▩\; 4{,}30$ d) $6\frac{5}{12} \;▩\; 6{,}42$
e) $1\frac{7}{11} \;▩\; 1{,}63$ f) $9\frac{8}{9} \;▩\; 9{,}8$
g) $66{,}6\% \;▩\; \frac{2}{3}$ h) $1{,}2 \;▩\; 120\%$
i) $\frac{3}{5} \;▩\; 65\%$ j) $0{,}\overline{09} \;▩\; 0{,}\overline{3}$

Dezimalbrüche addieren und subtrahieren

Entdecken

1 In unserem Alltag rechnen wir häufig mit Dezimalbrüchen.

a) Sucht nach Beispielen und stellt diese auf einem Plakat zusammen.

b) Findet mithilfe eures Plakates Aufgaben zur Addition und Subtraktion von Dezimalbrüchen.

2 🛉🛉 Mike und Serena diskutieren darüber, wie man Dezimalbrüche schriftlich addiert.

Mike: „Man muss alle Dezimalbrüche untereinanderschreiben."

Serena: „Das ist ja klar. Aber wie?"

Mike: „Na so, dass alle Zahlen am rechten Rand gerade abschließen."

Serena: „Nee, so kann man das nicht machen. Man muss auf die Kommas achten."

Mike: „Bei der 24 gibt es doch gar kein Komma und außerdem haben wir das in der Grundschule so gelernt."

Serena: „ … "

HINWEIS
Überlege dir, wie du natürliche Zahlen schriftlich addiert hast.

a) Setzt die Diskussion in der Klasse fort.

b) Wer hat in diesem Fall recht? Begründet eure Aussage.

c) Berechne die Summe $1{,}35 + 2{,}4 + 185{,}3 + 24 + 1{,}496$.

d) Kann man das Verfahren auf die Subtraktion übertragen? Wie würdet ihr das machen?

e) Löst die Aufgabe: $152 - 12{,}3 - 4{,}661$
Erläutert eure Vorgehensweise. Welche Probleme traten auf und wie habt ihr sie gelöst?

Verstehen

Saskia und Ben kaufen im Supermarkt ein.
Wie viel müssen die beiden an der Kasse bezahlen?
Sie haben 10 € in ihrem Geldbeutel.

Um zu prüfen, ob ihr Geld ausreicht, überschlagen
sie die Summe mit gerundeten Beträgen:

$2€; \ 1,38€ \approx 1€; \ 4,79€ \approx 5€; \ 2,28€ \approx 2€$

Sie addieren die gerundeten Beträge
$2€ + 1€ + 5€ + 2€ = 10€$

```
Supermarkt
Super 123

4567889
25. Januar
15.50

Zeitung       2,00€
Cornflakes    1,38€
Schokolade    4,79€
Bananen       2,28€
```

Beispiel 1

```
    2,00
 +  1,38
 +  4,79
 +  2,28
    1 2
  10,45
```

Sie müssen 10,45 € bezahlen.

Saskia und Ben sind sich unsicher, ob die 10 € ausreichen und berechnen deshalb die Summe genau.

Saskia und Ben schreiben die Dezimalbrüche stellengerecht (*Komma unter Komma*) untereinander.
Dann addieren sie die Dezimalbrüche wie natürliche Zahlen und stellen fest:
Die 10 € reichen nicht.

Damit man Einer zu Einer, Zehntel zu Zehntel, Hundertstel zu Hundertstel … addieren kann,
muss man die Summanden *Komma unter Komma* schreiben.
Die Stellenwerttafel verdeutlicht das:

Beispiel 2

```
    1,350
 +  2,400
 +185,300
 + 24,000
 +  1,496
    1 1 1 1
  214,546
```

	H	Z	E	z	h	t
				1	3	5
+				2	4	
+	1	8	5	3		
+		2	4			
+			1	4	9	6
		1	1	1	1	
	2	1	4	5	4	6

> **Merke** Bei der **schriftlichen Addition**
> setzt man die Summanden **Komma unter Komma**.
> Haben Dezimalbrüche unterschiedlich viele Stellen hinter dem Komma, füllt man fehlende Stellen mit **Nullen** auf.

Saskia und Ben bezahlen ihren Einkauf mit
einem 10-€-Schein und einer 1-€-Münze.
Wie viel Wechselgeld erhalten sie zurück?

Sie prüfen ihr Ergebnis mit der Probe (Umkehraufgabe).

```
  11,00 €
 -10,45 €
   1 1
   0,55 €
```

Sie bekommen 0,55 € zurück.

Probe:
```
   0,55 €
 +10,45 €
   1 1
  11,00 €
```

Beispiel 3

```
  23,180
 - 1,426
   1 1
  21,754
```

	Z	E	z	h	t
	2	3	1	8	
−		1	4	2	6
			1		1
	2	1	7	5	4

> **Merke** Bei der **schriftlichen Subtraktion**
> gelten ebenfalls die oben angegebenen Regeln.

ERINNERE DICH
Bei mehreren
Subtrahenden
geht man so vor:
3,201 − 1,1 − 0,93

① *1,10*
  +0,93
   1
  2,03

② *3,201*
  −2,030
    1
  1,171

90

Üben und anwenden

1 Addiere im Kopf.
a) $0,2 + 0,7$ b) $0,3 + 0,6$ c) $0,7 + 0,8$
d) $0,7 + 0,3$ e) $1,2 + 0,7$ f) $0,8 + 1,1$
g) $1,5 + 0,9$ h) $1,1 + 2,2$ i) $1,8 + 4,1$

2 Schreibe untereinander und berechne.
a) $3,72 + 4,91$ b) $15,77 + 13,42$
c) $4,47 + 4,936$ d) $17,94 + 13,3$
e) $5 + 1,74$ f) $2 + 3,004$
g) $4,873 + 7$ h) $0,035 + 14$

3 Überschlage vor der genauen Rechnung.
Prüfe dein Ergebnis mit dem Überschlag.
Beispiel $3,278 + 8,982$ Ü: $3 + 9 = 12$
$\qquad\qquad 3,278 + 8,982 = 12,26$
a) $8,129 + 5,322$ b) $4,52 + 2,349$
c) $15,62 + 4,937$ d) $4,982 + 2,349$
e) $0,836 + 2,789$ f) $0,982 + 0,936$

4 Übertrage ins Heft und addiere.

101,01	202,02	303,03	404,04

5 Ergänze im Heft die fehlenden Ziffern.

a)
$$
\begin{array}{r}
0,64\square \\
+\ \square,258 \\
+\ 3,\square00 \\
+\ 7,0\square2 \\
\hline
{\scriptstyle 1\,1\ \ 1\,1} \\
12,317
\end{array}
$$

b)
$$
\begin{array}{r}
27,\square3 \\
+\ \square,49 \\
+\ \square 8,01 \\
+\ 16,4\square \\
\hline
{\scriptstyle 2\,1\ \ 1} \\
98,33
\end{array}
$$

c)
$$
\begin{array}{r}
27,489 \\
+\ 10,730 \\
+\ 1,400 \\
+\ 45,301 \\
+\ \square\square,\square\square\square \\
\hline
{\scriptstyle 1\,1\,1\ \ 1\,1} \\
100,000
\end{array}
$$

6 Im Schreibwarenhandel
a) Peter kauft ein Heft, ein Bleistift und einen Radiergummi. Er zahlt mit einem 5-€-Schein.
b) Tanja hat 10 €. Genügen die 10 € für ein Heft, einen Zirkel, Tintenpatronen und ein Mäppchen?

Tintenpatronen 1,35 €
Bleistift 0,75 €
Radiergummi 0,80 €
Zirkel 5,95 €
Heft 0,73 €
Mäppchen 3,95 €
Geodreieck 0,75 €

7 Wandle in die größte der gegebenen Einheiten um und addiere.
a) $27 € 85 ct + 309 € 25 ct$
b) $203 km 700 m + 66 km 50 m$
c) $1645 kg 321 g + 43 kg 2 g$

1 Addiere im Kopf.
a) $1,4 + 1,6$ b) $2,3 + 6,6$ c) $5,8 + 9,2$
d) $4,7 + 4,6$ e) $12,3 + 3,8$ f) $18,9 + 4,7$
g) $2,3 + 9,7$ h) $26,6 + 24,2$ i) $100,7+50,4$

2 Rechne schriftlich.
a) $0,045 + 1,054$ b) $12,075 + 3,082$
c) $8,8 + 88,888$ d) $90,87 + 1,109\,2$
e) $2,04 + 1,35 + 6,33$ f) $2,583 + 3,21 + 0,1$
g) $1,4 + 2,184 + 3,25$ h) $18,1+2,95+31,694$

3 Überschlage zunächst. Dann berechne schriftlich und kontrolliere dein Ergebnis.
a) $0,421 + 3,012 + 9,777 + 345,23$
b) $8,568 + 34,673 + 0,75 + 0,002\,1$
c) $0,608 + 67,67 + 9,789 + 23$
d) $0,453 + 0,043\,1 + 0,085 + 0,009\,4$

4 Übertrage ins Heft und addiere.

+	2,4	7,6	9,3	12,4	10,9	13,4	0,85	0,31
2,7								
4,01								
7,5								
3,84								
6,29								
8,73								

5 Übertrage ins Heft und setze das richtige Zeichen ein (<, > oder =).
a) $\frac{1}{3} \ \square\ 0,2 + 0,1$ b) $1\frac{1}{4} \ \square\ 0,75 + 0,5$
c) $\frac{20}{6} \ \square\ \frac{5}{3} + 1\frac{2}{3}$ d) $\frac{6}{100} + \frac{3}{10} \ \square\ 0,03$

6 Was könnten die Kinder gekauft haben? Verschiedene Lösungen sind möglich.
a) Clara hat vier verschiedene Dinge gekauft und 8,25 € ausgegeben.
b) Hanna bezahlt 3,54 €.

7 Wandle in die größte der gegebenen Einheiten um und addiere.
a) $2 t 500 kg + 106 t 24 kg + 35 t 67 kg$
b) $640 kg 301 g + 21 kg 67 g + 118 kg 270 g$
c) $2 km 700 m + 12 km 44 m + 2741 m$

HINWEIS
$5 = 5,0 = 5,00$
$0,3 = 0,30 = 0,300$

ERINNERE DICH
① *Überschlage im Kopf.*
② *Rechne exakt schriftlich.*
③ *Prüfe dein schriftliches Ergebnis: Stimmt es ungefähr mit dem Überschlag überein?*

8 Subtrahiere im Kopf.
a) $0,8 - 0,3$ b) $0,7 - 0,5$ c) $1,7 - 0,6$
d) $1,3 - 0,3$ e) $2,2 - 1,4$ f) $1,9 - 1,5$

8 Subtrahiere im Kopf.
a) $0,9 - 0,5$ b) $0,3 - 0,1$ c) $5 - 4,6$
d) $0,8 - 0,4$ e) $12,8 - 7,4$ f) $19,5 - 6,6$

9 Rechne schriftlich.
a) $0,6 - 0,1 - 0,4$ b) $8,3 - 0,5 - 0,9$
c) $6,2 - 3,7 - 1,9$ d) $3,7 - 2,1 - 1,4$

9 Rechne schriftlich.
a) $38,79 - 18,765 - 6$ b) $17 - 8,742 - 0,23$
c) $100 - 5,88 - 9,01$ d) $44,3 - 11,215$

10 Franziska hat 15 € Taschengeld. Davon soll sie folgende Beträge bezahlen: 2,45 €; 1,76 €; 6,70 € und 3,25 €. Wie viel bleibt von ihrem Taschengeld übrig? Erkläre zwei mögliche Rechenwege.

11 Berechne und kontrolliere mit der Probe. *Tipp:* Auch natürliche Zahlen kannst du als Dezimalbrüche schreiben.
a) $6 - 2,74$ b) $3 - 2,15$
c) $4,26 - 4$ d) $14,12 - 12$
e) $12 - 4,23$ f) $15 - 0,15$
g) $4,99 - 2$ h) $100 - 99,89$

11 Wie groß ist der Unterschied zwischen den Zahlen?
a) $0,2$ und $0,02$ b) $7,1$ und $0,71$
c) $3,6$ und $0,36$ d) $5,1$ und $5,01$
e) $3,2$ und $3,02$ f) $4,7$ und $4,07$
g) $5,8$ und $0,67$ h) $1,4$ und $1,04$
i) $4,71$ und $4,17$ j) $0,55$ und $0,05$

12 Finde die fünf Fehler. Du brauchst die Aufgaben nicht exakt zu lösen, der Überschlag reicht.

① $1278,45 + 4,14 + 100,54 = 138,8311$

② 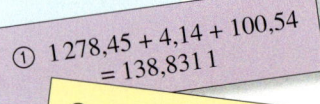 $712,6 - 513,7 - 10,5 = 188,4$

③ 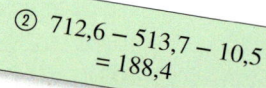 $34,565 + 36,897 + 150,9 = 322,362$

⑤ $1005,87 + 450,96 - 45,85 - 10,896 = 1500,084$

⑥ 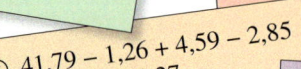 $41,79 - 1,26 + 4,59 - 2,85 = 72,27$

④ $467,12 - 150,89 - 50,4 = 265,83$

⑦ $10000,89 + 2,78 - 3,199 + 5,228 = 1000,05699$

⑧ $156,87 + 156,99 + 201,05 - 3,75 = 511,16$

13 Überschlage zuerst. Berechne dann und vergleiche mit dem Überschlag.
a) $1,034 + 4,008 + 3,8009 + 0,786$
b) $0,621 + 9,789 - 6,0087 + 2,09$
c) $578,4 - 0,345 - 8,9001 + 678,52$
d) $0,687 + 0,043 - 0,5341 + 0,002$

13 Überschlage zunächst. Achte beim Rechnen auf die Klammern.
a) $100 - (12,909 - 12,8) + 34,009$
b) $564,67 - 18,563 - (234,8 - 34,34)$
c) $45,2234 - (30 + 12,90909) - 2,001$
d) $67,3475 - 28,076 - (25 - 0,009)$

14 Ergänze im Heft. Prüfe dein Ergebnis mit einer Umkehrrechnung.
Beispiel $1,9 + \boxed{7,3} = 9,2$
  $9,2 - 1,9 = 7,3$ oder $9,2 - 7,3 = 1,9$

a) $3,4 + \square = 7,6$ b) $8,3 + \square = 10,4$
c) $9,2 + \square = 11,1$ d) $\square - 1,3 = 4,6$
e) $\square - 22,7 = 103,9$ f) $\square - 2,6 = 5,7$
g) $\square - 1,4 = 9,8$ h) $3,6 + \square = 7,25$
i) $\square - 3,95 = 3,2$ j) $3,5 + \square = 5,5$

14 Ergänze die Lücken im Heft.

a)
$$\begin{array}{r} \square,\square\square\square \\ -\ 0,486 \\ -\ 2,405 \\ \hline \square \\ 1,000 \end{array}$$

b)
$$\begin{array}{r} 21,4\square5 \\ -\ \square,380 \\ -\ 0,04\square \\ \hline {}^{1\ }{}^{1\,1} \\ 19,047 \end{array}$$

Beschreibe deine Lösungsschritte bei Aufgabe b).

15 Löse die Gleichung.
a) $2,5 + x = 5$
b) $5,5 + x = 10$
c) $x - 8 = 3,1$
d) $12,8 - x = 6,3$
e) $1,8 - x = 1$
f) $x + 1,4 = 2,6$

15 Stefan denkt sich eine Zahl. Stelle jeweils eine Gleichung auf und löse diese.
a) Er addiert zu dieser Zahl 3,5 und erhält 12.
b) Er subtrahiert von dieser Zahl 2,9 und erhält 22,1.
c) Er subtrahiert von dieser Zahl 13,7, addiert 2,2 und erhält 10.

16 Anna hat beim Geräteturnen 38,024 Punkte erhalten. Sie hat den vierten Platz gemacht. Die Erstplatzierte hat 38,211 Punkte und die Drittplatzierte 38,049 Punkte erhalten.
a) Wie viele Punkte haben Anna gefehlt um die Bronzemedaille (3. Platz) zu gewinnen?
b) Wie viele Punkte haben ihr gefehlt, um die Goldmedaille zu gewinnen?

17 Mit welchem Wert ist das Mobile im Gleichgewicht?

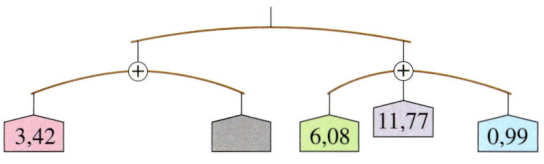

17 Berechne alle Additions- und Subtraktionsaufgaben, die mit den Zahlen zusammengestellt werden können.

11,75	18,609	6	8,057	$+$	5,3	0,069	4,404	1,8

(linkes Feld: 11,75   18,609   6   8,057; $+$; rechtes Feld: 5,3   0,069   4,404; $-$; 1,8)

18 Überschlage zuerst. Dann schreibe den Betrag in € und addiere.
a) $4 € 12$ Cent $+ 34 € 3$ Cent $+ 1 € 28$ Cent
b) 234 Cent $+ 506$ Cent $+ 24 € + 4 €$
c) $4 € 24$ Cent $+ 56 € 67$ Cent $+ 230$ Cent
d) $40 € 12$ Cent $+ 7 € 34$ Cent $+ 45$ Cent

18 Wandle in die größte der gegebenen Einheiten um und berechne.
a) $2\,t\,500\,kg + 106\,t\,24\,kg - 35\,t\,67\,kg$
b) $640\,kg\,301\,g - 21\,kg\,67\,g + 118\,kg\,270\,g$
c) $24\,g\,105\,mg + 17\,g\,22\,mg + 218\,g\,924\,mg$
d) $74\,t\,816\,kg - 4560\,kg - 12\,t\,902\,kg$
e) $22\,km\,700\,m - 12\,km\,44\,m + 2741\,m$
f) $42\,m\,3\,dm + 7\,dm\,2\,cm - 142\,dm$

19 Brüche in verschiedenen Schreibweisen
a) Berechne.

① $\frac{1}{4} + 0,5$ ② $0,7 - \frac{1}{5}$ ③ $1,7 + \frac{2}{5}$

b) Übertrage ins Heft. Schreibe die fehlende Zahl in verschiedenen Schreibweisen.

① $3,1 + \blacksquare = 5\frac{1}{4}$ ② $6\frac{1}{2} + \blacksquare = 10,75$

19 Rechne aus.
a) $1,74 + \frac{5}{8}$ b) $1\frac{4}{5} - 0,85$
c) $2\frac{3}{4} - 2,4$ d) $4\frac{7}{8} + 0,125$

20 👥 Arbeitet zu zweit. Zeichnet das Labyrinth auf ein Blatt.
Erreicht beim Durchlaufen des Labyrinths …

a) … genau die Zahl 10;
b) … eine Zahl zwischen 10,1 und 12;
c) … eine Zahl kleiner als 4.

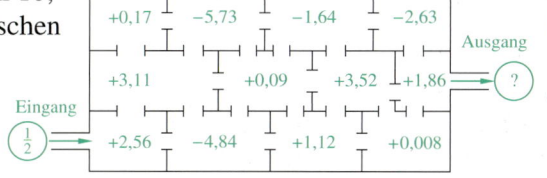

20 👥 Arbeitet zu zweit. Zeichnet das Labyrinth auf ein Blatt.
Erreicht beim Durchlaufen des Labyrinths …

a) … genau die Zahl 6,8;
b) … die größtmögliche Zahl;
c) … Wege, die rechnerisch nicht weiterführen.

Thema: Leben in Deutschland

Das Statistische Bundesamt veröffentlicht jedes Jahr aktuelle Daten zum Leben in Deutschland. Das sind z. B.: Angaben zu den Themen Einwohnerzahl, Berufen, Gesundheit, Freizeitverhalten, Familien. Einige der Statistiken werden auf diesen Seiten verwendet.

1 Bundesländer

Arbeitet zu zweit oder in einer Gruppe. Recherchiert im Internet, im Atlas oder in Lexika.

a) Wie viele Bundesländer hat Deutschland? Wie heißt die Hauptstadt von Deutschland?

b) Recherchiert und vergleicht die Flächengröße der Bundesländer.
   ① Wie groß sind die einzelnen Bundesländer? Rundet auf tausend km^2.
   ② Ordnet die Bundesländer nach ihrer Flächengröße.
   ③ Wie groß ist Deutschland insgesamt? Rundet auf zehntausend km^2.
   ④ Gebt den Anteil der einzelnen Bundesländer an der Gesamtfläche Deutschlands als Bruch an. Dabei braucht ihr nicht zu rechnen, Zähler und Nenner sind die Ergebnisse aus ① und ③.
   Rechnet anschließend die Brüche in Prozentangaben um, rundet dabei auf ganze Prozent.
   ⑤ Zeichnet ein Streifendiagramm zur Größe der einzelnen Bundesländer.

NACHGEDACHT

a) Suche drei Bundesländer, deren Fläche zusammen etwa so groß ist wie die von Rheinland-Pfalz.

b) Suche zwei Bundesländer deren Einwohnerzahl zusammen der von Rheinland-Pfalz möglichst nahe kommt.

Vergleicht eure Ergebnisse: Wer kommt am dichtesten heran?

Tipp: Zeichnet das Streifendiagramm 10 cm lang. 1 % entspricht dann 1 mm.

c) Recherchiert und vergleicht die Einwohnerzahlen der Bundesländer. Geht dabei genau so vor wie bei der Auswertung der Flächengröße.
Benutzt beim Streifendiagramm für jedes Bundesland dieselbe Farbe wie im Streifendiagramm zu Aufgabe b).

2 Männer und Frauen

a) Wie groß ist der Anteil der Frauen in Deutschland?
b) Wie viele Männer und wie viele Frauen sind das in etwa?

In Deutschland leben ca. 80 Millionen Menschen (Stand 2015).

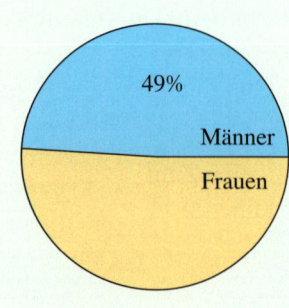

Erinnere dich: $\frac{12}{100}$ von 5300 berechnet man so:

$$5300 \xrightarrow{:100} 53 \xrightarrow{\cdot 12} 636$$

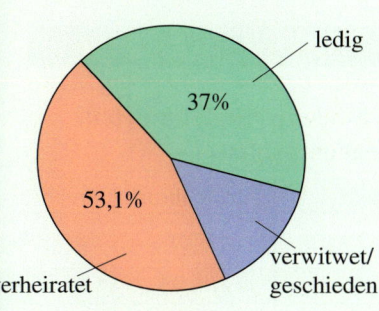

3 Familienstand

Der Familienstand gibt an, ob jemand verheiratet ist bzw. war. Links sind die Angaben aus dem Jahr 2010 dargestellt.

a) Wie hoch ist der Anteil der verwitwet oder geschieden lebenden Personen?

b) Wie viele Personen sind in Deutschland ungefähr ledig?

c) Zusatzaufgabe Internetrecherche: Sind die Anteile bei den in Rheinland-Pfalz lebenden Personen ähnlich wie im Kreisdiagramm?

HINWEIS
Schaue auf S. 94 unten nach, wie viele Menschen in Deutschland leben.

4 Altersstruktur

Im Kreisdiagramm rechts seht ihr die Altersstruktur Deutschlands im Jahr 2010.

a) Welcher Anteil der Bevölkerung ist in eurem Alter (6 bis unter 15 Jahre)? Gib als Bruch und in Prozent an.

b) Wie groß ist der Anteil derjenigen, die jünger als 65 Jahre sind?

c) Gebt den Anteil der Kinder und jungen Menschen bis unter 25 Jahre an.

d) Wie viele Personen sind ungefähr in der Altersgruppe „6 bis unter 15 Jahren"?

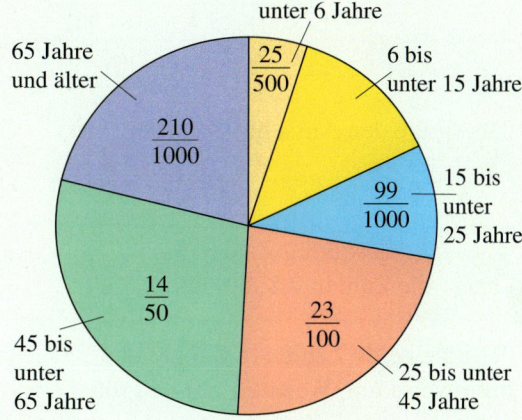

5 ♟ Wohnungsgrößen

Arbeitet in Gruppen und stellt eure Ergebnisse in der Klasse vor.

Im Diagramm sind die Anteile der Wohnungen mit 1 Zimmer, 2 Zimmern …, 7 Zimmern an der Gesamtheit aller Wohnungen in Deutschland 2010 dargestellt.

a) Rechnet die Angaben um in Prozentschreibweise.

b) Den größten Anteil hatten die Wohnungen mit 4 Zimmern. Wie groß war ihr Anteil?

c) Passt die Verteilung in etwa zu der in eurer Klasse? Stellt eine Häufigkeitstabelle zu der Zimmeranzahl eurer Wohnungen auf. Begründet eventuell auftretende Unterschiede zur Verteilung in Deutschland insgesamt.

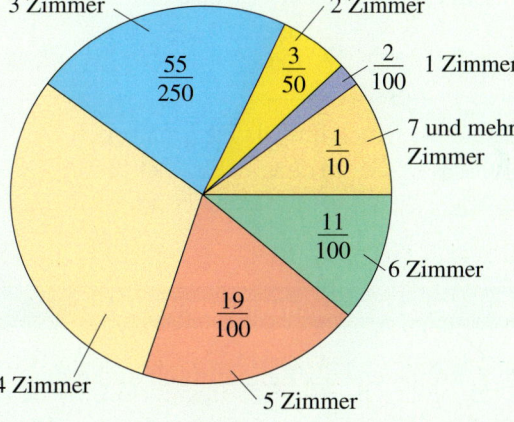

6 Religionen

Das Diagramm zeigt, wie groß die Anteile der katholischen, der evangelischen und der muslimischen Bevölkerung in Deutschland im Jahr 2014 war.

a) Welcher Anteil gehörte einer anderen bzw. gar keiner Religion an?

b) Wie viele Menschen waren katholisch, evangelisch oder muslimisch?

2,6 % Muslime		
28,9 % katholisch	29,9 % evangelisch	andere oder keine Religionen

Klar so weit?

→ Seite 78

Brüche, Dezimalbrüche und Prozentschreibweise

1 Übertrage die Stellenwerttafel ins Heft. Ergänze die fehlenden Zahlen.

H	Z	E	z	h	t	Dezimalbruch
		5	2	8		5,28
1	1	7	8	0	9	
		0	4	7		
						270,5
						81,927
						100,001

1 Übertrage die Stellenwerttafel ins Heft. Ergänze die fehlenden Zahlen.

H	Z	E	z	h	t	Dezimalbruch	Bruch
	2	6	0	8		26,08	$26\frac{8}{100}$
						100,95	
8	4	0	9	0	1		
							$\frac{24}{100}$
			3	5			

2 Übertrage den Ausschnitt in dein Heft.

7,2   7,4

a) Lies die markierten Zahlen ab.
b) Trage die Zahlen 7,8; 8,0 und 8,2 ein.

2 Übertrage den Ausschnitt in dein Heft.

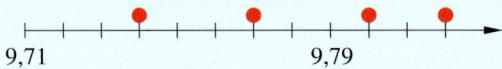

9,71   9,79

a) Lies die markierten Zahlen ab.
b) Trage die Zahlen 9,73; 9,81 und 9,75 ein.

3 Wandle beide Zahlen in die gleiche Schreibweise um. Welche Zahl ist größer?

a) $\frac{1}{2}$; 0,1   b) $\frac{2}{10}$; 0,25   c) 0,6; $\frac{60}{100}$

3 Welche Zahl ist größer? Begründe.

a) $\frac{4}{5}$; 0,9   b) $\frac{25}{10}$; 0,25   c) 0,13; $\frac{13}{100}$

4 Gib in Prozentschreibweise an.

a) $\frac{3}{100}$ b) $\frac{27}{100}$ c) $\frac{7}{10}$

4 Gib in Prozentschreibweise an.

a) $\frac{11}{50}$ b) $\frac{1}{100}$ c) $\frac{45}{500}$

d) 0,75   e) 0,1   f) 0,06

5 Gib als Bruch und als Dezimalbruch an.

a) 50%   b) 2%   c) 35%
d) 8%   e) 11%   f) 95%

5 Gib als vollständig gekürzten Bruch und als Dezimalbruch an.

a) 30%   b) 55%   c) 6%

→ Seite 82

Brüche in Dezimalbrüche umwandeln

6 Schreibe erst als Zehnerbruch und dann als Dezimalbruch.

a) $\frac{1}{2}$ b) $\frac{2}{5}$ c) $\frac{6}{25}$

6 Schreibe als Dezimalbruch. Welche der Zahlen ist die größte?

a) $\frac{15}{4}$ b) $5\frac{3}{4}$ c) $\frac{9}{20}$

7 Wandle in Brüche um. Kürze, wenn möglich.

a) 0,2   b) 0,4   c) 0,15
d) 0,04   e) 0,19   f) 1,54

7 Wandle in Brüche um. Kürze, wenn möglich.

a) 0,25   b) 0,65   c) 0,33
d) 0,502   e) 0,755   f) 1,5

8 Dividiere schriftlich.

a) $\frac{2}{3}$ b) $\frac{4}{9}$ c) $\frac{1}{8}$ d) $\frac{5}{11}$

8 Schreibe als periodischen Dezimalbruch.

a) $\frac{9}{27}$ b) $\frac{11}{13}$ c) $\frac{1}{44}$ d) $\frac{7}{27}$

Dezimalbrüche vergleichen und runden

→ Seite 86

9 Welcher der beiden Dezimalbrüche ist größer? Begründe.
a) 5,87 oder 5,78
b) 2,91 oder 2,93
c) 0,634 oder 0,64
d) 0,609 oder 0,69

9 Ordne die Dezimalbrüche der Größe nach. Beschreibe dein Vorgehen.
a) 2,347; 2,437; 2,417; 2,341; 2,440
b) 0,5; 0,47; 0,365; 0,056; 0,24

10 Gib drei verschiedene Dezimalbrüche an, die zwischen den beiden Zahlen liegen.
a) 1 und 2
b) 3,8 und 3,9
c) 1,52 und 1,53
d) 3,89 und 3,90

10 Gib drei verschiedene Dezimalbrüche an, die zwischen den beiden Zahlen liegen.
a) 3,61 und 3,62
b) 7,9 und 8
c) 5,001 und 5,002
d) 4,12 und 4,128

11 Übertrage die Tabelle und ergänze.

Zahl	Rundungsstelle	gerundete Zahl
5,58	Zehntel	
6,789		6,79
	Zehntel	3,4

11 Runde die Größen jeweils an der Einerstelle sowie an der Zehntel-, Hundertstel- und an der Tausendstelstelle.
a) 1,8657 g
b) 6,0051 kg
c) 0,9918 km
d) 0,0655 t
e) 15,7699 m
f) 10,99 €

Dezimalbrüche addieren und subtrahieren

→ Seite 90

12 Rechne im Kopf.
a) $0,4 + 0,5$
b) $0,8 + 0,2$
c) $8,3 + 0,8$
d) $0,9 - 0,5$
e) $5 - 4,6$
f) $8,5 - 0,4$

12 Rechne im Kopf.
a) $8,3 + 0,8$
b) $7,2 + 0,9$
c) $18,6 + 4,5$
d) $0,8 - 0,4$
e) $2,3 - 1,1$
f) $19,5 - 6,6$

13 Schreibe untereinander und berechne.
a) $3,92 + 2,84$
b) $5,71 + 4,835$
c) $1,98 + 4,1$
d) $9,345 - 2,765$
e) $1,75 - 0,443$
f) $4,839 - 0,991$
g) $663,24 + 56,01 + 103,98$
h) $3\,624,60 + 219,091 + 347,11 + 9\,174,22$
i) $1\,420,76 - 413,53 - 46,81$

13 Rechne schriftlich.
a) $34,567 + 890,11$
b) $2,002 + 8,8081$
c) $15,62 + 4,937$
d) $14,3 - 5,791$
e) $3,258 - 0,9876$
f) $51,3 - 4,008$
g) $1,034 + 4,008 + 3,8009 + 0,786$
h) $8,129 + 5,322 + 125,01 + 74,8$
i) $8\,400,765 - 33,29 - 504,039 - 3\,321,4$

14 Ersetze ■ im Heft.
a) $14,6 + ■ = 20$
b) $■ - 17,8 = 30$
c) $81,7 - ■ = 40$
d) $■ - 17,2 = 50$
e) $10,6 + ■ = 145$
f) $■ + 6,3 = 155$
g) $24,6 - ■ = 19,5$
h) $■ - 8,7 = 20,5$

14 Ersetze ■ im Heft.
a) $33,6 + ■ = 38,8$
b) $■ - 26,1 = 200,5$
c) $5,9 - ■ = 0,6$
d) $■ - 0,08 = 62,3$

e)
$$
\begin{array}{r}
0,64■ \\
+\ ■,258 \\
+\ 3,■00 \\
+\ 7,0■2 \\
\hline
{\scriptstyle 1\ 1\ \ 1\ 1} \\
\hline
12,317
\end{array}
$$

15 Löse die Gleichung:
a) $a + 3,5 = 5$
b) $a - 2,4 = 5$
c) $a + 4,3 = 20$
d) $15,6 - a = 11$
e) $27,2 - a = 14$
f) $50,3 + a = 60$
g) $12,8 + a = 32,8$
h) $14,6 - a = 0,6$

15 Löse die Gleichungen.
a) $2,8 + x + 3,2 = 10,5$
b) $13,4 - x + 2,4 = 13$
c) $x - 21,3 + 10,4 = 4,9$
d) $32,7 - x + 4,5 = 30$

Vermischte Übungen

1 Schreibe als Dezimalbruch.

a) $\frac{2}{25}$ b) $\frac{8}{20}$ c) $\frac{175}{500}$

d) $\frac{121}{110}$ e) $\frac{1}{250}$ f) $\frac{7}{8}$

2 Runde die Größen.
a) Runde auf hundertstel Euro:
2,743 €; 5,007 €; 18,709 €
b) Runde auf hundertstel Meter:
0,439 m; 0,660 m; 8,595 m
c) Runde auf tausendstel Kilogramm:
7,436 9 kg; 6,025 5 kg; 0,009 6 kg

3 Ordne der Größe nach, beginne mit dem kleinsten Dezimalbruch.
a) 0,12; 0,012; 0,01; 0,1; 0,2
b) 2,3; 2,23; 2,32; 2,2
c) 0,2; $\frac{1}{4}$; 0,02; $\frac{2}{5}$
d) $\frac{1}{8}$; 0,126; $\frac{1}{5}$; 0,024

4 Nenne fünf Dezimalbrüche zwischen …
a) … 5,5 und 5,6;
b) … 0 und 0,5;
c) … 7,02 und 7,03;
d) … 18,556 und 18,557.
e) Wie viele Dezimalbrüche findest du noch zwischen den jeweiligen Dezimalbrüchen?

5 Runde auf Zehntel und auf Hundertstel.
a) $0,\overline{5}$ b) $0,\overline{3}$ c) $0,2\overline{7}$
d) $0,1\overline{6}$ e) $2,2\overline{4}$ f) $1,8\overline{1}$

6 Dennis behauptet:

„In der Flasche ist $\frac{1}{3}$ Liter Cola".

Hat er recht? Begründe deine Antwort.

7 Zeichne das Rechteck in dein Heft. Markiere den angegebenen Teil farbig. Gib ihn auch als Bruch an.
a) Rechteck 10 × 10 Kästchen: 30%
b) Rechteck 5 × 4 Kästchen: 50%
c) Rechteck 10 × 5 Kästchen: 10%
d) Rechteck 4 × 5 Kästchen: 25%

1 Schreibe als Dezimalbruch.

a) $5\frac{7}{8}$ b) $12\frac{12}{30}$ c) $4\frac{56}{700}$

d) $9\frac{7}{25}$ e) $4\frac{34}{125}$ f) $23\frac{12}{20}$

2 Überprüfe die Rundungsergebnisse. Korrigiere die Fehler in deinem Heft.
a) $1,75\,s \approx 1,7\,s$ b) $4,007\,s \approx 4,1\,s$
c) $2,456\,€ \approx 2,45\,€$ d) $0,770\,m \approx 0,77\,m$
e) $7,234\,m \approx 7,24\,m$ f) $39,9\,mm \approx 40\,mm$
g) $1,992\,m \approx 2\,m$ h) $770,7\,g \approx 771\,g$
i) $1,884\,km \approx 20\,km$ j) $23,009\,dm \approx 23\,dm$

3 Prüfe, ob die Dezimalbrüche richtig geordnet sind. Berichtige in deinem Heft, wenn nötig.
a) $2,3 < 2,25 < 2,235 < 2,2341$
b) $0,89 < 0,890\,5 < 0,891 < 0,890\,1 < 0,918$
c) $1,061 < 1,116 < 1,106 < 10,60 < 1,661$

4 Zeige jeweils an einem Beispiel und begründe.
a) Jeder Bruch kann als Dezimalbruch dargestellt werden.
b) Es gibt keine kleinste Zahl, die größer als Null ist.
c) Zwischen zwei Dezimalbrüchen liegen unendlich viele andere Dezimalbrüche.

5 Runde auf Hundertstel und auf Tausendstel.
a) $0,54\overline{5}$ b) $0,04\overline{5}$ c) $0,0\overline{45}$
d) $0,\overline{545}$ e) $5,5\overline{4}$ f) $4,5\overline{9}$

6 Wahr oder falsch? Begründe.
a) $0,17 = 0,170$ b) $0,3 = 3\%$
c) $1,3 = 1\frac{3}{10}$ d) $0,3 = \frac{1}{3}$
e) $0,\overline{3} = 0,33\ldots$ f) $0,99 = 99\%$

7 Stoffe für Kleidungsstücke haben verschiedene Zusammensetzungen. Gib die Anteile als Brüche an.
a) Pulli: 80% Baumwolle; 20% Polyester
b) Hose: 85% Polyester; 15% Viskose
c) Rolli: 50% Baumwolle; 50% Polyester
d) Rock: 95% Viskose; 5% Seide

8 Bei der Pflege einer Gartenanlage sind folgende Kosten entstanden:

Teichfolie	265,80 €
Sand	46,76 €
Kieselsteine (groß)	97,81 €
Wasserpflanzen	146,85 €

a) Reichen 500 € zum Bezahlen?
b) Wie viel € bleiben übrig bzw. fehlen noch, wenn 600 € zur Verfügung stehen?
c) Als Sonderangebot wird eine Gartenteichpumpe für 99,50 € angeboten, die sonst 118,95 € kostet. Berechne den Preisvorteil.

9 In Prospekten werden Längen häufig in Millimeter angegeben.
a) Runde auf Zentimeter und gib die Maße in Meter an.

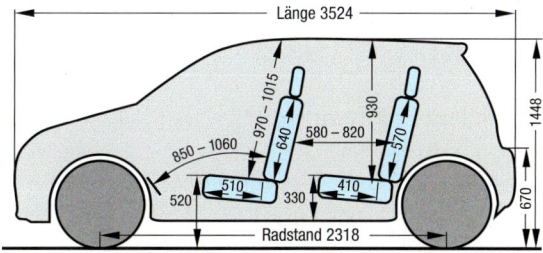

b) Folgende Angaben wurden auf Zentimeter gerundet. Gib jeweils die kleinstmögliche und die größtmögliche Ausgangsgröße an.
4,34 m   8,67 m   0,81 m

8 Das Jugendzimmer wird zum Komplettpreis 1 099 € angeboten.
Man kann die Möbel auch einzeln kaufen, doch dann sind sie teurer:

Schreibtisch	339,90 €
2-Türen-Schrank	319 €
Bett	229,95 €
Schubfach für das Bett	49 €
kleiner Schrank mit Tür	99 €
Schreibtischstuhl	39 €
Auflage für das Bett	50,20 €
Lattenrost	43,49 €

Wie viel Geld spart man gegenüber dem Einzelkauf?

9 In den Niederlanden bezahlt man nicht mit 1- und 2-Cent-Münzen. An der Kasse werden die Beträge so geändert, dass keine 1- und 2-Cent-Münzen benötigt werden.
Beispiel Statt 4,37 € bezahlt man 4,35 €.
Statt 12,03 € zahlt man 12,05 €.
a) Welche Beträge sind zu zahlen?
12,39 €; 18,41 €; 24,16 €; 2,44 €; 5,13 €
b) In welchen Fällen wird zu Gunsten des Käufers geändert?
c) In welchen Fällen wird zu Gunsten des Verkäufers geändert?
d) Hast du eine Idee, warum man nicht mit 1- oder 2-Cent-Münzen bezahlt? Hältst du das Verfahren für sinnvoll? Begründe.

NACHGEDACHT
Suche in Werbeprospekten oder im Internet nach weiteren Komplettangeboten wie in Aufgabe 8. Vergleiche den Komplettpreis mit den Einzelpreisen.

Diskutiert: Wann ist es sinnvoll, ein Komplettangebot zu kaufen, wann nicht?

10 Sascha und Stephanie diskutieren, welche Klasse beim Sportfest besser abgeschnitten hat.
Sascha meint: „Wir haben mehr Urkunden bekommen, wir sind besser."
Stephanie vergleicht so: „Wir waren besser!
Denn wir sind weniger Kinder und $\frac{16}{20}$ ist mehr als $\frac{18}{25}$!"
a) Erkläre, wie Stephanie gerechnet hat.
b) Jo meint: „Werte, die in Prozent angegeben sind, kann man gut vergleichen." Begründe.

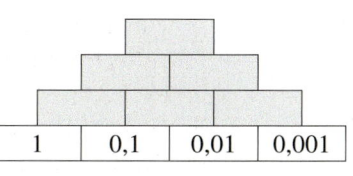

11 Ergänze die Zahlenmauer. Wie ändert sich die Zahl im obersten Stein, wenn du die Zahlen in allen unteren Steinen um 1 vergrößerst?

| 1 | 0,1 | 0,01 | 0,001 |

11 Ergänze die Zahlenmauer. Wie ändert sich die Zahl im obersten Stein, wenn du in einem der unteren Mauersteine 1 addierst? Unterscheide zwei Fälle und versuche das Ergebnis zu erklären.

12 👥 Anteile der Kontinente

Arbeitet zu zweit.

Die Kontinente sind unterschiedlich groß. So ist auch ihr Anteil an der gesamten Landfläche der Erde sehr verschieden: Afrika nimmt etwa ein Fünftel der Fläche ein, Amerika etwa vier Fünfzehntel, Asien etwa ein Drittel, Australien etwa vier Fünfundsiebzigstel, Europa etwa ein Fünfzehntel und die Antarktis etwa zwei Fünfundzwanzigstel.

a) Notiert die Anteile als Brüche.

b) Gebt die Anteile als Dezimalbrüche an. Rundet auf Tausendstel.

c) Wie viel Prozent der Landfläche nehmen die Kontinente jeweils ein?

d) Sortiert die Kontinente der Größe nach, beginnt mit dem größten.

13 👥 Ozeane

Arbeitet zu zweit.

Die Erdoberfläche ist ca. 510 Millionen km^2 groß, davon sind ca. 360 Mio. km^2 Wasseroberfläche.

Von der Wasseroberfläche der Erde entfällt etwa die Hälfte auf den Pazifischen Ozean, etwa drei Zehntel auf den Atlantischen Ozean und etwa ein Fünftel auf den Indischen Ozean.

	Volumen in Mio. km^3	Durchschnittliche Tiefe in km
Pazifischer Ozean	696,19	3,870
Atlantischer Ozean	354,28	3,380
Indischer Ozean	284,34	3,600

a) **Anteil an der Wasseroberfläche**
① Wie viel Prozent der Wasseroberfläche nehmen die drei Ozeane jeweils ein? Beschreibt, wie ihr bei der Berechnung vorgeht.
② Ordnet die Ozeane der Größe nach.
③ Stellt das Ergebnis „Anteil an der Wasseroberfläche" in einem Streifendiagramm farbig dar. Beachtet die Hinweise in der Randspalte.

b) **Anteile am Wasservolumen**
① Wie viel km^3 Wasser sind in den drei Ozeanen aus der Tabelle insgesamt enthalten?
② Ordnet die Ozeane nach ihrem Volumen und gebt jeweils an, wie viel Prozent vom gesamten Wasser sie enthalten. Rundet vor der Berechnung alle Werte so, dass sie keine Nachkommastellen haben.
③ Rundet die Ergebnisse auf ganze Prozent.
   Beispiel Pazifischer Ozean: $\frac{696}{\blacksquare} \approx 0,\blacksquare = \blacksquare\%$
④ Stellt auch die „Anteile am Wasservolumen" in einem Streifendiagramm dar.

c) **Anteile an der Erdoberfläche**
Die Anteile der Ozeane an der gesamten Erdoberfläche betragen: Pazifischer Ozean sieben Zwanzigstel, Atlantischer Ozean ein Fünftel und indischer Ozean sieben Fünfzigstel.
① Wieso unterscheiden sich diese Werte von denen bei Aufgabe a)?
② Welchen Anteil hat die Landfläche an der Erdoberfläche?
③ Stellt auch die „Anteile an der Erdoberfläche" in einem Streifendiagramm dar.

Zusammenfassung

Brüche, Dezimalbrüche und Prozentschreibweise

→ Seite 78

Zahlen in Kommaschreibweise werden **Dezimalbrüche (Dezimalzahlen)** genannt.

$$0,8 = \frac{8}{10} \qquad 0,19 = \frac{19}{100} \qquad 6,039 = 6\frac{39}{1000}$$

Dezimalbrüche sind Brüche in einer anderen Schreibweise. Sie lassen sich am **Zahlenstrahl** darstellen.

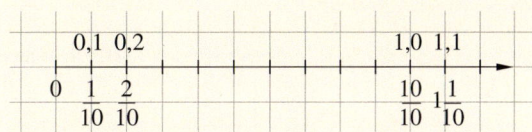

Brüche mit dem Nenner 100 kann man auch in **Prozentschreibweise** angeben.

$$\frac{4}{100} = 4\% \qquad\qquad \frac{19}{100} = 19\%$$

Brüche in Dezimalbrüche umwandeln

→ Seite 82

Es gibt zwei Verfahren zum Umwandeln:

– Erweitern oder Kürzen auf einen Zehnerbruch

$$\frac{1}{4} = \frac{25}{100} = 0,25 \qquad \frac{28}{200} = \frac{14}{100} = 0,14$$

– Schriftliche Division

$$\frac{1}{4} = 1 : 4$$

$$
\begin{array}{l}
1{,}00 : 4 = 0{,}25 \\
\underline{-0}\!\downarrow \qquad\qquad \text{Komma-} \\
\ \ 10 \qquad\qquad \text{überschreitung} \\
\underline{-\ \ 8} \\
\ \ \ \ 20 \\
\underline{-\ \ 20} \\
\ \ \ \ \ 0
\end{array}
$$

Bricht die Division nicht ab, so entsteht ein **periodischer Dezimalbruch**, bei dem sich eine Ziffer oder eine Ziffernfolge nach dem Komma ständig wiederholt.

$$5 : 6 = 0,833\ldots = 0,8\overline{3}$$

Dezimalbrüche vergleichen und runden

→ Seite 86

Um Dezimalbrüche zu **ordnen**, vergleicht man sie stellenweise.

$$8,27 < 8,32 \qquad\qquad 0,71 > 0,705$$
$$2 < 3 \qquad\qquad\qquad 1 > 0$$

Runden von Dezimalbrüchen:

1. Lege die Rundungsstelle fest.
2. Betrachte die nächstfolgende Ziffer:
   – Bei 0 bis 4 wird abgerundet,
   – bei 5 bis 9 wird aufgerundet.

Runde auf Zehntel.

$$2,34 \approx 2,3 \qquad\qquad 83,105 \approx 83,1$$
$$2,37 \approx 2,4 \qquad\qquad 12,0837 \approx 12,1$$

Dezimalbrüche addieren und subtrahieren

→ Seite 90

Dezimalbrüche werden **stellenweise addiert** bzw. **subtrahiert** (*Komma unter Komma*).

Haben Dezimalbrüche unterschiedlich viele Stellen hinter dem Komma, füllt man fehlende Stellen mit **Nullen** auf.

$$
\begin{array}{r}
2,00 \\
+\ 3,42 \\
+\ 0,73 \\
\hline
6,15
\end{array}
\qquad
\begin{array}{r}
7,80 \\
-\ 1,92 \\
\hline
5,88
\end{array}
$$

Teste dich!

2 Punkte

1 Berechne die Additionsmauern im Heft.

a)

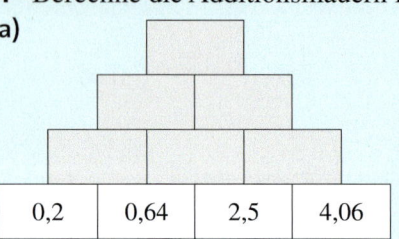

| 0,2 | 0,64 | 2,5 | 4,06 |

b)

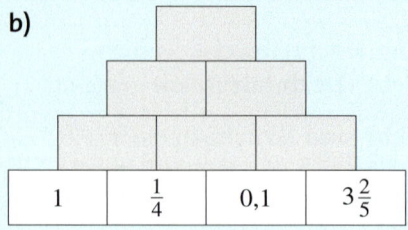

| 1 | $\frac{1}{4}$ | 0,1 | $3\frac{2}{5}$ |

2 Punkte

2 Überschlage zuerst. Dann berechne schriftlich.

a) $19{,}457 + 4{,}26 + 5{,}01$

b) $48{,}004 - 2 - \frac{3}{4} - 16{,}104 - 4$

2 Punkte

3 Schreibe in Prozentschreibweise.

a) $0{,}2$; $0{,}58$; $0{,}615$; $0{,}07$; $0{,}503$

b) $\frac{3}{4}$; $\frac{5}{20}$; $\frac{4}{5}$; $\frac{12}{50}$; $\frac{6}{300}$

3 Punkte

4 Schreibe die Einwohnerzahlen in Millionen und runde auf eine Stelle hinter dem Komma.

a) Madrid: 3 213 271; Hamburg: 1 773 218; Rom: 2 553 873
b) Istanbul: 13 820 194; London: 7 852 200; Delhi: 10 972 065
c) Hongkong: 7 012 849; Peking: 15 796 450; Essen: 574 635

2 Punkte

5 Ordne die Zahlen, beginne jeweils mit der kleinsten Zahl.

a) $0{,}25$; $\frac{1}{8}$; $0{,}75$; $\frac{4}{5}$; $0{,}5$

b) $0{,}3$; $0{,}\overline{3}$; $0{,}3304$; $0{,}33$; $0{,}333$; $0{,}\overline{30}$

4 Punkte

6 Folgenden Materialien sollen mit einem Lkw (Leergewicht 2 400 kg) über die gezeigte Brücke zu einer Baustelle transportiert werden.

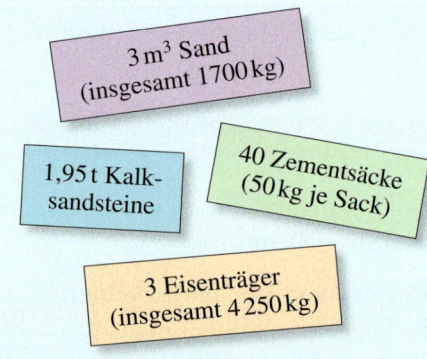

a) Wie viel t kann der Lkw zuladen?
b) Berechne das Gesamtgewicht aller Materialien in t.
c) Wie viele Zementsäcke können zugeladen werden, wenn sie zusammen mit den 3 Eisenträgern transportiert werden?
d) Reichen 2 Fahrten aus, um das ganze Material zu befördern? Mache einen Vorschlag, wie der Lkw dann jeweils beladen werden muss.

3 m³ Sand (insgesamt 1700 kg)

1,95 t Kalksandsteine

40 Zementsäcke (50 kg je Sack)

3 Eisenträger (insgesamt 4 250 kg)

1 Punkt

7 Bernd versucht seine Mutter davon zu überzeugen, dass er nicht genug Zeit am Computer verbringen darf: „Nur $\frac{1}{5}$ meiner Klasse dürfen nur eine Stunde spielen, $\frac{3}{4}$ dürfen täglich zwei Stunden spielen und 40 % haben sogar gar kein Zeitlimit."
„Du übertreibst doch!" antwortet seine Mutter. Wieso meint sie das?

2 Punkte

8 Bei einer viertägigen Radtour notieren Katja, Marc und Yvonne jeden Abend die gefahrenen Kilometer.

Tag	1. Tag	2. Tag	3. Tag	4. Tag
gefahrene Strecke	38,5 km	45,8 km	53,2 km	49,7 km

Der Kilometerzähler an Katjas Fahrrad steht am Ende der Fahrt auf 547,1 km.

a) Auf welchem Kilometerstand war der Kilometerzähler vor Beginn der Radtour?
b) Um wie viel Kilometer unterscheiden sich die längste und die kürzeste Tagestour?

Symmetrie

Ein Rommé-Spiel hat 110 Karten. Die Bilder, Zahlen und Symbole sind auf vielen Karten punktsymmetrisch angeordnet. So ist es egal, wie herum man die Karten auf der Hand hält. Je nach Kartenspiel sind einige Karten sogar achsensymmetrisch, wie z. B. das Herz-Ass.

Noch fit?

Einstig

Aufstieg

NACHGEDACHT
Welche Tänzerinnen stehen annähernd achsensymmetrisch?

① ② ③ ④

1 Symmetrische Spielfelder

Die Bilder zeigen ein Hallenhandballfeld und ein Baseballfeld.

a) Sind die Spielfelder achsensymmetrisch? Gib gegebenenfalls an, wo Symmetrieachsen verlaufen.

b) Nenne drei Sportarten, die auf achsensymmetrischen Spielfeldern ausgeübt werden.

 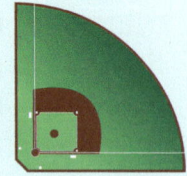

2 Achsensymmetrische Figuren

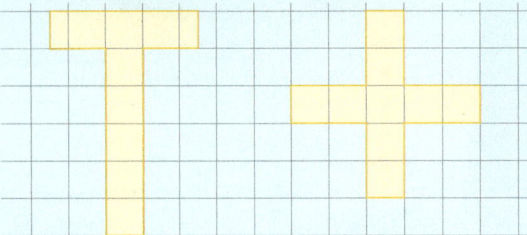

Übertrage die Figuren in dein Heft.
Zeichne alle Symmetrieachsen ein.

2 Achsensymmetrische Figuren

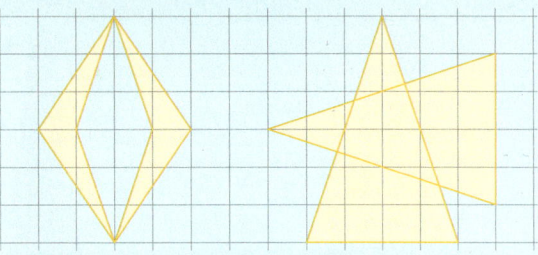

Übertrage die Figuren in dein Heft.
Zeichne alle Symmetrieachsen ein.

3 Figuren spiegeln

Spiegele im Heft die Figur an der Geraden g.

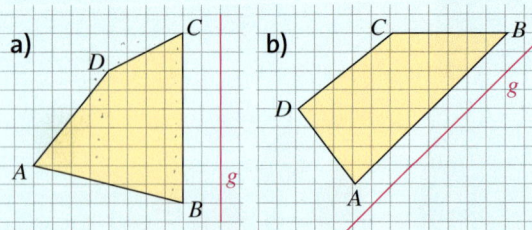

3 Figuren spiegeln

Spiegele im Heft die Figur an der Geraden g.

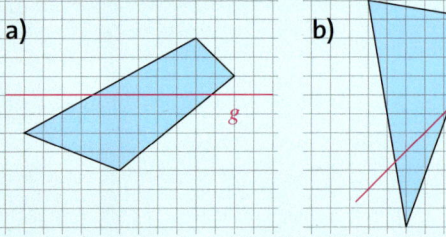

4 Spiegelachsen bestimmen

Gib die Koordinaten von Punkten an, durch welche die Spiegelachse gezeichnet werden kann. Wenn du dir nicht sicher bist, zeichne im Heft.

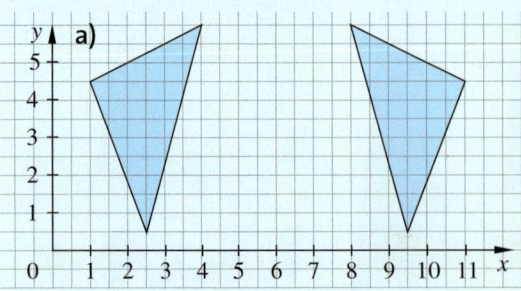

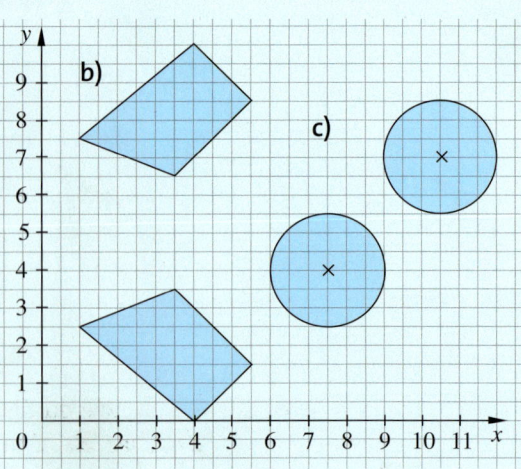

104

Lösungen ab Seite 208

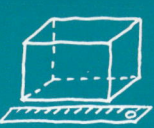

Punktsymmetrische Figuren

Entdecken

1 👥 Nehmt euch ein Skat-Kartenspiel zur Hand.

a) Sucht alle Karten heraus, die achsensymmetrisch sind.
Beschreibt ihre Eigenschaften, z. B. welche Farbe oder welchen Wert sie haben.
Vergleicht miteinander die gefundenen Karten.
Habt ihr alle dieselben Karten gefunden?
Diskutiert darüber.

b) Sucht nun alle Bild-Karten heraus. Vergleicht den Aufbau der achsensymmetrischen Karten mit dem Aufbau der Bildkarten. Was fällt euch auf?

2 Simon ist schon fertig mit seinen Aufgaben. Aus Langeweile schreibt er seinen Namen in großen Druckbuchstaben auf ein Blatt Papier:

S I M O N

Lena sitzt ihm am Gruppentisch gegenüber und beobachtet, was Simon macht.
Plötzlich spricht sie ihn mit einem merkwürdigen Namen an.

a) Wie lautet der merkwürdige Name?
Drehe das Buch zum Lesen auf den Kopf, also um 180°.

b) Lena und Simon stellen zusammen fest, dass sich vier von fünf Buchstaben des Namens nicht verändern, wenn man sie auf dem Kopf liest. Welche Buchstaben bleiben gleich und welcher Buchstabe wird auf dem Kopf gelesen ein anderer?

c) Welche Gemeinsamkeiten haben die vier Buchstaben, die um 180° gedreht gleich bleiben?

d) Gib weitere Buchstaben des Alphabets an, die bei einer Drehung um 180° gleich bleiben.

3 Von den drei Bildern fehlt jeweils eine Hälfte.

a) Übertrage die Bilder in dein Heft und ergänze die Bildhälften so, dass sie nach einer Drehung um 180° aussehen wie vor der Drehung.
Überprüfe deine Zeichnungen, indem du dein Heft um 180° drehst.

① Ergänze die fehlende obere Hälfte.
② Ergänze die fehlende untere Hälfte.
③ Ergänze die fehlende rechte Hälfte.

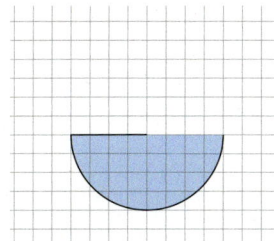
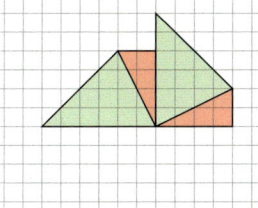
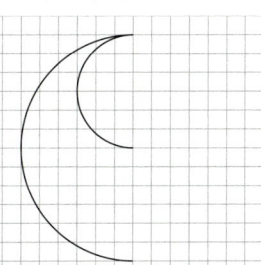

b) Hast du ein System entwickelt, wie du die Bilder ergänzen konntest?
Präsentiere deine Bilder der Klasse und beschreibe, wie du beim Ergänzen der Bilder vorgegangen bist.

NACHGEDACHT
In der Mathematik nennt man das „auf-den-Kopf-Drehen" eine Drehung um 180°. Was bedeutet dann eine Drehung um 360°?

Verstehen

Michael und sein Onkel spielen Karten. Sie stellen fest, dass einige Karten auf den Kopf gedreht unverändert aussehen.

Drehung um 180° um das Symmetriezentrum Z

Die Spielkarte ist punktsymmetrisch.

> **Merke** Eine Figur, die durch eine Drehung um 180° zur Deckung kommt, nennt man **punktsymmetrisch**.
> Der Punkt, um den die Figur gedreht wird, heißt **Symmetriezentrum Z**.

Bei einer Punktspiegelung gibt es zu jedem **Originalpunkt A** auf der einen Seite des Symmetriezentrums einen **Bildpunkt A'** auf der anderen Seite des Symmetriezentrums Z.

> **Merke** Eine **Punktspiegelung** hat folgende Eigenschaften:
> – Originalpunkt, Symmetriezentrum und Bildpunkt liegen auf einer Geraden.
> – Originalpunkt und Bildpunkt haben denselben Abstand zum Symmetriezentrum.

Mithilfe einer Punktspiegelung kann man zwei Dinge erreichen:
– eine Figur zu einer punktsymmetrischen Figur ergänzen,
– eine Figur um 180° drehen
Das Symmetriezentrum kann innerhalb oder außerhalb der Figur liegen.

Beispiel 1
Z ist Teil der Figur.

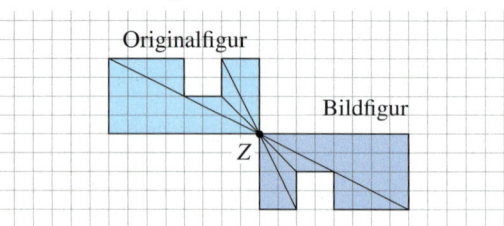

Beispiel 2
Z liegt außerhalb der Figur.

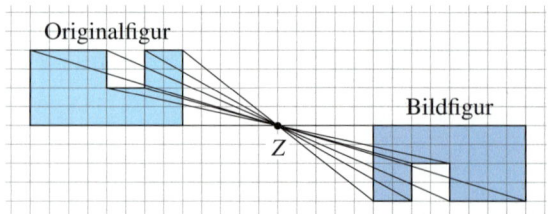

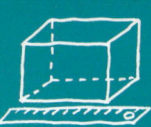

Üben und anwenden

1 👥 Leon und Mara haben Logos entworfen.
a) Diskutiert, ob diese Logos punktsymmetrisch sind. Wo liegt dann das Symmetriezentrum?
b) Kennt ihr punktsymmetrische Logos? Skizziert sie in euer Heft.

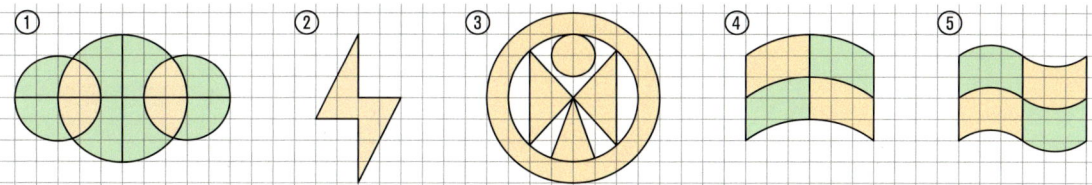

2 Betrachte die Verkehrsschilder.

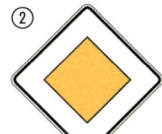

a) Welche der Schilder sind punktsymmetrisch?
b) Finde heraus, was die Schilder bedeuten.
c) Suche in deiner Umgebung weitere Schilder oder Figuren, die punktsymmetrisch sind.
Skizziere sie im Heft und zeichne das Symmetriezentrum ein.

3 Übertrage die Figur in dein Heft und entscheide, ob sie punktsymmetrisch ist. Markiere gegebenenfalls das Symmetriezentrum.

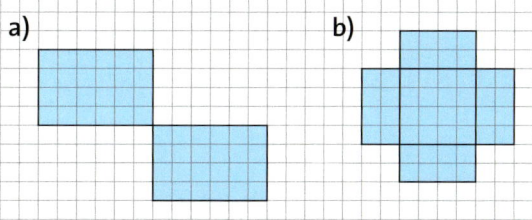

3 Gestalte dein eigenes punktsymmetrisches Logo.
Überlege dir ein Produkt, für welches das Logo stehen soll.
Präsentiere dein Ergebnis in der Klasse.

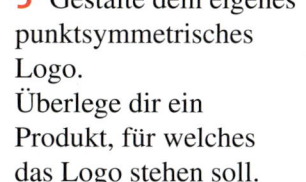

Tipp: In Prospekten oder im Internet findest du Anregungen für dein Logo.

4 Übertrage jede Figur zweimal auf Kästchenpapier und schneide sie aus.
a) Lege beide Figuren so zusammen, dass eine punktsymmetrische Figur entsteht.
b) Zeige jeweils das Symmetriezentrum.

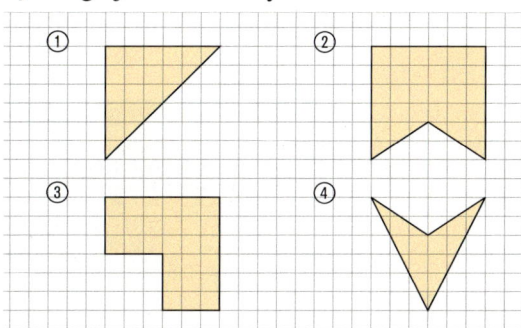

4 Übertrage die Figuren in dein Heft und ergänze sie zu einer punktsymmetrischen Figur.
Gibt es mehrere Möglichkeiten? Begründe.

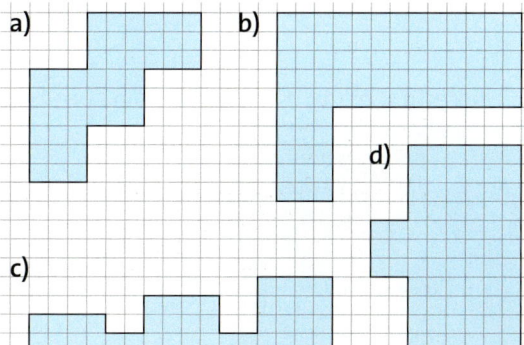

107

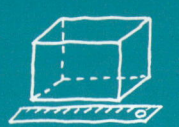

5 Ergänze die Figuren in deinem Heft zu punktsymmetrischen Figuren. Beschreibe, wie du dabei vorgehst.

5 Ergänze die Figuren im Heft zu punktsymmetrischen Figuren.

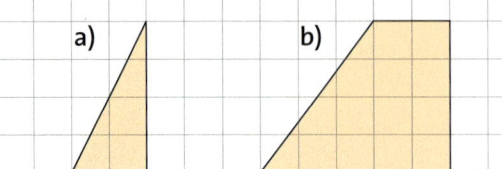

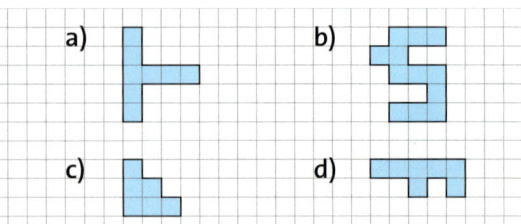

6 Ergänze die vorgegebenen Figuren im Heft zu punktsymmetrischen Figuren mit dem Symmetriezentrum Z.

6 Übertrage und ergänze zu einer punktsymmetrischen Figur. Z ist das Symmetriezentrum. Gibt es mehrere Möglichkeiten? Begründe.

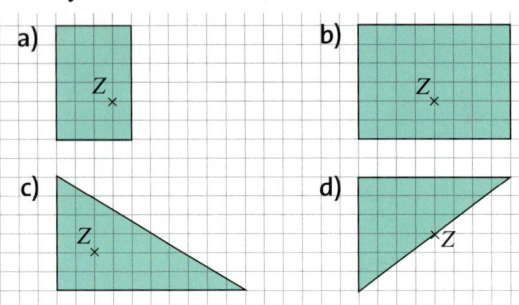

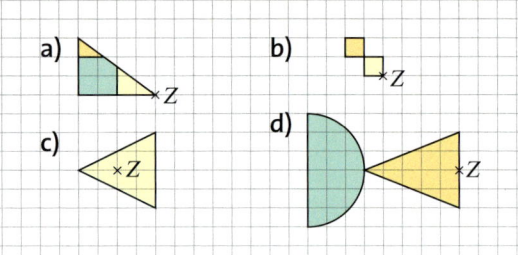

7 Es sind folgende Punkte gegeben:
$A(4|2)$, $B(10|3)$, $C(6|10)$ und das Symmetriezentrum $Z(9|7)$.
a) Übertrage die genannten Punkte in ein Koordinatensystem und verbinde A, B und C zu einem Dreieck.
b) Nutze das Symmetriezentrum, um die Bildpunkte A', B', C' zu erhalten.
c) Gib die Koordinaten von A', B', C' an.

8 Prüfe auf Punktsymmetrie und begründe.

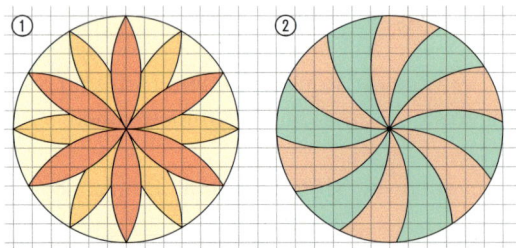

8 Zeichne das Kreisbild mit dem Zirkel ab. Male es so aus, dass eine punktsymmetrische Figur entsteht.

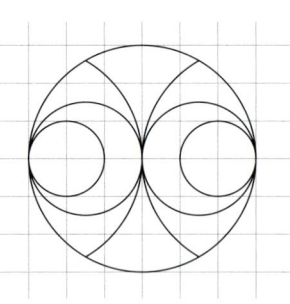

9 Überprüfe, ob die Kornkreise annähernd punktsymmetrisch sind.

108

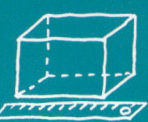

Drehsymmetrische Figuren

Entdecken

1 Betrachte die Fotos. Nenne Gemeinsamkeiten und Unterschiede.
Fallen dir ähnliche Dinge ein?

👥 Diskutiert zu zweit und notiert eure Ergebnisse.

  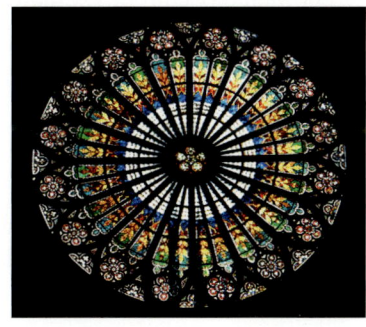

2 👥 Jede Gruppe wählt eine der Figuren und zeichnet sie auf ein Blatt Papier.

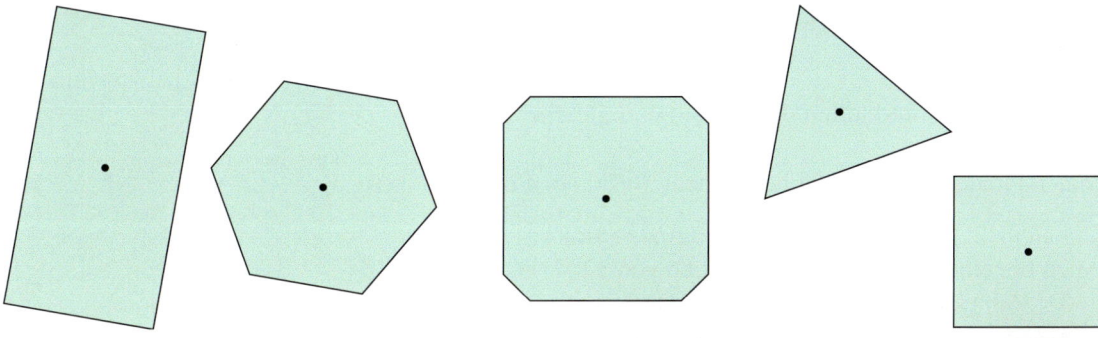

Zeichnet die Figur ein weiteres Mal und schneidet sie exakt aus. Legt die ausgeschnittene Figur genau auf die andere.

a) Stecht mit einem Bleistift oder Zirkel durch den Punkt der oberen Figur.

b) Dreht die obere Figur. Was fällt euch auf? Diskutiert darüber.

c) Stellt eure Ergebnisse in der Klasse vor.

3 Betrachte die Eisläufer.

a) Welche der Figuren ① bis ④ sind durch eine Drehung der Originalfigur entstanden?

b) Welche der Figuren sind *nicht* durch eine Drehung entstanden? Begründe.

Verstehen

Mandalas sind gemalte oder gelegte Bilder aus geometrischen Formen. Beim Ausmalen kommt man zur Ruhe und kann sich gut konzentrieren. Mandalas werden besonders in Indien und Tibet zur Meditation verwendet.

Dreht man das Bild um seinen Mittelpunkt, so sieht es nach einer Drehung um einen bestimmten Winkel wieder wie zuvor aus.

> **Merke** Kommt eine Figur bei einer Drehung um ein **Drehzentrum Z** zur Deckung, so nennt man die Figur **drehsymmetrisch**.
> Dabei liegt der Drehwinkel α zwischen $0°$ und $360°$.

Das Mandala ist drehsymmetrisch. Die Größe des Drehwinkels α kann man durch Einzeichnen der Schenkel als Hilfslinie bestimmen.

Die Hilfslinien unterteilen das Bild in drei gleiche Teilbilder.
Man kann den Drehwinkel berechnen: $360° : 3 = 120°$.

Der *kleinste* Symmetriewinkel beträgt also $120°$.
Auch bei einer Drehung um Vielfache von $120°$ (also $240°$, $360°$) kommt das Mandala zur Deckung.

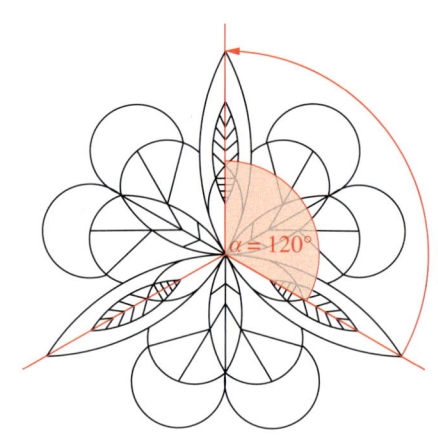

Üben und anwenden

1 Die Bilder zeigen annähernd drehsymmetrische Figuren.
a) Bestimme das Drehzentrum und gib den Symmetriewinkel an.
b) Finde weitere drehsymmetrische Gegenstände in deiner Umgebung. Bestimme das Drehzentrum und Symmetriewinkel.

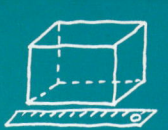

2 Am Dom in Paderborn befindet sich das berühmte „Drei-Hasen-Fenster". Sprichwörtlich heißt es: „Der Hasen und der Löffel drei und doch hat jeder Hase zwei."

a) 👥 Diskutiert: Was könnte mit dieser Aussage gemeint sein?

b) Um wie viel Grad muss ein Hase gedreht werden, damit er mit seinem Vorgänger zur Deckung kommt?

ZUM WEITERARBEITEN Zeichne selbst ein einfaches Grundmotiv. Erstelle durch Drehung ein Fenstermotiv.

3 Überprüfe, ob die Figuren drehsymmetrisch sind. Gib das Drehzentrum und den Drehwinkel an.

3 Überprüfe, ob die Augen eines Würfels drehsymmetrisch sind. Falls ja, gib jeweils das Drehzentrum und den Drehwinkel an.

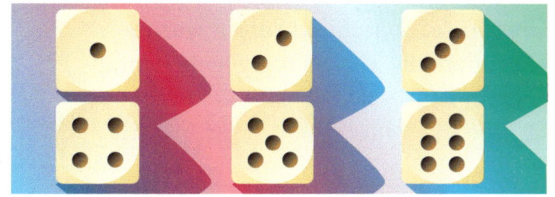

4 Übertrage die Figuren in dein Heft. Prüfe, ob sie drehsymmetrisch sind. Gib gegebenenfalls Drehzentrum und Drehwinkel an.

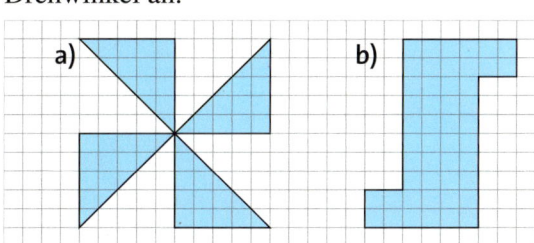

4 Übertrage die Figuren ins Heft und prüfe, ob sie drehsymmetrisch sind. Markiere gegebenenfalls das Drehzentrum und gib den Drehwinkel an.

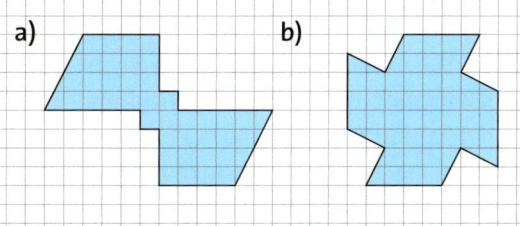

5 Zeichne die blaue Originalfigur und die gelbe Bildfigur ins Heft. Überprüfe, an welchem Drehzentrum und mit welchem Drehwinkel die Bildfigur entstanden ist.

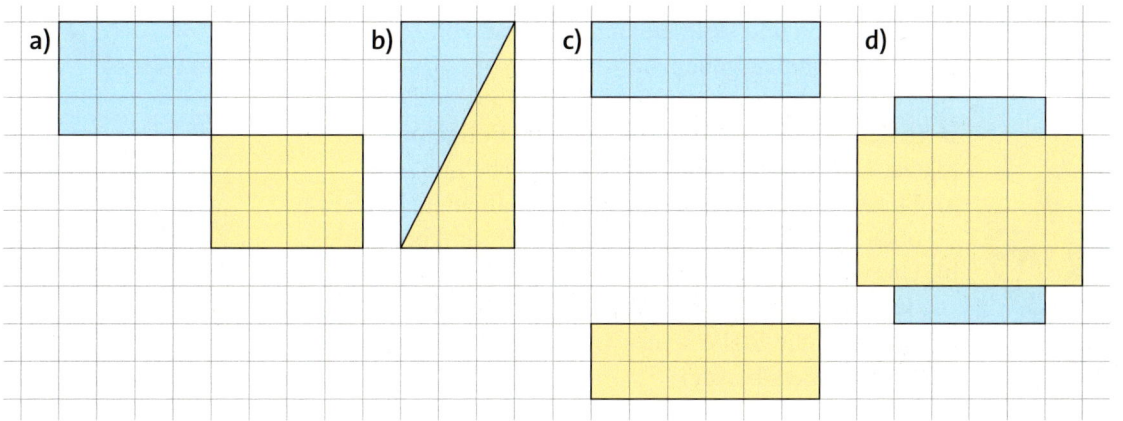

ZUM WEITERARBEITEN Stellt euch gegenseitig ähnliche Aufgaben.

111

6 👥 Betrachtet die selbst erstellten drehsymmetrischen Figuren.
a) Beschreibt, wie sie angefertigt wurden.
b) Versucht, eigene drehsymmetrische Figuren mithilfe von Papier und Schere herzustellen.
c) Präsentiert eure Ergebnisse in der Klasse.

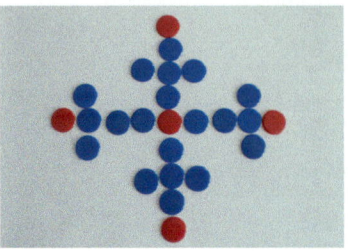

7 Die linke Figur sollte am Drehzentrum Z um 180° gedreht werden.
Überprüfe, ob richtig gedreht wurde.
Korrigiere die Zeichnung gegebenenfalls in deinem Heft.

7 Figuren drehen
a) Drehe die Figur um 90° am Drehzentrum Z.
b) Erstelle weitere Figuren im Heft und drehe sie an einem Drehzentrum Z.

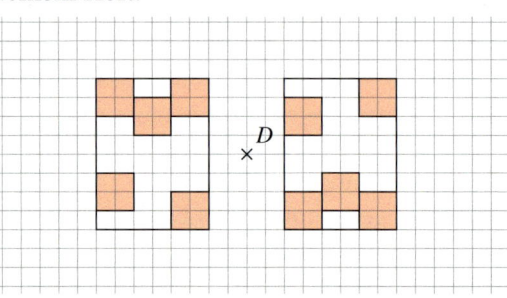
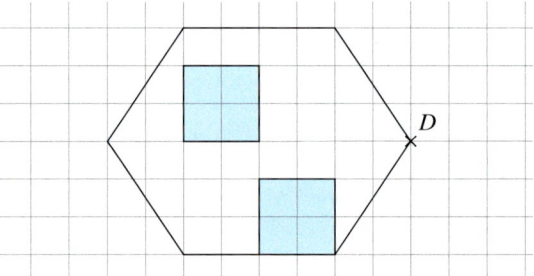

8 👥 Betrachtet das abgebildete Sechseck.
a) Überprüft, ob die Figur drehsymmetrisch ist.
   Diskutiert und begründet.
b) Legt das Sechseck mit gleichlangen Holzstäben, wie
   z. B. Streichhölzern, nach.
   Erstellt jeweils eine drehsymmetrische Figur, indem ihr …
   – einen Holzstab wegnehmt.
   – zwei Holzstäbe wegnehmt.
   – drei Holzstäbe wegnehmt.
   Skizziert eure Lösungen und stellt sie in der Klasse vor.
c) Entwerft ähnliche Knobelaufgaben.

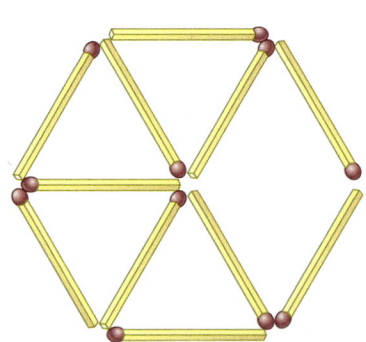

9 In dem Karussell gibt es acht Plätze.
a) Skizziere das Karussell von oben mit acht Figuren.
b) Um wie viel Grad dreht sich das Karussell, wenn sich eine Figur auf die Stelle seines …
   – Vorgängers bewegt?
   – Nachfolgers bewegt?

9 Betrachte das Bild. Drehe nun dein Mathematikbuch um 180° und betrachte das Bild von der anderen Seite.
Ist das Bild drehsymmetrisch?
Begründe.

112

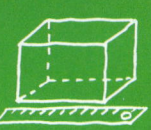

Thema: Parkettierung und Verschiebung

Bei der Parkettierung kann man mit nur einer Schablone große Flächen auslegen.
Wie ist dieses Bild entstanden?

Für die Parkettierung hat Jannis aus einem Rechteck die Grundfigur erstellt. Dazu hat er Teile abgeschnitten und an einer anderen Seite angeklebt.

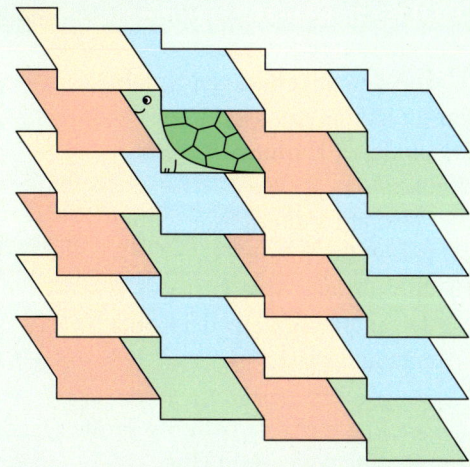

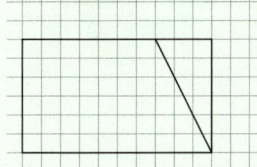
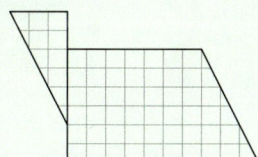

1 Fertige eine Schablone an und gestalte deine eigene Parkettierung. Du kannst entweder Jannis Schablone als Vorlage nutzen oder aus einem Rechteck eine eigene Grundfigur erstellen.

2 Die Gehwege wurden mit lauter gleichen Steinen gepflastert. Sie bilden ein Parkett.

a) Skizziere jeweils die Grundfigur der Gehweg-Parkette.
b) 👥 Wo findet ihr in eurer Umgebung Parkette? Sammelt Beispiele und präsentiert sie.

Bei einer **Verschiebung** werden alle Punkte einer Figur um die gleiche Länge in die gleiche Richtung verschoben.
Die Verschiebung wird durch einen **Verschiebungspfeil** angegeben.
Solche Figuren nennt man **verschiebungssymmetrisch**.

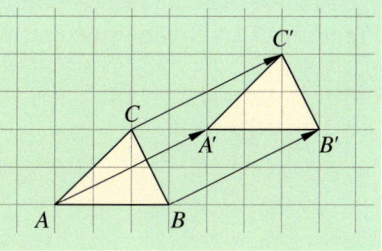

3 Wo wurden bei diesen Mustern Figuren verschoben?
Übertrage die Figuren in dein Heft und zeichne Verschiebungspfeile ein.

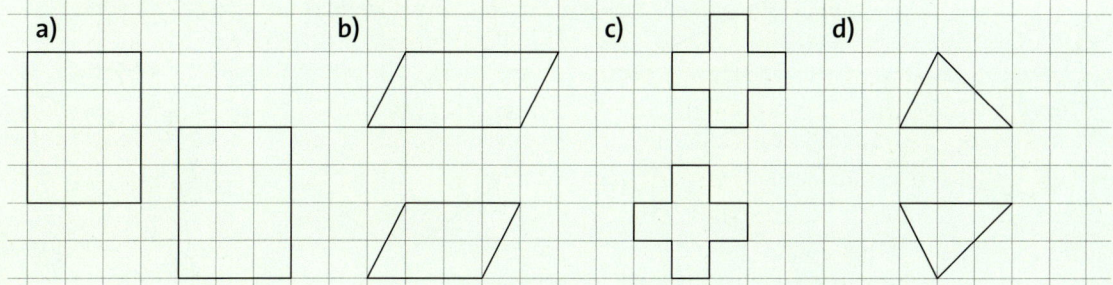

a)   b)   c)   d)

Klar so weit?

→ Seite 106

Punktsymmetrische Figuren

1 Von den abgebildeten Spielkarten ist nur eine richtig.
Die anderen Karten sind Fehl-
drucke.
a) Welche ist die richtige Spielkarte? Begründe.
b) Gib für jede Spielkarte an, wie
der untere Teil aus dem oberen
entstanden ist.

2 Zeichne mehrere beliebig große Quadrate
und Rechtecke in dein Heft.
a) Sind die Rechtecke und Quadrate punktsymmetrisch?
Zeichne gegebenenfalls das Symmetriezentrum ein.
b) Stell eine Regel auf, nach der du ein
Symmetriezentrum bestimmen kannst.

2 Zeichne mehrere Vielecke in dein Heft.
Sind die Vielecke punktsymmetrisch?
– Falls ja, zeichne das Symmetriezentrum
ein.
– Falls nicht, ergänze zwei Vielecke zu
punktsymmetrischen Vielecken.
Stell eine Regel auf, nach der du das Symmet-
riezentrum bestimmen kannst.

3 Zeichne ein Koordinatensystem in dein Heft (1 LE = 1 cm).
a) Zeichne die Punkte $A(1|5)$, $B(5|1)$, $C(6|4)$ und $Z(3|3)$ ein. Verbinde A, B und C.
b) Drehe die Figur um 180° um Z. Beschreibe, wie du dabei vorgehst.
c) Gib die Koordinaten der Bildpunkte an. Was fällt dir auf?

4 Zeichne die Figuren in dein Heft und
ergänze sie zu einer punktsymmetrischen
Figur mit B als Symmetriezentrum.

4 Ergänze die Figuren jeweils zu einer
punktsymmetrischen Figur mit dem Symmetriezentrum M.

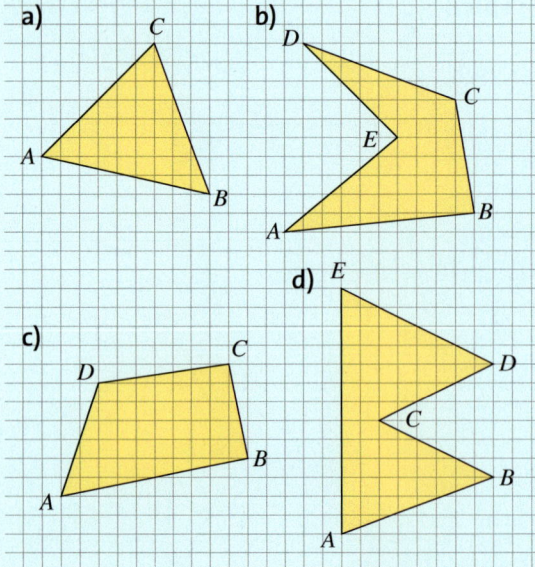

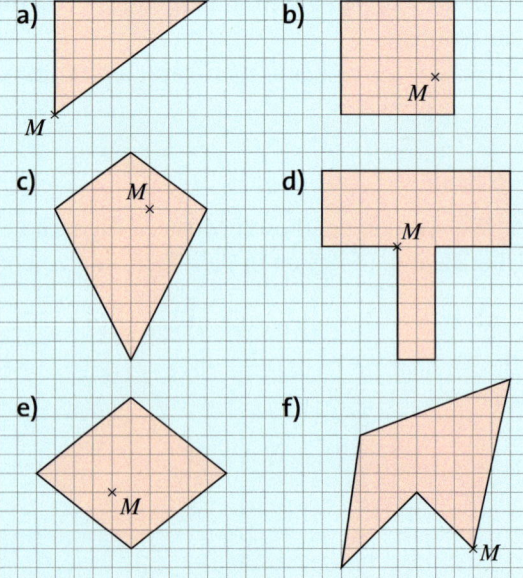

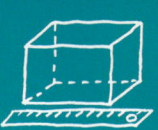

Drehsymmetrische Figuren

→ Seite 110

5 Überprüfe, ob die Blüten drehsymmetrisch sind. Gib gegebenenfalls den kleinsten Drehwinkel an.

a)

b)

c)

5 Um wie viel Grad kann man die Figuren jeweils drehen, damit sie zur Deckung kommen? Gib auch den kleinsten Drehwinkel an.

a)

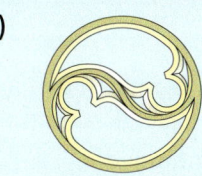

b)

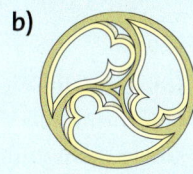

c)

d)

6 Übertrage die Figuren ins Heft und drehe um Z mit $\alpha = 90°$ (180°, 270°).

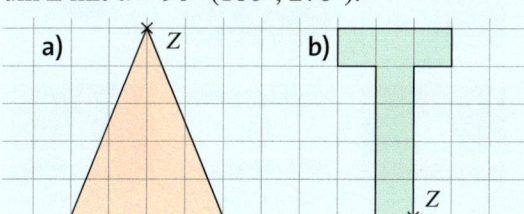

a)

b)

6 Übertrage die Figuren ins Heft und drehe um Z mit $\alpha = 90°$ (180°, 270°).

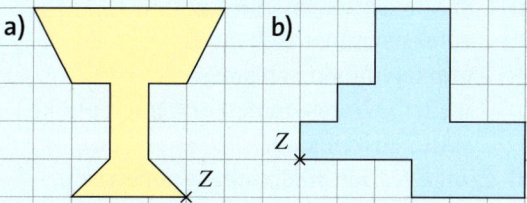

a)

b)

7 Sind die Glücksräder drehsymmetrisch? Begründe.

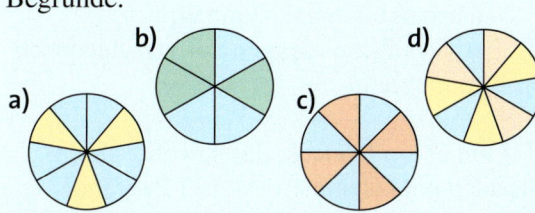

a)

b)

c)

d)

7 Sind die Figuren drehsymmetrisch? Begründe.

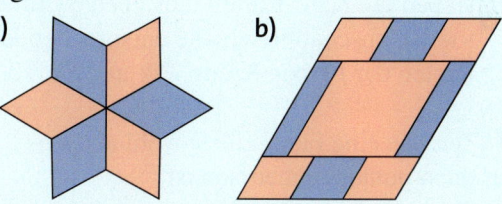

a)

b)

8 Zeichne die Figuren ins Heft und überprüfe, ob die Figuren drehsymmetrisch sind. Markiere gegebenenfalls das Drehzentrum und gib den kleinsten Symmetriewinkel an.

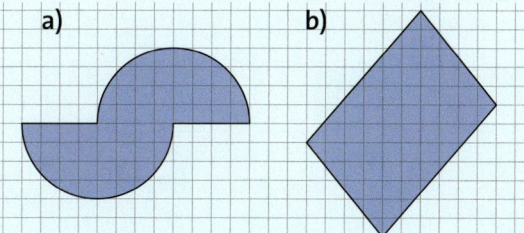

a)

b)

8 Zeichne die Figuren ins Heft und überprüfe, ob die Figuren drehsymmetrisch sind. Markiere gegebenenfalls das Drehzentrum und gib den kleinsten Symmetriewinkel an.

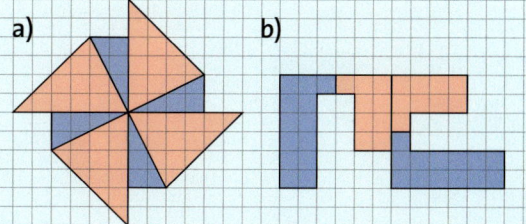

a)

b)

Vermischte Übungen

1 Übertrage die Vierecke auf kariertes Papier.

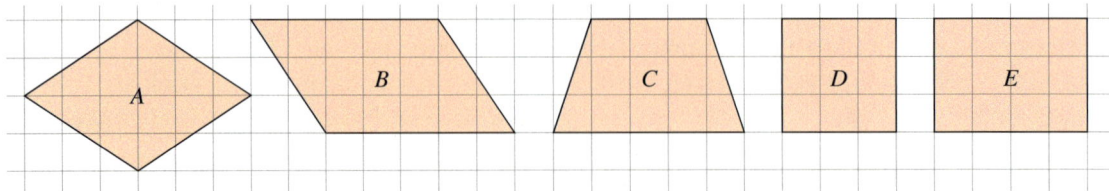

a) Benenne die Vierecksarten, die du bereits kennst, mit dem richtigen Namen.
b) Überprüfe die Vierecke auf Achsen- und Punktsymmetrie. Zeichne alle Symmetrieachsen sowie das Symmetriezentrum ein.
c) Finde eine geeignete Kontrollmöglichkeit.

2 Betrachte die Skatkarten der Farbe Karo.

a) Gib alle Karten an, die …
   – achsensymmetrisch sind.
   – punktsymmetrisch sind.
   – weder achsensymmetrisch noch punkt-
     symmetrisch sind.
b) Einige Karten sind nicht symmetrisch.
   Woran liegt das?
c) Wie könnte man die Karten verändern,
   damit sie punktsymmetrisch werden?
d) Haben die Karo-Karten dieselben Symmetrie-Eigenschaften wie die entsprechenden
   Karten der Farben Kreuz, Pik und Herz?

2 Betrachte die Nationalflaggen.

Dominikan. Republik   Guatemala   Jamaika

 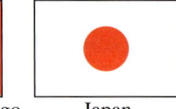

Panama   Trinidad und Tobago   Japan

 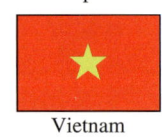

Laos   Israel   Vietnam

a) Welche Flaggen sind …
   – nur achsensymmetrisch?
   – nur punktsymmetrisch?
   – achsen- und punktsymmetrisch?
b) Entwirf eigene Flaggen mit verschiedenen
   Symmetrien.

3 Zeichne eine Figur, die sowohl achsen-
als auch punktsymmetrisch ist.

3 Gibt es ein Dreieck, das sowohl achsen-
als auch punktsymmetrisch ist? Begründe.

4 Sami und Jakob haben eine Figur ins Heft gezeichnet und sie um 180° gedreht.
Dabei sind sie unterschiedlich vorgegangen.
a) Beschreibe, wie Sami und Jakob die Figur in ihren Zeichnungen um 180° gedreht haben.
b) Führe selbst wie Sami und Jakob eine Drehung um 180° aus.
   Welches Verfahren findest du einfacher? Begründe.

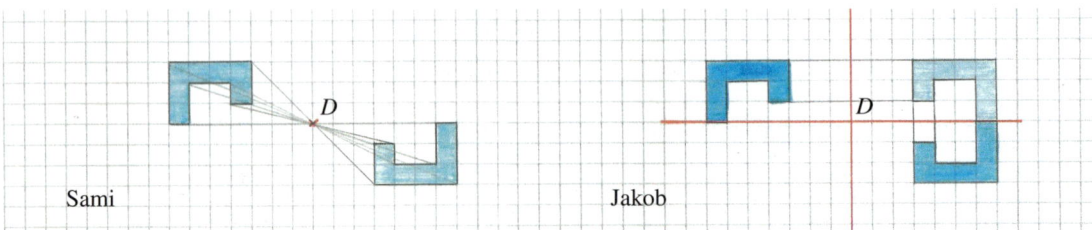

Sami   Jakob

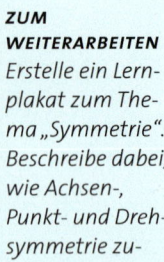

*ZUM
WEITERARBEITEN
Erstelle ein Lern-
plakat zum The-
ma „Symmetrie".
Beschreibe dabei,
wie Achsen-,
Punkt- und Dreh-
symmetrie zu-
sammenhängen.*

116

5 Betrachte das Schmetterlingsmuster. Wie ist es entstanden? Maya meint, dass der eine Schmetterling jeweils um 60° gedreht wurde. Paul widerspricht ihr. Was meinst du?

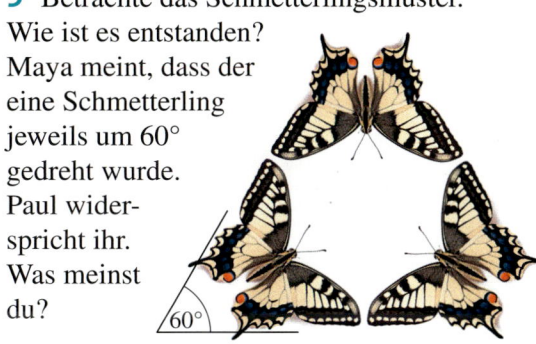

5 Nicole und Anja haben beide im Heft das Dreieck ABC um 90° um Z gedreht. Warum erhalten sie nicht die gleiche Bildfigur? Wo steckt der Fehler?

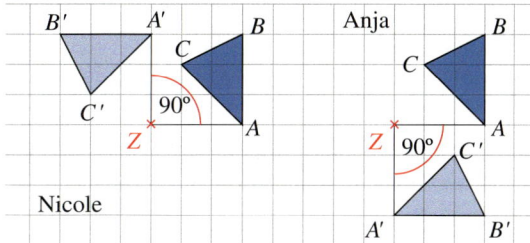

6 Bei welchem der in der Randspalte angegebenen Drehwinkel kommt die Figur mit sich selbst zur Deckung? Begründe dein Ergebnis.

Tipp: Falls du unsicher bist, kannst du dein Ergebnis überprüfen. Übertrage dazu die Figuren auf ein Blatt Papier, schneide sie aus und drehe sie um die angegebenen Winkel.

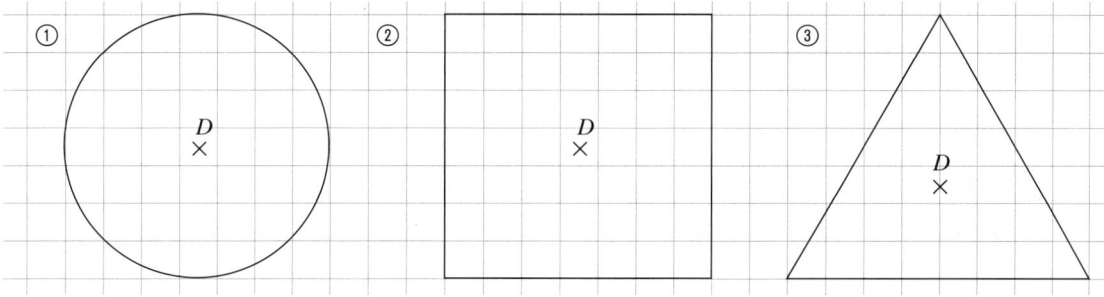

$\alpha = 60°$

$\alpha = 90°$

$\alpha = 120°$

$\alpha = 180°$

7 Tim zeichnet ein Windrad in sein Heft. Beschreibe, wie Tim beim Zeichnen vorgeht und zeichne selbst ein Windrad ins Heft.

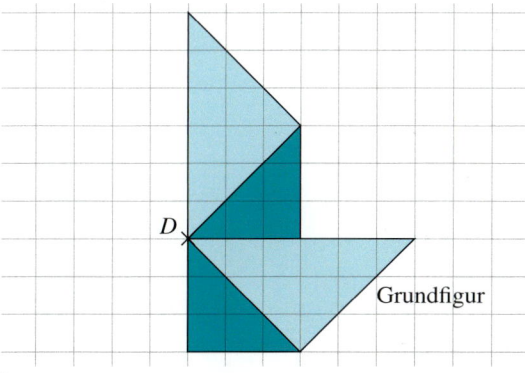

7 Um welchen Punkt wurde das gelbe Dreieck gedreht? Bestimmt den Symmetriewinkel und beschreibt euren Lösungsweg.

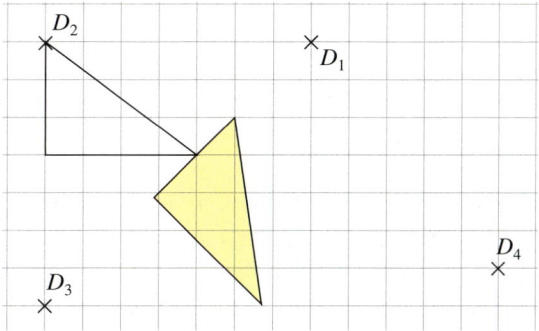

8 Gib für jedes Zeichen die Symmetrie-Eigenschaft an. In der Randspalte findest du die Bedeutung der Zeichen. Ordne zu.

HINWEIS
Die Zeichen bedeuten: Sammelstelle, Leiter, Achtung Gift, Brandmelder, Erste Hilfe, Achtung Kälte, Schutzbrille tragen.

117

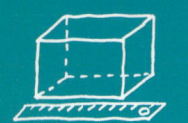

9 Ambigramme

Im Englischen wird der Begriff „Symmetrie" mit symmetry übersetzt.
Betrachte den Schriftzug.

a) Was fällt dir auf?
   Lies den Text in der Randspalte.
b) Welche Symmetrie liegt bei dem Schriftzug vor?
c) Auch aus Zahlen kann man ein Ambigramm bilden.
   Gestalte selbst ein Zahlenambigramm.
d) Nenne alle Ziffern, aus denen man ein Ambigramm
   bilden kann.

10 Faltschnitte herstellen

Falte ein Blatt Papier mehrmals wie in der Abbildung.
Schneide dann an verschiedenen Stellen Papierstücke
heraus. Beim Auseinanderfalten entstehen tolle Muster.

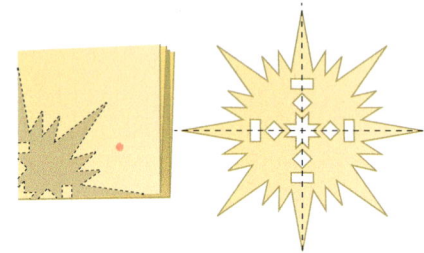

a) Wie musst du das Papier falten, damit ein achsen-
   symmetrisches Muster entsteht?
b) Wie entsteht ein punktsymmetrisches Muster?
c) Präsentiere deine Werke in der Klasse.

11 Symmetrien in Fotos

Sieh dir die vier Fotos genau an. Welches Foto kann den wirklichen Jungen darstellen?

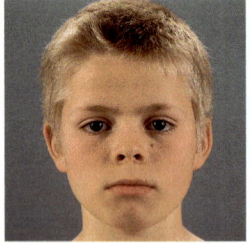 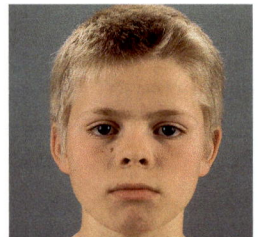 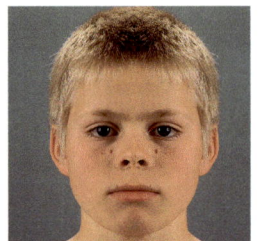 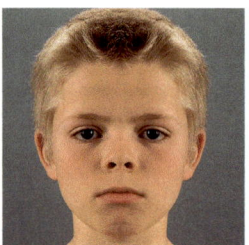

a) Was ist bei den anderen Fotos passiert? Beschreibe, wie sie entstanden sind.
b) Stell selbst solche Fotos z. B. mit dem Computer oder einem Spiegel her.

12 Schneeflocken

Unter dem Mikroskop sehen Schneekristalle ganz besonders aus.

 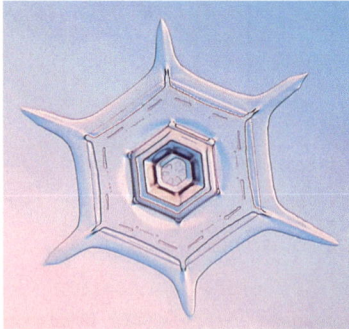 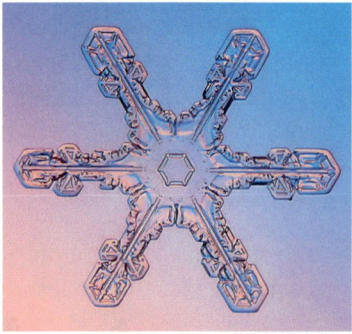

a) Welche Gemeinsamkeiten und welche Unterschiede kannst du bei den drei verschiedenen
   Schneekristallen finden?
b) 👥 Diskutiert. Welche Symmetrie-Eigenschaften hat jeder der drei Schneekristalle annähernd?

Zusammenfassung

Punktsymmetrische Figuren

→ Seite 106

Figuren heißen **punktsymmetrisch**, wenn sie durch eine Drehung um 180° zur Deckung kommen.
Der Punkt, um den die Figur gedreht wird, heißt **Symmetriezentrum Z**.

Eine **Punktspiegelung** hat folgende Eigenschaften:
– Originalpunkt, Symmetriezentrum und Bildpunkt liegen auf einer Geraden.
– Originalpunkt und Bildpunkt haben denselben Abstand zum Symmetriezentrum.

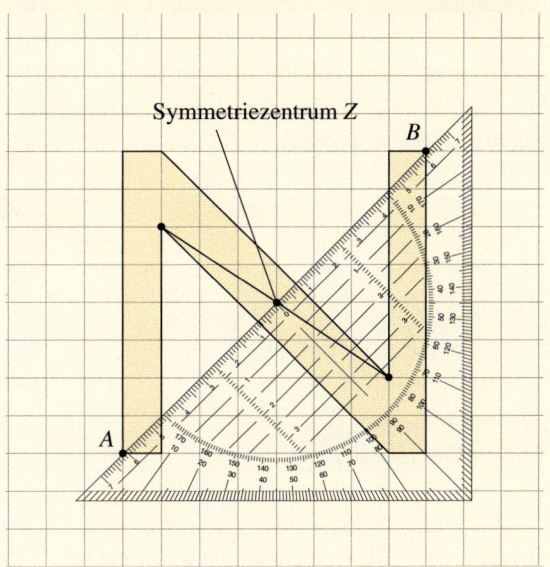

Drehsymmetrische Figuren

→ Seite 110

Kommt eine Figur bei einer Drehung um ein **Drehzentrum Z** zur Deckung, so nennt man die Figur **drehsymmetrisch**.
Dabei liegt der Drehwinkel α zwischen 0° und 360°.

Die Hilfslinien unterteilen die Figur in drei gleiche Teilbilder.

Der Drehwinkel kann berechnet werden:
360° : 3 = 120°.
Der *kleinste* Symmetriewinkel beträgt also 120°. Auch bei einer Drehung um Vielfache von 120° (240°, 360°) kommt die Figur zur Deckung.

Jede punktsymmetrische Figur ist drehsymmetrisch mit $\alpha = 180°$.

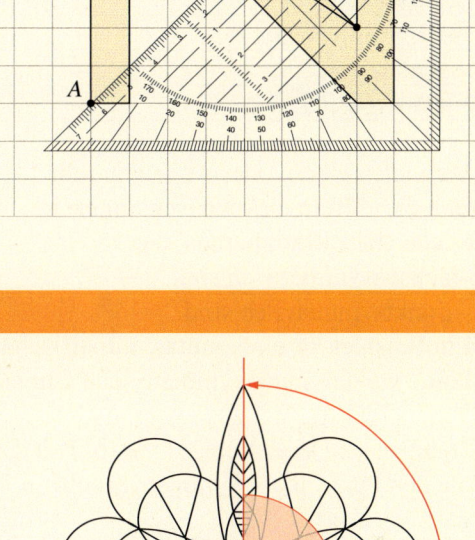

119

Teste dich!

3 Punkte

1 Erkläre folgende Begriffe, die bei einer Punktspiegelung auftreten, anhand einer Zeichnung: Symmetriezentrum, Originalpunkt, Bildpunkt.

5 Punkte

2 Übertrage die Tabelle in dein Heft. Überprüfe jeweils welche Symmetrie-Eigenschaft annähernd erfüllt ist. Gib bei drehsymmetrischen Figuren den kleinsten Symmetriewinkel an.

Bild					
Name	Seestern	Blüte	Orange	Eichenblatt	Bumerang
achsensymmetrisch					
punktsymmetrisch					
drehsymmetrisch					
Symmetriewinkel					

3 Punkte

3 Auf vielen Uhren oder Anzeigetafeln werden die Ziffern elektronisch angezeigt.

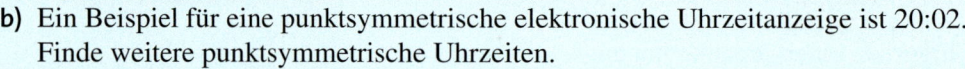

a) Suche alle Ziffern heraus, die …
   – achsensymmetrisch sind.
   – punktsymmetrisch sind.
b) Ein Beispiel für eine punktsymmetrische elektronische Uhrzeitanzeige ist 20:02. Finde weitere punktsymmetrische Uhrzeiten.

2 Punkte

4 Ergänze das Dreieck $A(3|1)$, $B(6|7)$, $C(2|5)$ zu einer punktsymmetrischen Figur. Wähle den Punkt B als Symmetriezentrum.

1 Punkt

5 Übertrage die Figur ins Heft. Ergänze sie zu einer punktsymmetrischen Figur mit dem Symmetriezentrum M.

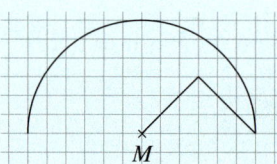

2 Punkte

6 Ergänze im Heft zu einer drehsymmetrischen Figur mit dem Drehzentrum D und dem Symmetriewinkel 180°. Ist die entstandene Figur auch achsen- oder punktsymmetrisch?

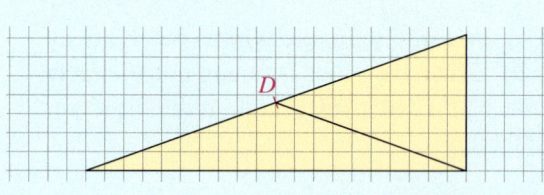

4 Punkte

7 Ergänze im Heft zu einer drehsymmetrischen Figur. Gib jeweils den Drehwinkel an. Wie viele Kästchen musst du jeweils mindestens hinzufügen? Der eingezeichnete Punkt ist das Drehzentrum D.

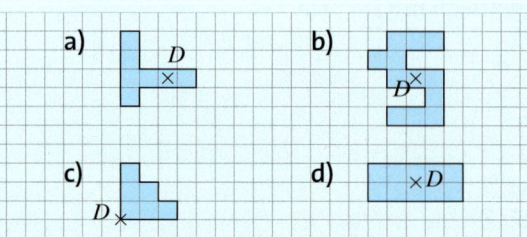

Gold: 18–20 Punkte, Silber: 15–18 Punkte, Bronze: 12–14 Punkte   Lösungen ab Seite 208

Dezimalbrüche und Brüche – Multiplizieren und Dividieren

Am Ende eines Schultages sammeln sich die Schulbusse eine Viertelstunde bevor die Schule vorbei ist.

Sie warten auf die Schülerinnen und Schüler. Die Schulwoche geht von Montag bis Freitag. Die Fahrer warten demnach in einer

Schulwoche $5 \cdot \frac{1}{4}$ Stunden $= 1\frac{1}{4}$ Stunden.

Pauls Schulweg ist 9,36 km lang, er fährt ihn morgens und nachmittags mit dem Schulbus. In einer Schulwoche fährt er also

$10 \cdot 9{,}36\,\text{km} = 93{,}6\,\text{km}.$

Noch fit?

Einstig

Aufstieg

HINWEIS
Mathematische
Fachbegriffe sind
z.B. Kürzen,
Erweitern,
Zähler, Nenner,
gemischte Zahl.

1 Bruchdarstellungen
Was wird hier dargestellt? Benutze die Begriffe Kürzen und gemischte Zahl.

a)

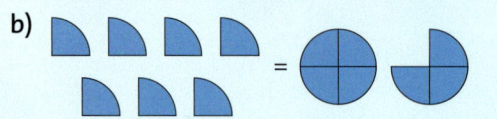

b)

1 Bruchdarstellungen
Was wird hier dargestellt? Benutze die Begriffe Kürzen und gemischte Zahl.

a)

b)

2 Kürzen
Kürze, wenn es möglich ist.

a) $\frac{4}{12}$ b) $\frac{3}{15}$ c) $\frac{4}{17}$ d) $\frac{15}{55}$

e) $\frac{9}{30}$ f) $\frac{7}{30}$ g) $\frac{12}{44}$ h) $\frac{14}{56}$

2 Kürzen
Kürze und schreibe als gemischte Zahl.

a) $\frac{2}{24}$ b) $\frac{20}{24}$ c) $\frac{12}{30}$ d) $\frac{30}{12}$

e) $\frac{22}{6}$ f) $\frac{13}{10}$ g) $\frac{33}{90}$ h) $\frac{52}{16}$

ZU AUFGABE 3
Manche Brüche
kannst du im
Kopf umwandeln,
bei anderen
musst du schrift-
lich dividieren.

3 Bruchschreibweisen
Wandle die Brüche in Dezimalbrüche um.

a) $\frac{3}{10}$ b) $\frac{7}{10}$ c) $\frac{37}{100}$ d) $\frac{831}{1\,000}$

e) $\frac{31}{8}$ f) $\frac{3}{4}$ g) $\frac{10}{4}$ h) $\frac{8}{5}$

3 Bruchschreibweisen
Wandle die Brüche in Dezimalbrüche um.

a) $\frac{8}{100}$ b) $\frac{1}{2}$ c) $\frac{1}{8}$ d) $\frac{3}{25}$

e) $\frac{29}{12}$ f) $\frac{20}{11}$ g) $12\frac{2}{3}$ h) $\frac{61}{12}$

4 Kopfrechnen
Was stellst du fest?

a) $126 \cdot 10$ \qquad b) $384\,000 : 10$
   $126 \cdot 100$ \qquad\ $384\,000 : 100$
   $126 \cdot 1\,000$ \qquad $384\,000 : 1\,000$

4 Kopfrechnen
Nutze den Rechenvorteil.

a) $36 \cdot 30$ \qquad b) $450\,000 : 50$
   $36 \cdot 300$ \qquad\ $450\,000 : 500$
   $36 \cdot 3\,000$ \qquad $450\,000 : 5\,000$

5 Schriftlich rechnen
a) Mache immer zuerst einen Überschlag.
   ① $234 \cdot 2$ ② $456 \cdot 2$ ③ $9\,870 \cdot 6$
   ④ $608 \cdot 34$ ⑤ $590 \cdot 78$ ⑥ $9\,009 \cdot 98$
b) Überprüfe dein Ergebnis mit der Probe.
   ① $235 : 5$ \qquad ② $944 : 4$
   ③ $756 : 7$ \qquad ④ $4\,940 : 4$

5 Schriftlich rechnen
a) Mache immer zuerst einen Überschlag.
   ① $234 \cdot 7$ ② $8 \cdot 567$ ③ $678 \cdot 206$
   ④ $909 \cdot 101$ ⑤ $1\,200 \cdot 56$ ⑥ $540 \cdot 1\,023$
b) Achte auf den Rest. Prüfe mit der Probe.
   ① $1\,702 : 3$ \qquad ② $4\,819 : 5$
   ③ $12\,280 : 12$ \qquad ④ $6\,435 : 25$

6 Schriftlich rechnen
Übertrage die dargestellten Rechnungen in dein Heft und ergänze sie.

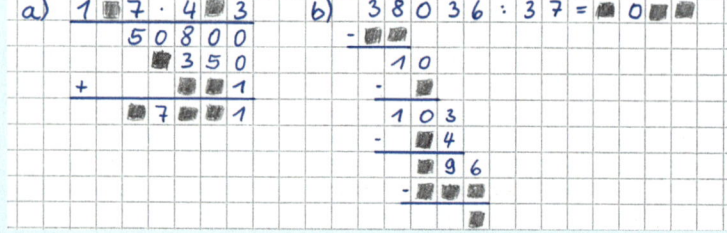

Dezimalbrüche multiplizieren

Entdecken

1 Dana besucht für ein Schuljahr eine amerikanische Schule in Florida.
Vor ihrer Abreise in die USA erhält sie von ihren Eltern 1 000 $ als Taschengeld.
Die Eltern ermahnen sie, dass sie sich jeweils genau überlegen soll, wie viel Euro etwas umgerechnet kostet, bevor sie ihr Geld dafür ausgibt.
Ihre Mutter erklärt ihr, dass 1 $ etwa 0,85 € wert ist.
Dana erstellt sich eine Tabelle, in die sie einige Umrechnungsbeträge einträgt.
a) Vervollständige die Umrechnungstabelle rechts.
   Erläutere, wie du gerechnet hast.
b) Ergänze in der Tabelle zehn weitere Beträge in US-Dollar, die man gut gebrauchen kann, um in einem Geschäft alle Preise schnell in Euro umrechnen zu können.
c) Rechne die folgenden Preise mithilfe deiner Umrechnungstabelle in Euro um:
   2 $;   12 $;   15 $;   26 $;   120 $;   210 $

$	€
1	0,85
10	
100	
1000	

2 Dana hat von ihrer USA-Reise 32,25 $ übrig.
Nun möchte sie das Geld wieder in Euro umtauschen. Bei der Bank findet sie eine Übersicht der Wechselkurse. Für einen Dollar bekommt sie 0,83 €.
a) Überschlage, wie viel Euro sie für ihre Dollar ungefähr bekommt.
b) 👥 Rechne genau aus, wie viel Euro sie bekommt. Erkläre, wie du vorgegangen bist. Vergleicht eure Lösungswege untereinander.
c) 👥 Stellt euch gegenseitig Aufgaben zu anderen Währungen, deren Kurse im Bild abgebildet sind.
   Warum hat die Bank *verschiedene* Kurse für „Ankauf" und „Verkauf"?
   Erläutert eure Überlegungen an zwei Beispielen.

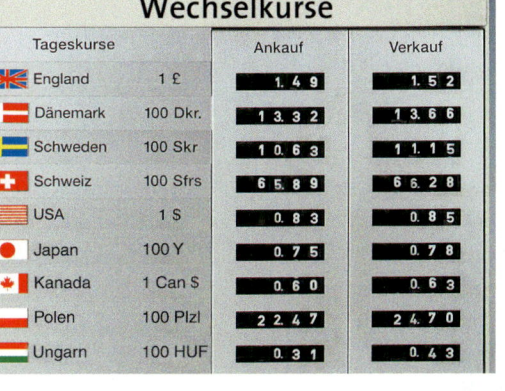

3 Welche Terrasse ist am größten? Beachte, dass die Skizzen *nicht* maßstabsgerecht sind, denn die Terrassen wurden mit unterschiedlich großen Steinplatten ausgelegt.
a) Schätze zuerst. Dann berechne die Flächen aller drei Terrassen.

① Familie Elsner   ② Familie Merkt   ③ Familie Nussbaumer

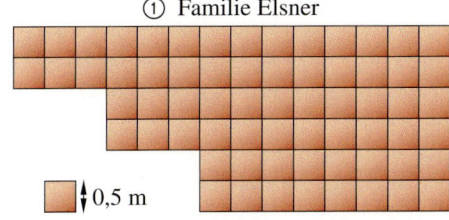

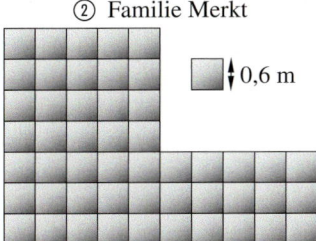

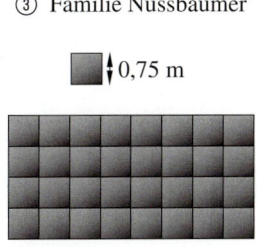

0,5 m   0,6 m   0,75 m

b) Findest du verschiedene Möglichkeiten, wie du die Flächen berechnen kannst?
c) 👥 Vergleicht eure Lösungswege. Erklärt euch gegenseitig eure Lösungen.
   Fertigt ein Plakat an und präsentiert eure Schätzungen und Lösungswege in der Klasse.

Verstehen

ERINNERE DICH
*Natürliche
Zahlen sind z. B.:
3; 8; 97; 21039*

*Dezimalbrüche
sind z. B.:
0,02; 1,21; 237,5*

HINWEIS
*Auch bei der
Multiplikation
mit Dezimal-
brüchen gilt das
**Kommutativ-
gesetz**
(Vertauschungs-
gesetz),
z. B. 32 · 1,49
= 1,49 · 32.
Tausche die Fak-
toren, so dass
du leicht rech-
nen kannst.*

Pascal fährt in den Ferien nach Schweden.
Er will 25 € in Schwedische Kronen (SEK)
umtauschen und rechnet den Betrag um.
Dazu muss er 25 mit dem angegebenen Kurs
multiplizieren.

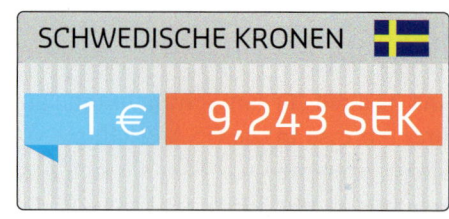
SCHWEDISCHE KRONEN
1 € 9,243 SEK

Überschlag: $25 \cdot 10 = 250$

2	5	·	9,	2	4	3
	2	2	5	0	0	0
			5	0	0	0
			1	0	0	0
				₁	7	5
	2	3	1,	0	7	5

Man darf die Faktoren
auch vertauschen:

9,	2	4	3	·	2	5
	1	8	4	8	6	0
	₁	4₁	6₁	2	1	5
	2	3	1,	0	7	5

Pascals 25 € haben einen Wert von
231,075 SEK.
Gerundet auf zwei Nachkommastellen
sind das 231,08 SEK.

Pascals große Schwester Felicitas studiert in
den USA. Dort werden an den Tankstellen
die Preise für Benzin nicht pro Liter, sondern
pro *gallon* angegeben.

$1\ gallon = 3,785\,l$

Felicitas tankt 17,75 *gallons*.
Wie viel Liter sind das?

Überschlag: $18 \cdot 4 = 72$

2 Nachkommastellen
+ 3 Nachkommastellen

1	7,	5	7	·	3,	7	8	5
	5	2	7	1	0	0	0	
	1	2	2	9	9	0	0	
		1	4	0	5	6	0	
		₁	2	8₂	7₁	8	5	
	6	6,	5	0	2	4	5	

2 + 3 = 5 Nachkommastellen

Felicitas tankt 66,502 45 l, gerundet 66,5 l.

Merke So multipliziert man eine natürliche
Zahl mit einem Dezimalbruch:

1. Man macht eine Überschlagsrechnung.

2. Man multipliziert die Faktoren wie natürliche Zahlen (also ohne die Kommas zu
beachten).

3. Beim Ergebnis setzt man das Komma so,
dass es genau so viele **Nachkommastellen** hat wie der Dezimalbruch-Faktor.

4. Man vergleicht das Ergebnis mit dem
Überschlag: Stimmt es *ungefähr* überein?

Merke So **multipliziert** man **Dezimalbrüche**:

1. Man macht eine Überschlagsrechnung.

2. Man multipliziert die Faktoren wie natürliche Zahlen (also ohne die Kommas zu
beachten).

3. Beim Ergebnis setzt man das Komma, so
dass es genau so viele **Nachkommastellen** hat wie beide Faktoren *zusammen*.

4. Man vergleicht das Ergebnis mit dem
Überschlag: Stimmt es *ungefähr* überein?

Üben und anwenden

1 Rechne im Kopf. Formuliere eine Regel.
a) $0,8 \cdot 10$ b) $2,45 \cdot 10$
   $0,8 \cdot 100$ $24,5 \cdot 10$
   $0,8 \cdot 1000$ $0,245 \cdot 100$

2 Ein britisches Pfund (1 £) entspricht 1,20 €.
Rechne die Geldbeträge in Euro um.
a) $10\,£$ b) $100\,£$ c) $1000\,£$
d) $10000\,£$ e) $50\,£$ f) $500\,£$
g) $20\,£$ h) $200\,£$ i) $40\,£$

3 Berechne möglichst im Kopf.
a) $0,2 \cdot 3$ b) $0,8 \cdot 8$ c) $0,7 \cdot 2$
d) $4 \cdot 0,5$ e) $7 \cdot 0,4$ f) $6 \cdot 0,9$
g) $0,6 \cdot 5$ h) $9 \cdot 0,1$ i) $0,3 \cdot 10$

4 Claras Telefongesellschaft verlangt 9,9 ct
pro Minute.
Sie führt einige Telefonate.
Finde jeweils eine passende Frage und löse.
a) 12 Minuten   b) 23 min   c) 18 min
d) $\frac{3}{4}$ Stunde   e) $1\frac{1}{2}$ h   f) 1 h 25 min

5 Nutze den Rechenvorteil.
Beachte den Hinweis in der Randspalte.
a) $6,89 \cdot 2 \cdot 5$ b) $20 \cdot 5 \cdot 72,63$
c) $125 \cdot 8 \cdot 0,011$ d) $25 \cdot 4 \cdot 0,93$
e) $50 \cdot 2 \cdot 0,01$ f) $113,71 \cdot 8 \cdot 1250$

6 Mache zuerst einen Überschlag. Rechne
dann schriftlich, achte dabei auf die Nullen.
a) $17 \cdot 2,04$ b) $60,7 \cdot 50$ c) $400 \cdot 2,052$
d) $2,005 \cdot 130$ e) $0,005 \cdot 19$ f) $73 \cdot 0,002$

7 👥 Recherchiert und berechnet. Toms Tante hat ihm Geld aus
verschiedenen Ländern mitgebracht.
a) Informiert euch über die aktuellen Wechselkurse, rechnet und
   rundet sinnvoll. Beachtet den Hinweis zu Wechselkursen in der
   Randspalte der Seite 123.
b) Stellt euch gegenseitig ähnliche Aufgaben mit diesen und mit anderen Währungen.

7 GB £   11 US $ 71 TR Y

8 Finde mithilfe des Überschlags falsch
gesetzte Kommas und berichtige im Heft.
a) $17,5 \cdot 3,8 = 66,5$
b) $2,83 \cdot 24,8 = 7018,4$
c) $0,93 \cdot 2,65 = 246,45$

---

1 Rechne im Kopf. Formuliere eine Regel.
a) $2,5 \cdot 100$ b) $2,5 \cdot 10000$
c) $100000 \cdot 1,75$ d) $10000 \cdot 1,75$
e) $1000 \cdot 2,55$ f) $1000 \cdot 25,5$

2 Für 1 € erhält man 0,83 £ (britische Pfund).
Wie viel £ erhält man für folgende Beträge?
a) $10\,€$ b) $1000\,€$ c) $10000\,€$
d) $100\,€$ e) $30\,€$ f) $600\,€$
g) $25\,€$ h) $75\,€$ i) $120\,€$

3 Berechne möglichst im Kopf.
a) $0,2 \cdot 15$ b) $1,2 \cdot 30$ c) $45 \cdot 0,1$
d) $12 \cdot 0,06$ e) $0,22 \cdot 50$ f) $0,005 \cdot 13$
g) $2,5 \cdot 7$ h) $19 \cdot 0,03$ i) $0,125 \cdot 8$

4 Frau Lu möchte ein rechteckiges Grund-
stück kaufen, das 30 m lang und 15,5 m breit
ist.
Sie kann höchstens 90 000 € bezahlen.
Der Quadratmeterpreis beträgt 185,50 €.
Stelle eine passende Frage und beantworte sie.

5 Nutze den Rechenvorteil.
Beachte den Hinweis in der Randspalte.
a) $0,25 \cdot 4 \cdot 13,5$ b) $0,125 \cdot 80 \cdot 50,5$
c) $3,2 \cdot 0,5 \cdot 100$ d) $1,5 \cdot 0,75 \cdot 2$
e) $0,025 \cdot 10 \cdot 40$ f) $8,29 \cdot 1,75 \cdot 100$

6 Überschlage zuerst, rechne dann genau.
a) $23,05 \cdot 107$ b) $3,042 \cdot 670$
c) $56 \cdot 0,0307$ d) $0,0584 \cdot 7092$
e) $3,403 \cdot 964$ f) $123,4 \cdot 7009$

8 Übertrage ins Heft und setze mithilfe des
Überschlags das Komma beim Ergebnis.
a) $12 \cdot 3,6 = 432$ b) $2,5 \cdot 18 = 450$
c) $31,5 \cdot 21 = 6615$ d) $1,78 \cdot 4 = 712$
e) $1,7 \cdot 1,6 = 272$ f) $1,1 \cdot 7,08 = 7788$

ERINNERE DICH
*Bei der Multi-
plikation mit
Stufenzahlen
achte auf
die Anzahl der
Nullen, z.B.:*
$43 \cdot 100 = 4300$

*ZU DEN AUF-
GABEN 5 UND 5
Bei der Multi-
plikation er-
möglicht das
Assoziativgesetz
(Verbindungs-
gesetz) einen Re-
chenvorteil, z.B.:*
$3,7 \cdot 2 \cdot 5$
$= 3,7 \cdot 10 = 37$

9 Wohin gehört das Komma?

a) Was sagst du dazu?

Das ist falsch! Das Ergebnis muss zwei Stellen hinter dem Komma haben.

$3,4 \cdot 1,5 = 5,1$

b) Prüfe durch Rechnung: richtig oder falsch?

① $0,50 \cdot 0,50 = 2,5$ ② $0,40 \cdot 0,05 = 0,02$
③ $1,25 \cdot 0,5 = 6,25$ ④ $3,80 \cdot 0,5 = 19$
⑤ $0,6 \cdot 0,7 = 0,42$ ⑥ $0,3 \cdot 0,09 = 0,27$
⑦ $0,1 \cdot 0,1 \cdot 0,1 = 0,1$ ⑧ $0,2 \cdot 0,3 \cdot 0,5 = 0,3$
⑨ $1,01 \cdot 1,01 = 10,201$ ⑩ $2,1 \cdot 2,01 = 42,21$
⑪ $0,02 \cdot 0,02 = 0,04$ ⑫ $4,05 \cdot 0,2 = 8,1$

10 Rechne nur eine Aufgabe. Dann löse die anderen durch Verschieben des Kommas.

a) $0,375 \cdot 2$ b) $1,52 \cdot 13$
  $0,375 \cdot 20$ $1,52 \cdot 130$
  $0,375 \cdot 0,2$ $1,52 \cdot 1,3$
  $3,75 \cdot 0,2$ $15,2 \cdot 1,3$
  $37,5 \cdot 0,002$ $0,152 \cdot 0,13$

10 Rechne nur eine Aufgabe. Dann löse die anderen durch Verschieben des Kommas.

a) $2,3 \cdot 0,94$ b) $2,35 \cdot 0,75$ c) $8,7 \cdot 7,6$
  $0,23 \cdot 0,94$ $23,5 \cdot 0,75$ $87 \cdot 0,76$
  $0,23 \cdot 9,4$ $23,5 \cdot 7,5$ $0,87 \cdot 7,6$
  $2,3 \cdot 9,4$ $2,35 \cdot 7,5$ $8,7 \cdot 76$
  $23,0 \cdot 94,0$ $0,235 \cdot 75$ $8,7 \cdot 0,076$

ZU AUFGABE 11
Beispiel:

$345,6 \cdot 0,047$

Ü: $350 \cdot 0,05$
  $= 3,5 \cdot 5 = 17,5$

$345,6 \cdot 0,047$
  $138\,240$
  ⋮

11 Stelle aus den Zahlen sechs Multiplikationsaufgaben mit verschiedenen Ergebnissen zusammen. Mache immer zuerst einen Überschlag, dann berechne schriftlich. Beachte das Beispiel in der Randspalte.

$345,6$ $0,047$ $1,209$ $0,3004$

12 Berechne den Flächeninhalt des Rechtecks.

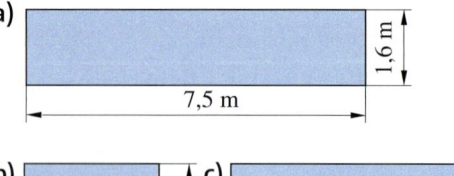

a) $7,5$ m, $1,6$ m

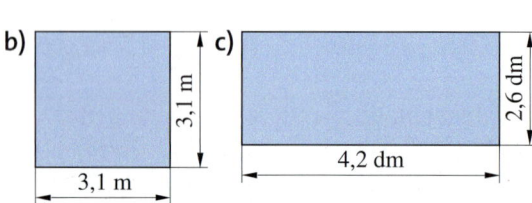

b) $3,1$ m, $3,1$ m   c) $4,2$ dm, $2,6$ dm

12 Berechne den Flächeninhalt der Figur.

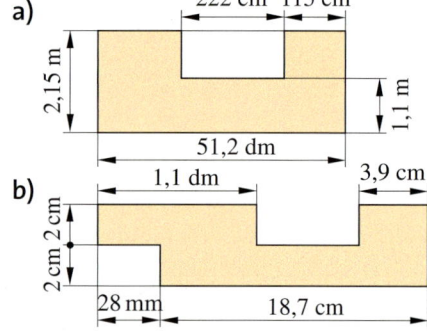

a) 222 cm 115 cm, $2,15$ m, $1,1$ m, $51,2$ dm

b) $1,1$ dm, $3,9$ cm, 2 cm, 2 cm, 28 mm, $18,7$ cm

13 Bildschirmgrößen von Tablets, Computern und Fernsehern werden häufig in Zoll angegeben. Gemessen wird dabei die Diagonale des Bildschirmes.
Berechne die Länge der Bildschirmdiagonalen in cm.
Hinweis: 1 Zoll entspricht $2,54$ cm.

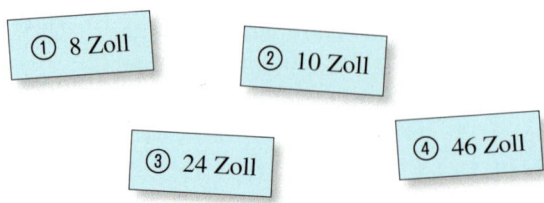

① 8 Zoll   ② 10 Zoll   ③ 24 Zoll   ④ 46 Zoll

13 Fahrradgrößen werden in Zoll angegeben, dabei wird jeweils der Durchmesser der Radfelgen genannt.
Ein 24er-Fahrrad hat also einen Felgendurchmesser von 24 Zoll.

a) Berechne den Felgendurchmesser in cm für ein 24er-Fahrrad, für ein 26er-Fahrrad und für ein 28er-Fahrrad.

b) Runde die in Aufgabe a) berechneten Werte auf ganze Millimeter.

Dezimalbrüche dividieren

Entdecken

1 Büroartikel werden oftmals in großen
Mengen verkauft.
a) Berechne, wie viel *ein* Heft kostet.
b) Was kostet *eine* CD-ROM? Was kosten
zehn CD-ROMs?
c) Gib den Preis von einer, von zehn und von
100 Büroklammern an.
d) Erläutere, wie du gerechnet hast.
Formuliere eine Regel für die Division von
Dezimalbrüchen durch Stufenzahlen.
Zum Beispiel: „Man dividiert einen
Dezimalbruch durch 10, 100, 1 000, indem
man …"
e) Löse die folgenden Divisionsaufgaben:

245,50 € : 10   45,20 € : 10
245,50 € : 100   45,20 € : 100
245,50 € : 1 000 45,20 € : 1 000

2 Gummibärchen gibt es in verschiedenen Packungsgrößen. Packungen mit 300 g kosten
0,87 € und Packungen mit 200 g kosten 0,69 €.
Welche würdest du für deine Geburtstagsparty kaufen?

3 Silas behauptet, dass man zu allen Divisionsaufgaben mit Dezimalbrüchen einfachere
verwandte Aufgaben finden kann, die sich einfacher rechnen lassen und trotzdem das gleiche
Ergebnis haben. Was meint er damit? Erläutere seine Aussage an den Beispielen.

① 0,75 : 0,25   ② 12,5 : 0,5   ③ 4 : 0,08   ④ 3,20 : 0,8
  75 : 25   125 : 5   400 : 8   320 : 80

4 👥 Ihr benötigt:
– drei leere Getränkeflaschen mit einem
  Fassungsvermögen von 0,7 l; 1 l und 1,5 l;
– verschiedene Gläser mit einem Fassungsvermögen von 0,1 l; 0,2 l; 0,25 l und 0,4 l.
– einen Trichter.
a) Wählt eine der Flaschen aus und
   füllt sie mit Wasser.
b) Nun gibt jeder von euch eine Schätzung
   ab, wie oft man jeweils eines der vorhandenen Gläser mit dem Inhalt der
   Flasche füllen kann.
c) Probiert nun durch mehrfaches Füllen der
   Gläser aus, ob eure Schätzungen stimmen.
d) Überlegt euch, wie oft sich die gegebenen
   Gläser mit einer 2,5-l-Flasche füllen lassen.
   Wie kann man das berechnen?

127

Verstehen

Sabrina will auf dem Wochenmarkt Äpfel kaufen. Sie möchte herausfinden, welches das günstigste Angebot ist. Sie berechnet jeweils, wie viel 1 kg Äpfel kosten.

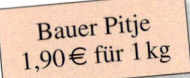

Bauer Pitje
1,90 € für 1 kg

Bauer Luft – Äpfel
8,25 € für 5 kg

Hof Lerche – Äpfel
4,50 € für 2,5 kg

Königs Äpfel
1 € für 0,6 kg

Beispiel 1

Zuerst berechnet sie den Preis für 1 kg Äpfel von Bauer Luft.
Dazu muss sie dividieren. 8,25 € : 5

```
8, 2  5 : 5 = 1, 6  5
- 5
  3  2 ←——— Komma-
- 3  0            überschreitung
     2  5   Probe:
-    2  5     1, 6  5  ·  5
        0            8, 2  5
```

1 kg Äpfel kostet 1,65 €.

Merke **Division eines Dezimalbruchs durch eine natürliche Zahl:**

Einen Dezimalbruch dividiert man durch eine natürliche Zahl, indem man wie mit natürlichen Zahlen schriftlich rechnet.
Beim Überschreiten des Kommas setzt man auch im Ergebnis ein Komma.

Prüfe dein Ergebnis mit der **Probe** (Umkehraufgabe).

Beispiel 2

Beim Hof Lerche will Sabrina so rechnen: 1,85 € : 2,5. Sie weiß zwar nicht, wie man durch einen Dezimalbruch dividiert, aber sie kennt einen Trick:

```
1, 8  5 :  2, 5
 · 10        · 10
= 1 8, 5 :  2  5 = 0, 7  4
  -  0
     1  8  5   Probe:
  -  1  7  5     0, 7  4  ·  2, 5
        1  0  0           1  4  8  0
  -     1  0  0    +          3  7  0
              0           1, 8  5  0
```

1 kg Äpfel kostet 0,74 €.

Merke **Division eines Dezimalbruchs durch einen Dezimalbruch:**

Dezimalbrüche dividiert man in zwei Schritten:

1. Der **Divisor** soll eine natürliche Zahl werden, deswegen multipliziert man Dividend und **Divisor** mit derselben Zehnerpotenz (mit 10; mit 100; 1 000; …).
2. Dann dividiert man (wie in **Beispiel 1**) und beachtet dabei die Kommaüberschreitung.

Prüfe dein Ergebnis mit der **Probe** (Umkehraufgabe).

Beispiel 3

Bei Königs Äpfeln rechnet Sabrina genauso wie zuvor:

```
        1 :  0, 6
 · 10         · 10
= 1  0 :  6 = 1, 6  6...= 1, 6̄
  -  6
     4  0   Probe:
  -  3  6     1, 6  7  ·  0, 6
     4  0            1, 0  0  2
     ⋮
```

Bei der Division können **periodische Dezimalbrüche** auftreten.

Beachte: Ist das Ergebnis ein *periodischer* Dezimalbruch, muss man bei der **Probe** runden.

1 kg Äpfel kostet 1,$\overline{6}$ €, gerundet 1,67 €.
Die Äpfel vom Hof Lerche sind am günstigsten.

Üben und anwenden

1 Rechne im Kopf.
Kontrolliere dein Ergebnis mit der Probe.
a) $5\,378 : 10$ $5\,378 : 100$ $5\,378 : 1\,000$
b) $3\,521 : 10$ $3\,521 : 100$ $3\,521 : 1\,000$
c) $514 : 10$ $514 : 100$ $514 : 1\,000$
d) $72 : 10$ $72 : 100$ $72 : 1\,000$

1 Berechne im Kopf.
Formuliere eine passende Regel.
a) $24,50 : 10$ b) $6,7 : 10$ c) $0,2 : 10$
$24,50 : 100$ $6,7 : 100$ $0,2 : 100$
$24,50 : 1\,000$ $6,7 : 1\,000$ $0,2 : 1\,000$
$24,50 : 10\,000$ $6,7 : 10\,000$ $0,2 : 10\,000$

2 Copy-Shops gibt es inzwischen überall.
a) Eine Kopierkarte für $1\,000$ Kopien kostet $25\,€$. Berechne die Kosten für 100 Kopien, für 10 Kopien und für 1 Kopie.
b) Ein Stapel mit $1\,000$ Blatt Kopierpapier ist $11,2\,cm$ dick. Wie dick ist ein Blatt?

2 Berechne jeweils den Preis für $100\,g$.

Gouda	1 kg	**5,10 €**
Tilsiter	1 kg	**7,65 €**
Emmentaler	1 kg	**14,30 €**
Butterkäse	1 kg	**5,75 €**

3 Rechne im Kopf.
Kontrolliere dein Ergebnis mit der Probe.
a) $1,6 : 2$ b) $2,5 : 5$ c) $0,8 : 2$
d) $1,8 : 3$ e) $4,8 : 6$ f) $0,9 : 3$

3 Rechne im Kopf.
Kontrolliere dein Ergebnis mit der Probe.
a) $3,6 : 6$ b) $2,4 : 12$ c) $9,1 : 7$
d) $0,35 : 7$ e) $3,9 : 13$ f) $7,2 : 6$

ERINNERE DICH
Bei der Division durch Stufenzahlen achte auf die Anzahl der Nullen, z. B.:
$37\,000 : 100$
$= 370$

4 Berechne die Quotienten und vergleiche die Ergebnisse.
Formuliere eine passende Regel.
a) $50 : 5$ b) $728 : 2$
$5 : 5$ $72,8 : 2$
$0,5 : 5$ $7,28 : 2$

4 Berechne die Quotienten und vergleiche die Ergebnisse.
Formuliere eine passende Regel.
a) $164 : 4$ b) $5,6 : 7$
$16,4 : 4$ $0,56 : 7$
$1,64 : 4$ $0,056 : 7$

5 Berechne die erste Aufgabe schriftlich.
Bestimme dann die anderen Ergebnisse durch Verschiebung des Kommas.
a) $12\,971 : 7$ b) $148,2 : 19$
$129,71 : 7$ $1\,482 : 19$
$1,297\,1 : 7$ $1,482 : 19$
$12,971 : 7$ $0,148\,2 : 19$

5 Berechne einen der Quotienten schriftlich.
Bestimme dann die anderen Ergebnisse durch Verschiebung des Kommas.
a) $1,2\,116 : 13$ b) $315,63 : 105$
$12,116 : 13$ $31,563 : 105$
$121,16 : 13$ $3\,156,3 : 105$
$1\,211,6 : 13$ $3,156\,3 : 105$

6 Dividiere und runde an der zweiten Stelle nach dem Komma.

:	3	6	9	12	5	10	20	2	4	8	16	32
a)	7,56											
b)	10,08											
c)	129,5											
d)	222,3											

7 Die Gesamtkosten für einen Sportkurs betragen $259,55\,€$. Es haben sich 29 Teilnehmer angemeldet.
Stelle eine passende Frage und beantworte sie.
Rechne zur Kontrolle in Cent nach.

7 Eine Klasse mit 10 Jungen und 14 Mädchen macht einen Ausflug in den Zoo. Die Gruppeneintrittskarte kostet $80,00\,€$.
Stelle eine passende Frage und runde das Ergebnis sinnvoll.

8 Berechne im Kopf. Überlege immer zuerst: Mit welcher Stufenzahl müssen Dividend und Divisor multipliziert werden, damit der Divisor eine natürliche Zahl wird?
a) $0,4 : 0,2$ **b)** $0,12 : 0,04$ **c)** $3,5 : 0,07$
d) $18 : 0,6$ **e)** $0,12 : 0,4$ **f)** $0,2 : 5$

8 Berechne im Kopf. Überlege immer zuerst: Mit welcher Stufenzahl müssen Dividend und Divisor multipliziert werden, damit der Divisor eine natürliche Zahl wird?
a) $56 : 0,08$ **b)** $1,02 : 0,4$ **c)** $0,88 : 0,1$
d) $4,2 : 0,007$ **e)** $0,024 : 0,3$ **f)** $0,8 : 0,16$

9 Zeichne die „Rechenkreisel" vereinfacht ins Heft und ergänze die fehlenden Zahlen.

a) 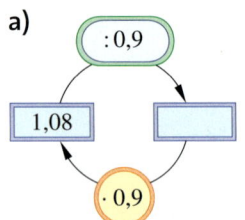 b) 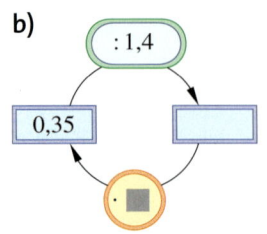 c) 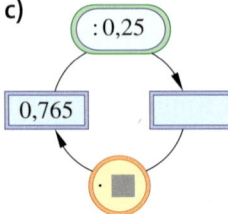 d)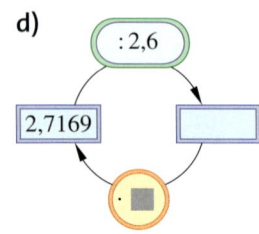

Beschreibe mit deinen Worten, was der Rechenkreisel mit der Probe gemeinsam hat.

10 Stimmen die Behauptungen? Nutze die gelösten Rechenkreisel aus Aufgabe 9.
a) Bei der Division durch eine Zahl, die größer als 1 ist, ist das Ergebnis kleiner als der Dividend.
b) Bei der Division durch eine Zahl, die kleiner als 1 ist, ist das Ergebnis größer als der Dividend.

10 Richtig oder falsch? Begründe mit Beispielen oder finde ein Gegenbeispiel.
a) Der Quotient ist immer kleiner als der Dividend.
b) Der Dividend ist immer größer als der Divisor.
c) Wenn man durch 0,2 dividiert, dann ist der Quotient fünfmal so groß wie der Dividend.

11 Prüfe Tims Hausaufgaben. Erkläre, welche Fehler er gemacht hat, und korrigiere sie.
a) $875 : 0,7 = 875 : 7 = 125$
b) $35 : 0,005 = 0,035 : 5 = 0,007$
c) $42 : 0,04 = 420 : 4 = 105$
d) $1,44 : 1,2 = 144 : 120 = 12$
e) $0,040\ 12 : 0,17 = 4,012 : 17 = 2,36$
f) $0,22 : 0,3 = 22 : 3 = 7,\overline{3}$

11 Ergänze im Heft so, dass die Gleichung stimmt. Manchmal gibt es mehrere Möglichkeiten. Berechne auch das Ergebnis.
a) $12 : 0,12 = \square : 12$ **b)** $10 : 0,01 = \square : 1$
c) $\square : 3,2 = 64 : 32$ **d)** $3,6 : \square = 360 : 12$
e) $3,75 : 0,24 = 375 : \square$
f) $4,33 : \square = \square : 2$
g) $0,015 : \square = \square : 120$ **h)** $0,01 : \square = \square : 33$
i) $1,02 : \square = \square : 3$ **j)** $24,07 : \square = \square : 12$

12 In einer Molkerei wird Butter in Päckchen zu $0,25\,\text{kg}$ und $0,125\,\text{kg}$ verpackt.
a) Wie viele 0,25-kg-Päckchen entstehen aus $250\,\text{kg}$ Butter?
b) Wie viele 0,125-kg-Päckchen können aus $120\,\text{kg}$ Butter hergestellt werden?

12 Für welches Waschmittel soll Cem sich entscheiden?

NACHGEDACHT
Kannst du auch berechnen, wie viel Benzin Ruth bzw. Lara für 1 km (für 100 km) benötigen?

13 Kontrolliere mit der Probe.
a) Ruths Mofa verbraucht $2,3\,\text{l}$ Benzin für $110,4\,\text{km}$. Wie weit fährt es mit 1 Liter?
b) Laras Pkw verbraucht auf $98,4\,\text{km}$ genau 6,6 Liter. Vergleiche mit Ruths Mofa.

13 Frau Öczhan wählt im Baumarkt Fliesen aus, die in Pakete zu je $1,38\,\text{m}^2$ verpackt sind. Wie viele Pakete muss sie kaufen, wenn sie insgesamt $39,5\,\text{m}^2$ in ihrer Wohnung fliesen lassen will?

Brüche multiplizieren

Entdecken

1 Wie viele Kilometer hat Boguslaw Kizak geschafft?

a) Johanne hat als Lösungshilfe eine Skizze gezeichnet.
Löse mithilfe ihrer Skizze.

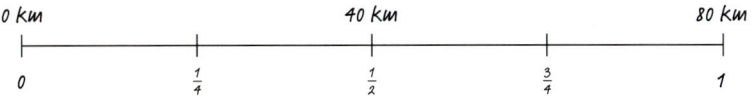

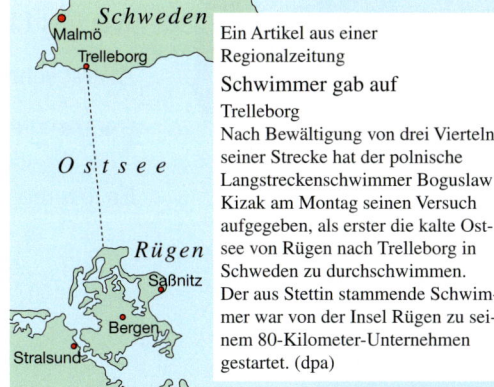

Ein Artikel aus einer Regionalzeitung

Schwimmer gab auf Trelleborg

Nach Bewältigung von drei Vierteln seiner Strecke hat der polnische Langstreckenschwimmer Boguslaw Kizak am Montag seinen Versuch aufgegeben, als erster die kalte Ostsee von Rügen nach Trelleborg in Schweden zu durchschwimmen. Der aus Stettin stammende Schwimmer war von der Insel Rügen zu seinem 80-Kilometer-Unternehmen gestartet. (dpa)

b) Beschreibe, wie die Skizze Johanne geholfen hat.

c) Schreibe die Aufgabe „drei Viertel von 80 km" als Multiplikationsaufgabe mitsamt deinem Ergebnis.

d) Löse folgende Aufgaben mit einer ähnlichen Skizze wie oben:
  ① zwei Drittel eines 6 km langen Schulweges;
  ② drei Fünftel von Janeks 100 €.

2 Frau Richter hat zwei Bleche Pizza vorbereitet und ihren drei Kindern erlaubt, von jeder Pizza ein Viertel zu essen.

Karl   Anna   Paul

HINWEIS
Die Angabe „von" bedeutet bei Anteilen, dass multipliziert wird. Ein Drittel von einem Viertel ist also $\frac{1}{3} \cdot \frac{1}{4}$.

a) Beschreibe die Gedanken der drei Kinder und vergleiche die Ergebnisse.

b) Wie viel bekäme jeder, wenn Frau Richter drei Bleche Pizza vorbereitet hätte und von jeder Pizza ein Viertel gegessen wird? Berechne oder zeichne wie die Kinder von Frau Richter.

3 Lukas feiert Geburtstag: Er fragt: „Wer möchte noch ein Stück Kuchen?" „Ich!", rufen Pascal, Sarah und Jessica gleichzeitig. „Gut, dann bekommt jeder von euch ein Drittel vom verbliebenen Kuchenstück."
„Und wie viel ist ein Drittel von einem Viertel?", fragt Pascal.

a) Erkläre mithilfe der Zeichnungen oder der Rechnung, warum die Lösung $\frac{1}{12}$ sein muss.

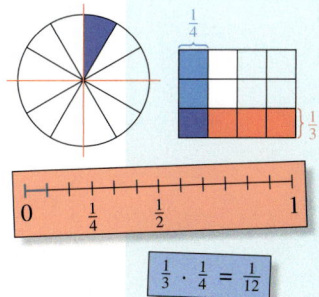

$$\frac{1}{3} \cdot \frac{1}{4} = \frac{1}{12}$$

b) Fertige zu den folgenden Aufgaben ähnliche Skizzen an und berechne:
  ① $\frac{1}{2}$ von $\frac{1}{4}$ ② $\frac{2}{3}$ von $\frac{4}{5}$ ③ $\frac{2}{5}$ von $\frac{3}{4}$

4 👥 Berechnet $0,3 \cdot 0,7 = $ ▪.

a) Ersetzt alle Dezimalbrüche (die Faktoren und das Ergebnis) durch gleichwertige Brüche.

b) Vergleicht die Aufgabe in beiden Schreibweisen: Überlegt, wie das Ergebnis der Bruchrechnung aus den Faktoren entsteht.

c) Denkt euch andere Aufgaben mit Dezimalbrüchen aus und ersetzt sie durch Brüche. Überprüft eure Vermutung aus Aufgabe b).

131

Verstehen

Die Klasse 6a feiert ein Frühlingsfest, zu dem jeder etwas anderes mitbringt.

Jan kauft 5 Packungen Tomatensaft. Jede Packung enthält einen $\frac{3}{4}$ Liter. Wie viel Liter sind das insgesamt?

Zuerst schreibt Jan kürzer:

$$\frac{3}{4} + \frac{3}{4} + \frac{3}{4} + \frac{3}{4} + \frac{3}{4} = 5 \cdot \frac{3}{4}$$

Die Multiplikation einer natürlichen Zahl mit einem Bruch ist eine praktische Schreibweise für eine wiederholte Addition.

Er löst die Aufgabe mit einer Zeichnung:

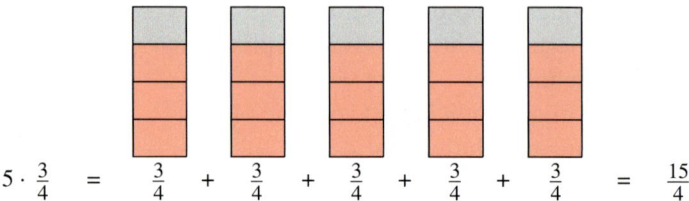

$$5 \cdot \frac{3}{4} = \frac{3}{4} + \frac{3}{4} + \frac{3}{4} + \frac{3}{4} + \frac{3}{4} = \frac{15}{4}$$

Er zählt insgesamt 15 Viertelliter.

$$5 \cdot \frac{3}{4} = \frac{5 \cdot 3}{4} = \frac{15}{4} = 3\frac{3}{4}$$

Jan bringt insgesamt $3\frac{3}{4}$ l Tomatensaft mit.

Merke Eine **natürliche Zahl** wird **mit einem Bruch** so **multipliziert**:
– die natürliche Zahl mit dem Zähler multiplizieren,
– der Nenner bleibt unverändert.

HINWEIS
Bei der Multiplikation gilt das **Kommutativgesetz** *(Vertauschungsgesetz):*

$$5 \cdot \frac{3}{4} = \frac{3}{4} \cdot 5$$

Beispiel 1

a) $\frac{2}{5} \cdot 6 = 6 \cdot \frac{2}{5} = \frac{6 \cdot 2}{5} = \frac{12}{5} = 2\frac{2}{5}$

b) $3 \cdot \frac{1}{8} = \frac{3 \cdot 1}{8} = \frac{3}{8}$

$\frac{3}{5}$ von den Schülerinnen und Schülern der 6a sind Mädchen.

$\frac{2}{3}$ von diesen Mädchen haben ein Handy.

Welcher Anteil von allen Kindern der 6a sind Mädchen mit Handy?

„$\frac{2}{3}$ von $\frac{3}{5}$" bedeutet: $\frac{2}{3} \cdot \frac{3}{5}$

$$\frac{2}{3} \cdot \frac{3}{5} = \frac{2 \cdot 3}{3 \cdot 5} = \frac{6}{15} = \frac{\cancel{6}^2}{\cancel{15}_5} = \frac{2}{5}$$

$\frac{2}{5}$ von allen 6a-Kindern sind Mädchen mit Handy.

Merke **Brüche** werden **multipliziert**, indem man Zähler mit Zähler multipliziert und Nenner mit Nenner multipliziert.

Denke ans Kürzen.

Beispiel 2

a) $\frac{5}{6} \cdot \frac{9}{10} = \frac{\cancel{5}^1}{\cancel{6}_2} \cdot \frac{\cancel{9}^3}{\cancel{10}_2} = \frac{3}{4}$

b) $\frac{1}{2} \cdot 1\frac{1}{4} = \frac{1}{2} \cdot \frac{5}{4} = \frac{1 \cdot 5}{2 \cdot 4} = \frac{5}{8}$

Das Rechnen wird leichter, wenn man schon *vor* dem Multiplizieren kürzt.

Gemischte Zahlen multipliziert man, indem man sie zuerst in Brüche umwandelt.

Üben und anwenden

1 Schreibe als Produkt und berechne.

Beispiel $\frac{1}{5} + \frac{1}{5} + \frac{1}{5} = 3 \cdot \frac{1}{5} = \frac{3}{5}$

a) $\frac{1}{7} + \frac{1}{7} + \frac{1}{7} + \frac{1}{7} + \frac{1}{7}$ b) $\frac{1}{4} + \frac{1}{4} + \frac{1}{4}$

c) $\frac{2}{5} + \frac{2}{5} + \frac{2}{5}$

1 Schreibe als Produkt und berechne.

Beispiel $\frac{2}{3} + \frac{2}{3} + \frac{2}{3} = 3 \cdot \frac{2}{3} = \frac{6}{3} = 2$

a) $\frac{3}{8} + \frac{3}{8} + \frac{3}{8} + \frac{3}{8}$ b) $\frac{4}{5} + \frac{4}{5} + \frac{4}{5} + \frac{4}{5} + \frac{4}{5}$

c) $\frac{5}{7} + \frac{5}{7} + \frac{5}{7}$

2 Löse die Aufgaben zeichnerisch.

Beispiel $3 \cdot \frac{5}{8}$

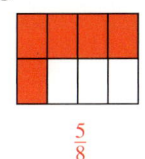 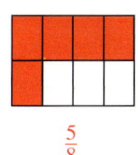 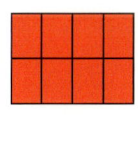 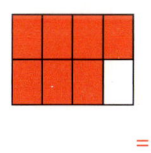

$\frac{5}{8}$ + $\frac{5}{8}$ + $\frac{5}{8}$ = $\frac{15}{8}$ = $1\frac{7}{8}$

a) $3 \cdot \frac{1}{8}$ b) $4 \cdot \frac{2}{5}$ c) $7 \cdot \frac{2}{3}$ d) $4 \cdot \frac{4}{3}$ e) $3 \cdot 1\frac{1}{5}$ f) $2 \cdot 1\frac{2}{3}$ g) $2 \cdot 1\frac{1}{8}$

3 Berechne im Kopf. Wandle das Ergebnis in eine gemischte Zahl um, wenn möglich.

a) $5 \cdot \frac{2}{7}$ b) $4 \cdot \frac{2}{9}$ c) $6 \cdot \frac{1}{5}$

d) $7 \cdot \frac{4}{5}$ e) $2 \cdot \frac{7}{9}$ f) $9 \cdot \frac{2}{7}$

g) $8 \cdot \frac{3}{5}$ h) $7 \cdot \frac{1}{9}$ i) $5 \cdot \frac{1}{2}$

3 Berechne und kürze. Gib das Produkt wieder als gemischte Zahl an.

a) $3 \cdot 1\frac{1}{2}$ b) $3 \cdot 2\frac{1}{2}$ c) $3 \cdot 3\frac{1}{2}$

d) $6 \cdot 1\frac{1}{2}$ e) $4 \cdot 2\frac{2}{3}$ f) $4 \cdot 2\frac{1}{8}$

g) $5 \cdot 3\frac{1}{9}$ h) $5 \cdot 1\frac{6}{7}$ i) $6 \cdot 1\frac{4}{5}$

4 Berechne den Bruchteil.

a) $\frac{1}{6}$ von 24 km   b) $\frac{1}{9}$ von 72 t

c) $\frac{1}{7}$ von 28 m   d) $\frac{4}{5}$ von 60 kg

e) $\frac{2}{3}$ von 15 l   f) $\frac{5}{8}$ von 96 km

4 Berechne. Schreibe mit gemischten Zahlen.

a) $\frac{1}{9}$ von 12 kg   b) $\frac{1}{6}$ von 73 km

c) $\frac{2}{3}$ von 32 t   d) $\frac{2}{7}$ von 80 m

e) $\frac{4}{5}$ von 41 l   f) $\frac{3}{4}$ von 21 dm

5 Kürze vor dem Multiplizieren. Schreibe das Ergebnis als gemischte Zahl.

a) $\frac{2}{3} \cdot 6$ b) $\frac{1}{7} \cdot 7$ c) $4 \cdot \frac{1}{2}$

d) $\frac{4}{5} \cdot 15$ e) $\frac{2}{8} \cdot 20$ f) $30 \cdot \frac{9}{10}$

g) $\frac{6}{5} \cdot 15$ h) $12 \cdot \frac{4}{3}$ i) $\frac{4}{5} \cdot 5$

5 Kürze vor dem Multiplizieren. Schreibe das Ergebnis als gemischte Zahl.

a) $\frac{2}{3} \cdot 7$ b) $9 \cdot \frac{1}{7}$ c) $\frac{1}{2} \cdot 5$

d) $16 \cdot \frac{4}{5}$ e) $\frac{2}{8} \cdot 15$ f) $\frac{9}{10} \cdot 4$

g) $16 \cdot \frac{6}{5}$ h) $1\frac{1}{3} \cdot 2$ i) $3 \cdot 1\frac{4}{5}$

6 Eine Schulstunde dauert eine Dreiviertelstunde. Wie viele Zeitstunden (h) dauert der Unterricht an den einzelnen Tagen?
Mo.: 4 Schulstunden   Di.: 6 Schulstunden
Mi.: 5 Schulstunden   Do.: 8 Schulstunden
Fr.: 7 Schulstunden

6 Die Klasse 6c hat 30 Schulstunden pro Woche. Die Klassenlehrerin unterrichtet $\frac{2}{5}$ von allen Stunden. Jonas Lieblingslehrer unterrichtet nur $\frac{1}{6}$ aller Stunden. Stelle zwei passende Fragen und beantworte sie.

NACHGEDACHT
Mit welchem Bruch muss man $\frac{3}{5}$ $(\frac{1}{6}; \frac{9}{7})$ multiplizieren, um als Ergebnis 1 zu erreichen? Stelle eine Regel für alle Brüche auf und erkläre sie in der Klasse.

7 Kürze, wenn möglich, vor dem Multiplizieren.

a) $\frac{2}{5} \cdot \frac{3}{7}$ b) $\frac{1}{4} \cdot \frac{1}{4}$ c) $\frac{2}{3} \cdot \frac{3}{4}$ d) $\frac{3}{4} \cdot \frac{1}{3}$

e) $\frac{2}{3} \cdot \frac{2}{3}$ f) $\frac{1}{2} \cdot \frac{5}{8}$ g) $\frac{3}{8} \cdot \frac{2}{7}$ h) $\frac{1}{6} \cdot \frac{5}{6}$

7 Kürze, wenn möglich, vor dem Multiplizieren.

a) $\frac{5}{2} \cdot \frac{3}{5}$ b) $\frac{5}{2} \cdot \frac{5}{3}$ c) $\frac{3}{7} \cdot \frac{5}{6}$ d) $\frac{3}{7} \cdot \frac{6}{5}$

e) $\frac{15}{16} \cdot \frac{3}{4}$ f) $\frac{15}{16} \cdot \frac{4}{3}$ g) $\frac{8}{21} \cdot \frac{7}{2}$ h) $\frac{2}{6} \cdot \frac{8}{9}$

8 Beschreibe, wie Niclas die Aufgabe $\frac{1}{3} \cdot \frac{2}{5}$ gezeichnet und gelöst hat.

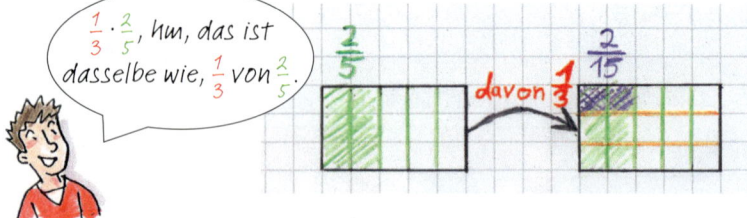

$\frac{1}{3} \cdot \frac{2}{5}$, hm, das ist dasselbe wie, $\frac{1}{3}$ von $\frac{2}{5}$.

Nun löse zeichnerisch wie Niclas. Wähle jeweils eine passende Größe für das Rechteck.

① $\frac{1}{2}$ von $\frac{3}{4}$ ② $\frac{2}{5}$ von $\frac{1}{2}$ ③ $\frac{6}{7}$ von $\frac{2}{3}$ ④ $\frac{4}{5} \cdot \frac{1}{4}$ ⑤ $\frac{2}{3} \cdot \frac{1}{4}$ ⑥ $\frac{5}{6} \cdot \frac{1}{2}$

9 Berechne wie im Beispiel.

Beispiel $\frac{3^1 \cdot 1 \cdot 5}{7 \cdot 2 \cdot 9_3} = \frac{5}{42}$

a) $\frac{3}{7} \cdot \frac{2}{4} \cdot \frac{5}{9}$ b) $\frac{4}{5} \cdot \frac{8}{3} \cdot \frac{6}{5}$ c) $\frac{6}{7} \cdot \frac{5}{6} \cdot \frac{5}{9}$

d) $\frac{7}{2} \cdot \frac{1}{4} \cdot \frac{2}{5}$ e) $\frac{7}{4} \cdot \frac{3}{7} \cdot \frac{5}{2}$ f) $\frac{12}{5} \cdot \frac{9}{14} \cdot \frac{10}{3}$

9 Wandle zuerst die gemischten Zahlen um und berechne dann.

a) $3\frac{1}{2} \cdot \frac{4}{7} \cdot 1\frac{1}{4}$ b) $\frac{11}{9} \cdot \frac{3}{4} \cdot 2\frac{1}{2}$ c) $\frac{32}{5} \cdot \frac{1}{17} \cdot 4\frac{1}{2}$

d) $2\frac{1}{2} \cdot \frac{13}{8} \cdot \frac{3}{5}$ e) $\frac{42}{5} \cdot \frac{1}{12} \cdot \frac{3}{22}$ f) $\frac{1}{7} \cdot 2\frac{1}{2} \cdot \frac{7}{8}$

10 $\frac{4}{5}$ aller Kinder aus der Klasse 6b haben ein Handy. $\frac{1}{3}$ von diesen Kindern mit Handy muss die Gebühren selbst bezahlen. Welcher Anteil von allen Kindern aus der 6b hat ein Handy *und* zahlt die Gebühren selbst?

10 Im letzten Jahr haben $\frac{3}{4}$ aller Deutschen eine Urlaubsreise unternommen. $\frac{1}{7}$ der deutschen Urlauber reiste nach Spanien. Welcher Anteil von allen Deutschen ist im Urlaub nach Spanien gereist?

11 Berechne die Bruchteile der Größen.

Beispiel $\frac{1}{2}$ von $\frac{3}{4}$ m $= \frac{1}{2} \cdot \frac{3}{4}$ m $= \frac{1 \cdot 3}{2 \cdot 4}$ m $= \frac{3}{8}$ m

a) $\frac{1}{2}$ von $\frac{1}{2}$ m   b) $\frac{1}{3}$ von $\frac{1}{4}$ kg

c) $\frac{1}{4}$ von $\frac{3}{8}$ cm   d) $\frac{2}{3}$ von $\frac{3}{4}$ mm

11 Der menschliche Körper besteht zu ungefähr $\frac{13}{20}$ aus Wasser. Hier ist das Gewicht einiger Kinder und Jugendlicher angegeben. Stelle eine passende Frage und löse.

a) $17\frac{1}{2}$ kg   b) $25\frac{1}{4}$ kg   c) 50 kg

12 Ergänze im Heft und kürze das Ergebnis.

a) $\frac{3}{5} \cdot \frac{\blacksquare}{3} = \frac{6}{15}$ b) $\frac{1}{\blacksquare} \cdot \frac{2}{9} = \frac{2}{36}$ c) $\frac{\blacksquare}{3} \cdot \frac{2}{5} = \frac{8}{15}$

d) $\frac{7}{8} \cdot \frac{9}{\blacksquare} = \frac{63}{40}$ e) $\frac{6}{3} \cdot \frac{\blacksquare}{7} = \frac{6}{21}$ f) $\frac{5}{\blacksquare} \cdot \frac{9}{8} = \frac{45}{8}$

12 Ergänze im Heft den fehlenden Bruch.

a) $\frac{4}{5} \cdot \blacksquare = \frac{12}{25}$ b) $\frac{6}{7} \cdot \blacksquare = \frac{30}{49}$ c) $\frac{2}{9} \cdot \blacksquare = \frac{4}{27}$

d) $\blacksquare \cdot \frac{3}{4} = \frac{3}{8}$ e) $\blacksquare \cdot \frac{1}{2} = \frac{5}{12}$ f) $\blacksquare \cdot \frac{1}{4} = \frac{3}{20}$

13 Vergleiche. Wie rechnest du lieber?

a) $2 \cdot \frac{1}{4}$ und $2 \cdot 0{,}25$ b) $3 \cdot \frac{1}{2}$ und $3 \cdot 0{,}5$

c) $\frac{1}{8} \cdot 3$ und $0{,}125 \cdot 3$ d) $\frac{1}{5} \cdot 4$ und $0{,}2 \cdot 4$

13 Vergleiche. Wie rechnest du lieber?

a) $\frac{3}{8} \cdot 3$ und $0{,}375 \cdot 3$ b) $\frac{3}{4} \cdot 4$ und $0{,}75 \cdot 4$

c) $2 \cdot \frac{4}{5}$ und $2 \cdot 0{,}8$ d) $3 \cdot 1\frac{1}{2}$ und $3 \cdot 1{,}5$

Brüche dividieren

Entdecken

1 Beantworte die Fragen anhand der Zeichnungen.

a) Wie oft passt $\frac{1}{2}$ in 2?

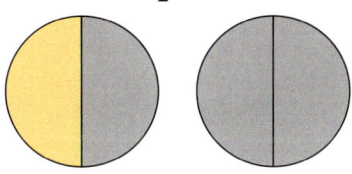

b) Wie oft passt $\frac{1}{3}$ in 2?

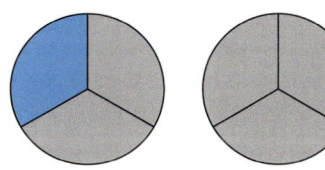

c) Wie oft passt $\frac{1}{3}$ in $2\frac{1}{3}$?

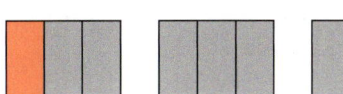

d) Wie oft passt $\frac{2}{3}$ in 4?

ZUM WEITERARBEITEN
Löse wie in Aufgabe 1 oder 2.

a) $\frac{2}{3}:2$

b) $\frac{1}{4}:2$

c) $\frac{1}{2}:3$

d) $\frac{2}{3}:6$

e) $\frac{3}{4}:5$

f) $\frac{3}{4}:9$

2 Gegeben sind zwei Aufgaben an den Zahlenstrahlen.
Löse die beiden Aufgaben mithilfe der Zeichnung.

a)

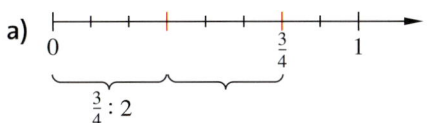

$\frac{3}{4}:2$

b)

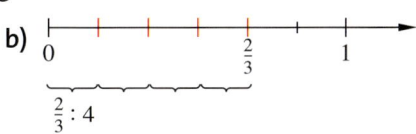

$\frac{2}{3}:4$

3 Uwe Zöller ist Winzer. Diese Woche füllt er 2 700 l Traubensaft in $\frac{3}{4}$-l-Flaschen ab.

a) Bestimme die Anzahl der abgefüllten Flaschen mithilfe der Tabelle.

Liter Saft	$\frac{3}{4}$	$1\frac{1}{2}$	3	27	270	2 700
Anzahl Flaschen	1					

b) Lies noch einmal die ersten beiden Sätze der Aufgabe. Schreibe dazu eine passende Frage, die gelöste Aufgabe und einen Antwortsatz.

4 Regeln finden

a) Löse folgende Aufgaben und kürze das Ergebnis:

① $\frac{2}{5} \cdot \frac{3}{7}$ ② $\frac{2}{3} \cdot \frac{1}{2}$ ③ $\frac{3}{4} \cdot \frac{2}{3}$

b) Schreibe jeweils die beiden zugehörigen Umkehraufgaben auf (Hinweis in der Randspalte).

c) Betrachte die sechs Divisionsaufgaben in deinem Heft: Versuche ein Muster zu erkennen und eine Regel aufzustellen, wie man einen Bruch durch einen Bruch dividiert.

d) Prüfe an den folgenden (richtigen) Rechnungen, ob deine Regel stimmt:

$\frac{4}{5}:\frac{1}{10}=8;$ $\frac{1}{3}:\frac{5}{6}=\frac{2}{5};$ $\frac{2}{7}:\frac{3}{4}=\frac{8}{21}.$

e) Erstelle ein kleines Plakat, auf dem du die Regel darstellst.

HINWEIS
*Die **Umkehraufgaben***
zu 8 · 3 = 24
sind 24 : 8 = 3
und 24 : 3 = 8

Verstehen

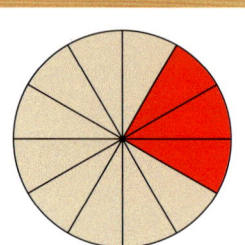

Nach Majas Geburtstagsfeier ist noch $\frac{1}{4}$ Torte übrig geblieben.

Am nächsten Tag kommen ihre zwei besten Freundinnen zu Besuch und sie essen die Reste.
Maja schneidet die Torte in drei gleich große Stücke.
Die Größe eines Stückes ist jetzt also:

$$\frac{1}{4} : 3 = \blacksquare$$

Man kann auch sagen, dass jedes Mädchen $\frac{1}{3}$ von $\frac{1}{4}$ Kuchen erhält. Das wird so in eine Rechnung übersetzt:

$$\frac{1}{3} \text{ von } \frac{1}{4} = \frac{1}{3} \cdot \frac{1}{4} = \frac{1}{4} \cdot \frac{1}{3} = \blacksquare$$

Mit beiden oben gezeigten Rechnungen wird dieselbe Situation beschrieben, deswegen haben auch beide Rechnungen dasselbe Ergebnis.
Also gilt:

$$\frac{1}{4} : 3 = \frac{1}{4} \cdot \frac{1}{3} = \frac{1 \cdot 1}{4 \cdot 3} = \frac{1}{12} \qquad \text{Beachte: } \frac{1}{4} : 3 = \frac{1}{4} : \frac{3}{1}$$

kurz:

$$\frac{1}{4} : 3 = \frac{1}{4 \cdot 3} = \frac{1}{12}$$

Betrachte die letzte Rechnung: Der Zähler von $\frac{1}{4}$ bleibt unverändert, der Nenner wird mit der **3** multipliziert.

Später probieren die Freundinnen aus, wie viele Gläser sie mit einer Wasserflasche füllen können.

In der Flasche sind $1\frac{1}{2}$ l Wasser, ein Glas fasst $\frac{2}{5}$ l.

$$1\frac{1}{2} : \frac{2}{5} = \frac{3}{2} : \frac{2}{5} = \frac{3}{2} \cdot \frac{5}{2} = \frac{15}{4} = 3\frac{3}{4}$$

$3\frac{3}{4}$ Gläser zu $\frac{2}{5}$ l lassen sich mit dieser Flasche Wasser füllen.

Der Kehrbruch von $\frac{2}{5}$ ist $\frac{5}{2}$.

Probe: $3\frac{3}{4} \cdot \frac{2}{5} = \frac{15}{4} \cdot \frac{2}{5} = \frac{15 \cdot 2}{4 \cdot 5} = \frac{3 \cdot 1}{2 \cdot 1} = 1\frac{1}{2}$

Merke Man **dividiert durch** einen **Bruch**, indem man mit seinem Kehrbruch multipliziert.
Den **Kehrbruch** (**Kehrwert**) eines Bruchs bildet man, indem man Zähler und Nenner tauscht.

Prüfe dein Ergebnis mit der **Probe** (Umkehraufgabe).

HINWEIS
Umkehraufgaben:

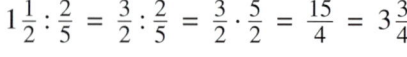

HINWEIS
*Der **Kehrbruch** von $6 = \frac{6}{1}$ ist $\frac{1}{6}$.*

Beispiel

a) $\frac{7}{3} : \frac{3}{4} = \frac{7}{3} \cdot \frac{4}{3} = \frac{7 \cdot 4}{3 \cdot 3} = \frac{28}{9} = 3\frac{1}{9}$; Probe: $3\frac{1}{9} \cdot \frac{3}{4} = \frac{28}{9} \cdot \frac{3}{4} = \frac{28 \cdot 3}{9 \cdot 4} = \frac{7 \cdot 1}{3 \cdot 1} = \frac{7}{3}$

b) $\frac{3}{4} : 6 = \frac{3}{4} : \frac{6}{1} = \frac{3}{4} \cdot \frac{1}{6} = \frac{3 \cdot 1}{4 \cdot 6} = \frac{1}{8}$; Probe: $\frac{1}{8} \cdot 6 = \frac{1}{8} \cdot \frac{6}{1} = \frac{1 \cdot 6}{8 \cdot 1} = \frac{6}{8} = \frac{3}{4}$

Üben und anwenden

1 Berechne im Kopf.

a) Dividiere $\frac{1}{4}$ durch 1; 2; 3; 4; 5; 6; 7; 8; 9.

b) Dividiere $\frac{1}{5}$ durch 10; 100; 1 000; 10 000.

1 Berechne im Kopf und kürze.

a) Dividiere $\frac{2}{3}$ durch 1; 2; 3; 4; 5; 6; 7; 8; 9.

b) Dividiere $\frac{4}{5}$ durch 10; 100; 1 000; 10 000.

2 Löse die Aufgaben zeichnerisch und schreibe die zugehörige Rechnung dazu.

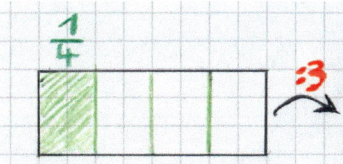

Beispiel $\frac{1}{4} : 3$

$\frac{1}{4} : 3 = \frac{1}{4} \cdot \frac{1}{3} = \frac{1}{12}$

oder

$\frac{1}{4} : 3 = \frac{1}{4 \cdot 3} = \frac{1}{12}$

a) $\frac{1}{2} : 4$ b) $\frac{1}{8} : 2$ c) $\frac{1}{6} : 2$ d) $\frac{3}{8} : 2$ e) $\frac{2}{5} : 4$ f) $\frac{1}{3} : 3$

3 Berechne im Kopf.

a) $\frac{3}{5} : 2$, $\frac{3}{7} : 2$, $\frac{5}{9} : 2$, $\frac{7}{11} : 2$

b) $\frac{2}{3} : 3$, $\frac{2}{5} : 3$, $\frac{4}{5} : 3$, $\frac{5}{12} : 3$

c) $\frac{3}{4} : 4$, $\frac{5}{6} : 4$, $\frac{7}{9} : 4$, $\frac{9}{13} : 4$

3 Berechne im Kopf.

a) $\frac{2}{6} : 4$ b) $\frac{3}{7} : 7$ c) $\frac{6}{7} : 8$

d) $\frac{2}{3} : 11$ e) $\frac{3}{4} : 12$ f) $\frac{4}{11} : 9$

g) $\frac{5}{12} : 7$ h) $\frac{7}{13} : 4$ i) $\frac{3}{16} : 8$

4 Ein Zierband hat eine Länge von 13 m. Tom schneidet Bänder ab, die alle $\frac{1}{4}$ m lang sind. Wie viele Bänder werden es?

4 In einer Mosterei werden 4 200 Liter Traubensaft in $\frac{7}{10}$-Liter-Flaschen abgefüllt. Wie viele Flaschen können gefüllt werden?

5 Schreibe jeweils beide Aufgaben auf und löse sie. Vergleiche die Ergebnisse.

a) Dividiere $\frac{1}{5}$ durch 4. Berechne $\frac{1}{4}$ von $\frac{1}{5}$.

b) Dividiere $\frac{2}{3}$ durch 5. Berechne $\frac{1}{5}$ von $\frac{2}{3}$.

c) Dividiere $\frac{3}{7}$ durch 9. Berechne $\frac{1}{9}$ von $\frac{3}{7}$.

d) Dividiere $\frac{8}{9}$ durch 3. Berechne ▮ von $\frac{8}{9}$.

5 Berechne und erkläre die Gemeinsamkeiten. Ergänze die fehlenden Angaben.

a) Berechne $\frac{1}{2}$ von $2\frac{1}{2}$. Dividiere $2\frac{1}{2}$ durch 2.

b) Berechne $\frac{2}{3}$ von $3\frac{1}{2}$. Teile $3\frac{1}{2}$ durch $\frac{3}{2}$.

c) Berechne $\frac{3}{5}$ von $6\frac{2}{3}$. Teile ▮ durch $\frac{5}{3}$.

d) Berechne ▮ von $\frac{1}{2}$. Dividiere $\frac{1}{2}$ durch $\frac{8}{3}$.

6 Berechne und vergleiche. Trage im Heft ein: >, < oder =?

a) $14 : \frac{3}{4}$ ▮ $14 : \frac{4}{3}$ b) $18 : \frac{5}{6}$ ▮ $18 : \frac{6}{5}$

c) $\frac{3}{5} : \frac{12}{10}$ ▮ $\frac{3}{5} : \frac{10}{12}$ d) $\frac{9}{14} : \frac{3}{7}$ ▮ $\frac{9}{14} : \frac{7}{3}$

6 Begründe ohne zu rechnen: Welche Ergebnisse sind gleich? Dann rechne genau.

a) $16 : 1\frac{3}{4}$ und $16 : \frac{7}{4}$ b) $2 : 1\frac{1}{2}$ und $3 : \frac{5}{2}$

c) $9 : \frac{11}{6}$ und $18 : \frac{11}{12}$ d) $8 : \frac{4}{3}$ und $4 : \frac{4}{6}$

7 Jakob hat eine kleine Gießkanne, die $\frac{3}{4}$ l fasst. Jakobs Vater stellt ihm einen Eimer mit 10 l Wasser zum Auffüllen bereit. Wie oft kann Jakob seine Kanne mit Wasser füllen?

7 Herr Ludwig ist mit seinem Rennrad eine Strecke von 52 km in $1\frac{1}{2}$ Stunden gefahren. Wie viel Kilometer ist er im Durchschnitt in einer Stunde gefahren?

8 Berechne im Kopf.
Die Ergebnisse sind natürliche Zahlen.

a) $4 : \frac{1}{4}$ b) $5 : \frac{1}{5}$ c) $6 : \frac{1}{2}$ d) $3 : \frac{3}{4}$

e) $8 : \frac{2}{5}$ f) $2 : \frac{2}{7}$ g) $9 : \frac{1}{6}$ h) $12 : \frac{2}{3}$

8 Berechne im Kopf.
Die Ergebnisse sind natürliche Zahlen.

a) $4\frac{1}{4} : \frac{1}{4}$ b) $3\frac{1}{2} : \frac{1}{4}$ c) $2\frac{1}{3} : \frac{1}{6}$ d) $1\frac{1}{2} : \frac{1}{6}$

e) $1\frac{1}{4} : \frac{5}{8}$ f) $2\frac{2}{7} : \frac{8}{7}$ g) $10\frac{1}{2} : \frac{7}{8}$ h) $12\frac{1}{3} : \frac{1}{3}$

9 Löse die Aufgaben zeichnerisch und schreibe die entsprechende Rechnung dazu.

Beispiel $2\frac{2}{5} : \frac{3}{5}$ — Das bedeutet: „Wie oft passen $\frac{3}{5}$ in $\frac{12}{5}$?"

Rechnung: $2\frac{2}{5} : \frac{3}{5} = \frac{12}{5} : \frac{3}{5} = \frac{12 \cdot 5}{5 \cdot 3} = 4$

a) $2 : \frac{1}{4}$ b) $3 : \frac{1}{6}$ c) $2 : \frac{2}{3}$ d) $3 : \frac{1}{4}$ e) $3\frac{1}{3} : \frac{2}{3}$ f) $4\frac{1}{2} : \frac{3}{4}$

10 Ein Abwasserkanal von 9 m Länge soll mit $\frac{3}{4}$-m-langen Tonrohren gebaut werden. Weitere Abwasserkanäle sollen 15 m und 36 m lang werden. Wie viele Rohre sind jeweils erforderlich?

10 Im Stadion probiert ein Jogger auf der Bahn einen Schrittzähler aus. Nach 3 750 m zeigt dieser 5 000 Schritte an.

a) Bestimme die Länge eines Schrittes.

b) Penelopes Schrittlänge beträgt $\frac{3}{5}$ m. Wie viele Schritte wird der Schrittzähler bei dieser Einstellung nach 3 750 m anzeigen?

c) Vergleiche die Schrittzahl des Joggers mit der Schrittzahl von Penelope bei einem 3 000-m-Lauf.

11 Vervollständige die Aufgaben im Heft. Kontrolliere mit der Probe.

Division	Probe
$\frac{1}{3} : \frac{1}{2} = \frac{2}{3}$	$\frac{2}{3} \cdot \frac{1}{2} = \frac{1}{3}$
$\frac{1}{3} : \frac{1}{4} = \blacksquare$	$\blacksquare \cdot \frac{1}{4} = \frac{1}{3}$
$\frac{1}{3} : \frac{1}{8} = \blacksquare$	$\blacksquare \cdot \frac{1}{8} = \frac{1}{3}$
$\frac{1}{3} : \frac{1}{16} = \blacksquare$	$\blacksquare \cdot \frac{1}{16} = \frac{1}{3}$

11 Vervollständige die Aufgaben im Heft. Kontrolliere mit der Probe.

Division	Probe
$\frac{1}{2} : \frac{1}{16} = \blacksquare$	$\blacksquare \cdot \blacksquare = \frac{1}{2}$
$\frac{1}{2} : \frac{1}{64} = \blacksquare$	$\blacksquare \cdot \blacksquare = \frac{1}{2}$
$\frac{1}{2} : \frac{1}{256} = \blacksquare$	$\blacksquare \cdot \blacksquare = \frac{1}{2}$
$\frac{1}{2} : \blacksquare = 512$	$\blacksquare \cdot \blacksquare = \frac{1}{2}$

HINWEIS
Schreibe zunächst als Multiplikationsaufgabe mit dem Kehrbruch. Erst danach kannst du kürzen.

12 Dividiere und überprüfe dein Ergebnis mit der Probe.

a) $\frac{6}{5} : \frac{2}{3}$ b) $\frac{3}{7} : \frac{14}{5}$ c) $\frac{3}{8} : \frac{1}{2}$ d) $\frac{5}{6} : \frac{3}{4}$

e) $\frac{7}{2} : \frac{3}{8}$ f) $\frac{1}{12} : \frac{1}{3}$ g) $\frac{13}{4} : \frac{7}{5}$ h) $\frac{11}{3} : \frac{2}{5}$

i) $\frac{7}{10} : \frac{4}{5}$ j) $\frac{1}{9} : \frac{1}{6}$ k) $\frac{1}{4} : \frac{3}{2}$ l) $\frac{12}{8} : \frac{3}{4}$

12 Denke daran, vor dem Multiplizieren zu kürzen. Kontrolliere mit der Probe.

a) $\frac{1}{2} : \frac{3}{4}$ b) $\frac{3}{8} : \frac{9}{10}$ c) $\frac{1}{4} : \frac{7}{8}$ d) $\frac{2}{3} : \frac{4}{9}$

e) $\frac{5}{6} : \frac{5}{12}$ f) $\frac{4}{5} : \frac{10}{11}$ g) $\frac{3}{7} : \frac{7}{3}$ h) $\frac{3}{12} : \frac{5}{6}$

i) $\frac{2}{3} : \frac{1}{3}$ j) $\frac{5}{8} : \frac{1}{5}$ k) $\frac{1}{8} : \frac{1}{4}$ l) $\frac{3}{4} : \frac{1}{2}$

Thema: Mit dem Jumbo nach Miami

Flugkapitän Borchers steuerte den Flug von Düsseldorf nach Miami in den USA. Sein Flugzeug war eine Boeing 747 (Jumbojet).

Flugplan-Ausschnitt für den Flug nach Miami:				
LH434/09 09 JAN	B747		10:55	20:48 KMIA
TIME	**G/S**	**FL**	**TP**	**FUEL**
00	–	–	+07	–
05	455	31000	-54	5118
18	455	31000	-54	8048
40	439	31000	-54	12671
45	452	31000	-54	13807
1:30	415	31000	-54	23247

TIME -- Flugzeit in min   TP -- Temperatur in °C
G/S -- Geschwindigkeit in Knoten   FUEL -- Treibstoff in kg
FL -- Flughöhe in foot

Vor dem Start besprach er mit dem Copiloten den Flugplan. In diesem Flugplanausschnitt kannst du z. B. erkennen, dass die Startzeit auf 10:55 festgelegt war und die Landung um 20:48 Uhr in Miami erfolgen sollte. Weiterhin ist abzulesen, dass die Boeing 747 fünf Minuten nach dem Start die Reiseflughöhe von 31 000 ft erreicht haben und mit einer Geschwindigkeit von 455 Knoten fliegen sollte. Der Treibstoffverbrauch sollte bis dahin 5 118 kg betragen.

"Ladies and gentlemen, this is your captain speaking from the flight-deck …" So begann Kapitän Borchers seine Ansage und gab den Passagieren zunächst Informationen über den Flug in englischer Sprache. Dann wiederholte er diese auf deutsch und benutzte für Reiseflughöhe, Entfernungen und Geschwindigkeiten unsere Maßeinheiten.

Das Gewicht von 1 Liter Treibstoff hängt von der Temperatur ab und wird „Fuel Density" genannt. An diesem Tag wog ein Liter Treibstoff 0,820 kg. Demnach hatte 1 kg Treibstoff ein Volumen von ca. 1,220 Liter. Flugzeuge tanken immer mehr Treibstoff, als sie für den planmäßigen Flug benötigen, denn Warteschleifen vor der Landung, schlechtes Wetter und notfalls der Flug zu einem Ausweichflughafen machen zusätzlichen Treibstoff nötig. Um das Gewicht seines Flugzeugs jederzeit berechnen zu können, benötigte Flugkapitän Borchers das Gewicht des Treibstoffes in Kilogramm.

Boeing 747: Flugzeugbemaßung

Länge 231 ft 4 in
Höhe 63 ft 5 in
Spannweite 195 ft 8 in

1 Beantworte verschiedene Fragen zum Flug.
a) Gib die Länge, Höhe und Spannweite des Jumbojets in Metern an.
b) Gib die Reiseflughöhe der B 747 in Metern an.
c) Gib die Entfernung von Düsseldorf nach Miami (4 217 Seemeilen) in Kilometern an.
d) Welches ist die maximale und welches ist die minimale Geschwindigkeit, die im Flugplan angegeben werden?
   Gib beide Werte in Kilometern pro Stunde (km/h) an.
e) Wie viel kg Treibstoff werden für den planmäßigen Flug benötigt?

2 👥 Denkt euch weitere Aufgaben zu diesem Flug aus und bereitet Lösungen vor. Präsentiert die Aufgaben in eurer Klasse.

Mit diesen Angaben kannst du die Umrechnungen vornehmen.			
planmäßiger Flug Düsseldorf – Miami	135 610 Liter	1 foot (ft)	= 0,3048 m
		1 inch (in)	= 0,0254 m
zusätzlicher Treibstoff	21 690 Liter	1 Seemeile (sm)	= 1,8520 km
gesamter Treibstoff	157 300 Liter	1 Knoten (kn)	= 1,8520 $\frac{km}{h}$

139

Klar so weit?

→ Seite 124

Dezimalbrüche multiplizieren

1 Rechne schriftlich.
a) $0,2 \cdot 17$ b) $0,03 \cdot 24$
c) $12 \cdot 0,06$ d) $1,5 \cdot 30$
e) $25 \cdot 0,4$ f) $13 \cdot 0,07$

1 Überschlage und multipliziere.
a) $0,9 \cdot 0,7$ b) $0,8 \cdot 0,6$
c) $1,7 \cdot 0,5$ d) $1,4 \cdot 0,6$
e) $3,5 \cdot 0,04$ f) $0,22 \cdot 0,02$

2 Überschlage zuerst das Ergebnis. Multipliziere schriftlich.
a) $0,025 \cdot 0,3$ b) $1,5 \cdot 0,06$
c) $0,19 \cdot 0,007$ d) $0,003 \cdot 0,012$

2 Überschlage zuerst und berechne dann das Ergebnis.
a) $0,059 \cdot 7,03$ b) $5,37 \cdot 15,7$
c) $0,141 \cdot 8,3$ d) $5,26 \cdot 0,038$

3 Ein Schweizer Franken (SFr.) ist etwa $0,82\,€$ wert. Rechne die angegebenen Beträge in $€$ um. Runde sinvoll.
a) 250 SFr. b) 35,75 SFr.
c) 64,50 SFr. d) 1 079,23 SFr.

3 Frau Sommer hat ein rechteckiges Grundstück gekauft, das $26,5\,m$ lang und $15,5\,m$ breit ist.
Wie viel kostet es, wenn der Quadratmeterpreis $185,50\,€$ beträgt?

4 Ein Supermarkt bietet Sonderangebote an.
Runde sinnvoll.
Berechne die Preise für …
a) je $0,750\,kg$ von den Angeboten.
b) je $1,250\,kg$ von den Angeboten.

→ Seite 128

Dezimalbrüche dividieren

5 Löse die Aufgaben im Kopf. Schreibe zu einer der Aufgaben eine Rechengeschichte.
a) $2,0\,l : 0,5\,l$ b) $0,8\,l : 0,1\,l$
c) $3,0\,l : 0,25\,l$ d) $1,5\,m : 0,5\,m$
e) $1,5\,m : 0,25\,m$ f) $0,75\,m : 0,15\,m$

5 Dividiere schriftlich. Prüfe mit der Probe.
a) $810,8 : 8$ b) $627,9 : 6$
c) $1184,1 : 15$ d) $218,25 : 18$
e) $666,6 : 12$ f) $459,9 : 28$
g) $0,4503 : 0,5$ h) $42,0126 : 2,1$
i) $203,385 : 0,525$ j) $27,0027 : 1,0001$

6 Dividiere schriftlich.
Prüfe dein Ergebnis mit der Probe.
a) $90,36 : 4$ b) $2,421 : 9$
c) $7,50 : 5$ d) $0,364 : 7$
e) $0,044 : 8$ f) $9,018 : 9$
g) $219,84 : 0,4$ h) $0,17102 : 0,17$
i) $65,37445 : 2,05$ j) $0,12505 : 2,501$

6 Überschlage zuerst, dann löse und vergleiche mit deinem Überschlag.
Ein rechteckiges Zimmer ist $28,125\,m^2$ groß. Eine Seite des Zimmers ist $4,5\,m$ lang. Berechne die Länge der anderen Seite.

7 Überschlage zuerst, dann löse und vergleiche mit deinem Überschlag.
Frau Hu zahlt $71,25\,€$ für eine Tankfüllung von $62,5\,l$. Wie viel kostet 1 Liter Benzin?

7 Überschlage zuerst. Dann dividiere und runde das Ergebnis an der Zehntelstelle.
a) $13,1 : 0,4$ b) $0,4 : 1,31$
c) $24,6 : 3,25$ d) $12,5 : 7,5$
e) $7,5 : 12,5$ f) $0,056 : 1,02$

Brüche multiplizieren

→ Seite 132

8 Berechne. Kürze, wenn möglich.

a) $5 \cdot \frac{2}{7}$ b) $\frac{3}{10} \cdot 3$ c) $16 \cdot \frac{7}{8}$

d) $\frac{5}{6} \cdot 12$ e) $33 \cdot \frac{6}{11}$ f) $\frac{8}{15} \cdot 25$

8 Berechne. Kürze, wenn möglich.

a) $\frac{12}{24} \cdot 2$ b) $\frac{5}{10} \cdot 3$ c) $\frac{11}{25} \cdot 2$

d) $\frac{5}{14} \cdot 6$ e) $\frac{7}{28} \cdot 11$ f) $\frac{15}{17} \cdot 5$

9 Schreibe zunächst auf einen Bruchstrich. Kürze, wenn möglich, vor dem weiteren Multiplizieren.

a) $\frac{2}{5} \cdot \frac{1}{6}$ b) $\frac{2}{3} \cdot \frac{3}{5}$ c) $\frac{11}{24} \cdot \frac{6}{13}$

d) $\frac{15}{16} \cdot \frac{32}{60}$ e) $\frac{12}{17} \cdot \frac{1}{9}$ f) $\frac{5}{18} \cdot \frac{9}{10}$

9 Wandle die gemischten Zahlen in Brüche um. Schreibe das Ergebnis wieder als gemischte Zahl.

a) $2\frac{1}{2} \cdot 3\frac{1}{4}$ b) $3\frac{2}{5} \cdot 4\frac{1}{6}$ c) $4\frac{1}{7} \cdot 5\frac{1}{8}$

d) $5\frac{2}{3} \cdot 2\frac{3}{4}$ e) $7\frac{2}{3} \cdot 4\frac{1}{5}$ f) $8\frac{1}{2} \cdot 9\frac{1}{3}$

10 $\frac{1}{9}$ von den 27 Kindern aus der Klasse 6a fahren mit dem Fahrrad zur Schule. Wie viele Kinder sind das?

10 $\frac{5}{14}$ von den 28 Kindern aus der Klasse 6c haben eine andere Muttersprache als Deutsch. Wie viele Kinder sind das?

Brüche dividieren

→ Seite 136

11 Wandle die gemischten Zahlen in Brüche um. Schreibe das Ergebnis wieder als gemischte Zahl.

a) $\frac{3}{5} : 7$ b) $3 : \frac{2}{3}$ c) $\frac{5}{12} : 5$

d) $24 : \frac{4}{5}$ e) $\frac{4}{25} : 2$ f) $2\frac{2}{3} : 2$

g) $1 : \frac{1}{12}$ h) $1\frac{1}{2} : 3$ i) $1\frac{1}{2} : \frac{1}{2}$

11 Wandle die gemischten Zahlen in Brüche um. Schreibe das Ergebnis wieder als gemischte Zahl.

a) $\frac{1}{2} : 1\frac{1}{4}$ b) $\frac{2}{3} : 1\frac{5}{6}$ c) $\frac{3}{5} : 2\frac{1}{4}$

d) $\frac{5}{7} : 7\frac{1}{2}$ e) $\frac{5}{8} : 3\frac{3}{4}$ f) $\frac{2}{9} : 1\frac{1}{3}$

g) $2\frac{1}{2} : 1\frac{1}{4}$ h) $1\frac{1}{3} : 1\frac{1}{10}$ i) $2\frac{1}{3} : 1\frac{3}{4}$

12 Berechne und kürze vollständig. Prüfe dein Ergebnis mit der Probe.

a) $\frac{3}{4} : \frac{3}{8}$ b) $\frac{2}{7} : \frac{5}{9}$

c) $\frac{9}{14} : \frac{3}{10}$ d) $\frac{7}{8} : \frac{1}{8}$

e) $\frac{3}{5} : \frac{2}{5}$ f) $\frac{4}{7} : \frac{6}{11}$

12 Übertrage in dein Heft und ergänze die Platzhalter. Prüfe deine Lösung mit der Probe.

a) $\frac{5}{6} : \frac{\blacksquare}{4} = 1\frac{1}{9}$ b) $\frac{\blacksquare}{8} : \frac{3}{4} = \frac{5}{6}$

c) $\frac{7}{\blacksquare} : \frac{14}{15} = \frac{5}{8}$ d) $1\frac{1}{6} : \frac{7}{\blacksquare} = 3$

13 Die Getränke sollen an sechs Kinder gerecht verteilt werden. Wie viel Liter erhält jedes Kind?

a) $1\frac{1}{2}$ l Cola b) $2\frac{3}{4}$ l Saft

c) $3\frac{1}{4}$ l Sprudel d) $\frac{2}{3}$ l Limonade

13 Eine Flaschenfüllanlage füllt pro Minute 20 l Wasser in $1\frac{1}{2}$-l-Flaschen.

a) Wie viele Flaschen werden in einer Minute gefüllt?

b) Wie viele Sekunden dauert es, bis *eine* Flasche gefüllt ist?

Vermischte Übungen

1 Berechne.
a) $4,2 \cdot 0,3$ b) $4,2 : 0,3$
c) $4,2 + 0,3$ d) $4,2 - 0,3$
e) $0,75 \cdot 0,4$ f) $0,75 : 0,4$
g) $0,75 + 0,4$ h) $0,74 - 0,4$

1 Berechne.
a) $0,8 \cdot 1,2$ b) $0,8 : 1,2$
c) $0,8 + 1,2$ d) $8 \cdot 0,12$
e) $8 : 0,12$ f) $8 - 0,12$
g) $3,25 \cdot 6,4$ h) $0,325 + 6,4$

2 Denke an die Vorrangregeln.
a) $3,24 \cdot 0,5 + 0,5$
b) $2,5 - 2,5 \cdot 0,3$
c) $1,67 \cdot 2,5 + 0,5$
d) $3,8 - 0,8 \cdot 4,5$
e) $2,7 : 0,3 + 1,27$
f) $0,6 : 1,2 - 0,134$
g) $7 + 0,25 : 0,4$
h) $58,4 - 85,4 : 4$

2 Denke an die Vorrangregeln.
a) $2,7 \cdot 0,85 - 0,85$
b) $13,12 - 6,12 \cdot 2,05$
c) $67,3 + 12,7 \cdot 1,9$
d) $7,4 \cdot 12,6 - 2,6$
e) $18,9 - 14,57 : 3,1$
f) $11,374 : 0,47 - 0,45$
g) $59,66 : 3,8 + 6,2$
h) $267 - 1\,259,6 : 6,7$

3 Berechne und runde das Ergebnis auf zwei Nachkommastellen.
a) $\frac{3}{4} \cdot \frac{1}{8}$ b) $\frac{3}{4} : \frac{1}{8}$ c) $\frac{3}{4} + \frac{1}{8}$
d) $\frac{3}{4} - \frac{1}{8}$ e) $1\frac{1}{2} \cdot \frac{2}{3}$ f) $1\frac{1}{2} : \frac{2}{3}$
g) $1\frac{1}{2} + \frac{2}{3}$ h) $1\frac{1}{2} - \frac{2}{3}$ i) $\frac{1}{5} \cdot \frac{1}{5}$

3 Berechne und runde das Ergebnis auf zwei Nachkommastellen.
a) $1\frac{2}{3} \cdot \frac{2}{3}$ b) $1\frac{2}{3} : \frac{2}{3}$ c) $1\frac{2}{3} + \frac{2}{3}$
d) $1\frac{2}{3} - \frac{2}{3}$ e) $2\frac{1}{2} \cdot 1,25$ f) $2\frac{1}{2} : 1\frac{3}{4}$
g) $2\frac{1}{2} + 1\frac{3}{4}$ h) $2,5 - 1\frac{3}{4}$ i) $1\frac{1}{4} \cdot 0,5$

4 Für ein Schulkonzert wurde Limonade in kleinen $\frac{1}{3}$-l-Flaschen gekauft.
Wie viel Liter Limonade sind in den folgenden Anzahlen von Limonadenflaschen?
a) 20 Flaschen
b) 24 Flaschen
c) 27 Flaschen
d) 111 Flaschen
e) Wie viele Flaschen benötigt man für 75 l Limonade?

4 Wie viel Liter des Getränks sind in einem Kasten enthalten?
a) Sprudel mit 12 Flaschen zu je $\frac{7}{10}$ l
b) Limonade mit 24 Flaschen zu je $\frac{1}{3}$ l
c) Cola mit 12 Flaschen zu je $1\frac{1}{2}$ l
d) Wasser mit 10 Flaschen zu je $\frac{3}{4}$ l
e) Apfelsaft mit 12 Flaschen zu je $\frac{2}{10}$ l

ZU DEN AUFGABEN 5 UND 5
*Genau wie bei den natürlichen Zahlen gilt das **Distributivgesetz** (Verteilungsgesetz) auch für Dezimalbrüche und Brüche:*
$(a + b) \cdot c = a \cdot c + b \cdot c$
$(a - b) \cdot c = a \cdot c - b \cdot c$
$(a + b) : c = a : c + b : c$
$(a - b) : c = a : c - b : c$

5 Nutze den Rechenvorteil des Distributivgesetzes. Beachte die Randspalte.
a) $1,3 \cdot 2,5 + 0,7 \cdot 2,5$
b) $2,7 \cdot 3,5 + 6,5 \cdot 2,7$
c) $3,4 \cdot 0,8 - 0,4 \cdot 0,8$
d) $10,1 \cdot 4,1 - 10,1 \cdot 0,1$
e) $0,3 : 25 + 0,7 : 25$
f) $4\frac{1}{2} : 3\frac{2}{5} - \frac{1}{2} : 3\frac{2}{5}$
g) $\frac{3}{4} \cdot \frac{5}{8} + \frac{1}{4} \cdot \frac{5}{8}$

5 Zeige mit der Tabelle, dass das Distributivgesetz auch für die Bruchrechnung gilt.

a	b	c	$a \cdot c$	$b \cdot c$	$a + b$	$(a+b) \cdot c$	$a \cdot c + b \cdot c$
$0,3$	$0,4$	$0,5$	$0,15$	$0,20$	$0,7$		
$1,2$	$4,5$	$0,9$					
$\frac{2}{3}$	$\frac{3}{4}$	$\frac{4}{5}$					
$\frac{2}{5}$	$\frac{1}{2}$	$\frac{3}{8}$					

6 Ein Blatt Papier ist 0,095 mm dick.

Wie hoch ist ein Stapel mit 10 (mit 100; mit 1 000, mit 10 000) Blatt Papier?

6 Rechts sieht man hundert 1-ct-Münzen.

a) Wie hoch ist ein Stapel mit nur zehn 1-ct-Münzen?

b) Wie dick ist *eine* 1-ct-Münze?

c) Eine 1-ct-Münze wiegt 2,3 g. Wie viel wiegen die abgebildeten Münzen?

d) Wie viel 1-ct-Münzen wiegen zusammen 1 kg? Gib als Geldbetrag in € an.

4,2 cm

7 Herr Sonneborn kauft im Supermarkt ein. Schreibe die Ergebnisse in Form eines Kassenbons in dein Heft und berechne den Endbetrag.

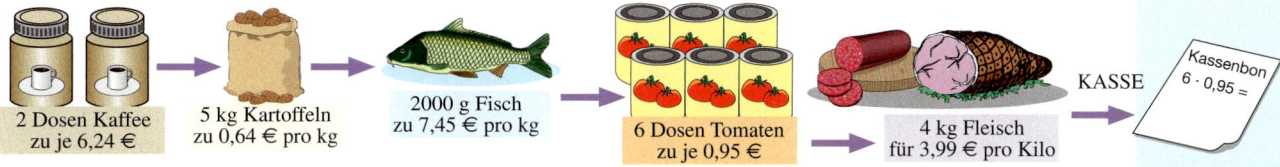

2 Dosen Kaffee zu je 6,24 €

5 kg Kartoffeln zu 0,64 € pro kg

2000 g Fisch zu 7,45 € pro kg

6 Dosen Tomaten zu je 0,95 €

4 kg Fleisch für 3,99 € pro Kilo

KASSE

Kassenbon 6 · 0,95 =

8 Setze die Ziffern 2; 3 und 5 so ein, dass das Ergebnis möglichst groß (möglichst klein) wird. Gibt es mehrere Möglichkeiten?

a) ▮ · $\frac{▮}{▮}$ b) ▮ : $\frac{▮}{▮}$

8 Setze die Ziffern 2; 3; 5 und 7 so ein, dass das Ergebnis möglichst groß (möglichst klein) wird. Gibt es mehrere Möglichkeiten?

a) $\frac{▮}{▮}$ · $\frac{▮}{▮}$ b) $\frac{▮}{▮}$: $\frac{▮}{▮}$

9 Erkläre den Unterschied zwischen der Division eines Bruchs durch eine natürliche Zahl und dem Kürzen eines Bruchs. Schreibe dazu passende Beispiele auf ein Plakat und präsentiere es.

10 Bei Schmuckstücken wird der enthaltene Gold- oder Silberanteil durch einen Stempeleindruck angegeben. Die Zahl 333 bedeutet, dass $\frac{333}{1000}$ des Ringes aus Gold bestehen.

Berechne die Gold- oder Silberanteile in g.

a) Goldring von $9\frac{1}{2}$ g mit 585er-Stempel.

b) Goldring von $12\frac{3}{4}$ g mit 750er-Stempel.

c) Silberkette von $30\frac{1}{4}$ g, 835er-Stempel.

d) Silberohrring von 3 g mit 925er-Stempel.

11 Für die Klassenfahrt benötigt Hanna 135 €. Von dem Betrag hat sie schon 60 % zusammen. Peter hat schon 85 % angespart.

a) Wie viel Euro haben sie bislang gespart?

b) Wie viel Euro müssen sie jeweils noch sparen?

10 Mareks Opa hat einen Fotoapparat, bei dem sich die Belichtungszeit entsprechend der Helligkeit automatisch einstellt. Es gibt folgende Belichtungszeiten:

$\frac{1}{8}$ s; $\frac{1}{30}$ s; $\frac{1}{125}$ s; $\frac{1}{500}$ s.

Diese Zeiten kann Marek dann per Hand zusätzlich auf den $\frac{1}{4}$-fachen; $\frac{1}{2}$-fachen; 2-fachen; 4-fachen Wert verändern. Berechne alle möglichen Belichtungszeiten.

11 Karat ist die Gewichtseinheit von Edelsteinen und Perlen. 1 Karat entspricht einem Gewicht von $\frac{1}{5}$ Gramm. Im Anhänger einer Kette wurden 6 Diamanten von $\frac{1}{50}$ Karat und 1 Diamant von $\frac{9}{100}$ Karat verarbeitet.

a) Berechne das Gesamtgewicht der Diamanten in Karat.

b) Berechne das Gewicht der Diamanten in g.

ERINNERE DICH

$1\% = \frac{1}{100}$

6% von 12 € sind

$\frac{6}{100}$ von 12 €,

Rechnung:

$\frac{6}{100} \cdot 12$

143

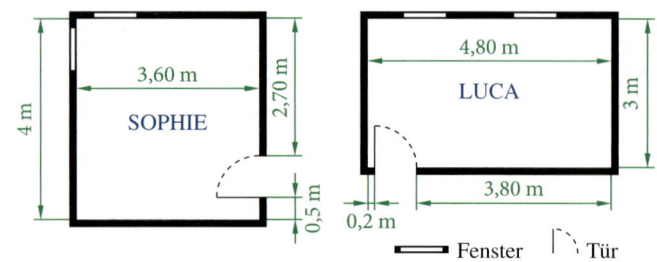

Die Zwillinge Sophie und Luca Wendt wollen ihre Kinderzimmer zu Jugendzimmern umgestalten. Zusammen mit ihrem Vater gehen sie einkaufen.

12 Alles für den Fußboden

Beide Geschwister wollen ihre Fußböden mit Teppichfliesen auslegen und neue Fußleisten anbringen.

TEPPICH-KLEBER
0,7 kg zu   6,99 €
3 kg zu 17,58 €
5 kg zu 29,88 €
10 kg zu 49,96 €

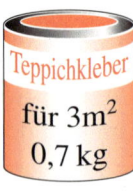
Teppichkleber
für 3m²
0,7 kg

Teppichfliesen
Luca entscheidet sich für die grünen Teppichfliesen. Sophie möchte ihr Zimmer abwechselnd mit orangen und blauen Teppichfliesen auslegen.

TEPPICHFLIESEN
ab 15,96 € pro m²!
alle Größen in den Farben
rot, grün, blau, orange
40 cm × 40 cm je Stück 2,79 €
40 cm × 60 cm je Stück 3,85 €
50 cm × 50 cm je Stück 3,99 €

a) Welche Fliesengröße ist für Sophies Zimmer am preiswertesten? Überlege zuerst, wie viele Fliesen sie von den angebotenen Fliesengrößen jeweils bräuchte. Finde auch für Luca die günstigste Fliesengröße. Berechne die Gesamtkosten.

b) Herr Wendt protestiert: „Aber diese Fliesen sind pro Quadratmeter teurer als die angegebenen 15,96 €!". Wie hat Herr Wendt gerechnet? Berechne den Preis pro m² für alle drei Fliesengrößen. Warum sind die Fliesen für 15,96 € pro m² trotzdem nicht die günstigsten für die Wendts?

c) Zeichne den Grundriss der Zimmer im Maßstab 1 : 50 ins Heft. Zeichne die ausgewählten Fliesen so ein, dass möglichst wenig Abfall entsteht.

Teppichkleber
Die Teppichfliesen klebt man mit einem Spezialkleber auf den Fußboden.
a) Berechne die Bodenfläche der beiden Zimmer.
b) Wie viel kg Teppichkleber benötigen sie?
c) Sophie will schnell weiter: „Für alles zusammen nehmen wir den 10-kg-Eimer." Geht es preiswerter?

FUSS-LEISTEN
Preise je Stück
2,40 m   6,99 €
2,50 m   7,28 €
2,55 m   7,43 €
2,70 m   7,86 €

Fußleisten
Luca steht schon bei den Fußleisten: „Wir nehmen zusammen genau 12 Fußleisten. Dann bleibt kein Abfall übrig!".
a) Von welchen Fußleisten will er jeweils wie viele nehmen? Beachte, dass bei den Türen keine Fußleiste liegt.
b) Berechne die Kosten.

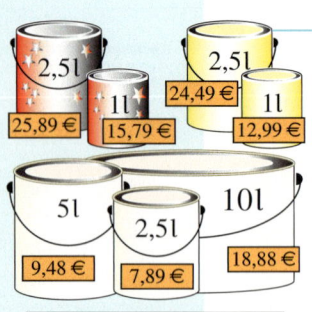
2,5 l   25,89 €
1 l   15,79 €
2,5 l   24,49 €
1 l   12,99 €
5 l   9,48 €
2,5 l   7,89 €
10 l   18,88 €
Ergiebigkeit: 10m² pro l

13 Neue Farben für Wände und Decken

Sophie wünscht sich eine Zimmerdecke mit Glitzereffekt und weiße Wände.
Luca möchte seine beiden schmalen Wände gelb streichen, die beiden langen Wände und die Decke sollen weiß werden.

Die Zimmer sind 2,60 m hoch.
a) Wie viel zahlen sie für die glitzernde und wie viel für die gelbe Farbe?
b) Wie viel kostet sie die weiße Farbe? Ziehe je Fenster 1 m² und je Tür 2 m² von den Wandflächen ab.

144

Zusammenfassung

Dezimalbrüche multiplizieren

→ Seite 124

1. Man multipliziert die Faktoren wie natürliche Zahlen (also ohne die Kommas zu beachten).

2. Beim Ergebnis setzt man das Komma so, dass es genau so viele **Nachkommastellen** hat wie beide Faktoren zusammen.

Mache vor der Rechnung einen Überschlag und vergleiche dein Ergebnis mit dem Überschlag.

Dezimalbrüche dividieren

→ Seite 128

1. Der **Divisor** soll eine natürliche Zahl werden, deswegen multipliziert man Dividend und **Divisor** mit derselben Zehnerpotenz (mit 10; mit 100; 1 000; …).

2. Dann dividiert man durch die natürliche Zahl indem man wie mit natürlichen Zahlen schriftlich rechnet.

3. In dem Rechenschritt, in dem man das Komma überschreitet, setzt man auch im Ergebnis ein Komma.

Brüche multiplizieren

→ Seite 132

Eine **natürliche Zahl wird mit einem Bruch multipliziert**, indem man den Zähler mit dieser Zahl multipliziert und den Nenner beibehält.

$$5 \cdot \frac{3}{4} = \frac{5 \cdot 3}{4} = \frac{15}{4} = 3\frac{3}{4}$$

Brüche werden multipliziert, indem man Zähler mit Zähler multipliziert und Nenner mit Nenner multipliziert.

$$\frac{2}{3} \cdot \frac{3}{5} = \frac{2 \cdot 3}{3 \cdot 5} = \frac{6}{15} = \frac{2}{5}$$

Brüche dividieren

→ Seite 136

Man **dividiert durch einen Bruch**, indem man mit seinem Kehrbruch multipliziert.

$$\frac{7}{3} : \frac{3}{4} = \frac{7}{3} \cdot \frac{4}{3} = \frac{7 \cdot 4}{3 \cdot 3} = \frac{28}{9} = 3\frac{1}{9}$$

Den **Kehrbruch** (**Kehrwert**) eines Bruchs bildet man, indem man Zähler und Nenner tauscht.

$$\frac{3}{4} : 6 = \frac{3}{4} : \frac{6}{1} = \frac{3}{4} \cdot \frac{1}{6} = \frac{3 \cdot 1}{4 \cdot 6} = \frac{1}{8}$$

Prüfe dein Ergebnis mit der **Probe**.

$$\frac{1}{8} \cdot 6 = \frac{1}{8} \cdot \frac{6}{1} = \frac{1 \cdot 6}{8 \cdot 1} = \frac{6}{8} = \frac{3}{4}$$

Teste dich!

8 Punkte

1 Multipliziere. Mache zunächst einen Überschlag im Kopf.
a) $3,14 \cdot 1\,000$ b) $100 \cdot 0,028$ c) $8,42 \cdot 8$ d) $0,87 \cdot 13$
e) $1,25 \cdot 2,7$ f) $3,56 \cdot 0,256$ g) $4,3 \cdot 0,55$ h) $2,36 \cdot 4,75$

8 Punkte

2 Dividiere. Mache zunächst einen Überschlag im Kopf.
a) $9,42 : 6$ b) $8,848 : 7$ c) $0,033 : 2$ d) $9,6 : 12$
e) $0,952 : 0,7$ f) $38,88 : 1,2$ g) $1,4688 : 0,24$ h) $0,425 : 0,125$

6 Punkte

3 Berechne die Multiplikationsaufgaben. Kürze, wenn möglich.
a) $\frac{1}{3} \cdot \frac{1}{2}$ b) $\frac{1}{5} \cdot \frac{4}{9}$ c) $\frac{3}{8} \cdot \frac{2}{3}$ d) $\frac{4}{9} \cdot \frac{3}{8}$ e) $1\frac{1}{8} \cdot \frac{3}{5}$ f) $2\frac{1}{5} \cdot 2\frac{7}{9}$

6 Punkte

4 Berechne die Divisionsaufgaben. Kürze, wenn möglich. Prüfe mit der Umkehraufgabe.
a) $5 : \frac{2}{3}$ b) $\frac{3}{5} : \frac{2}{3}$ c) $\frac{1}{2} : 2$ d) $\frac{3}{4} : \frac{5}{6}$ e) $\frac{2}{9} : \frac{4}{27}$ f) $1\frac{1}{2} : 3$

2 Punkte

5 Ein Bauer hat 585 kg Kartoffeln geerntet, die er in 12,5-kg-Säcke füllen möchte.
a) Wie viele Säcke erhält er und wie viel Kilogramm Kartoffeln bleiben übrig?
b) Die restlichen Kartoffeln füllt er in 1,25-kg-Säcke. Wie viele kleine Säcke füllt er?

1 Punkt

6 Ein Käfer mit einer Länge von 2,25 cm wird durch eine Lupe mit $4\frac{3}{4}$-facher Vergrößerung angeschaut. Wie groß ist das Bild des Käfers?

3 Punkte

7 Frau Tholen möchte ein Karnevalskostüm nähen. Dazu benötigt sie ein Stück Stoff, das $\frac{3}{4}$ m breit und $1\frac{1}{2}$ m lang ist.
Sie findet im Geschäft einen schönen Stoff, der 80 cm breit auf einer Stoffrolle aufgerollt ist. Dieser Stoff ist aber nur noch 1,75 m lang. Pro abgerolltem Meter Länge kostet der Stoff 18,50 €.
a) Reicht der Stoff aus, um das Kostüm zu schneidern?
b) Wie teuer ist das Stück, das Frau Tholen benötigt?
c) Frau Tholen entdeckt am Stoff einen Webfehler. Deshalb bietet die Händlerin ihr den Stoff zu $\frac{3}{4}$ des normalen Preises an. Wie viel muss Frau Tholen bezahlen? Runde sinnvoll.

3 Punkte

8 Auf einer Förderbandstraße füllt ein Automat pro Minute $10\frac{1}{2}$ l Limonade in $\frac{1}{3}$-l-Flaschen.
a) Wie viele Flaschen werden in einer Minute gefüllt?
b) In wie vielen Sekunden wird *eine* Flasche gefüllt?
c) Wie viel Zeit benötigt der Automat, um einen Kasten mit 12 Flaschen zu füllen?

Gold: 33–37 Punkte, Silber: 28–34 Punkte, Bronze: 22–27 Punkte   Lösungen ab Seite 208

Körper

Kennst du den Soma-Würfel?
Er besteht aus mehreren, unterschiedlich
geformten Körpern, die wiederum aus
27 kleinen Würfeln zusammengesetzt sind.
Die Körper sind z. B. L-, S- und T-förmig.

Ziel ist es, die Teile zu einem Würfel
zusammenzusetzen. Hierfür gibt es
240 verschiedene Möglichkeiten.

Noch fit?

Einstieg

Aufstieg

1 Flächeneinheiten umwandeln
Wandle die Flächeneinheiten in die angegebenen Einheiten um.

a) $8\,m^2$ (dm^2)   b) $30\,dm^2$ (cm^2)   c) $4\,000\,m^2$ (cm^2)   d) $6\,000\,dm^2$ (cm^2)

e) $340\,cm^2$ (mm^2)   f) $90\,000\,mm^2$ (cm^2)   g) $12\,m^2$ (dm^2)   h) $14\,000\,cm^2$ (dm^2)

2 Vierecke benennen
Benenne die Vierecke.

2 Vierecke zeichnen
Zeichne ins Heft …

a) ein Quadrat mit $u = 20\,cm$

b) ein Parallelogramm mit $u = 14\,cm$

c) ein Rechteck mit $A = 12\,cm^2$

d) eine Raute mit $a = 3,5\,cm$

3 Umfang berechnen
Berechne den Umfang der Rechtecke.

	Seite a	Seite b	Umfang u
a)	3 dm	3 dm	
b)	15 cm	13 cm	
c)	44 m	96 m	
d)	12 cm	1,2 dm	
e)	8 dm	26 cm	

3 Rechtecke berechnen
Berechne die fehlenden Größen im Heft.

	Seite a	Seite b	Umfang u
a)	3,2 cm	2,4 cm	
b)		12 cm	48 cm
c)	4,7 cm		18,8 cm
d)	5,3 dm	24 dm	
e)		5,8 m	27,2 m

4 Flächeninhalt berechnen
Berechne den Flächeninhalt des Rechtecks.

	Länge	Breite	Flächeninhalt
a)	8 cm	7 cm	
b)	9 dm	18 dm	
c)	15 mm	21 mm	
d)	5 m	19 m	

4 Flächeninhalt berechnen
Wandle zuerst in dieselbe Einheit um und berechne den Flächeninhalt der Rechtecke.

a) $a = 6\,cm$; $b = 18\,mm$

b) $a = 4,5\,cm$; $b = 20\,mm$

c) $a = 750\,m$; $b = 1,6\,km$

d) $a = 1,2\,cm$; $b = 16\,dm$

e) $a = 2,08\,m$; $b = 2,8\,dm$

5 Flächen berechnen
Der quadratische Fußboden eines Raums soll mit Parkett ausgelegt werden.

a) Berechne den Flächeninhalt des Fußbodens, wenn seine Seitenlänge 6 m beträgt.

b) Wie viel muss man bezahlen, wenn ein m^2 Parkett 24,50 € kostet?

5 Flächen berechnen
Die Teppichknüpfer Kim und John arbeiten beide gleich schnell.

Kims Teppich ist 3,25 m lang und 2,77 m breit. Johns Teppich ist quadratisch mit einer Seitenlänge von 3,05 m.

Welcher Teppich ist zuerst fertig?

6 Kurz und knapp
1. Jedes Quadrat ist auch ein …
2. Wie lautet die Formel zur Flächenberechnung von Rechtecken?
3. Gib die Eigenschaften einer Raute an.
4. Die Umrechnungszahl bei Längeneinheiten lautet …
5. Die Umrechnungszahl bei Flächeneinheiten lautet …

NACHGEDACHT
Wie viele verschiedene Rechtecke mit dem Flächeninhalt $A = 24\,cm^2$ und ganzzahligen Seitenlängen gibt es?

Lösungen ab Seite 208

Körperformen erkennen und beschreiben

Entdecken

Vorbereitung: Bringt von zu Hause viele verschiedene Verpackungen mit, z.B. von Lebensmitteln, Süßigkeiten, Spielen usw.

1 👥 Verpackungen sortieren
Arbeitet in Gruppen. Seht euch die mitgebrachten Verpackungen an. Gibt es Gemeinsamkeiten oder extreme Unterschiede?
a) Sortiert die Verpackungen.
   Nach welchen Kriterien habt ihr die Verpackungen sortiert?
b) Beschreibt die Formen der Verpackungen.
c) Überlegt euch, warum es unterschiedliche Verpackungen gibt.
d) Notiert eure Überlegungen zu a), b) und c) auf einem Plakat.

2 👥 Verpackungsformen erraten (Spiel 1)
Spielt das Spiel zu zweit. Tauscht die Rollen nach jeder Spielrunde.
Spieler A beschreibt die Form einer Verpackung mit zwei Sätzen möglichst genau, z.B.:
„Meine Verpackung besteht aus fünf Flächen. Vier der Flächen sind gleich groß."
Spieler B muss raten, welche Verpackung gemeint ist.

3 👥 Verpackungsformen erfragen (Spiel 2)
Spielt das Spiel in einer 4er-Gruppe.
Eine Person denkt sich eine Verpackungsform aus.
Die anderen dürfen der Reihe nach Fragen stellen, bis sie erraten, welche Verpackung gemeint ist. Wer die geometrische Form erraten hat, darf sich den nächsten Körper überlegen.
Welche Fragen dürfen gestellt werden?
Es dürfen nur Fragen gestellt werden, die man mit „ja" oder „nein" beantworten kann, z.B.:
„Besteht deine Verpackung nur aus Rechtecken?"
Man darf nur so lange fragen, bis die Antwort „nein" lautet.
Dann kommt der oder die nächste an die Reihe.

4 Kantenmodelle von Körpern herstellen
Baue mit Strohhalmen (Zahnstochern, Schaschlikstäben) und kleinen Kugeln aus Knete einige der oben abgebildeten Körper nach.
a) Welche der Körper kannst du nachbauen und bei welchen Körpern funktioniert das nicht?
b) Welche Bauteile benötigst du für den Bau der Körper?
c) Gibt es noch weitere Körper, die du mit den Bauteilen herstellen kannst?
   Beschreibe ihre Eigenschaften.
d) Begründe, warum manche Körper nicht mit den Bauteilen hergestellt werden können. Welche Bauteile würdest du für deren Herstellung noch benötigen?

> **HINWEIS**
> *Verwendet in euren Beschreibungen oder Fragen Begriffe wie z.B. Ecke, Kante, Fläche, Rechteck, Quadrat, Kreis, usw.*

> **HINWEIS**
> *Falls es an der Schule einen Baukasten gibt, könnt ihr diesen nutzen.*

Verstehen

Viele Verpackungen und auch verschiedene Lebensmittel haben annähernd die Form von geometrischen Körpern.

Das Eis hat z. B. eine Kegelform und Dosen sind meistens zylinderförmig.

Die wirklich im Alltag oder in der Natur vorkommenden Körper sehen meistens nicht ganz genau so aus wie die unten abgebildeten geometrischen Körper.

Die folgende Übersicht zeigt verschiedene geometrische Körper, die häufig bei Verpackungen vorkommen.

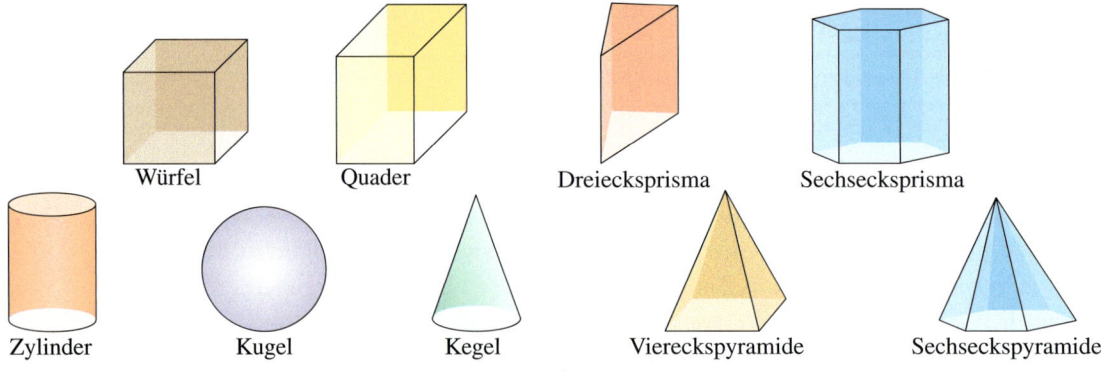

| Würfel | Quader | Dreiecksprisma | Sechseckprisma |
| Zylinder | Kugel | Kegel | Viereckspyramide | Sechseckspyramide |

Zur Beschreibung von Körpern verwendet man Fachbegriffe.

HINWEIS
Ein Quadrat ist eine Fläche, ein Quader ist ein Körper.

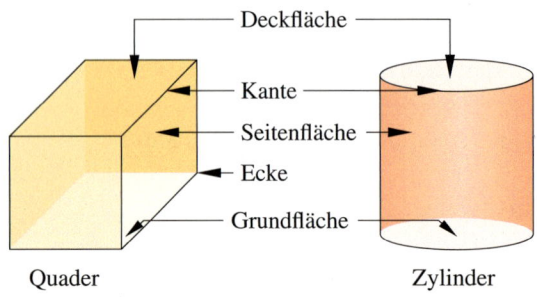

Deckfläche
Kante
Seitenfläche
Ecke
Grundfläche

Quader

Zylinder

Merke Körper werden von Flächen begrenzt. Dabei werden **Grundfläche, Deckfläche** und **Seitenflächen** unterschieden.

Dort, wo zwei Flächen zusammenstoßen, entstehen **Kanten**.
Treffen mindestens drei Kanten aufeinander, entstehen **Ecken**.

Sehr häufig kommen in unserem Alltag die Körperformen Quader und Würfel vor.
Das Besondere an Quadern und Würfeln ist, dass alle Begrenzungsflächen rechteckig sind, beim Würfel sind alle Begrenzungsflächen sogar quadratisch.

HINWEIS
Gegenüberliegende Flächen eines Quaders sind gleich groß.

Merke

Ein **Quader** wird durch sechs rechteckige Flächen begrenzt.

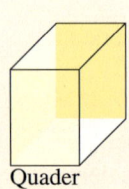

Quader

Ein **Würfel** ist ein besonderer Quader. Er wird durch sechs quadratische Flächen begrenzt.

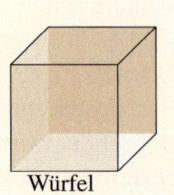

Würfel

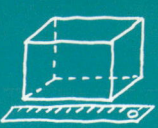

Üben und anwenden

1 Häufig stellen die Gegenstände unserer Umgebung nur annähernd einfache Körper dar.
Ordne den Gegenständen Namen von geometrischen Körpern zu.

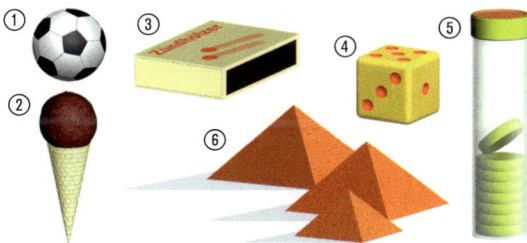

1 Welche geometrischen Körperformen erkennst du im Einkaufswagen?

2 Ergänze zu den gegebenen Körperformen weitere Beispiele aus deinem Umfeld.

Quader	Zylinder	Kegel	Pyramide	Kugel
Ziegelstein	Konservendose	Trichter	Turmdach	Melone
…	…	…	…	…

3 Julia hat einen Wasserturm und ein Männchen gebaut.
a) Notiere, welche Körper sie für die beiden Figuren verwendet hat.
b) Schreibe Sätze wie: „Die Spitze des Wasserturms besteht aus einem …"

3 Welche geometrischen Körper erkennst du in dem Foto?

4 Bei Wohnhäusern findet man oft geometrische Grundformen.
Welche Körperformen erkennst du?

4 Auch bei Burgen und Kirchen findet man oft geometrische Grundformen.
Welche Körperformen treten hier auf?

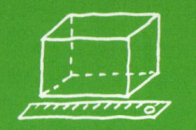
Methode: **Schrägbilder zeichnen**

Bevor ein Architekt ein Haus baut, zeichnet er zunächst einen Entwurf.
In der **Vorderansicht** zeichnet er das Haus von vorne, in der **Seitenansicht** von der Seite. Mithilfe eines **Schrägbilds** kann man sich das ganze Haus besser vorstellen.

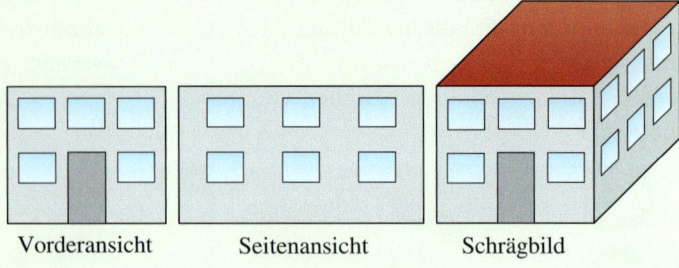

Vorderansicht   Seitenansicht   Schrägbild

Ein **Schrägbild** vermittelt einen guten räumlichen Eindruck von einem Körper.

Das Schrägbild eines Quaders mit den Seiten $a = 4\,cm$, $b = 5\,cm$ und $c = 3\,cm$ kann nach den folgenden Regeln gezeichnet werden:

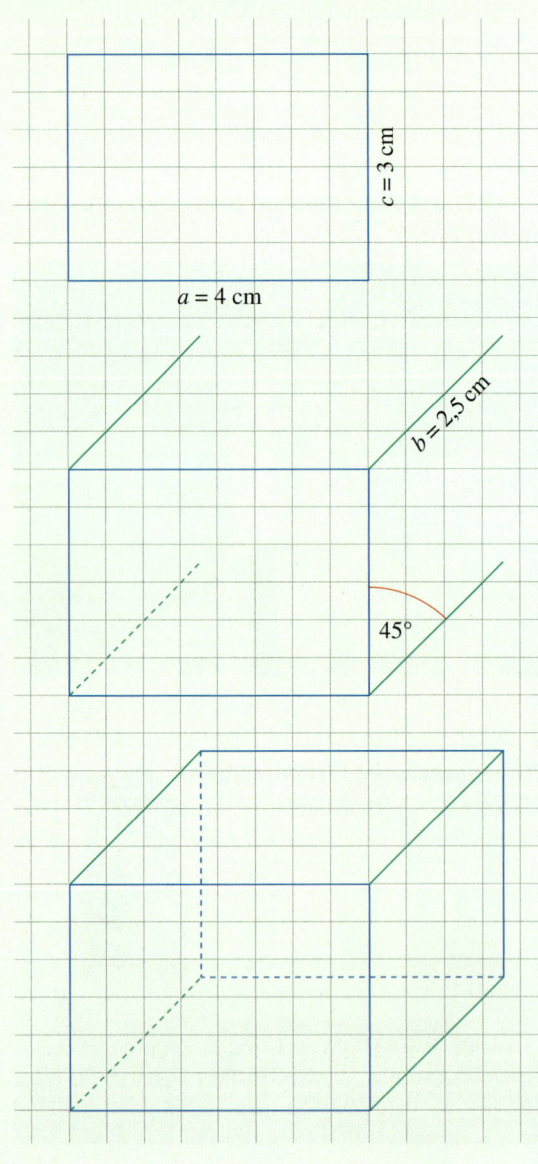

HINWEIS
Auf Karopapier kann man die nach hinten verlaufenden Kanten entlang der Kästchendiagonalen zeichnen. Nutze ansonsten dein Geodreieck.

1. Zuerst wird die Vorderseite des Quaders in **Originalgröße** gezeichnet:

   $a = 4\,cm$ und $c = 3\,cm$

2. Die nach hinten verlaufenden Kanten werden an den Ecken der Vorderseite in einem Winkel von **45°** und in **halber Länge** angetragen.

   $b = \frac{1}{2} \cdot 5\,cm = 2,5\,cm$

3. Die Eckpunkte werden verbunden. Alle verdeckten Kanten werden **gestrichelt** gezeichnet.

1 Überprüfe, ob der Würfel mit der Kantenlänge $a = 2\,cm$ im Schrägbild richtig dargestellt wurde.

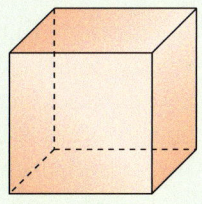

2 Bestimme aus dem Schrägbild des Quaders seine Kantenlängen.

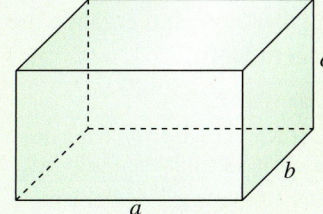

3 Im Kunstunterricht soll ein Würfel räumlich gezeichnet werden. Der Kunstlehrer ist jedoch mit einigen Bildern nicht zufrieden.

a) Begründe, warum in einigen Bildern der Würfel nicht richtig gezeichnet wurde.

b) Zeichne nun selbst einen Würfel mit einer Kantenlänge von 6 cm.

c) Erstelle eine räumliche Zeichnung eines beliebigen Quaders. Beschreibe, wie du vorgehst. Notiere zunächst die Längen.

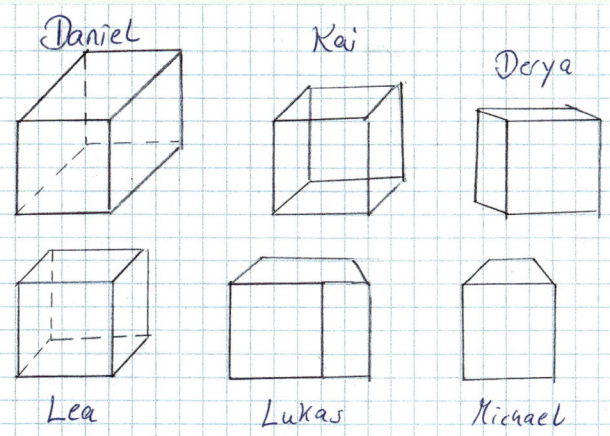

4 👥 Arbeitet zu zweit.
Betrachtet die Schrägbilder. Was haben sie gemeinsam?

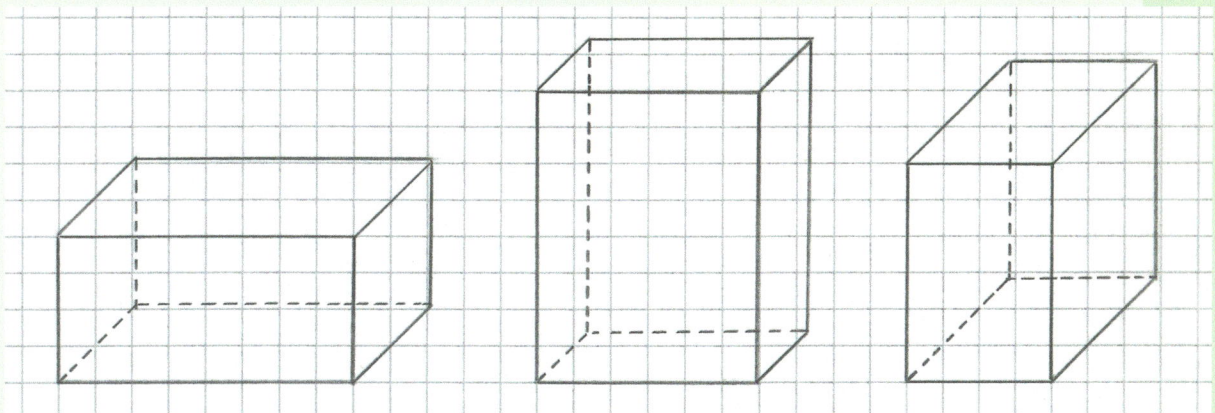

5 Mia hat ihren Namen in Druckschrift in ihr Heft geschrieben. Dabei hat sie jeden einzelnen Buchstaben als Schrägbild gezeichnet.
Schreibe selbst Buchstaben wie Mia ins Heft. Welche Buchstaben lassen sich besonders einfach als Schrägbild schreiben? Begründe.

6 Zeichne das Schrägbild eines Würfels, dem ein zweiter kleinerer Würfel auf einer Seite aufgesetzt wurde. Die Kantenlänge des größeren Würfels beträgt $a = 6\,cm$, die Kantenlänge des kleineren Würfels beträgt $a = 4\,cm$.

153

5 Übertrage und ergänze die Tabelle in deinem Heft.

Eigenschaft	Würfel	Quader
Der Körper wird von 6 quadratischen Seitenflächen begrenzt.	✓	
Der Körper wird von 6 rechteckigen Seitenflächen begrenzt.		
Alle Seitenflächen sind gleich groß.		
Gegenüberliegende Seitenflächen sind gleich groß.		
Der Körper besitzt 12 Kanten.		
Alle Kanten sind gleich lang.		
Gegenüberliegende Kanten sind gleich lang.		
Gegenüberliegende Kanten sind parallel zueinander.		
Benachbarte Kanten sind senkrecht zueinander.		
Der Körper besitzt 8 Ecken.		

5 Tim hat einige Eigenschaften von Quader und Würfel genannt. Stimmt alles?
Schreibe die Sätze richtig in dein Heft. Begründe, warum etwas nicht stimmt.
a) Alle Seitenflächen eines Würfels sind gleich groß.
b) Ein Quader hat acht Ecken und in jeder Ecke stoßen drei Kanten zusammen. Also hat der Quader $8 \cdot 3 = 24$ Kanten.
c) Ein Würfel hat sechs Flächen. Jede Fläche hat vier Ecken. Also hat der Würfel $6 \cdot 4 = 24$ Ecken.
d) Sind alle Kanten des Quaders gleich lang, dann ist es ein Würfel.
e) Hat ein Quader eine quadratische Grundfläche, dann sind acht Kanten dieses Quaders gleich lang.
f) Wenn ein Quader acht gleich lange Kanten besitzt, dann hat er zwei Quadrate als Begrenzungsflächen.

6 Welches der sechs Bilder ist das Schrägbild eines Quaders?
Begründe, warum die anderen fünf Bilder keine Schrägbilder von Quadern sind.

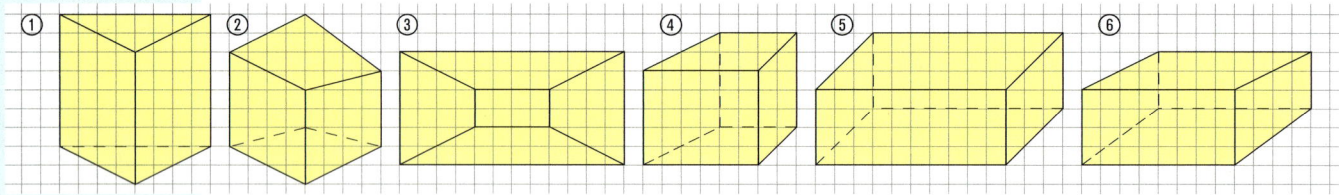

7 Übertrage ins Heft und vervollständige zum Schrägbild eines Quaders.

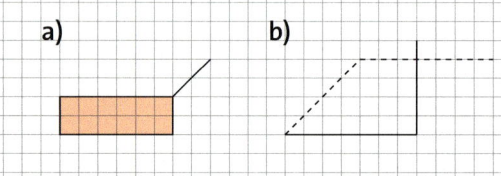

7 Ein Quader hat folgende Kantenlängen. Zeichne ein mögliches Schrägbild ins Heft.
Vergleicht eure Ergebnisse miteinander und diskutiert verschiedene Darstellungen.
a) $a = 6\,cm$, $b = 4\,cm$, $c = 3\,cm$
b) $a = 8\,cm$, $b = 5\,cm$, $c = 2\,cm$
c) $a = 4\,cm$, $b = 5\,cm$, $c = 7\,cm$
d) $a = 3\,cm$, $b = 6\,cm$, $c = 4\,cm$

8 Zeichne ein Koordinatensystem in dein Heft.
a) Trage die Punkte $A(1|1)$, $B(4|1)$, $C(4|4)$, $F(5|2)$ ein.
b) Ergänze die Punkte D, E, G und H, sodass das Schrägbild eines Quaders entsteht und gib die Koordinaten der Punkte an.

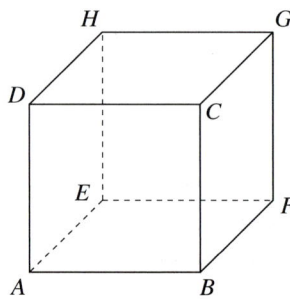

8 Zeichne ein Koordinatensystem in dein Heft.
a) Trage die Punkte $A(2|1)$, $B(7|1)$, $E(5|4)$, $C(7|7)$ ein.
b) Ergänze die Punkte D, F, G und H, sodass das Schrägbild eines Quaders entsteht und gib die Koordinaten der Punkte an.

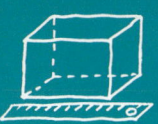

Netz von Quader und Würfel

Entdecken

1 Einige Trinkpäckchen wurden an verschiedenen Kanten aufgeschnitten und auseinandergefaltet. Man sagt: Die Päckchen wurden abgewickelt.
Je nachdem, wie die Trinkpäckchen aufgeschnitten wurden, entstehen verschiedene Abwicklungen. Diese Abwicklungen nennt man auch Netze oder Körpernetze.

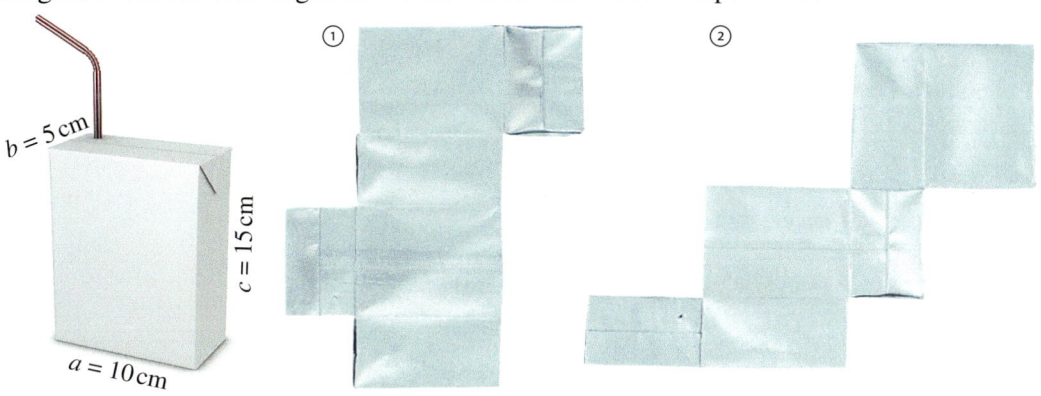

a) Welche der Abbildungen ① bis ③ können wieder zu einem Trinkpäckchen zusammengefaltet werden?
Bei welcher gelingt das nicht?
b) Zeichne die richtigen Netze des Trinkpäckchens ab. Verwende dabei jeweils nur die halben Längen, damit die Zeichnungen in dein Heft passen.
c) Man hätte das Trinkpäckchen auch anders aufschneiden können.
Zeichne ein weiteres Körpernetz dieser Verpackung.

2 Lara streitet oft mit ihrer Schwester Eva, ihrem Bruder Florian und ihren Eltern, wer bestimmte Hausarbeiten erledigen muss.
Daher möchte sie sich einen Entscheidungswürfel anfertigen. Sie zeichnet die sechs Würfelflächen auf Tonpapier und beschriftet sie.
Damit der Würfel gut zusammengeklebt werden kann, fügt sie Klebelaschen hinzu.

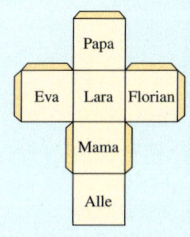

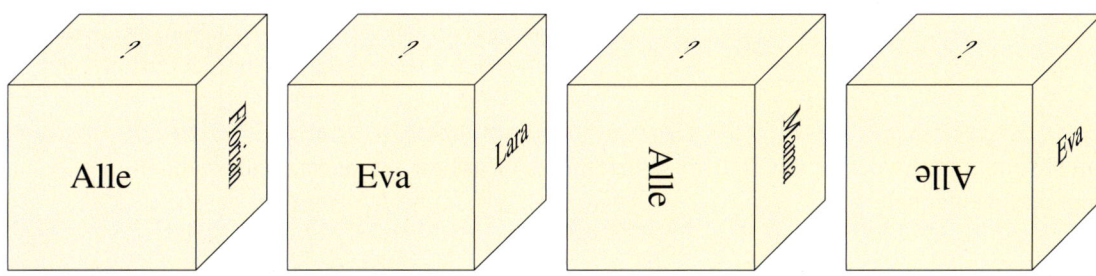

a) Weißt du, wer jeweils verloren hat?
Notiere die Namen, die anstelle von „?" stehen müssen.
b) Baue den Würfel mit festem Papier nach.
1. Zeichne das Netz des Würfels aus der Randspalte ab. Die Seitenlänge beträgt 4 cm.
2. Achte auf die Klebelaschen. Beschrifte den Würfel wie in der Randspalte.
3. Schneide den Würfel aus und klebe ihn an den Klebelaschen zusammen.
c) Bringe deinen selbst gebastelten Würfel in die jeweilige Lage in der Zeichnung.
Überprüfe, ob du Teilaufgabe a) richtig gelöst hast.

Verstehen

Sarah möchte ein Geschenk für ihre Freundin Lilly in einem schönen Kästchen verpacken. Dazu beklebt sie eine quaderförmige Schachtel mit einem Stück buntem Filz.

Sie misst zuerst die Seitenlängen des Quaders und zeichnet ein zusammenhängendes Körpernetz.

Durch Falten des Netzes kann man den Körper herstellen.

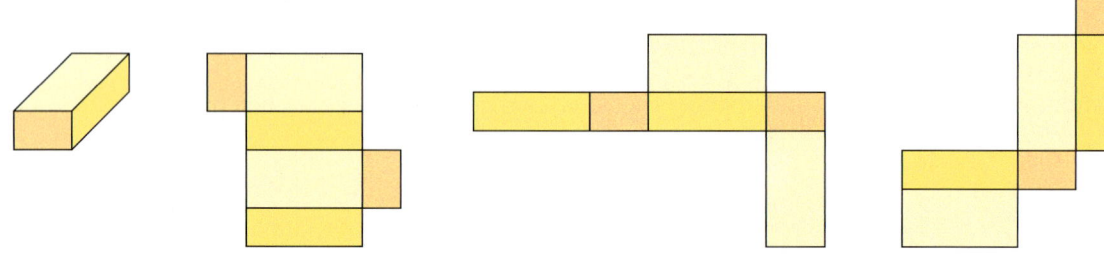

> **Merke**   Eine zusammenhängende Abwicklung aller Begrenzungsflächen eines Körpers nennt man auch **Körpernetz**.

Quadernetze bestehen aus sechs rechteckigen Begrenzungsflächen.

Beispiel 1

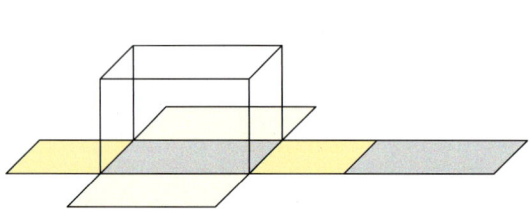

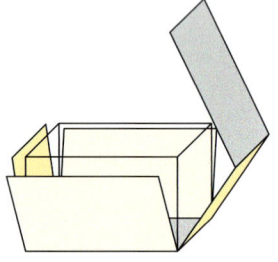

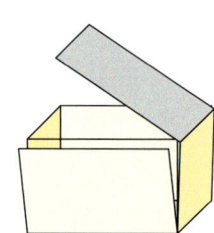

Ein besonderer Quader ist der Würfel. Würfelnetze bestehen aus sechs quadratischen Begrenzungsflächen.

Beispiel 2

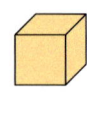

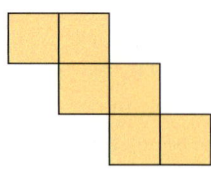

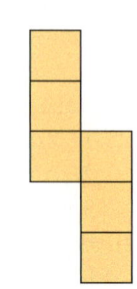

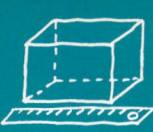

Üben und anwenden

1 👥 Schneidet verschiedene Körpernetze aus und bastelt daraus die geometrischen Körper. Die Kanten werden mit Klebeband zusammengeklebt.

a) Welche Körper entstehen?

b) Zeichnet die Tabelle ab und füllt jeweils den Steckbrief des entstandenen Körpers aus.

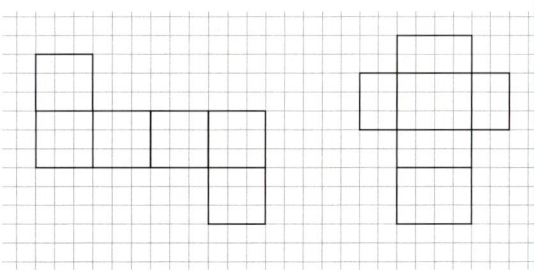

Name des Körpers	Anzahl der Flächen	Art der Fläche	Anzahl der Kanten	Anzahl der Ecken

2 Aus den Netzen werden Würfel gebaut. Welche Flächen liegen sich gegenüber?

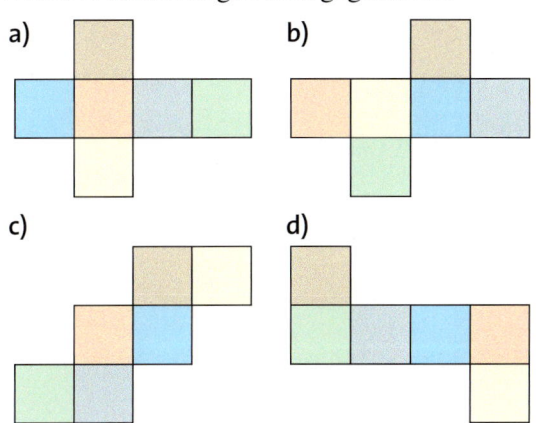

2 Welche der abgebildeten Netze sind keine Würfelnetze? Begründe.

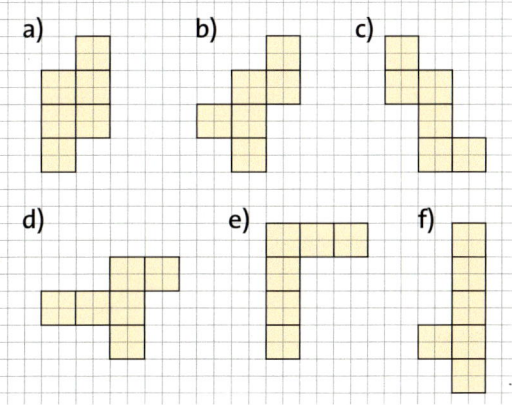

3 Welche der Figuren sind Netze von Quadern?
Wenn du dir nicht sicher bist, dann zeichne sie ab, schneide sie aus und falte die Netze.

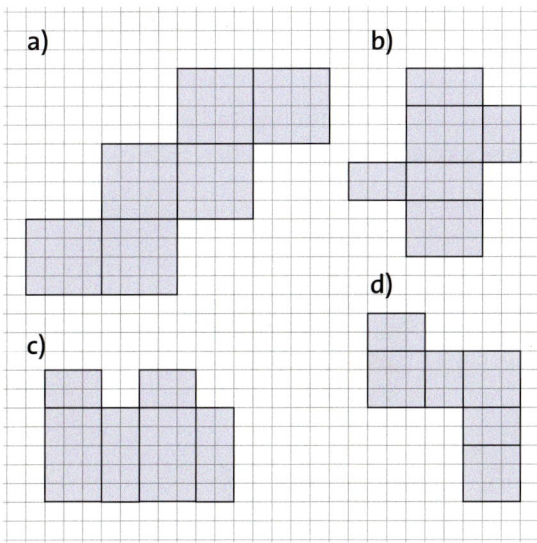

3 Übertrage die Zeichnungen in dein Heft. Ergänze jeweils die fehlenden Flächen, sodass ein Quadernetz entsteht.
Gibt es mehrere Möglichkeiten? Begründe.

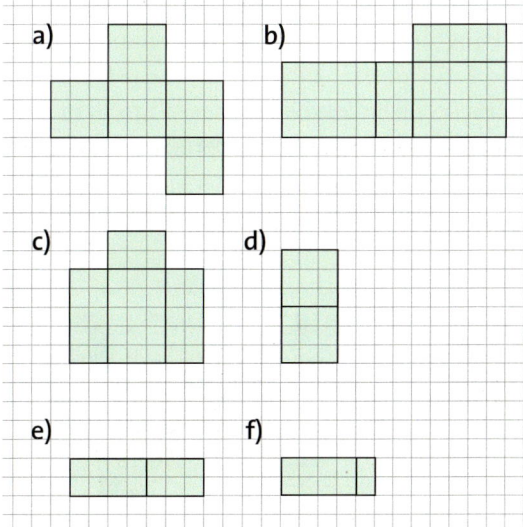

NACHGEDACHT
Es gibt verschiedene Netze für einen Quader und einen Würfel.
Probiere doch einmal, wie viele verschiedene Netze du finden kannst.

157

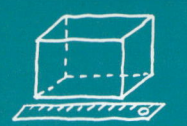

HINWEIS
zu **4**
Nimm einen
Würfel und
„roll" ihn
über das Netz.

4 Beim Spielwürfel ist die Summe gegenüberliegender Augenzahlen immer 7. Übertrage ins Heft und ergänze die fehlenden Augenzahlen.

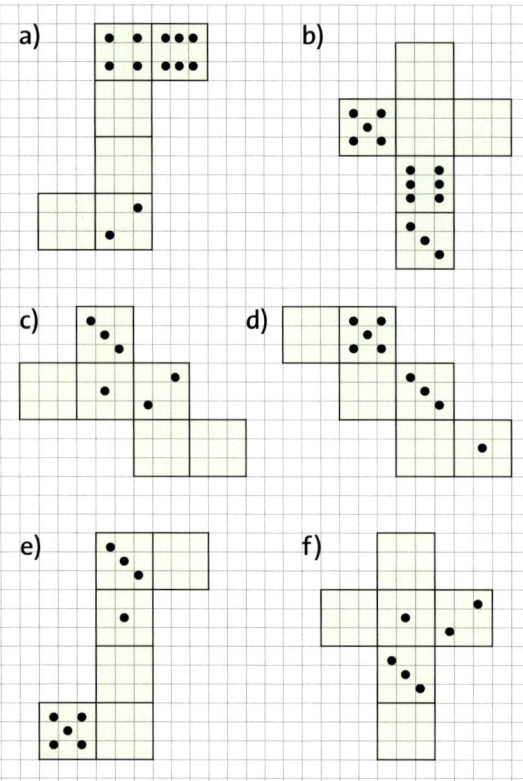

a) b) c) d) e) f)

4 Ein Käfer krabbelt über einen Quader. Sein Weg ist eingezeichnet. Übertrage eines der Netze ins Heft. Zeichne den Weg des Käfers ein. Wie lang ist sein Weg etwa?

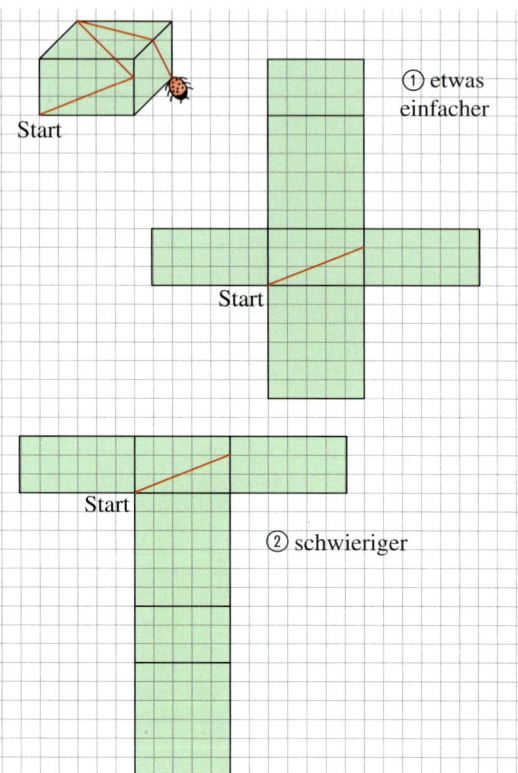

Start

① etwas einfacher

Start

Start

② schwieriger

5 Stelle aus Tonpapier eine Verpackung für deinen Füller, Spitzer oder Radiergummi her. Überlege dir eine Form und ermittle die Abmessungen.
Zeichne dann ein Netz und bastle die Verpackung. Vergiss die Klebelaschen nicht.

5 Zeichne das Würfelnetz nach Joshuas Beschreibung:
„Eine Fläche ist rot. Eine blaue Fläche stößt mit allen drei gelben Flächen zusammen. Eine andere blaue Fläche berührt nur zwei gelbe Flächen."

6 Die sechs Seitenflächen des Würfels in der Mitte sind unterschiedlich gestaltet. Bei welchem der fünf umgebenden Würfeldarstellungen könnte es sich um den Würfel aus der Mitte handeln?

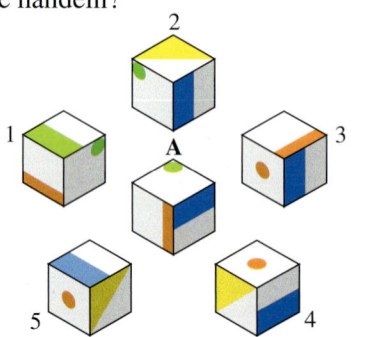

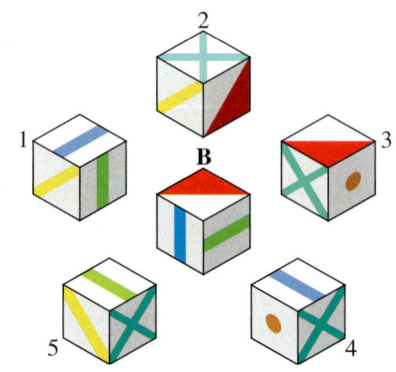

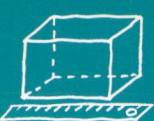

Oberfläche von Quader und Würfel

Entdecken

1 👥 Nehmt eine leere, quaderförmige Verpackung, die ihr von zu Hause mitgebracht habt.

Berechnet die gesamte Verpackungsfläche:
– Schneidet die Verpackung so auf, dass ein Quadernetz entsteht.
– Zerschneidet das Quadernetz, bis die sechs Begrenzungsflächen einzeln vor euch liegen.
– Sortiert die Rechtecke.
Was fällt euch auf?

2 Die Theater-AG bereitet eine neue Aufführung vor. Für das Bühnenbild brauchen sie eine große Kiste. Die Kiste soll 120 cm breit, 180 cm hoch und 60 cm tief sein.
Die Schülerinnen und Schüler wollen die Kiste aus Presspappe herstellen und anschließend farbig bemalen.
Wie viel Quadratmeter Presspappe müssen sie mindestens kaufen?

3 Trinkpäckchen werden häufig in Zehnerpackungen angeboten. Die 10 Päckchen (jedes ist 6 cm lang, 4 cm breit und 8,5 cm hoch) werden in Folie eingeschweißt, um sie besser transportieren zu können.
Überlegt, wie viele Möglichkeiten es gibt, die 10 Trinkpäckchen anzuordnen. Skizziert alle Möglichkeiten.
Ihr könnt die verschiedenen Möglichkeiten auch mit 10 Streichholzschachteln nachbauen.

4 Die Siegertreppe soll farbig gestrichen werden.

a) Zeichne das Netz des Körpers. Markiere alle Flächen, die gestrichen werden.
b) Wie groß ist die zu streichende Fläche?

ZUM WEITERARBEITEN
*zu Aufgabe **2***
Wie viel Farbe benötigen sie, um alle äußeren Kistenwände zu bemalen? Erkundigt euch nach möglichen Farben, ihren Preisen und der Fläche, die man damit streichen kann.

ZUM WEITERARBEITEN
*zu Aufgabe **3***
Vergleicht den Folienverbrauch bei den verschiedenen Verpackungsmöglichkeiten. Bei welcher Verpackungsmethode ist er am niedrigsten?

Verstehen

Laura beklebt eine quaderförmige und eine würfelförmige Schachtel mit Geschenkpapier.
Wie groß ist die Fläche, die Laura beklebt?

Die erste Schachtel ist quaderförmig.

Bei einem Quader besteht die Oberfläche aus drei verschiedenen Rechtecken, die jeweils zweimal vorkommen.

Zuerst berechnet man die Größe der drei verschiedenen Begrenzungsflächen des **Quaders**:

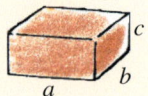

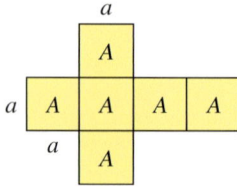

A_1: $a \cdot b = 25 \cdot 15 \, cm^2 = 375 \, cm^2$

A_2: $b \cdot c = 15 \cdot 35 \, cm^2 = 525 \, cm^2$

A_3: $a \cdot c = 25 \cdot 35 \, cm^2 = 875 \, cm^2$

Der Flächeninhalt aller Begrenzungsflächen beträgt:

$A_1 \quad + \quad A_2 \quad + \quad A_3 \quad + \quad A_1 \quad + \quad A_2 \quad + \quad A_3 \quad =$
$375 \, cm^2 + 525 \, cm^2 + 875 \, cm^2 + 375 \, cm^2 + 525 \, cm^2 + 875 \, cm^2 = 3\,550 \, cm^2$

Jede Begrenzungsfläche kommt zweimal vor. Daher kann man die Rechnung kürzer schreiben:
$2 \cdot (375 \, cm^2 + 525 \, cm^2 + 875 \, cm^2) = 2 \cdot 1\,775 \, cm^2 = 3\,550 \, cm^2$

Der Oberflächeninhalt der quaderförmigen Schachtel beträgt $3\,550 \, cm^2$.

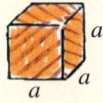

Die zweite Schachtel ist würfelförmig.

Laura berechnet die Größe einer Begrenzungsfläche des **Würfels**:

A: $a \cdot a = 30 \cdot 30 \, cm^2 = 900 \, cm^2$

Laura berechnet den Flächeninhalt der Begrenzungsflächen:

$A \quad + \quad A \quad + \quad A \quad + \quad A \quad + \quad A \quad + \quad A \quad =$
$900 \, cm^2 + 900 \, cm^2 + 900 \, cm^2 + 900 \, cm^2 + 900 \, cm^2 + 900 \, cm^2 = 5\,400 \, cm^2$

Alle sechs Begrenzungsflächen sind gleich groß, also kann man die Rechnung kürzer notieren:
$6 \cdot 30 \cdot 30 \, cm^2 = 6 \cdot 900 \, cm^2 = 5\,400 \, cm^2$

Merke Der **Oberflächeninhalt O** eines Körpers ist die Summe der Flächeninhalte seiner Begrenzungsflächen.

Oberfläche des Quaders
$O = 2 \cdot a \cdot b + 2 \cdot a \cdot c + 2 \cdot b \cdot c$
  oder kürzer
$O = 2 \cdot (a \cdot b + a \cdot c + b \cdot c)$

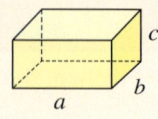

Oberfläche des Würfels
$O = 6 \cdot a \cdot a$
  oder kürzer
$O = 6 \cdot a^2$

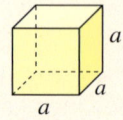

Üben und anwenden

1 Berechne den Oberflächeninhalt der Quader.

a)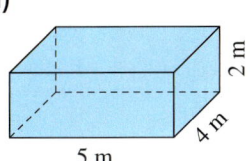
5 m, 4 m, 2 m

b)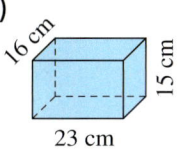
16 cm, 23 cm, 15 cm

c)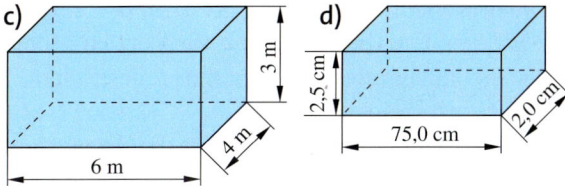
6 m, 4 m, 3 m

d)
75,0 cm, 2,0 cm, 2,5 cm

2 Berechne den Oberflächeninhalt der Quader mit den folgenden Kantenlängen.

a) $a = 4\,cm$ b) $a = 2\,cm$ c) $a = 5,0\,mm$
$b = 6\,cm$ $b = 10\,cm$ $b = 3,0\,mm$
$c = 3\,cm$ $c = 7\,cm$ $c = 8,5\,mm$

2 Berechne den Oberflächeninhalt der Quader mit den folgenden Kantenlängen.

a) $a = 9\,cm$ b) $a = 12\,mm$ c) $a = 15,0\,cm$
$b = 7\,cm$ $b = 15\,mm$ $b = 1,5\,dm$
$c = 10\,cm$ $c = 2\,cm$ $c = 2,0\,mm$

3 Berechne den Oberflächeninhalt der Würfel.

a)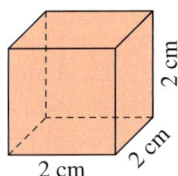
2 cm, 2 cm, 2 cm

b)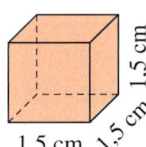
1,5 cm, 1,5 cm, 1,5 cm

c)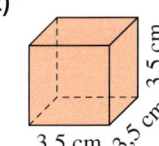
3,5 cm, 3,5 cm, 3,5 cm

d)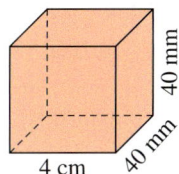
4 cm, 40 mm, 40 mm

4 Berechne jeweils den Oberflächeninhalt der Würfel.

a) $a = 3\,cm$ b) $a = 10\,cm$ c) $a = 20\,dm$
d) $a = 15\,mm$ e) $a = 37\,m$ f) $a = 12\,dm$

4 Berechne jeweils den Oberflächeninhalt der Würfel.

a) $a = 2,5\,m$ b) $a = 12,3\,cm$
c) $a = 0,5\,dm$ d) $a = 1\,000\,mm$

5 Zeichne das Netz in dein Heft.
Berechne den Oberflächeninhalt des Quaders. Alle Seitenlängen kannst du an deiner Zeichnung messen.

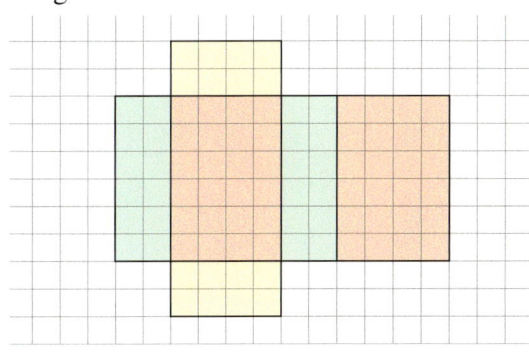

5 Berechne den Oberflächeninhalt der Quader. Entnimm die Maße der Zeichnung.

① ②

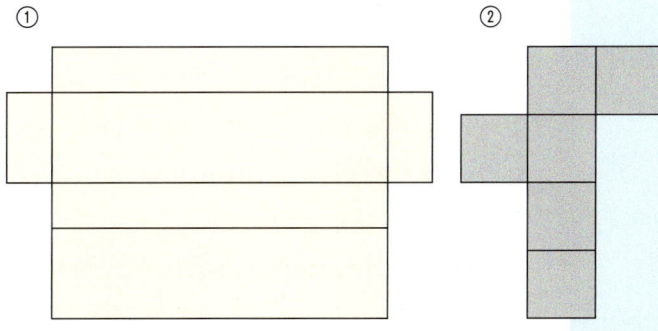

6 👥 Arbeitet zu zweit.
Beschreibt, wie man den Oberflächeninhalt von diesem aus Würfeln zusammengesetzten Körper berechnen kann.
Vergleicht euer Ergebnis in der Klasse.

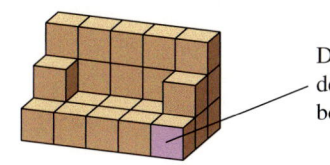

Der Flächeninhalt der markierten Fläche beträgt $1\,cm^2$.

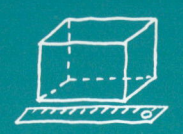
7 Viele Waren werden mit Containerschiffen verschickt. Container haben die Form eines Quaders. Die Container haben Kantenlängen von $a = 6{,}0\,m$, $b = 2{,}5\,m$ und $c = 2{,}5\,m$. Um die Container vor Rost zu schützen, werden sie außen mit Rostschutzfarbe gestrichen. 1 l Rostschutzfarbe reicht für $6\,m^2$.
Wie viel Farbe benötigt man für den Rostschutzanstrich eines Containers?

8 Berechne den Oberflächeninhalt der Würfel. Entnimm die Maße den Netzen.

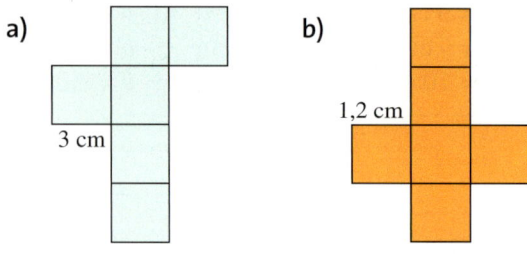

a) 3 cm

b) 1,2 cm

9 Ein würfelförmiger Behälter hat eine Kantenlänge von 1 dm.
Bestimme den Oberflächeninhalt des Behälters.

10 Herr Ritter möchte eine quaderförmige Truhe bauen. Die Wände, der Boden und der Deckel sind aus Holz.
Wie viel m^2 Holz muss er mindestens kaufen, wenn die Truhe 90 cm lang, 50 cm breit und 50 cm hoch sein soll?

11 Die abgebildeten Körper sind aus Würfeln zusammengesetzt. Die Würfel haben eine Kantenlänge von 1 cm.
Bestimme den Oberflächeninhalt der Körper.

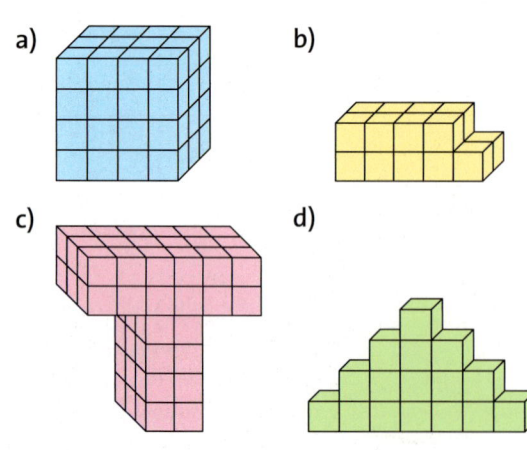

a)

b)

c)

d)

8 Yasemin möchte einen leeren Karton mit Spiegelfolie bekleben. Der Karton ist 20 cm lang, 6 cm breit und 8 cm hoch.
a) Wie viel cm^2 Spiegelfolie braucht sie?
b) Braucht sie genauso viel Spiegelfolie, wenn sie statt des großen Kartons zwei kleine Kartons beklebt, die 10 cm lang, 6 cm breit und 8 cm hoch sind? Begründe.

9 Wie verändert sich der Oberflächeninhalt eines Würfels, wenn man seine Kantenlänge verdoppelt? Begründe deine Antwort.

10 Die Schüler der 6c sollen einen Würfel mit der Kantenlänge 3,5 dm mit roter Farbe anstreichen. Die Unterseite soll nicht gestrichen werden.
Genügt eine Farbdose, die für $1\,m^2$ reicht?

11 Berechne den Oberflächeninhalt der Werkstücke (Maße in cm).

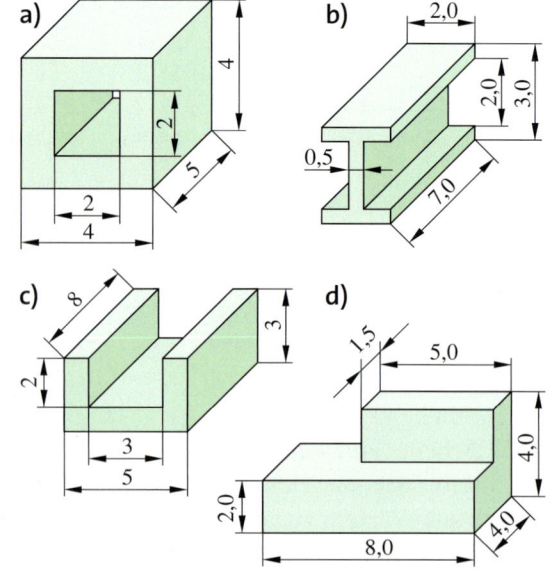

a)

b)

c)

d)

HINWEIS
zu 11
Jede Seitenfläche, die man anstreichen könnte, gehört zum Oberflächeninhalt des Werkstücks.

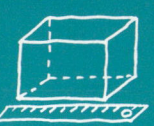

Vergleichen und Messen von Körpern

Entdecken

1 Flüssigkeiten werden oft mit Messbechern abgemessen.
Auf der Skala kann man die genaue Flüssigkeitsmenge ablesen.

a) Erkläre die Bedeutung der Abkürzungen auf dem Messbecher in jeweils einem Satz.

b) Miss mit einem Messbecher ab, wie viel Wasser in die folgenden Gefäße passt: Tasse, Glas, Brotdose, Blumentopf. Notiere deine Ergebnisse in dein Heft.

c) Schätze, welche Menge Wasser man in einen Würfel mit der Kantenlänge 1 dm füllen kann.

d) Überlege, welche Gefäße so viel Wasser fassen wie der Würfel mit der Kantenlänge 1 dm.

e) Wie viele Würfel der Kantenlänge 1 dm passen in einen Würfel mit der Kantenlänge 1 m? Welche Wassermenge ist dann im großen Würfel enthalten? Fertige eine Skizze an.

2 Kai hat aus Zentimeterwürfeln verschiedene Körper gebaut.

a) Wie viele Würfel wurden in den einzelnen Körpern verbaut?

b) Welche Abmessungen müsste eine quaderförmige Kiste jeweils mindestens haben, damit die abgebildeten Körper dort aufbewahrt werden können?

HINWEIS
Alle Kanten eines **Zentimeterwürfels** *sind 1 cm lang.*

① 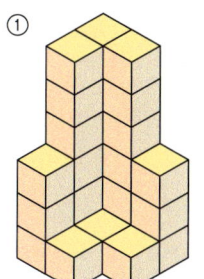   ②    ③ 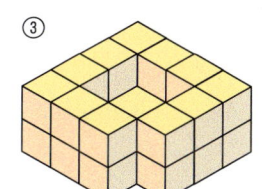   ④

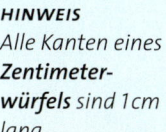
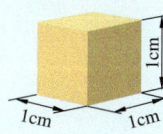

3 Einen Würfel mit der Kantenlänge 1 m nennt man Meterwürfel. Sein Volumen beträgt 1 Kubikmeter (man schreibt: $1\,m^3$).
In einen Meterwürfel passen etwa sieben Kinder und eine Katze.

a) Nenne Gegenstände, die etwa ein Volumen von $1\,m^3$ haben.

b) Schätze, wie viele Meterwürfel in deinen Klassenraum oder eure Turnhalle passen.

c) Wie viele Würfel mit der Kantenlänge 1 dm passen in einen Meterwürfel?

d) Wie viele Zentimeterwürfel passen in den Meterwürfel?

163

Verstehen

David und Jelena vergleichen einen Quader und einen Würfel. Sie fragen sich, ob beide Kästchen gleich groß sind. Dazu füllen sie beide Kästchen mit Zentimeterwürfeln.
In jedes Kästchen passen 64 Zentimeterwürfel, also sind sie gleich groß.

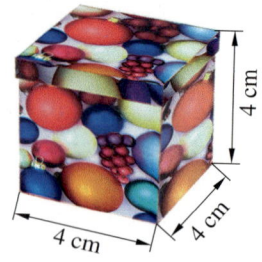
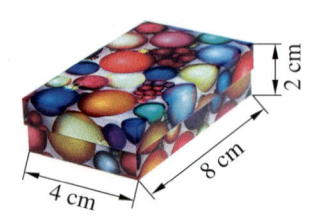

> **Merke** Der **Rauminhalt** eines Körpers wird auch **Volumen** genannt. Das Volumen gibt die Größe eines Körpers an. Können zwei Körper mit gleich vielen, gleich großen Teilkörpern ausgelegt werden, so haben sie dasselbe Volumen.

Das Volumen wird durch Vergleich mit Einheitskörpern gemessen. Als Einheitsvolumen eignen sich besonders gut Würfel, zum Beispiel mit der Kantenlänge $1\,m$ oder $1\,cm$.

Volumeneinheiten und ihre Umrechnung

$1\,m^3$ $1\,dm^3$ $1\,cm^3$ $1\,mm^3$

Mülltonne   Milchkarton   Zuckerwürfel   Zuckerkorn

$$1\,m^3 = 1\,000\,dm^3$$
$$1\,dm^3 = 1\,000\,cm^3$$
$$1\,cm^3 = 1\,000\,mm^3$$

Beispiel 1
Wie viel Kubikzentimeter sind 2 Kubikmeter?
$$2\,m^3 = 2 \cdot 1\,m^3 = 2 \cdot 1\,000\,dm^3 = 2 \cdot 1\,000\,000\,cm^3 = 2\,000\,000\,cm^3$$

Wie viel Kubikmeter sind $4\,500\,000$ Kubikzentimeter?
$$4\,500\,000\,cm^3 = 4\,500\,dm^3 = 4,5\,m^3$$

HINWEIS
Wird eine Größe in eine kleinere Maßeinheit umgerechnet, dann vergrößert sich die Maßzahl und umgekehrt.

> **Merke** Wandelt man **Volumenmaße** in eine benachbarte Volumeneinheit um, so ist die **Umrechnungszahl 1 000**.

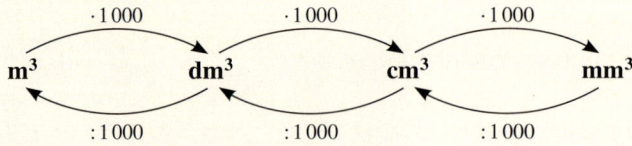

$\cdot\,1\,000$ $\cdot\,1\,000$ $\cdot\,1\,000$

m^3 dm^3 cm^3 mm^3

$:\,1\,000$ $:\,1\,000$ $:\,1\,000$

Ein Liter Wasser passt genau in einen Würfel mit dem Volumen $1\,dm^3$.

Beispiel 2
Wie viel Liter sind 3 Kubikmeter? $3\,m^3 = 3\,000\,dm^3 = 3\,000\,l$
Wie viel Kubikzentimeter sind 1,5 Liter? $1,5\,l = 1,5\,dm^3 = 1\,500\,cm^3$

> **Merke** Für Flüssigkeiten verwendet man **Hohlmaße**.
> 1 Liter (l) hat $1\,000$ Milliliter (ml).
> Volumenmaße und Hohlmaße können nach der Tabelle ineinander umgerechnet werden.

Volumenmaß	Hohlmaß
$1\,dm^3$	$1\,l$
$1\,cm^3$	$1\,ml$

Margarinewürfel mit einer Kantenlänge von $1\,dm^3$ werden in einem Karton verpackt.
Der Karton ist 5 dm lang, 3 dm breit und 2 dm hoch.

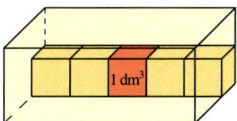 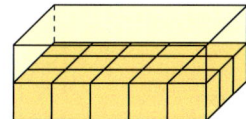 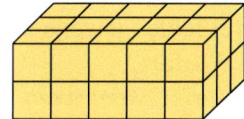

Der Karton kann mit 3 Reihen mit jeweils 5 Margarinewürfeln ausgelegt werden. Es passen
2 Lagen übereinander.

Der Karton hat ein Volumen von $5 \cdot 3 \cdot 2 \cdot \boxed{1\,dm^3} = 30\,dm^3$.

Merke
Das **Volumen V eines Quaders**
wird mit der Formel $V = a \cdot b \cdot c$
berechnet.

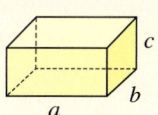

Das **Volumen V eines
Würfels** wird mit der
Formel $V = a \cdot a \cdot a = a^3$
berechnet.

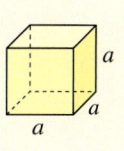

HINWEIS
*„Länge mal Breite
mal Höhe" ergibt
das Volumen
eines Quaders.*

Üben und anwenden

1 Aus wie vielen Würfeln bestehen diese
Körper? Ordne sie nach der Größe ihres
Volumens. Beginne mit dem Kleinsten.

a)
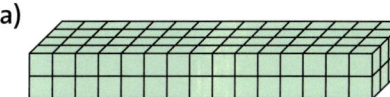

b) 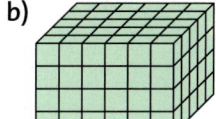 c)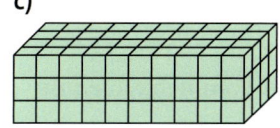

1 Gib das Volumen des abgebildeten Körpers
in Kubikzentimeter (cm^3) an. Jeder Teilwürfel
hat die Kantenlänge 1 cm.

a) 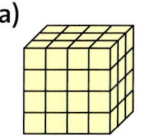 b)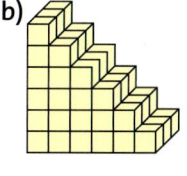

c) 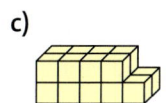 d)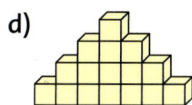

**ZUM
WEITERARBEITEN**
*Wie viele Zenti-
meterwürfel
fehlen am Dezi-
meterwürfel?*

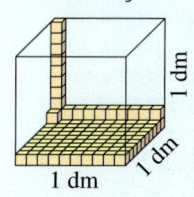

2 Wie viele kleine Würfel benötigt man,
um aus ihnen den großen Würfel zusammenzusetzen?

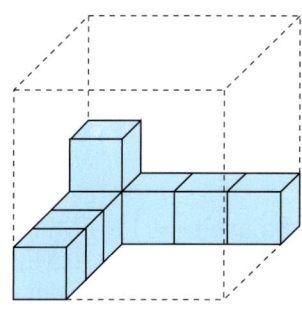

2 Wie viele Würfel mit der Kantenlänge
1 cm benötigt man, um mit ihnen den Quader
zu füllen?

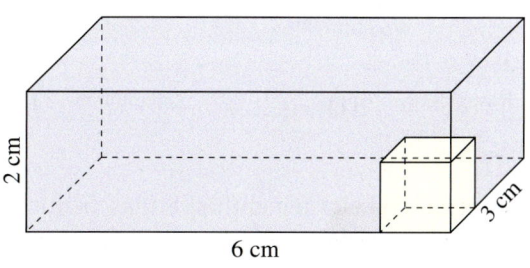

3 Aus kleinen Styroporwürfeln mit der Kantenlänge 1 cm soll ein großer Würfel zusammengesetzt werden. Betrachte die Zeichnungen ① und ②.
a) Wie viele kleine Würfel wurden bereits gestapelt?
b) Wie viele kleine Würfel fehlen jeweils noch zum Ausfüllen des großen Würfels?
c) Was wiegt der große Würfel, wenn $1\,cm^3$ Styropor 30 mg wiegt?

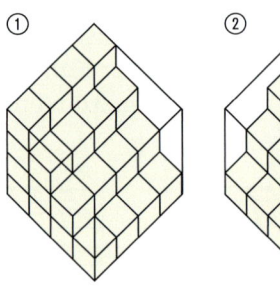

4 In welcher Volumeneinheit würdest du das Volumen der folgenden Körper angeben?
a) Schwimmbecken   b) Würfelzucker
c) Schuhkarton   d) Wassereimer
e) Trinkpäckchen   f) Wassertropfen

4 Schätze das Volumen der Gegenstände.
a) Saftglas   b) Kochtopf
c) Mülltonne   d) Blumenvase
e) Badewanne   f) Parfüm/Deo
g) Tintenpatrone   h) Thermoskanne

5 Übertrage die Stellenwerttafel ins Heft und rechne mit ihrer Hilfe um.
Beispiel $5\,dm^3 = \blacksquare\,cm^3$

dm^3			cm^3			mm^3		
H	Z	E	H	Z	E	H	Z	E
		5						
		5	0	0	0			

$5\,dm^3$
$= 5\,000\,cm^3$

a) $18\,dm^3 = \blacksquare\,cm^3$ b) $33\,cm^3 = \blacksquare\,mm^3$
c) $10\,cm^3 = \blacksquare\,mm^3$ d) $125\,cm^3 = \blacksquare\,mm^3$
e) $15\,dm^3 = \blacksquare\,cm^3$ f) $350\,dm^3 = \blacksquare\,cm^3$

5 Rechne mithilfe einer Stellenwerttafel in die angegebene Einheit um.
a) $4\,dm^3$ (cm^3) b) $50\,cm^3$ (mm^3)
c) $39\,m^3$ (dm^3) d) $108\,m^3$ (dm^3)
e) $75\,cm^3$ (mm^3) f) $88\,m^3$ (dm^3)
g) $65\,m^3$ (dm^3) h) $34\,dm^3$ (cm^3)
i) $80\,cm^3$ (mm^3) j) $1\,047\,cm^3$ (mm^3)

6 Fülle die Tabelle im Heft aus.

	dm^3	cm^3	mm^3
a)	44,8		
b)		2 005,2	
c)			120 080
d)	125,05		
e)		0,75	
f)			555,55

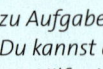

6 Rechne in die nächstkleinere Einheit um.
a) $2,5\,dm^3$ b) $8,8\,cm^3$
c) $15,4\,cm^3$ d) $20,8\,cm^3$
e) $40,04\,dm^3$ f) $102,005\,dm^3$
g) $6,025\,5\,dm^3$ h) $0,875\,cm^3$

7 Wähle fünf Artikel und rechne die Hohlmaße in Volumenmaße um.

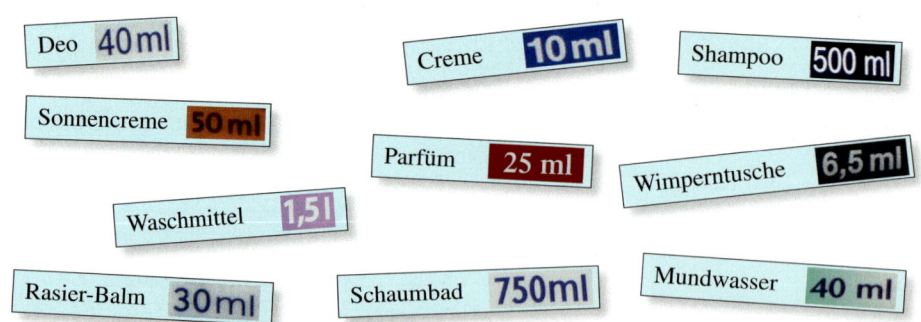

8 Ein Getränkekasten enthält 8 Flaschen Limonade zu $1,5\,l$ Inhalt. Wie viele Gläser zu je 200 ml kann man damit füllen?

8 Eine Mülltonne fasst $120\,l$ Müll. In einem Dorf werden an einem Tag 420 Mülltonnen geleert. Wie viel Kubikmeter Müll ergibt das?

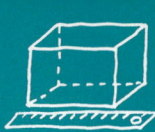

9 Berechne das Volumen der Quader.

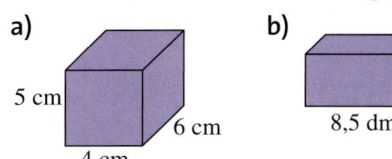

a) 5 cm, 6 cm, 4 cm

b) 3,9 dm, 4,2 dm, 8,5 dm

9 Berechne das Volumen der Quader. Achte auf die Einheiten.

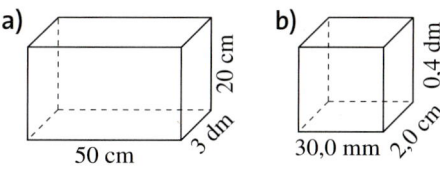

a) 20 cm, 3 dm, 50 cm

b) 0,4 dm, 2,0 cm, 30,0 mm

10 Berechne das Volumen der Quader in Kubikzentimeter (cm^3). Welche Quader haben dasselbe Volumen?
a) $a = 4\,cm$, $b = 5\,cm$, $c = 6\,cm$
b) $a = 3\,cm$, $b = 6\,cm$, $c = 6\,cm$
c) $a = 2\,cm$, $b = 5\,cm$, $c = 12\,cm$
d) $a = 6\,cm$, $b = 3\,cm$, $c = 12\,cm$

10 Berechne das Volumen der Quader. Sortiere die Ergebnisse der Größe nach.
a) $a = 5\,cm$, $b = 7\,cm$, $c = 8\,cm$
b) $a = 12\,cm$, $b = 9\,cm$, $c = 4,5\,cm$
c) $a = 4\,m$, $b = 20\,dm$, $c = 300\,cm$
d) $a = 2,5\,m$, $b = 1,5\,m$, $c = 0,5\,m$

ZUM WEITERARBEITEN
Ein Würfel hat ein Volumen von 27 000 cm^3. Wie lang sind seine Kantenlängen?

11 Übertrage die Tabelle in dein Heft und vervollständige sie.

	Länge	Breite	Höhe	Volumen
a)	2 cm	3 cm	4 cm	
b)		3 m	2 m	30 m^3
c)	3 dm		7 dm	21 dm^3
d)	5 cm	7 cm		210 cm^3
e)	5 cm	0,6 dm	0,4 dm	

11 Übertrage die Tabelle und berechne die fehlenden Angaben im Heft.

	Länge	Breite	Höhe	Volumen
a)	6,6 cm	5,2 cm	2,9 cm	
b)		2 cm	1,5 dm	90 cm^3
c)	50 cm		120 cm	300 dm^3
d)	7,2 cm	7,5 dm		54 dm^3
e)	1,2 dm	13 cm	3,4 dm	

12 Wie ändert sich das Volumen eines Würfels, wenn man die Kantenlängen verdoppelt? Stelle eine Vermutung auf und überprüfe sie am Beispiel von Würfeln mit den Kantenlängen $a = 4\,m$ und $a = 6\,m$.

12 Wie ändert sich das Volumen eines Würfels, wenn seine Kantenlängen verdoppelt werden?
Wie ändert sich das Volumen, wenn sie halbiert werden?

13 Berechne das Volumen der zusammengesetzten Körper.

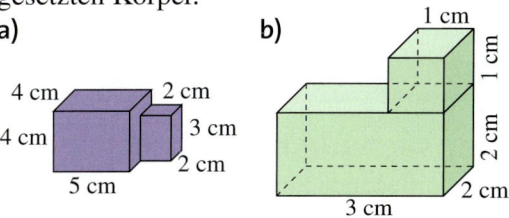

a) 4 cm, 2 cm, 4 cm, 3 cm, 2 cm, 5 cm

b) 1 cm, 1 cm, 2 cm, 3 cm, 2 cm

13 Berechne das Volumen der zusammengesetzten Körper (Maße in cm).

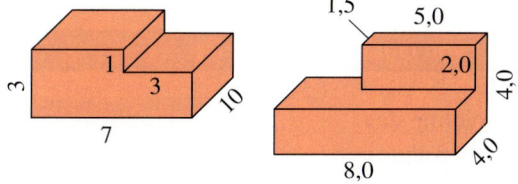

3, 1, 3, 10, 7; 1,5, 5,0, 2,0, 4,0, 4,0, 8,0

14 👥 Arbeitet zu zweit. Berechnet das Volumen der Körper. Die Maße sind in cm angegeben.

a)

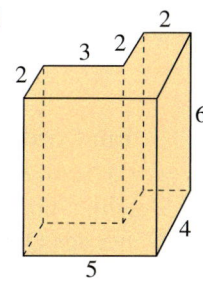

2, 3, 2, 2, 6, 4, 5

b) 5, 8, 4, 8, 5, 30, 5, 18, 4, 18, 5, 24, 50

Klar so weit?

→ Seite 150

Körperformen erkennen und beschreiben

1 Wie heißen die Körper, die hier abgebildet sind?

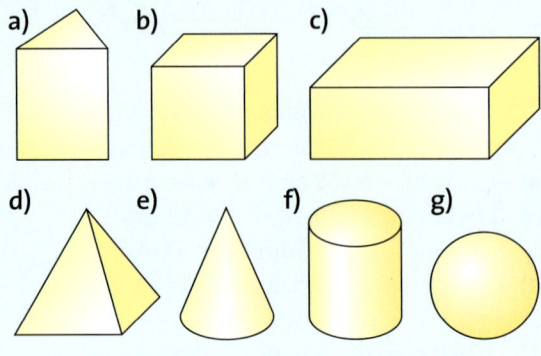

a) b) c)
d) e) f) g)

2 Körperformen im Alltag
a) Welche Körperformen haben folgende Gegenstände?
Schuhkarton, Apfelsine, Eistüte, Ziegelstein, CD, Telefonbuch, Würfelzucker, 1-€-Münze, Seifenblase, Schultüte
b) Nenne zu jeder Körperform ein weiteres Beispiel.

1 Welche Körperformen erkennst du?

2 Ermittle für einen Quader, ein Dreiecksprisma und eine Kugel die Anzahl der Ecken, Kanten und Flächen.
a) Welcher Körper hat besonders viele und welcher besonders wenige Ecken bzw. Kanten und Flächen?
b) Welcher Körper hat drei Flächen, zwei Kanten und keine Ecke?

3 Stammen die abgebildeten Schrägbilder alle von demselben Quader? Begründe.

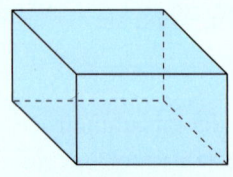 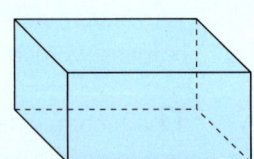 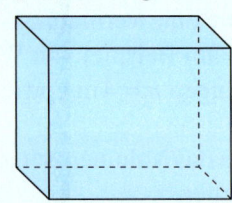

→ Seite 156

Netz von Quader und Würfel

4 Zeichne das Netz der abgebildeten Verpackung.

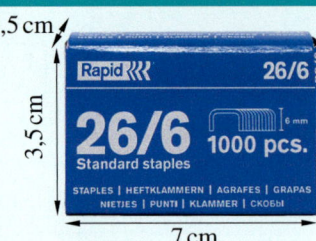

1,5 cm
3,5 cm
7 cm

4 Bei einem Würfel haben jeweils zwei gegenüberliegende Seiten zusammen die Augensumme 7.
Skizziere zwei verschiedene Netze des Würfels und zeichne die Augenzahlen ein.

5 Ein Würfel hat eine Kantenlänge von 2 cm.
Zeichne mindestens drei unterschiedliche Netze des Würfels in dein Heft.
Kann man beim Zeichnen eines Körpernetzes die Seitenflächen beliebig aneinanderzeichnen?

5 Ein Quader hat die folgenden Seitenlängen: $a = 3,5$ cm, $b = 5,2$ cm und $c = 4,8$ cm.
Zeichne mindestens drei unterschiedliche Netze des Quaders ins Heft.
Worauf musst du beim Zeichnen achten?

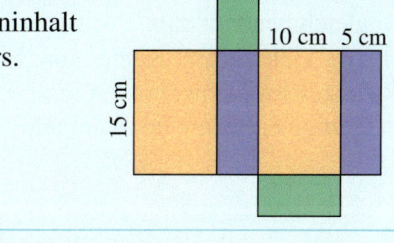

Oberfläche von Quader und Würfel

→ Seite 160

6 Das ist das Netz eines Quaders. Entnimm der Zeichnung die notwendigen Maße und berechne den Oberflächeninhalt.

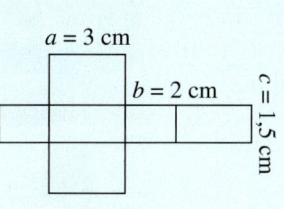

$a = 3$ cm
$b = 2$ cm
$c = 1,5$ cm

6 Berechne den Oberflächeninhalt des Quaders.

10 cm 5 cm
15 cm

7 Vergleiche den Oberflächeninhalt der Körper durch Abzählen oder Berechnen.

a)
b)
c)
d)

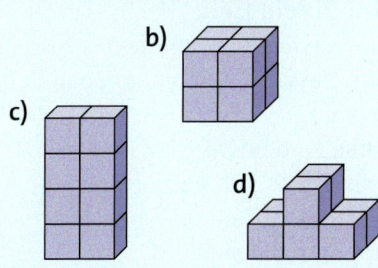

7 Berechne den Oberflächeninhalt der Werkstücke. Entnimm die Maße der Zeichnung.

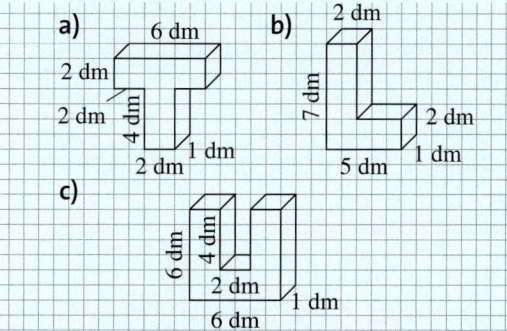

a)
6 dm
2 dm
2 dm
4 dm
2 dm 1 dm

b)
2 dm
7 dm
2 dm
5 dm 1 dm

c)
6 dm
4 dm
2 dm
6 dm 1 dm

Vergleichen und Messen von Körpern

→ Seiten 164/165

8 Berechne das Volumen.

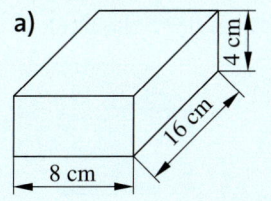

a)
4 cm
16 cm
8 cm

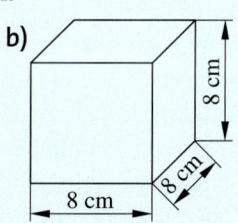

b)
8 cm
8 cm
8 cm

8 Berechne die fehlenden Angaben des Quaders im Heft.

	Länge	Breite	Höhe	Volumen
a)		20 mm	15 mm	7 500 mm^3
b)	34 cm	20 cm	6 cm	
c)	2,3 m	310 cm		4 278 m^3
d)	4 dm		1,3 m	780 dm^3

9 Guinness-Rekord: Der kleinste und leichteste Farbfernseher der Welt besitzt die Abmessungen 60 mm × 91 mm × 24 mm. Welches Volumen hat er?

9 Ein Quader mit einer quadratischen Grundfläche hat ein Volumen von 240 cm^3. Wie lang könnten die Seitenlängen der Grundfläche sein? Gib ganzzahlige Längen an.

10 Berechne das Volumen des Körpers. Alle Maße sind in cm angegeben.

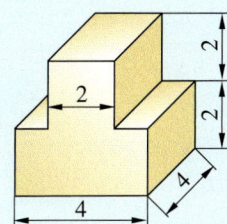

2
2
2
4
4

10 Berechne das Volumen des Körpers. Alle Maße sind in cm angegeben.

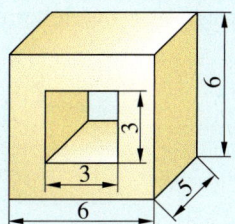

6
3
3
6
5

Lösungen ab Seite 208   **169**

Vermischte Übungen

1 Welche Körper siehst du im Bild?
a) Benenne die Körper.
👥 Vergleicht untereinander, ob ihr alle Körper gleich benannt habt.
b) Wie viele Ecken, Kanten und Flächen besitzen die einzelnen Körper?
Fertige eine Tabelle in deinem Heft an.

2 Du siehst das Netz eines Quaders. Entnimm die Maße der Zeichnung. Zeichne ein passendes Schrägbild in dein Heft. Färbe die Flächen entsprechend ein.

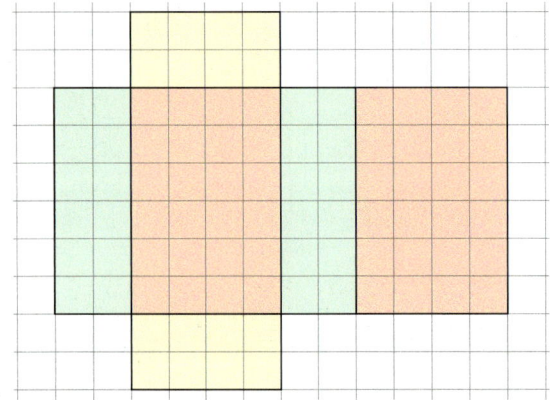

2 Suche dir in dem Zimmer, in dem du dich befindest, einen kleinen Körper, der einem Würfel oder Quader gleicht, wie z. B ein Buch.
a) Zeichne ein Netz des Körpers mit Originalmaßen in dein Heft.
Achte bei der Auswahl deines Körpers darauf, dass die Zeichnung noch in dein Heft passt.
b) Zeichne zu deinem Netz ein passendes Schrägbild.
c) Färbe im Netz und im Schrägbild alle sich entsprechenden Flächen mit der gleichen Farbe. Überprüft euch gegenseitig.

3 Welcher Sandkasten hat das größte Volumen? Ordne die Kästen nach der Größe ihres Volumens.

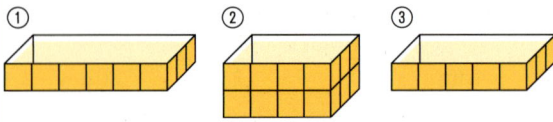

3 Wie groß ist das Volumen der Schachtel, wenn die Karos auf den Außenseiten eine Kantenlänge von 1 cm haben? Schätze zunächst und überprüfe dann mit einer Rechnung.

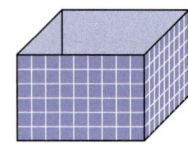

4 Miss die folgenden Gegenstände aus. Berechne ihren Oberflächeninhalt.
a) Butterstück
b) Schuhkarton
c) Streichholzschachtel
d) Zimmertür
e) Kühlschrank
f) Trinkpäckchen

4 Wie groß ist ungefähr die Oberfläche der folgenden Gegenstände?
Erkläre, wie du vorgegangen bist.
a) Radiergummi
b) Rucksack
c) Federmäppchen
d) Mathebuch

5 Welcher Körper gehört zu welchem Volumen? Ordne zu.

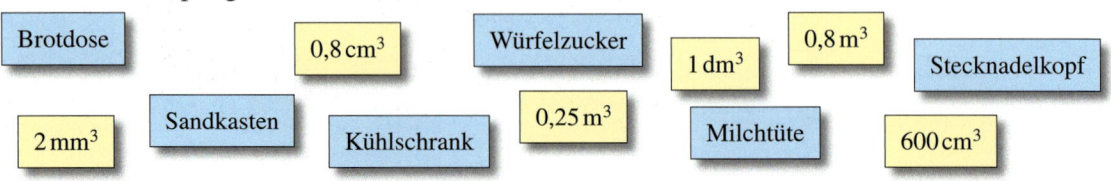

Brotdose · $0,8\,cm^3$ · Würfelzucker · $1\,dm^3$ · $0,8\,m^3$ · Stecknadelkopf · $2\,mm^3$ · Sandkasten · Kühlschrank · $0,25\,m^3$ · Milchtüte · $600\,cm^3$

170

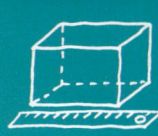

6 Rechne mithilfe einer Stellenwerttafel in die angegebene Einheit um.

a) $4\,dm^3$ (cm^3)   b) $50\,cm^3$ (mm^3)
c) $39\,m^3$ (dm^3)   d) $108\,m^3$ (dm^3)
e) $75\,cm^3$ (mm^3)   f) $88\,m^3$ (dm^3)
g) $65\,m^3$ (dm^3)   h) $34\,dm^3$ (cm^3)

6 Schreibe in der angegebenen Einheit.
Beispiele $1{,}5\,dm^3 = 1\,500\,cm^3$
$750\,cm^3 = 0{,}75\,dm^3$

a) $2{,}5\,dm^3 = \blacksquare\,cm^3$ b) $4{,}52\,dm^3 = \blacksquare\,cm^3$
c) $0{,}075\,dm^3 = \blacksquare\,cm^3$ d) $75\,cm^3 = \blacksquare\,dm^3$
e) $5\,cm^3 = \blacksquare\,dm^3$ f) $1\,800\,cm^3 = \blacksquare\,dm^3$

7 Berechne das Volumen und den Oberflächeninhalt des Werkstücks. Alle Maße sind in cm angegeben.

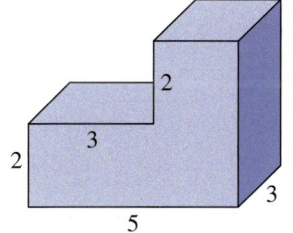

7 Berechne das Volumen und den Oberflächeninhalt des Werkstücks. Alle Maße sind in cm angegeben.

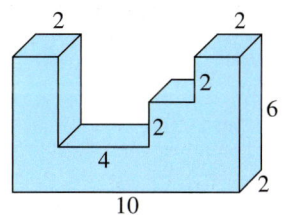

8 Die Wetterkunde-AG hat ein Regenmessgerät gebaut und meldet: „Gestern stand das Regenwasser 12 mm hoch." Wie viel Liter Regenwasser fielen auf $1\,m^2$ Bodenfläche?

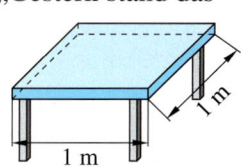

8 Ermittle über einen Wetterdienst z. B. im Internet die durchschnittliche Niederschlagsmenge pro Jahr in deinem Heimatort. Berechne, wie viel Liter Wasser insgesamt auf $1\,m^2$ gefallen sind.

9 Aus Versehen hat jemand im Packraum den Zettel mit den Maßen der Kartons zerrissen. Ein Teil der Maße ging dabei verloren. Ergänze im Heft die fehlenden Angaben (Maße in cm). Kontrolliert eure Rechnungen gegenseitig.

	Länge	Breite	Höhe	Inhalt
Karton A	35	19	11	cm^3
Karton B	51	24		$14\,688\,cm^3$
Karton C	60		15	$23\,400\,cm^3$
Karton D		25	12	$30\,000\,cm^3$

10 Sarah möchte das Volumen eines Steins bestimmen. Sie füllt $0{,}5\,l$ Wasser in einen Messbecher und wirft den Stein in den Becher. An der Skala liest sie nun den Wasserstand ab. Er beträgt 650 ml. Gib das Volumen des Steins in cm^3 an.

10 Florian möchte das Volumen eines Wassertropfens bestimmen.
a) Erkläre, wie er das machen könnte.
b) Sein Vater behauptet, dass ein tropfender Wasserhahn täglich $100\,l$ Wasser verbraucht. Kann das stimmen? Begründe.

HINWEIS
*zu Aufgabe **10*** *Wandle zuerst die Einheiten um.*

11 Volumenberechnung einmal anders.
Erkläre, wie die beiden Mädchen ihr Volumen vergleichen. Welches Volumen hat Anna?

Wir ziehen um

Bei einem Umzug muss man alle Einrichtungsgegenstände gut verpacken, damit sie beim Transport nicht beschädigt werden. In Baumärkten oder bei Umzugsunternehmen kann man dafür spezielle Umzugskartons kaufen.
Ein Umzugsunternehmen bietet einzelne Umzugskartons oder ein Set für den Umzug an.

Set für 37,50 €	
10 ×	Bücherkarton bis 30 kg
10 ×	Universalkarton bis 30 kg
1 ×	Luftpolsterfolie Kurzrolle 40 cm breit, 5 m lang

Universalkarton bis 30 kg Material: Wellpappe Farbe: braun	$L \times B \times H$ 60 cm × 35 cm × 35 cm	
	ab 1 Stück	ab 30 Stück
Preis	2,05 €	1,40 €

Bücherkarton bis 30 kg Material: Wellpappe Farbe: braun	$L \times B \times H$ 40 cm × 35 cm × 35 cm		
	ab 1 Stück	ab 20 Stück	ab 80 Stück
Preis	1,75 €	1,55 €	1,45 €

12 Vergleiche den Set-Preis mit den Preisen für die einzelnen Kartons.

a) Wie viel Geld spart man, wenn man ein Set statt alle enthaltenen Teile einzeln kauft?

b) Für einen größeren Umzug werden mindestens 30 Bücherkartons und 30 Universalkartons benötigt. Sollte man drei Sets nehmen oder die Kartons einzeln bestellen?

13 In Umzugskartons passt eine Menge hinein.

a) Gib das Volumen der Bücherkartons und der Universalkartons in cm³, in dm³ und in l an.

b) Wie groß ist das Volumen aller Kartons eines Sets zusammen? Welches Gewicht können sie maximal aufnehmen?

14 Vergleiche mit deinem Mathematikbuch.

a) Schätze zuerst, wie viele Bücher in der Größe deines Mathematikbuchs in einen Bücherkarton passen.

b) Miss nun Länge, Breite und Dicke deines Mathematikbuchs und berechne, wie viele Bücher dieser Größe man in etwa in einen Bücherkarton packen kann.

c) Bestimme das Gewicht deines Mathematikbuchs und berechne, wie schwer der Bücherkarton dann wird.

d) Skizziere, wie man die Bücher in den Karton stapeln kann. Finde verschiedene Möglichkeiten und vergleiche sie.

15 Mit Luftpolsterfolie kann man Umzugsgut vor Schäden und Schmutz schützen. Sie wird auf 40 cm breiten Rollen verkauft. Auf einer Rolle befinden sich 5 laufende Meter Folie.
Max hat ein Aquarium mit den folgenden Maßen: 80 cm × 35 cm × 40 cm. Vor dem Umzug soll das Aquarium in Luftpolsterfolie eingepackt werden.

a) Zeichne ein Netz des Aquariums und berechne seinen Oberflächeninhalt in m².

b) Wie viel Meter Folie muss man mindestens abschneiden, um das Aquarium mit einer Schicht Folie zu umwickeln?

c) Max möchte auch seinen Scanner mit Luftpolsterfolie schützen. Der Scanner hat die Maße: Länge 45 cm, Breite 30 cm, Höhe 10 cm. Reicht der Rest der Folie, um den Scanner zu verpacken?

Zusammenfassung

Körperformen erkennen und beschreiben

→ Seite 150

Körper werden von Flächen begrenzt.
Dabei wird zwischen **Grundfläche**, **Deckfläche** und **Seitenflächen** unterschieden.

Ein **Quader** wird durch sechs rechteckige Flächen begrenzt. Ein **Würfel** ist ein besonderer Quader, alle Flächen sind Quadrate.

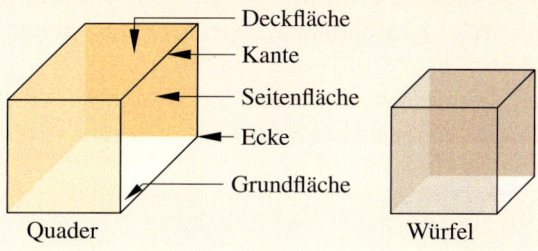

Deckfläche
Kante
Seitenfläche
Ecke
Grundfläche
Quader
Würfel

Netz von Quader und Würfel

→ Seite 156

Eine zusammenhängende Abwicklung aller Begrenzungsflächen eines Körpers nennt man auch **Körpernetz**.
Zu einem Körper gibt es verschiedene Netze.

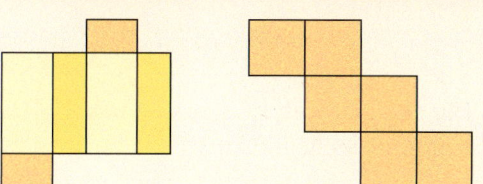

Oberfläche von Quader und Würfel

→ Seite 160

Oberflächeninhalt O: Quader
$O = 2 \cdot a \cdot b + 2 \cdot a \cdot c + 2 \cdot b \cdot c$
 oder kürzer
$O = 2 \cdot (a \cdot b + a \cdot c + b \cdot c)$

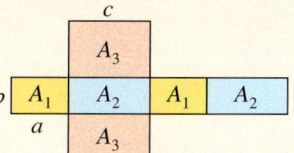

Würfel
$O = 6 \cdot a \cdot a$
 oder kürzer
$O = 6 \cdot a^2$

Vergleichen und Messen von Körpern

→ Seiten 164/165

Das **Volumen** gibt die Größe eines Körpers an. Können zwei Körper mit gleich vielen, gleich großen Teilkörpern ausgelegt werden, so haben sie dasselbe Volumen.

Wandelt man **Volumenmaße** in eine benachbarte Volumeneinheit um, so ist die **Umrechnungszahl 1 000**.

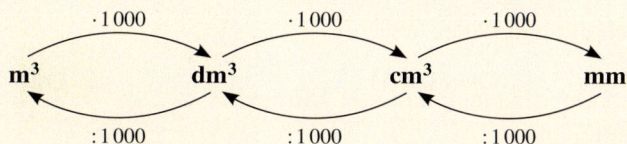

$\cdot 1000 \qquad \cdot 1000 \qquad \cdot 1000$

$m^3 \qquad dm^3 \qquad cm^3 \qquad mm^3$

$: 1000 \qquad : 1000 \qquad : 1000$

Für Flüssigkeiten werden **Hohlmaße** verwendet. 1 Liter hat 1 000 Milliliter. Volumenmaße und Hohlmaße können ineinander umgerechnet werden: **$1 l = 1 dm^3$, $1 ml = 1 cm^3$**

Das **Volumen V eines Quaders** wird mit der Formel $V = a \cdot b \cdot c$ berechnet.

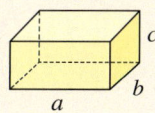

Das **Volumen V eines Würfels** wird mit der Formel $V = a \cdot a \cdot a = a^3$ berechnet.

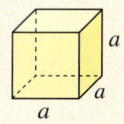

173

Teste dich!

2 Punkte

1 Vergleiche Quader und Würfel.
a) Gib die gemeinsamen Eigenschaften von Quader und Würfel an.
b) Welche zusätzlichen Eigenschaften hat der Würfel?

2 Punkte

2 Welches der vier Bilder ist das Schrägbild eines Würfels?
Begründe jeweils in einem Satz, warum die anderen drei Bilder keine Schrägbilder von Würfeln sind.

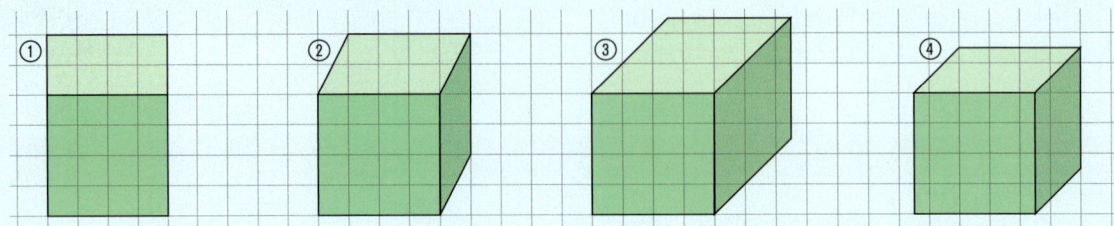

5 Punkte

3 Die abgebildeten Körper sind aus Einheitswürfeln (Kantenlänge = 1 cm) zusammengesetzt.
Wie groß ist ihr Volumen V?

a)   b)   c)   d)   e)

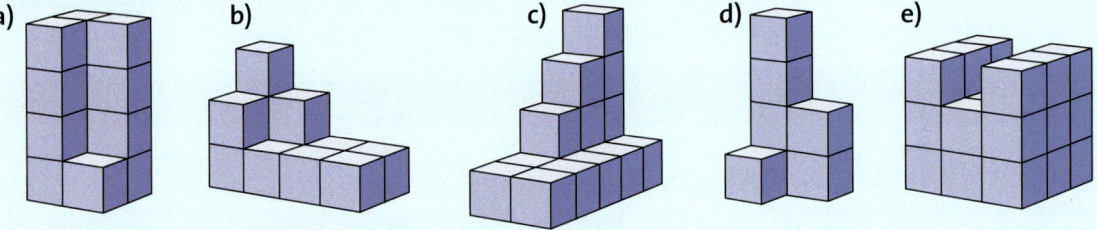

12 Punkte

4 Rechne die Volumenangaben in die angegebene Einheit um.
a) $65\,cm^3$ (mm^3) **b)** $15\,m^3$ (dm^3) **c)** $7\,000\,mm^3$ (cm^3) **d)** $72\,dm^3$ (mm^3)
e) $5\,m^3$ (l) **f)** $450\,dm^3$ (ml) **g)** $7,2\,cm^3$ (mm^3) **h)** $1,5\,m^3$ (dm^3)
i) $7\,500\,mm^3$ (cm^3) **j)** $85\,cm^3$ (dm^3) **k)** $3,5\,m^3$ (l) **l)** $4,75\,dm^3$ (ml)

2 Punkte

5 Ein Quader hat die folgenden Maße.
Berechne das Volumen V und den Oberflächeninhalt O des Quaders.
a) $a = 3\,cm$; $b = 5\,cm$; $c = 4\,cm$ **b)** $a = 3,5\,dm$; $b = 15\,cm$; $c = 2,5\,dm$

1 Punkt

6 Ein Würfel hat eine Kantenlänge von 41 mm.
Berechne den Oberflächeninhalt O des Würfels.

2 Punkte

7 Ein Würfel hat einen Oberflächeninhalt von $150\,cm^2$.
a) Berechne seine Kantenlänge.
b) Berechne das Volumen des Würfels.

4 Punkte

8 Parfüm ist häufig aufwändig verpackt.
Gib jeweils das Volumen der Schachtel
an und vergleiche es mit der Angabe auf
der Verpackung.

Gold: 28–30 Punkte, Silber: 24–27 Punkte, Bronze: 18–23 Punkte   Lösungen ab Seite 208

Daten

Manchmal sind Datenmengen sehr groß.
Im Schulsekretariat sind zum Beispiel die Namen,
die Anschrift, das Geburtsdatum, die Klasse,
die Fächerwahl und die Noten aller Schülerinnen
und Schüler gespeichert.
Um Daten miteinander zu vergleichen,
sind einige Werte von besonderer Bedeutung.
Außerdem ist eine übersichtliche
Darstellung der Daten wichtig.

Noch fit?

Einstieg

1 Daten aus Tabellen entnehmen
In einem Zoo leben acht Elefanten.

a) Sortiere die Elefanten nach ihrem Gewicht.

b) Sortiere die Elefanten nach ihrem Alter. Vergleiche mit a).

Name	Gewicht	Alter
Jenny	4 200 kg	44
Ganesh	4 900 kg	24
Bala	450 kg	2
Tuffi	3 400 kg	13
Calvin	4 500 kg	20
Indra	3 800 kg	33
Dunja	3 600 kg	25
Farina	470 kg	2

2 Kenngrößen von Daten
Gib die höchste Temperatur und die niedrigste an.

a) Wie groß ist der Unterschied?

b) Welche Fachbegriffe kannst du verwenden?

AUSSICHTEN FÜR DIE NÄCHSTEN TAGE

| Dienstag | Mittwoch | Donnerstag | Freitag |

3 Daten aus Umfragen darstellen
Erstelle eine Tabelle mit Strichliste und Häufigkeit zur Umfrage „Lieblingsfarben".

Teresa: lila	Cem: rot
Ilaria: blau	Luca: grün
Lotte: gelb	Fynn: blau
Chloe: rot, blau	Samuel: gelb, grün
Canan: lila, blau, gelb	Anton: grün, rot

4 Diagramme lesen
Beschreibe den Inhalt des Diagramms mit eigenen Worten.
Welche Fragestellung könnte über dem Diagramm stehen?

Aufstieg

1 Daten aus Tabellen entnehmen
Sortiere die Lebensmittel nach den Nährstoffen Eiweiß, Fett und Kohlenhydrate sowie nach ihrem Energiegehalt (in Kilokalorien).

je 100 g	Eiweiß	Fett	Kohlen-hydrate	Energie-gehalt
Butter	1 g	80 g	1 g	764 kcal
Bananen	1 g	0 g	18 g	81 kcal
Chips	5 g	40 g	46,1 g	530 kcal
Würstchen	15 g	26 g	0 g	292 kcal
Brötchen	9,2 g	2 g	50 g	262,8 kcal

2 Kenngrößen von Daten
Entnimm folgende Daten der Tabelle:

a) Minimum und Maximum beim Alter

b) größtes Mädchen und kleinster Junge

c) Spannweite beim Gewicht

Name	Geburtstag	Körpergröße	Gewicht
Max	18.05.04	139 cm	42 kg
Julian	15.06.04	141 cm	39 kg
Tom	12.03.03	131 cm	40 kg
Sina	22.02.04	134 cm	28 kg
Delia	27.09.03	128 cm	27 kg
Anna	24.11.04	132 cm	34 kg

3 Daten aus Umfragen darstellen
Die Frage „Sind Raucher cooler als Nichtraucher?" wurde wie folgt beantwortet.
Mädchen: 10 × „nein", 3 × „ja" und
          2 × „keine Meinung".
Jungen: 8 × „nein", 4 × „ja" und
          2 × „keine Meinung".
Erstelle eine Strichliste mit Häufigkeitstabelle.

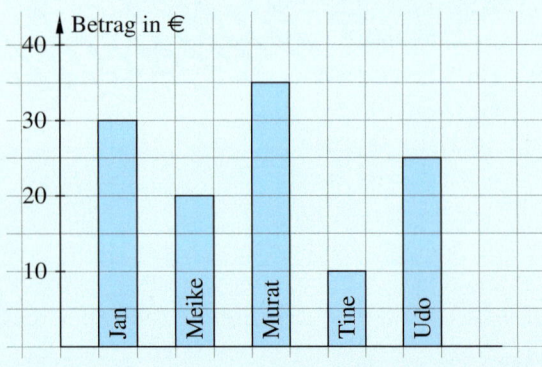

Lösungen ab Seite 208

Negative Zahlen

Entdecken

1 Die Karte zeigt die Temperaturen in einigen europäischen Städten an einem Wintertag.

a) Zeichne ein Thermometer und markiere die Temperaturangaben.

b) Bestimme den Unterschied zwischen der höchsten und der niedrigsten Temperatur.

c) Die höchste je in Deutschland gemessene Temperatur liegt bei $40\,°C$, die tiefste bei $-38\,°C$.
Überlege mit einem Partner oder einer Partnerin, wie eine Skala aussehen sollte, auf der sich die beiden Temperaturen markieren lassen.

2 Caesar war ein berühmter Herrscher im alten Rom. Sein Adoptivsohn hieß Oktavian.
Dieser wurde später Augustus genannt. Er lebte von 63 v. Chr. bis 14 n. Chr.

a) Schau dir die Zeitskala an. Beschreibe die Bedeutung der 0. Wie könnte man das Todesdatum von Oktavian schreiben?

b) Wie alt wurde Caesar?

c) Wie alt war Oktavian zu Christi Geburt?

d) Wie alt wurde Oktavian?

e) Oktavian führte den Ehrennamen „Augustus" 41 Jahre lang bis zu seinem Tod. Wann bekam er den Ehrenname verliehen?

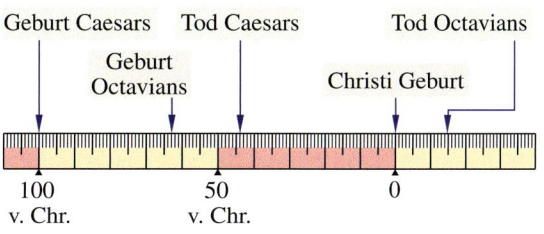

Gaius Julius Caesar: geboren 100 v. Chr., gestorben 44 v. Chr.

3 Die Zeitzonen der Erde sind Bereiche, in denen jeweils eine gemeinsame Uhrzeit gilt.
In der Weltkarte sind die Zeitzonen dargestellt.

a) Was bedeuten die Zahlen am unteren Rand der Karte?

b) „Je weiter zwei Städte voneinander entfernt sind, desto größer ist der Zeitunterschied." Stimmt das?

c) Übertrage die Städte in der Randspalte ins Heft. Ergänze die Uhrzeiten.

d) Schreibe auf eine Karteikarte eigene Aufgaben und auf die Rückseite die Lösung.
Tausche die Karteikarten mit deinen Mitschülern aus.

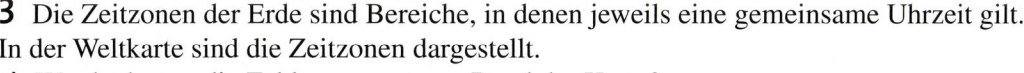

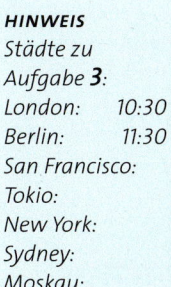

HINWEIS
*Städte zu Aufgabe **3**:*
London: 10:30
Berlin: 11:30
San Francisco:
Tokio:
New York:
Sydney:
Moskau:

177

Verstehen

Messungen werden häufig an Skalen dargestellt. Diese können verschieden aussehen.
Die „Nullmarke" liegt manchmal an unterschiedlichen Stellen der Skala.

Beispiel 1
Skalen, die bei „Null" beginnen

*Beim **Weitsprung** liegt die Nullmarke am Absprungbalken.*

*Die Skalen von **Tachometer** und **Reifendruckmessgerät** sind meistens kreisförmig. Die Messung beginnt bei der Nullmarke.*

Beispiel 2
Skalen, die *nicht* bei „Null" beginnen

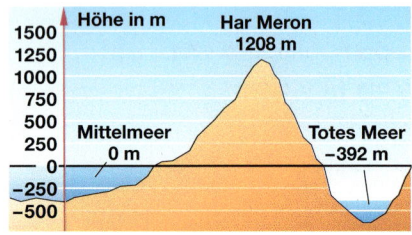

Das Bild zeigt den höchsten und tiefsten Punkt in Israel. Die Wasseroberfläche des Toten Meeres liegt 392 m unter dem Meeresspiegel.

Das Thermometer zeigt 25 Grad unter Null an. Man sagt dazu auch minus 25 Grad Celsius und schreibt $-25\,°C$.

Der Zahlenstrahl reicht nicht aus, um alle Temperaturen oder Höhen anzuzeigen.
Um auch kleinere Zahlen als Null darstellen zu können, muss der Zahlenstrahl über die Null hinaus nach links erweitert werden.
So wird aus dem Zahlenstrahl eine **Zahlengerade**.

Merke Negative Zahlen sind kleiner als Null und werden mit einem Minuszeichen ($-$) gekennzeichnet. Sie stehen auf der Zahlengeraden links von der Null.

Positive Zahlen sind größer als Null und können mit einem Pluszeichen ($+$) gekennzeichnet werden. Sie stehen auf der Zahlengeraden rechts von der Null.

Zahlen werden kleiner

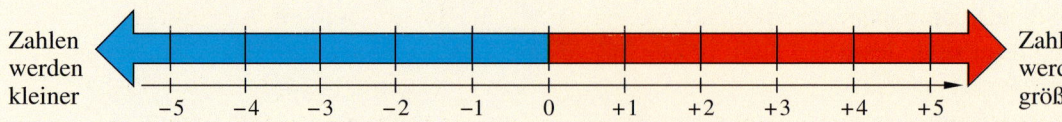

$-5 \quad -4 \quad -3 \quad -2 \quad -1 \quad 0 \quad +1 \quad +2 \quad +3 \quad +4 \quad +5$

Zahlen werden größer

Von zwei Zahlen ist diejenige größer, die auf der Zahlengeraden weiter rechts liegt.

Beispiel 3
$+5\,°C$ ist wärmer als $-5\,°C$, also gilt $+5 > -5$ und $-5 < +5$

Es gibt immer zwei Zahlen, die den gleichen Abstand zur Null haben. Diese Zahlen nennt man **Gegenzahlen**. -5 ist die Gegenzahl von 5, -2 ist die Gegenzahl von 2, …

Die natürlichen Zahlen ($\mathbb{N}$) und die negativen Zahlen nennt man zusammen **ganze Zahlen** ($\mathbb{Z}$).
$\mathbb{Z} = \{\ldots; -2; -1; 0; 1; 2; \ldots\}$

Üben und anwenden

1 Kontostände gibt man mithilfe von positiven und negativen Zahlen an.
Was bedeuten die Angaben
$+548{,}87 \,€$ und $-366{,}05 \,€$?

1 👥 Was bedeuten die negativen Zahlen auf dem Kassenbon?
Erklärt sie euch gegenseitig.

```
--------------------------
                  EUR
Apfelschorle   1     1,17
Pfand        * 1     0,25
Leergut      * 1    -5,34
--------------------------
            Summe EUR  -4,02
--------------------------
        Rückgeld EUR   4,02
```

2 👥 Arbeitet in Gruppen zusammen.
Sammelt Beispiele, in denen negative Zahlen eine Rolle spielen.
Gestaltet dazu ein Plakat und präsentiert es vor der Klasse.

2 👥 Sucht euch die Informationen aus dem Internet und präsentiert sie vor der Klasse.
Wo wurden die bisher höchsten und niedrigsten Temperaturen gemessen?

3 Schreibe die Zahlenangaben mit dem entsprechenden Vorzeichen.
a) Fische leben im Meer in einer Tiefe bis zu 7 190 m.
b) Die Stadt Winterberg liegt 670 m über dem Meeresspiegel.
c) Das Tote Meer liegt 392 m unter dem Meeresspiegel.
d) Das Kaspische Meer liegt 28 m unter dem Meeresspiegel.
e) Die tiefste Bohrung in Deutschland endet bei 9 101 m unter dem Meeresspiegel.

4 Übertrage die Zahlengerade in dein Heft. Trage die Temperaturen ein.

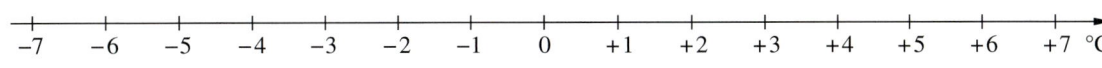

a) $-7\,°C$ b) $+5\,°C$ c) $0\,°C$ d) $-3\,°C$
e) $+7\,°C$ f) $-1\,°C$ g) $-6\,°C$ h) $+6\,°C$
i) $-0{,}5\,°C$ j) $-1{,}5\,°C$ k) $+2{,}5\,°C$ l) $-2{,}5\,°C$

5 Welche Zahlen sind rot markiert?

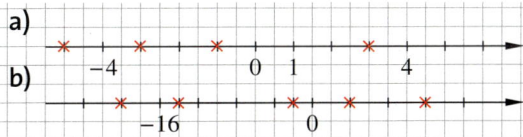

5 Welche Zahlen sind rot markiert?

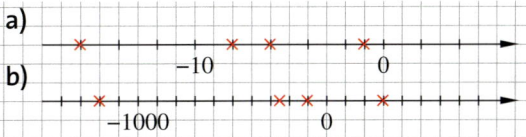

6 Lies aus dem Diagramm die monatlichen Lufttemperaturen des Ortes Inari (Finnland) ab.
Erstelle eine Tabelle mit Spalten für Monat und Temperatur.

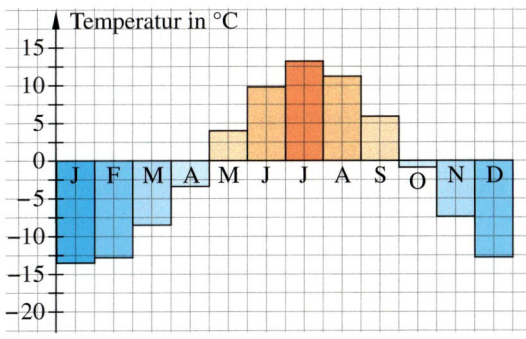

6 Die Tabelle zeigt die monatlichen Lufttemperaturen im sibirischen Oimjakon, dem kältesten Ort auf der Nordhalbkugel.
Zeichne ein Säulendiagramm mit den Temperaturen für die Monate Januar bis Dezember.

Monat	Temperatur	Monat	Temperatur
Januar	$-50\,°C$	Juli	$15\,°C$
Februar	$-44\,°C$	August	$10\,°C$
März	$-32\,°C$	September	$2\,°C$
April	$-15\,°C$	Oktober	$-15\,°C$
Mai	$-2\,°C$	November	$-26\,°C$
Juni	$11\,°C$	Dezember	$-47\,°C$

179

7 Übertrage die Zahlengerade in dein Heft. Ordne die Fahrstuhlanzeigen zu.

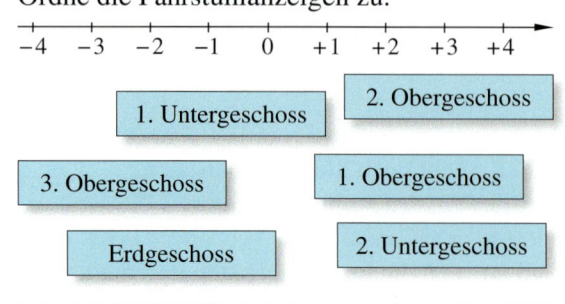

7 Sortiere die Kontostände aufsteigend in deinem Heft.

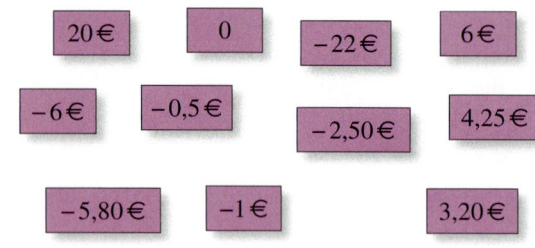

8 Beantworte mithilfe einer Zahlengeraden.
a) Liegt -1 näher an -3 oder $+3$?
b) Liegt 0 näher an -5 oder $+5$?
c) Liegt $+2$ näher an -2 oder $+3$?
d) Liegt -2 näher an 0 oder -3?
e) Liegt -3 näher an -5 oder 0?

8 Beantworte die Fragen.
a) Liegt -10 näher an $+10$ oder -100?
b) Liegt -2 näher an -7 oder $+7$?
c) Liegt -5 näher an -9 oder 0?
d) Liegt 4 näher an -2 oder -3?
e) Liegt 100 näher an -99 oder 2?

9 Zeichne eine Temperaturskala, die von $-15\,°C$ bis $+15\,°C$ geht ($1\,°C \mathrel{\widehat{=}} 5\,mm$).
Löse mithilfe der Skala die folgenden Aufgaben.

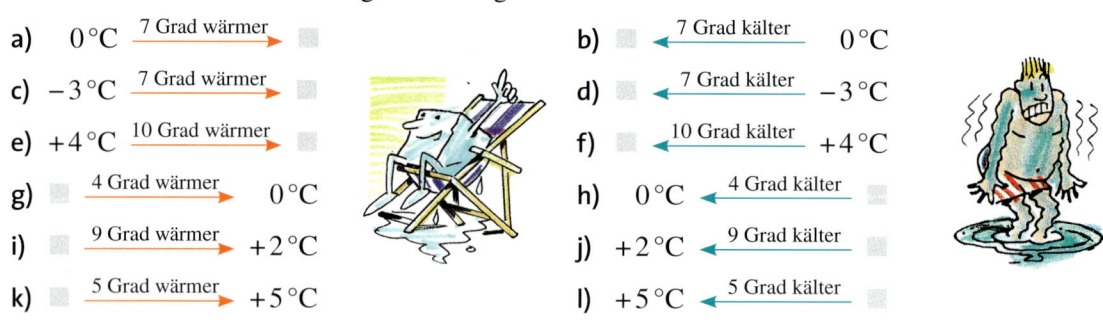

a) $0\,°C$ — 7 Grad wärmer →
b) ← 7 Grad kälter — $0\,°C$
c) $-3\,°C$ — 7 Grad wärmer →
d) ← 7 Grad kälter — $-3\,°C$
e) $+4\,°C$ — 10 Grad wärmer →
f) ← 10 Grad kälter — $+4\,°C$
g) — 4 Grad wärmer → $0\,°C$
h) $0\,°C$ ← 4 Grad kälter —
i) — 9 Grad wärmer → $+2\,°C$
j) $+2\,°C$ ← 9 Grad kälter —
k) — 5 Grad wärmer → $+5\,°C$
l) $+5\,°C$ ← 5 Grad kälter —

10 Ordne den Aussagen passende Terme zu.
Stelle anschließend jeweils eine passende Frage und beantworte sie mithilfe der Terme.
① Der Kontostand liegt bei $-5\,€$. Es werden $15\,€$ auf das Konto eingezahlt.
② Ein U-Boot befindet sich $5\,m$ unter dem Meeresspiegel. Es taucht noch $15\,m$ tiefer.
③ Am Mittag sind es $5\,°C$. Bis zum Abend sinkt die Temperatur um $15\,°C$.
④ Malte macht fünf Wochen hintereinander $15\,€$ Schulden.
⑤ $15\,€$ Schulden werden in 5 gleich großen Raten zurückgezahlt.

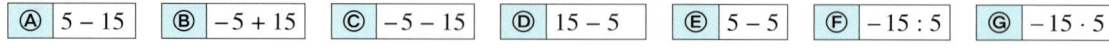

Ⓐ $5-15$ Ⓑ $-5+15$ Ⓒ $-5-15$ Ⓓ $15-5$ Ⓔ $5-5$ Ⓕ $-15:5$ Ⓖ $-15\cdot5$

11 Zähle.
Eine Zahlengerade kann helfen.
a) Zähle in 2er-Schritten von -10 bis $+10$.
b) Zähle in 5er-Schritten von -15 bis $+5$.
c) Zähle von -12 in vier gleich großen Schritten bis 0.
d) Zähle in 10er-Schritten von -80 bis 20.

11 Zähle.
a) Zähle von -20 in vier gleich großen Schritten bis 0.
b) Zähle von -100 in fünf gleich großen Schritten bis 0.
c) Zähle von -60 in vier gleich großen Schritten bis 0.
d) Stellt euch gegenseitig ähnliche Aufgaben.

Methode: Ganze Zahlen im Koordinatensystem

Das Koordinatensystem mit positiven Zahlen kennst du bereits.
Um auch Punkte mit negativen Koordinaten eintragen zu können, wird die x-Achse nach links und die y-Achse nach unten verlängert.

Die x-Achse und die y-Achse treffen sich im **Nullpunkt** $S(0|0)$.
Sie teilen das Koordinatensystem in vier Bereiche. Diese Bereiche werden **Quadranten** genannt.

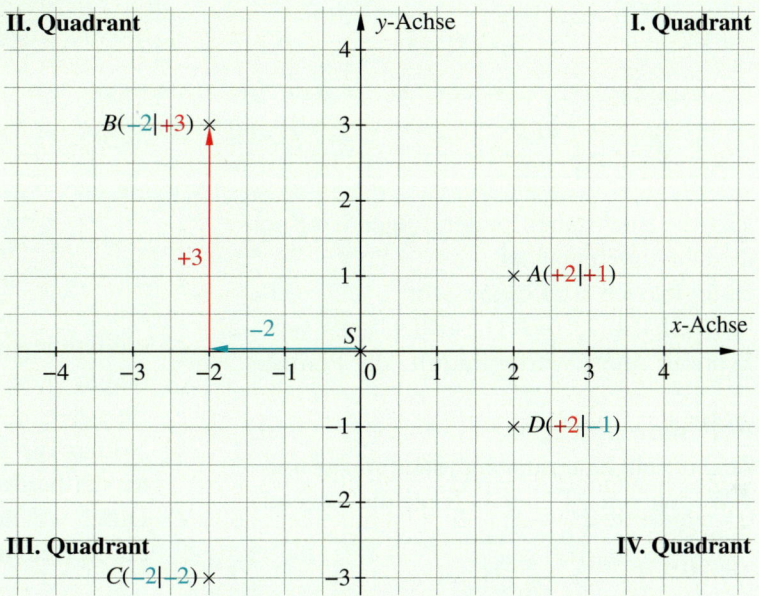

Beispiel:
Der **Punkt A** hat die Koordinaten $x = 2$ und $y = 1$, kurz $A(2|1)$.
Das bedeutet:

Punkt A $(+2|+1)$: Gehe von $S(0|0)$ 2 Einheiten nach **rechts** und 1 Einheit nach **oben**.
Punkt B $(-2|+3)$: 2 Einheiten nach **links** und 3 Einheiten nach **oben**.
Punkt C $(-2|-3)$: 2 Einheiten nach **links** und 3 Einheiten nach **unten**.
Punkt D $(+2|-1)$: 2 Einheiten nach **rechts** und 1 Einheit nach **unten**.

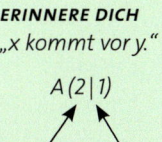

ERINNERE DICH
„x kommt vor y."

$A(2|1)$

x-Koordinate
y-Koordinate

1 Koordinaten ablesen
Gib die Koordinaten der Eckpunkte an.

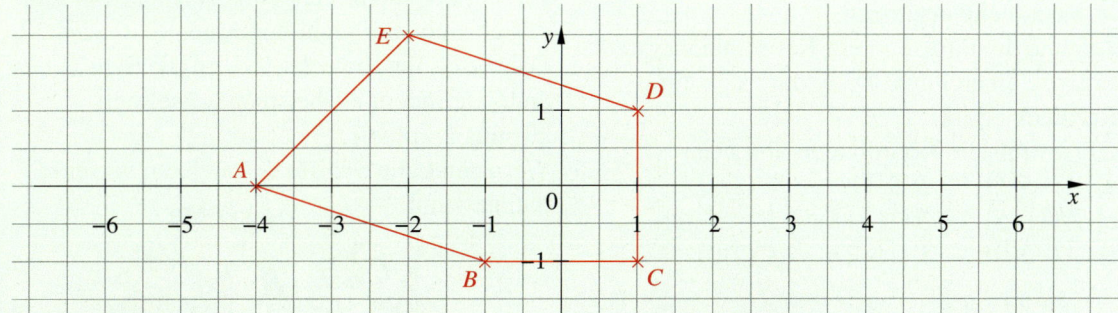

2 Die Quadranten
a) In welchem Quadranten liegen die Punkte?
$A(-2|1)$; $B(-5|-6)$; $C(-1|-4)$; $D(3|8)$;
$E(-2|-5)$; $F(6|-5)$; $G(3|-5)$; $H(6|4)$
b) Nenne Beispiele für Punkte, die im II. bzw. im IV. Quadranten liegen.
c) In welchem Quadranten liegt ein Punkt, dessen Koordinaten beide negativ sind?

181

3 Punkte ablesen

In das Koordinatensystem sind verschiedene Punkte eingetragen.

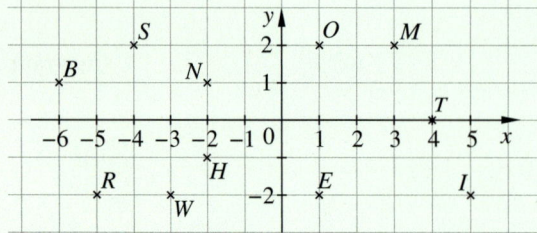

Lies die Buchstaben zu den folgenden Koordinaten hintereinander.

Es ergibt sich ein Lösungswort:

$(-3|-2); (5|-2); (-2|1); (4|0); (1|-2); (-5|-2)$

Schreibe selbst Wörter mithilfe der Punkte.

4 Punkte eintragen

Zeichne ein Koordinatensystem mit x- und y-Werten von -4 bis $+4$. Trage die folgenden Punkte in das Koordinatensystem ein.

a) $A(2|3)$ $B(1|-2)$
    $C(2|-3)$ $D(-2|3)$

b) $E(-1|1)$ $F(-2|-2)$
    $G(1|1)$ $H(-1|0)$

c) $I(1|-1)$ $J(-1|-1)$
    $K(-3|-2)$ $L(0|-2)$

d) $M(3|-2)$ $N(0|-1)$
    $O(2|-2)$ $P(-2|0)$

5 Rechtecke ergänzen

Zeichne die Punkte in ein Koordinatensystem. Ergänze einen Punkt D so, dass sich ein Rechteck ergibt.

Gib jeweils die Koordinaten von D an.

a) $A(-5|1);$ $B(2|1);$ $C(2|3)$

b) $A(1|-5);$ $B(1|-1);$ $B(-2|-1)$

c) $A(-3|0);$ $B(1|-2);$ $C(2|0)$

6 Muster zeichnen

Zeichne ein Koordinatensystem mit x- und y-Werten jeweils von -5 bis $+5$.

a) Trage folgende Punkte ein und verbinde sie: $A(-3|-3); B(-3|-2); C(-2|-2); D(-2|-1); E(-1|-1); F(-1|0)$.

b) Spiegele das Muster einmal an der x-Achse und einmal an der y-Achse.
Was stellst du fest?

7 Geraden im Koordiantensystem

In das Koordinatensystem sind zwei Geraden eingezeichnet.

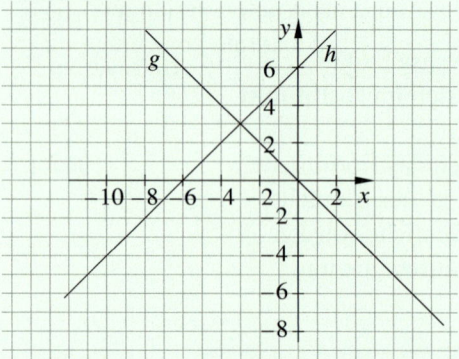

a) Notiere je vier Punkte auf den Geraden g und h.
Beispiel: g verläuft durch $(1|-1)$.

b) Notiere die Koordinaten des Schnittpunktes der beiden Geraden.

c) Durch welche Quadranten verläuft g, durch welche Quadranten verläuft h?

8 👥 Schiffe versenken (Spiel für 2 Personen)

Beide Spieler zeichnen ein Koordinatensystem ($1\,LE = 1\,cm$) mit x- und y-Werten jeweils von -3 bis $+3$.

Jeder zeichnet geheim 10 „Schiffe" in sein Koordinatensystem: Die Schiffe können waagerecht oder senkrecht eingezeichnet werden, dürfen sich aber nicht berühren.

Dann zielt ihr abwechselnd auf die Schiffe des anderen, indem ihr beispielsweise sagt: „Minus 2; plus 1."

Wer zuerst alle Schiffe des anderen versenkt hat, gewinnt.

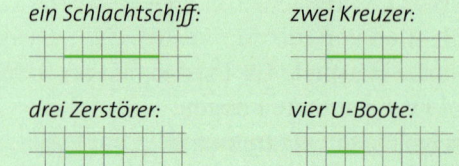

ein Schlachtschiff: zwei Kreuzer:

drei Zerstörer: vier U-Boote:

Baumdiagramme

Entdecken

1 Das Menü einer Kantine besteht aus einer Hauptspeise und einer Nachspeise. Damit die Köchin planen kann, muss man am Vortag in einer Tabelle ankreuzen, welches Gericht man essen möchte.
Wie viele unterschiedliche Menüs können bestellt werden?

Hauptspeise ⟍ Nachtisch	Apfel	Joghurt
Spaghetti		
Currywurst mit Pommes		
Salatteller		

2 An einem anderen Tag kann man sich aus Vorspeise, Hauptspeise und Nachtisch ein Menü zusammenstellen.

Vorspeise	**Hauptspeise**	**Nachtisch**
Tomatensuppe	Nudeln	Banane
Salat	Fischstäbchen	Joghurt
		Wassermelone

Janine stellt die Auswahlmöglichkeiten als Diagramm dar:

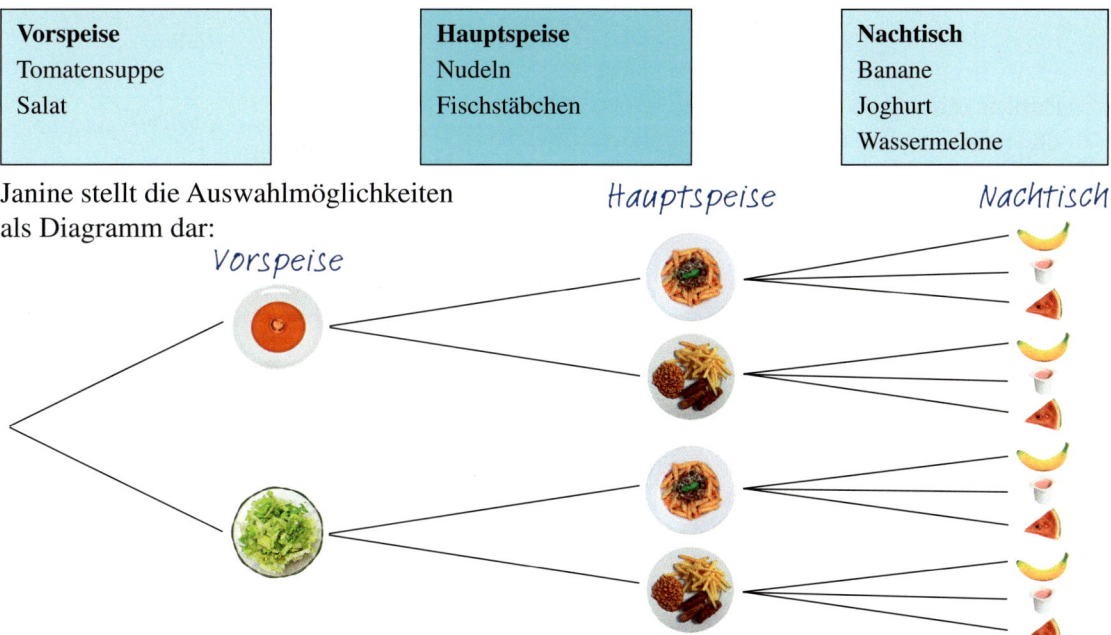

a) Fynn wählt Salat, Fischstäbchen und Joghurt zum Essen aus.
   Zeige Fynns Menü im Diagramm.
b) 👥 Stellt verschiedene Menüs aus Vorspeise, Hauptspeise und Nachtisch zusammen und zeigt sie im Diagramm.
c) Wie viele unterschiedliche Menüs können zusammengestellt werden?

3 Die Schulmensa bietet Brötchen und Mehrkornbrötchen an. Sie sind mit Käse, Schinken oder Salami belegt.
a) Gülden meint, dass die Mensa sechs Varianten belegter Brötchen anbietet.
   Bist du dergleichen Ansicht?
   Begründe und schreibe alle möglichen Kombinationen zwischen Brötchenart und Belag auf, z.B. (Brötchen/Käse) oder (Mehrkorn/Schinken).
b) Neben den Brötchen und den Mehrkornbrötchen sollen noch Roggenbrötchen angeboten werden. Als Belag kommt Frischkäse dazu. Wie viele Kombinationen gibt es nun?
   👥 Vergleicht eure Lösungswege untereinander.

183

Verstehen

Zum Schuljubiläum der Albert-Einstein-Schule gibt es T-Shirts mit dem Logo der Schule.
Zur Auswahl stehen T-Shirts in den Größen S, M und L jeweils in den Farben Rot und Blau.
Bei der Auswahl eines T-Shirts sind zwei Entscheidungen nötig – die Größen und die Farbauswahl.
Alle Möglichkeiten der Auswahl lassen sich übersichtlich in einem Diagramm darstellen.

Beispiel

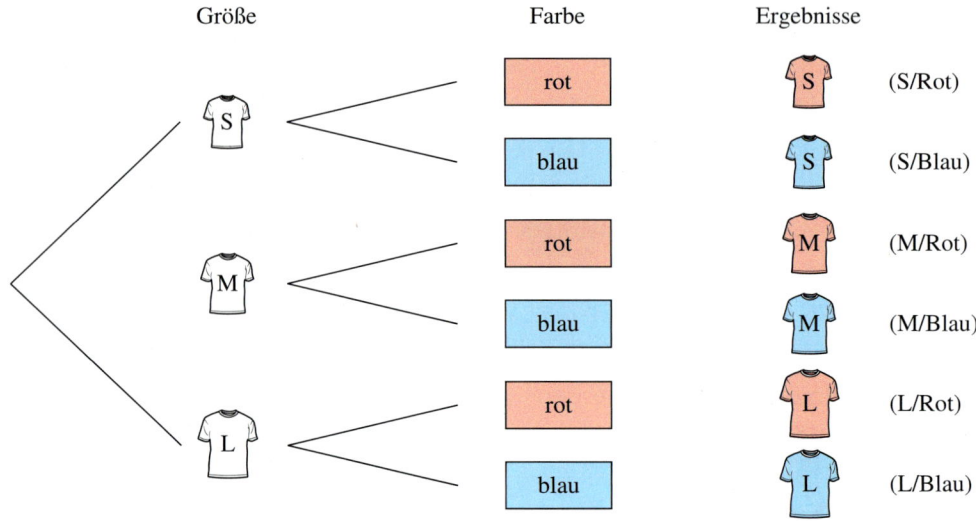

Insgesamt gibt es 6 verschiedene Möglichkeiten der Auswahl, also 6 verschiedene T-Shirts.

> **Merke** Ein Diagramm, wie in der Abbildung oben, nennt man **Baumdiagramm**.
> Ein Baumdiagramm beginnt mit einem Ausgangspunkt und verzweigt sich dann.
> An den Ästen (Pfaden) lässt sich leicht ablesen, welche und wie viele Möglichkeiten es gibt.

HINWEIS
Die Darstellung wird Baumdiagramm genannt, weil die Verzweigungen den Ästen und Zweigen eines Baumes ähneln.

Üben und anwenden

1 Wie viele zweistellige Zahlen kann man aus folgenden Ziffern bilden?

| 2 | | 4 | | 5 |

a) Ergänze dazu das Baumdiagramm im Heft.

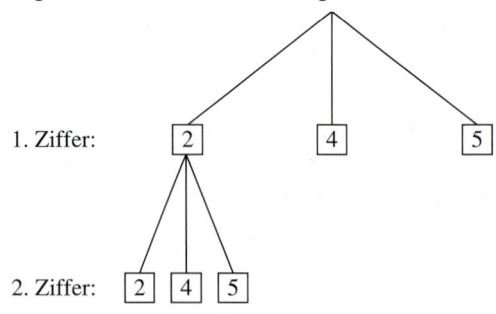

b) Notiere alle möglichen Zahlen.

1 Ein Eisverkäufer verkauft Schokoladen-, Waldmeister- und Erdbeereis.
Wie viele Möglichkeiten gibt es, wenn drei Kugeln übereinander gestapelt werden?
a) Ergänze dazu das Baumdiagramm im Heft.

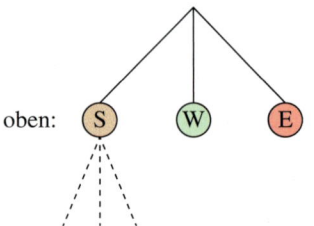

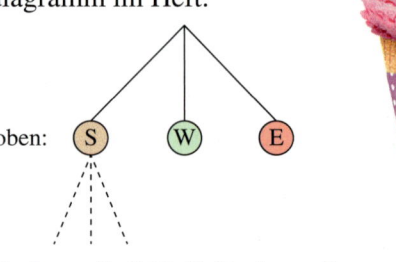

b) Notiere alle Möglichkeiten, die es gibt.

184

2 Ergebnisse von Zufallsexperimenten
Lucia zieht nacheinander aus dem Gefäß alle drei Kugeln und notiert jeweils den Buchstaben.
Wie viele verschiedene Fantasiewörter können entstehen?

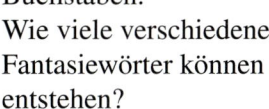

2 Ergebnisse von Zufallsexperimenten
Wie viele Möglichkeiten gibt es, die drei Buchstaben auf verschiedene Weise anzuordnen?

Wie viele Möglichkeiten gibt es, wenn es vier verschiedene Buchstaben wären?

3 Familie Messerschmidt isst im Restaurant. Es gibt drei verschiedene Hauptspeisen: Steak, Pizza oder Auflauf. Es gibt zwei verschiedene Nachspeisen: Pudding oder Eis.
a) Wie viele Möglichkeiten gibt es, ein Essen zusammenzustellen?
b) Zeichne ein Baumdiagramm.

3 In einem italienischen Restaurant gibt es drei verschiedene Suppen und fünf verschiedene Pizzen zur Auswahl.
Frau Hüller möchte eine Suppe und eine Pizza essen.
a) Zeichne ein Baumdiagramm.
b) Wie viele Möglichkeiten hat sie?

4 Wie viele Möglichkeiten gibt es jeweils, sich anzuziehen?

a)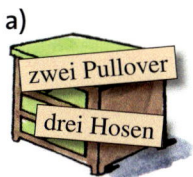
zwei Pullover
drei Hosen

b)
zwei Hosen
vier Pullover

c)
drei Hosen
vier Pullover

d)
drei Paar Schuhe
ein Rock
zwei Oberteile

4 Eine Mensa bietet zum Mittagessen vier Hauptgerichte und zwei Nachspeisen an.

Hauptgericht	Nachspeise
Nudeln	Birne
Salat	Quark
Pizza	
Fisch	

a) Zeichne ein zugehöriges Baumdiagramm.
b) Aus wie vielen Kombinationsmöglichkeiten können die Schülerinnen und Schüler das Essen auswählen?
c) Notiere alle Kombinationsmöglichkeiten z. B. (Pizza/Birne).

5 Eine Münze wird zweimal geworfen.
Sie landet auf Wappen (W) oder auf Zahl (Z).
a) Zeichne ein Baumdiagramm.
b) Wie viele mögliche Ergebnisse gibt es?

5 In einem Gefäß liegen zwei rote, zwei blaue und zwei gelbe Kugeln. Tina zieht zweimal hintereinander je eine Kugel, wobei sie jedes Mal die Kugel wieder zurücklegt.
a) Wie viele Stufen hat dieses Experiment?
b) Zeichne ein Baumdiagramm.
c) Wie viele verschiedene Möglichkeiten, zwei Kugeln zu ziehen, gibt es?

6 Mit dem Würfel, dessen Netz abgebildet ist, wird zweimal hintereinander geworfen.
Wie viele Möglichkeiten von Farbkombinationen gibt es?

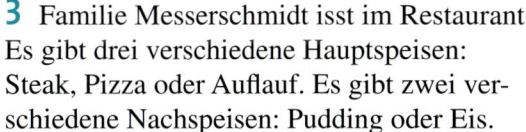

6 Max möchte einen Cocktail mit zwei unterschiedlichen Säften mixen. Er hat sechs verschiedene Fruchtsäfte im Haus. Max meint, dass er 30 verschiedene Cocktails mixen kann. Sein Vater ist der Ansicht, dass es nur 15 sind. Welcher Meinung bist du? Begründe.

7 In der Führerscheinprüfung müssen die richtigen Antworten aus vorgegebenen Antworten ausgewählt werden.
1. Frage: Sie nähern sich mit dem Auto Kindern, die auf dem Gehweg spielen.
Wie müssen Sie sich verhalten?
① Langsamer fahren und bremsbereit sein.
② Unverändert weiterfahren.
③ Kräftig hupen und weiterfahren.
2. Frage: Wer ist für den verkehrssicheren Zustand eines zugelassenen Fahrzeugs verantwortlich?
① Der Fahrer ② Der Halter
③ Die Haftpflichtversicherung
Josefine weiß die richtigen Antworten nicht und rät bei beiden Fragen. Wie viele Kombinationsmöglichkeiten hat sie?

7 Simone warf einen Würfel, notierte die Augenzahl und wiederholte das noch einmal. Sie zeichnete zu den möglichen Ergebnissen ein Baumdiagramm.

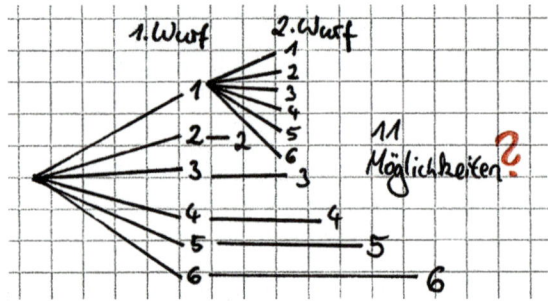

a) Beschreibe die Fehler, die Simone gemacht hat.
b) Wie viele mögliche Ergebnisse gibt es? Vergleicht eure Lösungswege.

8 Erzähle zu den Baumdiagrammen je eine passende Geschichte.

a)

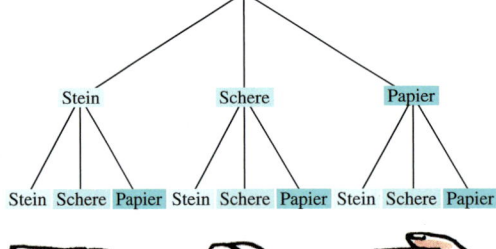

b)

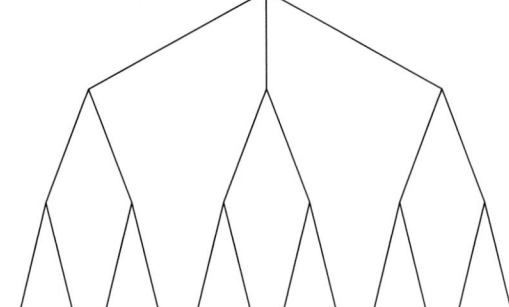

9 👥 Arbeitet zu zweit oder in kleinen Gruppen.
a) Welches Schloss ist sicherer? Begründet.
b) Wie viele verschiedene Zahlencodes gibt es jeweils bei den Zahlenschlössern?
Ist es sinnvoll ein Baumdiagramm zu zeichnen?
Präsentiert eure Lösungswege.

10 Autokennzeichen
Herr Andres meldet sein neues Auto in Kusel an.
Er möchte auf dem Nummernschild ein A haben.

a) Wie viele verschiedene Autokennzeichen sind möglich, wenn die Zahl auf dem Kennzeichen aus einer Ziffer besteht?
b) Wie viele verschiedene Autokennzeichen sind möglich, wenn die Zahl aus zwei (aus drei) Ziffern besteht?
c) Schätze: Wie viele verschiedene Autokennzeichen kann es in Kusel geben?
Vergleicht eure Schätzungen untereinander.

Häufigkeiten

Entdecken

1 Die Polizei kontrolliert an den Schulen die Verkehrssicherheit von Fahrrädern.

Schule	Real-schule	Gesamt-schule	Haupt-schule	Gym-nasium
Gesamtanzahl der untersuchten Fahrräder	120	120	60	90
Anzahl der Fahrräder mit Mängeln	18	24	15	18

a) Die Schulleiterin der Hauptschule lobt ihre Schüler, weil an ihren Fahrrädern die wenigsten Mängel festgestellt wurden. Die Direktorin der Gesamtschule ist verärgert, weil die Polizei bei den Fahrrädern ihrer Schüler die meisten Mängel gefunden hat.
Die Polizei ist anderer Meinung. Schreibe ein mögliches Gespräch zwischen dem Polizisten und den Schulleiterinnen.

b) Welche Schulen lassen sich problemlos miteinander vergleichen? Begründe.

2 Der amerikanische Statistiker John Tukey hat einzelne Daten geschickt zusammengefasst, ohne dass eine Angabe verloren geht. Er nannte seine Darstellung **Stängel-Blätter-Diagramm**.
In den vier Kästen stehen die Körpergrößen von 15 Basketballspielerinnen einer sechsten Klasse. Das Diagramm zeigt einen Kasten.

a) Überlege, welche Längen im Stängel und welche in den Blättern dargestellt sind.

b) Lies im Diagramm ab: Wie groß ist die kleinste (größte) Spielerin?
Wie viele Mädchen sind gleich groß?

c) Stell die Körpergröße der anderen Spielerinnen im Stängel-Blätter-Diagramm dar.

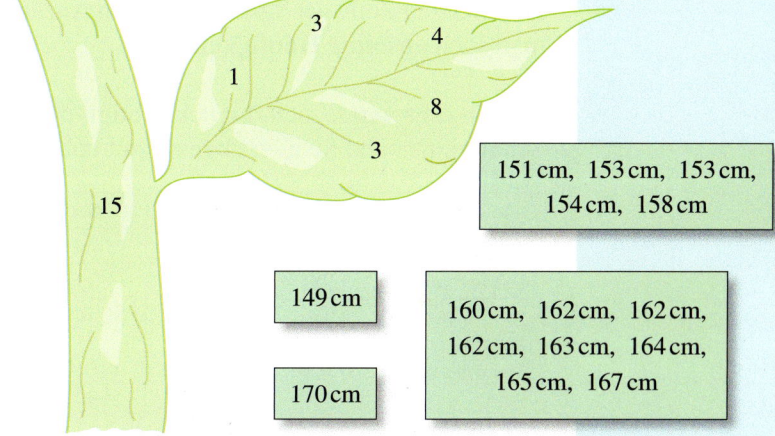

3 Bei den Bundesjugendspielen erreichten die Jungen der Klasse 6a folgende Punktzahlen:
784, 698, 790, 812, 770, 724, 956, 756, 708, 732, 911, 925, 880, 992.
Die Jungen der Parallelklasse 6b erzielten diese Ergebnisse: 687, 722, 740, 964, 1043, 996, 632, 1009, 653, 871, 692.

a) Sortiere die Punktzahlen für beide Klassen. Beginne jeweils bei der kleinsten Punktzahl.

b) Bestimme die Anzahl der Schüler, die keine Urkunde, eine Siegerurkunde und eine Ehrenurkunde erhalten.

c) Welche Klasse war erfolgreicher? Finde Argumente für beide Klassen.

Verstehen

Die Fußballmannschaft der Pestalozzi-Schule hat das Endspiel um die Stadtmeisterschaft erreicht. Vor dem Spiel befragte Marisa für die Schülerzeitung einige Klassen, ob sie Jannik für den erfolgreichsten Stürmer halten.

	7 a	7 b	8 a	8 b	9 a	9 b	10 a	10 b
ja	13	17	14	11	13	12	15	13
nein	12	11	15	16	6	9	10	13
weiß nicht	3	1	2	2	8	5	0	0
Gesamtzahl der Befragten	28	29	31	29	27	26	25	26

Am **häufigsten** wurde Jannik in der Klasse 7 b genannt.
Am **seltensten** wurde er in der 8 b genannt.
Der **Unterschied** beträgt 6 Nennungen:
$17 - 11 = 6$

17 ist das **Maximum** der Nennungen.

11 ist das **Minimum** der Nennungen.
6 ist die **Spannweite** der Nennungen.

In der ersten Zeile der Tabelle steht die Anzahl der Nennungen für Jannik. Die Anzahl nennt man auch **absolute Häufigkeit**.

Achtung: Es wurde nicht berücksichtigt, dass in den einzelnen Klassen unterschiedlich viele Schülerinnen und Schüler abgestimmt haben.

	7 a	7 b	8 a	8 b	9 a	9 b	10 a	10 b
ja	13	17	14	11	13	12	15	13
Gesamtzahl	28	29	31	29	27	26	25	26
Anteil an der Gesamtzahl	$\frac{13}{28}$ $\approx 0{,}46$ $= 46\%$	$\frac{17}{29}$ $\approx 0{,}59$ $= 59\%$	$\frac{14}{31}$ $\approx 0{,}45$ $= 45\%$	$\frac{11}{29}$ $\approx 0{,}38$ $= 38\%$	$\frac{13}{27}$ $\approx 0{,}48$ $= 48\%$	$\frac{12}{26}$ $\approx 0{,}46$ $= 46\%$	$\frac{15}{25}$ $\approx 0{,}60$ $= 60\%$	$\frac{13}{26}$ $\approx 0{,}50$ $= 50\%$

In der Tabelle kann man die Anteile der Nennungen für Jannik an der Gesamtzahl der Befragten ablesen.

Beispiel

In der Klasse 7 a haben 13 von 28 Befragten Jannik genannt. Das sind $\frac{13}{28} \approx 0{,}46$ der Befragten.

Die absolute Häufigkeit beträgt 13 und die relative Häufigkeit $\frac{13}{28}$, also ungefähr $0{,}46 = 46\%$.

> **Merke** Die **absolute Häufigkeit** gibt eine Anzahl an.
> Die **relative Häufigkeit** ist ein Anteil an der Gesamtzahl.
>
> $$\text{Relative Häufigkeit} = \frac{\text{absolute Häufigkeit}}{\text{Gesamtzahl}}$$
>
> Die relative Häufigkeit kann man als Bruch, als Dezimalbruch oder als Prozentsatz angeben.

Üben und anwenden

1 Alina hat 100-mal gewürfelt. Übertrage die Tabelle in dein Heft. Gib die relative Häufigkeit für die Augenzahlen als Bruch an.

Augenzahl	1	2	3	4	5	6
absolute Häufigkeit	16	20	14	16	16	18
relative Häufigkeit						

1 Kira hat 25-mal gewürfelt. Übertrage die Tabelle ins Heft. Gib die relative Häufigkeit für die Augenzahlen als Prozentzahl an.

Augenzahl	1	2	3	4	5	6
absolute Häufigkeit	4	6	2	7	2	4
relative Häufigkeit						

2 Lucia dreht an einem Glücksrad. Sie hat notiert, wie oft das Glücksrad bei den verschiedenen Farben stehengeblieben ist.

```
grün:  卌 卌 卌 卌 卌 卌 卌
gelb:  卌 ||
rot:   卌 卌 ||||
blau:  卌 卌 ||||
```

a) Wie groß ist die absolute Häufigkeit für jede einzelne Farbe?

b) Wie oft wurde das Glücksrad gedreht?

c) Wie groß ist die relative Häufigkeit für jede einzelne Farbe? Gib die Werte als Prozentzahl an.

d) Auf welche Farbe würdest du bei einer Wette setzen? Begründe.

2 Mit zwei Würfeln wurde 72-mal gleichzeitig geworfen. In der Strichliste wurde die Augensumme notiert.

a) Gib die absoluten Häufigkeiten für die einzelnen Augensummen an.

b) Berechne die relative Häufigkeit für jede Augensumme.

c) Warum kann die Zahl 1 nicht als Augensumme auftreten? Warum erscheint die 13 nicht in der Liste?

d) Auf welche Augensumme würdest du bei einer Wette setzen, um eine möglichst hohe Gewinnchance zu haben?

```
 2:  |||
 3:  ||||
 4:  卌 |||
 5:  卌 ||
 6:  卌 卌
 7:  卌 卌 ||
 8:  卌 ||||
 9:  卌 ||
10:  卌 |
11:  ||||
12:  ||
```

3 👥 Würfelt 36-mal mit zwei Würfeln gleichzeitig.

a) Fertigt eine Strichliste an, in der ihr nach jedem Wurf die Augensumme notiert.

b) Berechnet die relative Häufigkeit für die Augensummen.

c) Warum müssen bei dieser Untersuchung nicht alle dasselbe Ergebnis haben?

d) Wiederholt das Experiment noch einmal. Warum muss das Ergebnis in beiden Experimenten nicht gleich sein? Begründet.

3 Auf der Fahrt in den Urlaub zählen Sina und Eileen aus Langeweile Autos.
Eileen hat 8 blaue, 10 schwarze, 8 weiße und 6 rote gezählt.
Sina hat 5 Mercedes, 8 VW, 6 Renault, 3 Fiat und 2 BMW gezählt.
Überprüfe die folgenden Behauptungen:

a) Auf der Autobahn sind mehr blaue Autos als VW unterwegs.

b) Die relative Häufigkeit für einen Fiat ist größer als für ein rotes Auto.

c) 👥 Überlege dir ähnliche Aufgaben und lass sie von deinem Lernpartner lösen.

4 Vergleiche jeweils beide relativen Häufigkeiten.

a) Losbude: 5 Gewinne bei 20 Losen und 7 Gewinne bei 25 Losen

b) Basketball: 4 Körbe bei 8 Würfen und 6 Körbe bei 15 Würfen

c) Klassensprecherwahl: 9 von 30 Stimmen und 7 von 28 Stimmen

5 Eine Zeitschrift befragt ihre Leser über die Zuverlässigkeit gebraucht gekaufter Autos.

Autofabrikat	A	B	C	D
Autos, die mit einer Panne liegen blieben	55	28	30	51
untersuchte Autos	275	280	120	170

a) Berechne für jede Automarke die relative Häufigkeit, mit der die Autos eine Panne hatten.
b) Welche dieser vier Automarken ist am zuverlässigsten?

6 Die Buchstaben D, E und N gehören zu den Buchstaben, die in der deutschen Sprache am häufigsten vorkommen.
Untersuche, ob dies auch für den folgenden Text gilt.

> Der Airbus A380 zählt zu den größten Verkehrsflugzeugen der Welt. Wegen der verwendeten Baustoffe hat das Flugzeug einen geringeren Treibstoffverbrauch als herkömmliche Flugzeuge und besitzt dadurch bei geringeren Kosten eine größere Reichweite.

a) Wie groß ist die relative Häufigkeit, mit der jeder der drei Buchstaben D, E und N im Text vorkommt?
Gib jeweils in Prozent an.
b) Welche Buchstaben im Text haben die kleinste absolute Häufigkeit?

7 Im Stängel-Blätter-Diagramm sind die Zeiten der zehnten Klassen beim 100-m-Lauf notiert.
a) Wie viele Schülerinnen und Schüler haben am Lauf teilgenommen?
b) In welchem Bereich liegen die Ergebnisse der meisten Läufer?

5 Die Polizei kontrolliert häufig die Geschwindigkeit der Kraftfahrzeuge in der Nähe von Schulen und Kindergärten. Folgende Daten hat die Polizei bei der Fahrzeugkontrolle bisher gesammelt.

Straße	kontrollierte Fahrzeuge	Fahrzeuge mit überhöhter Geschwindigkeit
Boxgraben	550	11
Lindenstr.	800	20
Kiefernweg	600	30
Tulpenweg	900	54
Jahnstr.	520	26
Südring	1 300	39
Berliner Weg	500	35

In welchen vier Straßen sollte die Polizei ihre Geschwindigkeitskontrollen verstärkt durchführen?

6 Untersuche verschiedene Texte.
a) Untersuche einen kurzen deutschsprachigen Text mit mindestens 30 Wörtern.
Zähle zunächst alle Buchstaben insgesamt. Erstelle eine Häufigkeitstabelle für die im Text vorkommenden Buchstaben E, N, R, A und Y.
b) Bestimme die relative Häufigkeit, mit der jeder Buchstabe E, N, R, A und Y im Text vorkommt.
c) Präsentiere dein Ergebnis und vergleiche es mit deinen Mitschülern.
d) Untersuche nun die relative Häufigkeit der Buchstaben E, N, R, A und Y in einem kurzen englischsprachigen Text mit mindestens 30 Wörtern.
e) Sucht im Internet nach Angaben über relative Häufigkeiten für Buchstaben in der deutschen sowie der englischen Sprache und vergleicht die Resultate mit euren Ergebnissen.

Klasse 10 a		Klasse 10 b
9 7	**11**	8
8 8 5 5 2	**12**	3 7 7 9
9 9 7 6 4 4 4 1	**13**	0 1 3 4 4 5 5 6 9
8 6 0 0	**14**	0 0 1 3 5 6 6 7 8
7 6 2 2 3 1	**15**	0 1 4 9

HINWEIS
So wird die erste Zeile im Stängel-Blätter-Diagramm gelesen: In der Klasse 10 a wurden die Zeiten 11,9 s und 11,7 s erreicht, in der Klasse 10 b 11,8 s.

190

Mittelwerte bilden

Entdecken

1 Du findest hier die Ergebnisse von drei unterschiedlichen Klassenarbeiten:
- die Ergebnisse der 1. Klassenarbeit als Eintrag im Notenbuch eines Lehrers
- die Ergebnisse der 2. Klassenarbeit als Häufigkeitstabelle (Klassenspiegel)
- die Ergebnisse der 3. Arbeit als Säulendiagramm

1. Klassenarbeit

Klasse: 6a Kl.-Arbeit	1	2			
Nr.	Name		11	Littmann, Michael	5
1	Albrecht, Tanja	4	12	Mencük, Mehmet	4
2	Bülbül, Rehan	3	13	Niessen, Lisa	3
3	Cipollo, Daniela	2	14	Özyurt, Adi	2
4	Dammer, Tim	4	15	Paglino, Vita	4
5	Ehlers, Jessica	3	16	Reimers, Sebastian	2
6	Faber, Denis	3	17	Schuster, Jens	4
7	Grabitzky, Anna	4	18	Sentürk, Yüksel	3
8	Hansen, Katharina	1	19	Starowicz, Claudia	3
9	Hartmann, Moritz	3	20	Theißen, Florian	3
10	Kamps, Tobias	4	21	Wynhoff, Simone	5
			22	Ziegler, Jan	2

2. Klassenarbeit

1	2	3	4	5	6
1	4	9	9	6	0

3. Klassenarbeit

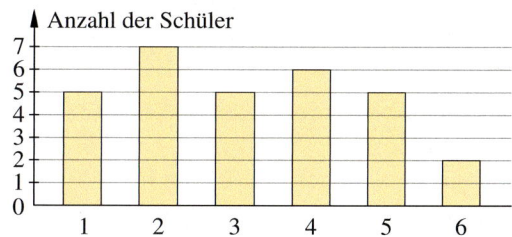

Ergebnis der Klassenarbeit

a) Welche Darstellungsform findest du am übersichtlichsten?
b) Stell die Ergebnisse der drei Klassenarbeiten als Häufigkeitstabelle und als Säulendiagramm dar.
c) Welche Klassenarbeit ist am besten ausgefallen? Begründe.

2 Lies den Zeitungsartikel.

Geburtenrate in Deutschland

Die Geburtenrate in Deutschland ist Forschern zufolge höher als bisher angenommen. Wissenschaftler des Max-Planck-Instituts gehen laut einer am Montag veröffentlichten Untersuchung von einer Durchschnittsrate von 1,6 Kindern pro Frau aus. Sie korrigierten damit die amtlichen Geburtenraten nach oben, die bezogen auf das Jahr 2010 bislang von 1,46 Kindern pro Frau im Osten und 1,39 Kindern pro Frau im Westen ausgingen.

a) Erkläre, was mit „Durchschnittsrate von 1,6 Kindern pro Frau" gemeint sein kann.
b) Wie groß waren die bisher für 2010 angenommenen Geburtenraten?

3 Betrachte das Diagramm.
a) Beschreibe, was du aus dem Diagramm ablesen kannst.
b) 👥 Was könnte die rote Linie bedeuten? Tausche dich mit einem Lernpartner aus.
c) Stell dir eine Situation vor, auf die das Diagramm zutreffen kann.

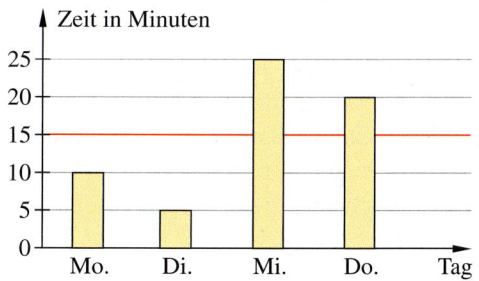

Verstehen

Bei vielen Untersuchungen von Daten sind Mittelwerte von Bedeutung.
Mittelwerte geben Auskunft über eine Datenreihe. Man unterscheidet **zwei verschiedene Arten von Mittelwerten**.

In der Tabelle steht der Notenspiegel der letzten Klassenarbeit der 6 a im Fach
Mathematik. Tom möchte die Durchschnittsnote berechnen.

Note	1	2	3	4	5	6
Anzahl der Klassenarbeiten	4	10	6	4	4	2

Beispiel 1

Tom addiert jeweils die Note mit der Anzahl der Klassenarbeiten.
Anschließend dividiert er das Ergebnis durch die Anzahl der Schülerinnen und Schüler:

$(4 \cdot 1 + 10 \cdot 2 + 6 \cdot 3 + 4 \cdot 4 + 4 \cdot 5 + 2 \cdot 6) = 90$ und $90 : 30 = 3$

oder in einem Schritt: $\dfrac{4 + 20 + 18 + 16 + 20 + 12}{30} = \dfrac{90}{30} = 3$

Die Durchschnittsnote der 6 a im Fach Mathematik ist 3.

> **Merke** Der Durchschnitt (Zeichen: $\varnothing$) wird auch als **arithmetisches Mittel** bezeichnet.
>
> **Berechnung des Durchschnitts**:
> 1. Alle Werte werden addiert.
> 2. Die Summe wird durch die Anzahl der Werte dividiert.

Tom möchte das Ergebnis
seiner Klasse mit dem Ergebnis
der Parallelklasse vergleichen.

Note	1	2	3	4	5	6
Anzahl der Klassenarbeiten	3	14	2	3	4	3

$\varnothing = 3$

Beide Klassenarbeiten sind unterschiedlich ausgefallen. Trotzdem ergibt der Durchschnitt
jeweils die Note 3. Zum Vergleichen reicht der Durchschnitt allein also nicht aus.
Zur Berechnung eines anderen Mittelwerts werden alle Daten der Größe nach geordnet und
der Wert in der Mitte der Datenreihe betrachtet.

Beispiel 2

HINWEIS
Bei einer ungeraden Anzahl an Daten gibt es nur einen einzigen mittleren Wert. Dann kann man den Median ohne zu berechnen einfach ablesen.

6 a: 1 1 1 1 2 2 2 2 2 2 2 2 2 **3 3** 3 3 3 3 4 4 4 4 5 5 5 5 6 6

6 b: 1 1 1 2 2 2 2 2 2 2 2 2 2 **2** 2 2 3 3 4 4 4 5 5 5 5 6 6 6

Der mittlere Wert der Klasse 6 b ist 2 und somit besser als der mittlere Wert (3) der Klasse 6 a,
denn $(3 + 3) : 2 = 6 : 2 = 3$.

> **Merke** Der Wert in der Mitte aller, der Größe nach geordneten Daten einer Datenreihe
> wird als **Zentralwert** oder **Median** bezeichnet.
> Ist die Anzahl der Daten gerade, liegen zwei Werte in der Mitte. Dann ist der Zentralwert
> der Durchschnitt aus diesen beiden Werten.

Üben und anwenden

1 Berechne das arithmetische Mittel der beiden Daten.
a) 26 und 44 b) 13 und 37
c) 104 und 12 d) 35 und 65
e) 79 und 18 f) 23 und 12
g) 45 und 31 h) 75 und 20

1 Berechne das arithmetische Mittel der beiden Daten.
a) 125 cm und 65 cm
b) 85 kg und 60 kg
c) 245 mm und 187 mm
d) 79 ct und 95 ct

2 Berechne das arithmetische Mittel.
a) 25 mm; 29 mm; 36 mm und 14 mm
b) 125 g; 218 g und 59 g
c) 25 s; 63 s; 48 s und 24 s
d) 268 m; 143 m und 129 m
e) 45 min; 36 min; 18 min und 21 min

2 Berechne das arithmetische Mittel.
a) 4,5; 6,8; 11,4 und 13,3
b) 17,8; 25,4; 14,12 und 38,68
c) 7,3; 9,56; 24,16 und 18,98
d) 104,2; 212,6; 134,7 und 68,5
e) 2,55; 3,15 und 3,15

3 Familie Sauer macht mit ihren Kindern in den Osterferien eine viertägige Fahrradtour. Christiane liest jeden Abend auf ihrem Tachometer die gefahrene Streckenlänge ab:
1. Tag: 48 km;
2. Tag: 52 km;
3. Tag: 40 km und
4. Tag: 36 km.

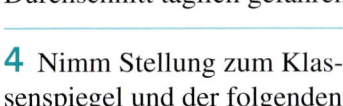

Wie viele Kilometer ist Familie Sauer im Durchschnitt täglich gefahren?

3 Welche Größe liegt genau dazwischen?
👥 Überprüft eure Ergebnisse gegenseitig.
a) 2,50 m und 2,80 m
b) 1200 g und 1360 g
c) 21 cm und 2,2 dm
d) 310 g und 245 g
e) 45 t und 60 t
f) 92,2 kg und 52,8 kg
g) 16,01 € und 999 ct
h) 1 h 20 min und 80 min

4 Nimm Stellung zum Klassenspiegel und der folgenden Rechnung.
$$\varnothing = \frac{3 + 5 + 9 + 10 + 2 + 1}{6} = 5$$

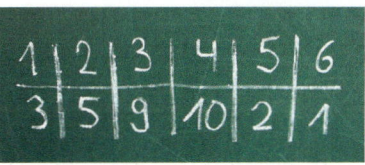

4 Berechne das arithmetische Mittel.
Beachte dabei, wie oft die einzelnen Noten vergeben wurden.

5 Das ist der Klassenspiegel der letzten Mathematikarbeit der 6c:

Note	1	2	3	4	5	6
Anzahl	2	7	9	9	3	0

Berechne das arithmetische Mittel.

5 Kevin hat den Klassenspiegel nicht vollständig abgeschrieben:

1	2	3	4	5	6
4	7	8			2

$\varnothing = 3,1$

30 Schüler haben die Arbeit mitgeschrieben.

6 Bestimme jeweils den Zentralwert der Datenreihen.
a) 4; 6; 8; 12; 4; 12; 12; 24; 46; 52; 89
b) 17; 19; 19; 32; 34; 35; 38; 38; 44; 51
c) 28; 22; 17; 29; 16; 24; 24; 19; 16
d) 123; 23; 83; 163; 103; 63; 43; 143

6 Bestimme jeweils den Zentralwert der Datenreihen.
a) 99; 140; 187; 231; 299; 312; 500
b) 1,6; 1,7; 1,7; 1,7; 1,8; 2,1; 2,1; 2,4; 8,2
c) 3,4; 4,5; 1; 8,33; 9,2; 27,34; 47; 17,1; 48,5; 17,657

7 👥 Gebt jeweils Datenreihen mit 10 (15) Daten zu den folgenden Eigenschaften an.

Der Zentralwert ist 5.

Der Durchschnitt ist 10.

Der Zentralwert ist 5 und der Durchschnitt ist 10.

193

8 Das Diagramm veranschaulicht, wie viele Abendessen ein Gasthof an jedem Tag einer Woche ausgegeben hat.
Bestimme den Durchschnitt.

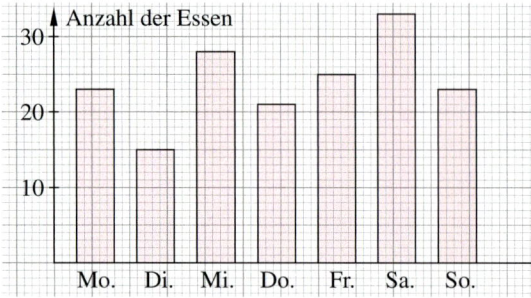

9 Eine Ferienwoche mit dem Fahrrad am Bodensee hatte diese Tagesetappen.
Gib den Zentralwert an und berechne die durchschnittliche Länge einer Etappe.

8 Ein Gasthof hat für jeden Monat eines Halbjahrs die Zahl der Übernachtungen notiert.

Januar	Februar	März	April	Mai	Juni
124	132	98	70	84	116

a) Erstelle ein Diagramm (2 Übernachtungen entsprechen 1 mm).
b) Berechne den Durchschnitt. Bestimme den Zentralwert und vergleiche mit dem Durchschnitt.
c) Trage den Durchschnitt und den Zentralwert jeweils als Linie im Diagramm ein.

9 Im Zusammenhang mit der starken Lärmbelästigung wurde an fünf Wochentagen in einem Wohngebiet die Verkehrsdichte für Züge und Kraftfahrzeuge ermittelt.

Anzahl der Züge

Mo.	Di.	Mi.	Do.	Fr.
300	320	350	340	290

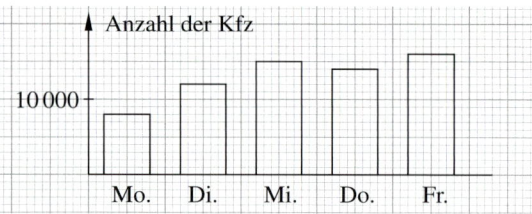

Berechne Durchschnittswerte.

10 👥 Denkt euch zu einer Umfrage zum Thema „Taschengeld" fünf Antworten aus, die zu demselben Durchschnitt und Median führen. Wählt fünf andere Werte, die denselben Durchschnitt wie eben, aber einen anderen Median haben.

11 Niederschlag in Deutschland und Mexiko
a) Die Tabelle zeigt die Niederschlagsmengen (in mm) in einem Jahr in Aachen.
Bestimme die durchschnittliche Niederschlagsmenge und den Zentralwert.

Januar	Februar	März	April	Mai	Juni	Juli	August	September	Oktober	November	Dezember
60	45	35	45	60	75	70	80	55	50	55	54

b) Das Diagramm zeigt die Niederschlagsmengen in Acapulco (Mexiko).
Bestimme für Acapulco den Durchschnitt und den Zentralwert.
c) 👥 Welcher Mittelwert ist bei den beiden Beispielen für Vergleichszwecke besser geeignet? Diskutiert darüber in kleinen Gruppen und präsentiert euer Ergebnis in der Klasse.

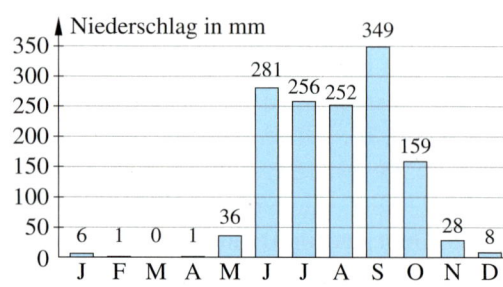

Daten in Diagrammen darstellen und auswerten

Entdecken

1 Daten von Umfrageergebnissen lassen sich besonders anschaulich in Kreisdiagrammen darstellen.
100 Schülerinnen und Schüler wurden befragt …

… nach ihrem Hobby:

Hobby	Stimmen
Sport	50
Computer	30
Freunde treffen	10
Sonstiges	10

… nach ihrem Lieblingsfach:

Lieblingsfach	Stimmen
Sport	30
Mathe	25
Biologie	25
Sonstiges	20

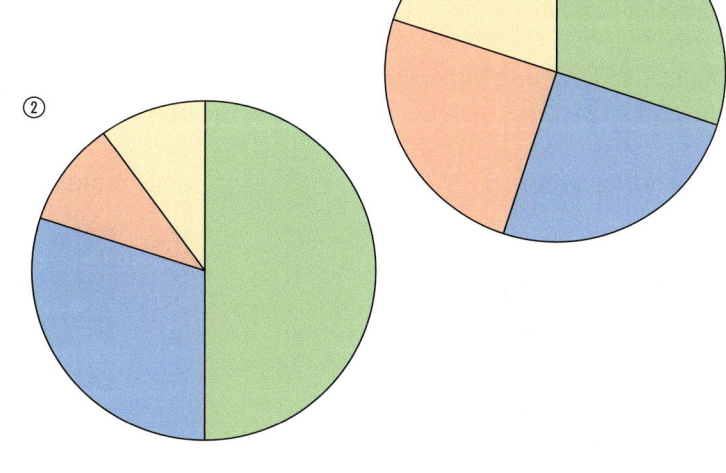

Ordne den Umfrageergebnissen das zugehörige Kreisdiagramm zu.
Übertrage die Tabellen mit dem zugehörigen Kreisdiagramm in dein Heft.
Ergänze eine Überschrift und beschrifte die Kreisteile.

2 🧍🧍 Welche Fragestellung könnte hinter folgenden Diagrammen stehen? Nennt Beispiele.

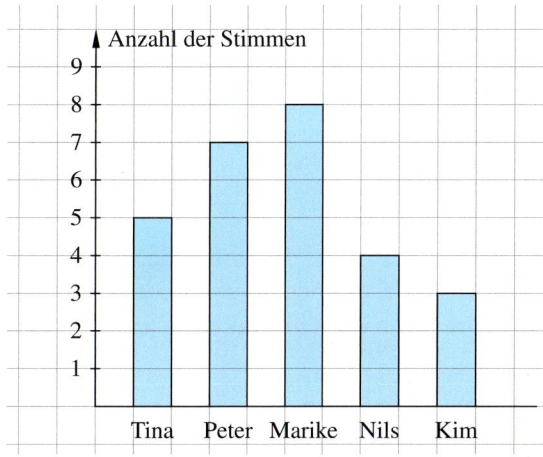

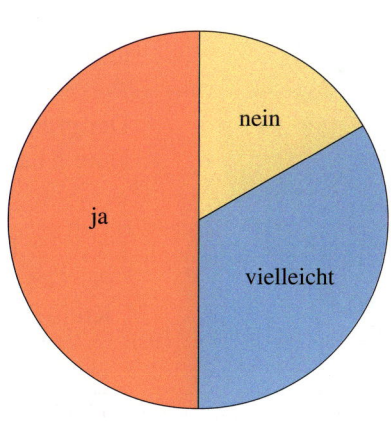

3 🧍🧍🧍 Wenn es darum geht, im Haushalt zu helfen, sind die Unterschiede zwischen Mädchen und Jungen immer noch groß.
a) Diskutiert darüber, welche Gründe dafür bestehen.
b) Betrachtet die Daten in der Randspalte. Dargestellt ist die Zeit, die Schülerinnen (rot) und Schüler (blau) einer 6. Klasse pro Woche mit Tischdecken verbringen. Stellt die Zeitangaben in einem Diagramm dar.
c) Sucht in Zeitungen oder im Internet nach Untersuchungen, die eine Unterscheidung zwischen Jungen und Mädchen machen. Stellt sie auf einem Plakat zusammen.

ZU AUFGABE 3
Zeiten zum
Tischdecken:
10 min
60 min
90 min
10 min
15 min
10 min
25 min
5 min
0 min
20 min
5 min
0 min
70 min
30 min
15 min
10 min
0 min
0 min
10 min
15 min
30 min
20 min
5 min
10 min
10 min

Verstehen

Um Häufigkeiten einfach vergleichen zu können, werden diese oft in Diagrammen dargestellt. Es gibt unterschiedliche Diagrammtypen.

Beispiel 1

In der **Tabelle** sind die Ergebnisse einer Klassenarbeit angegeben.

Note	1	2	3	4	5	6
Anzahl	2	8	12	4	2	2

Die Darstellung im **Säulendiagramm** oder im **Balkendiagramm** gibt einen schnellen Überblick über die Notenverteilung. Es werden die **absoluten Häufigkeiten** angegeben.

Säulendiagramm

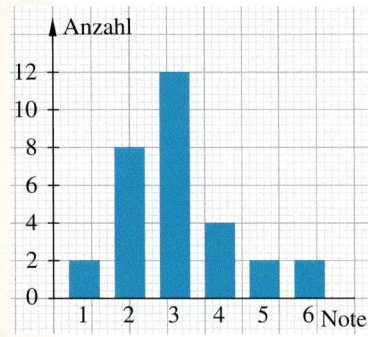

Die Höhe der Säulen gibt jeweils die Anzahl der Klassenarbeiten an.

Balkendiagramm

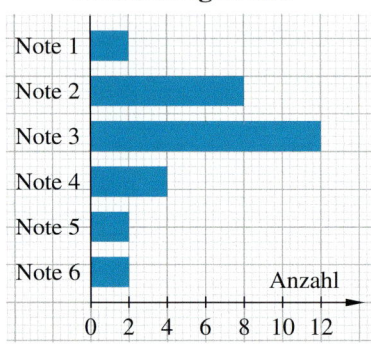

Die Länge der Balken gibt jeweils die Anzahl der Klassenarbeiten an.

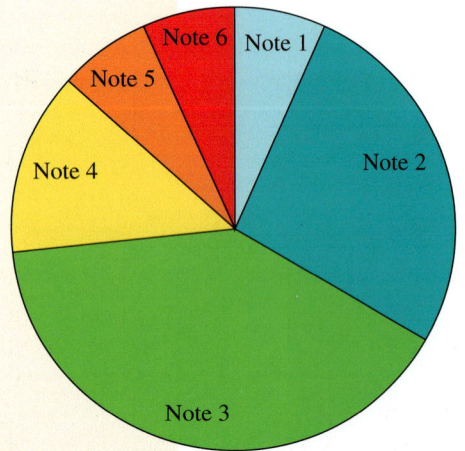

Die Ergebnisse der Klassenarbeit können auch mithilfe von **relativen Häufigkeiten** dargestellt werden.

Dabei steht der gesamte Kreis für 30 Klassenarbeiten. Die Kreisteile zeigen die Noten an.

Der grüne Kreisteil ist viel größer als der gelbe, also gab es die Note 3 häufiger als die Note 4.

> **Merke**   In einem **Kreisdiagramm** wird der jeweilige Anteil an der Gesamtzahl dargestellt. Die Gesamtzahl ist immer 100 %. Kreisdiagramme zeigen die **relativen Häufigkeiten** an.

Beispiel 2

Im Januar wurden in Duisburg 60 mm Niederschlag gemessen, im Mai 100 mm.
Das Diagramm zeigt den Zusammenhang zwischen den Größen *Zeit* und *Niederschlag*.

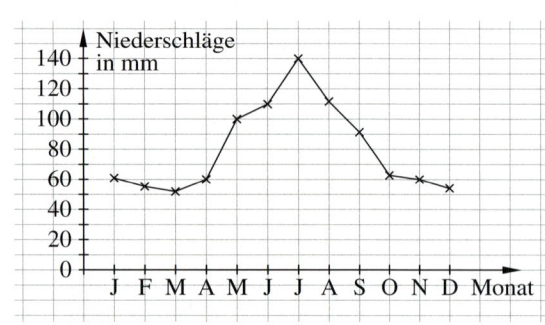

> **Merke**   In einem **Liniendiagramm** werden meist zeitliche Entwicklungen dargestellt. Die einzelnen Werte werden dabei durch gerade Linien verbunden.

196

Üben und anwenden

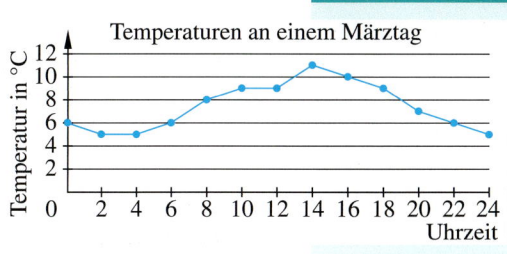
Temperaturen an einem Märztag

1 Das Liniendiagramm zeigt die Temperaturen an einem Märztag.
a) Erstelle eine Tabelle.
b) Um wie viel Uhr wurde das Maximum der Temperaturen erreicht?
c) Um wie viel Uhr gab es das Minimum?
d) Zwischen welchen Uhrzeiten stieg die Temperatur am stärksten an?
e) Zu welchen Uhrzeiten herrschte jeweils die gleiche Temperatur?

2 Lies aus dem Balkendiagramm die durchschnittliche Lebenserwartung der Tiere ab.

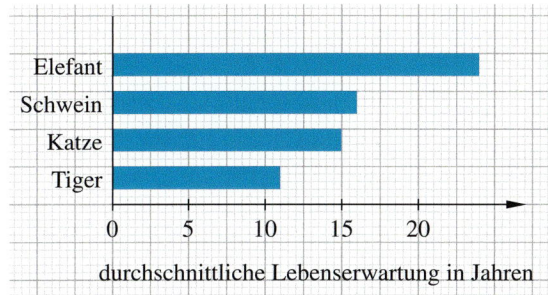

2 Die Einwohnerzahlen der sechs größten deutschen Städte sind auf 100 000 gerundet.
Berlin: 3,5 Mio.   Köln: 1,0 Mio.
Hamburg: 1,8 Mio.   Frankfurt: 0,7 Mio.
München: 1,4 Mio.   Stuttgart: 0,6 Mio.
a) Überlege dir eine geeignete Längeneinheit für ein Säulendiagramm.
b) Stell die Einwohnerzahlen im Säulendiagramm dar.
c) Ergänze im Säulendiagramm den Durchschnitt der Einwohnerzahlen.

3 Mika fährt mit dem Fahrrad zur Schule.

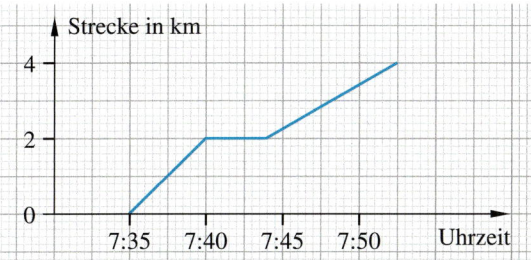

a) Unterwegs macht er eine Pause. Wie lange dauert die Pause?
b) Fährt er nach der Pause schneller oder langsamer als vor der Pause?

3 Das Diagramm zeigt den Wert einer Aktie in einer Woche im Mai.

a) Welchen Wert hatte die Aktie am 4. Mai?
b) An welchem Tag betrug der Wert der Aktie 28,20 €?

4 Das Kreisdiagramm zeigt die Zusammensetzung von Hausmüll. Ordne die Sorten der Größe nach. Beginne mit dem kleinsten Anteil.

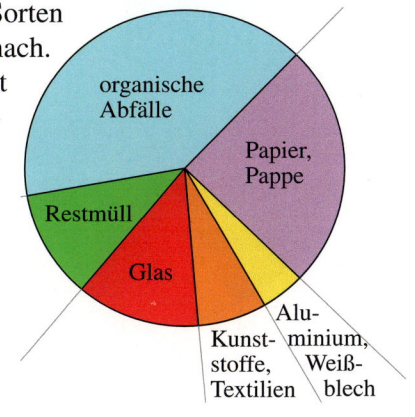

4 Lea behauptet: „In deutschen Wäldern sind gleich viele Bäume *schwach geschädigt* wie *nicht geschädigt.*" Bist du der gleichen Meinung? Begründe.

ERINNERE DICH
Bei der Darstellung von großen Zahlen in einem Diagramm kann man einen Bereich von Zahlen auslassen. Dies kennzeichnet man auf der Achse z. B. so:

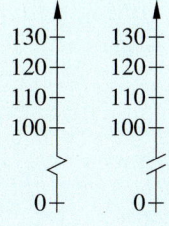

197

Methode: Streifen- und Kreisdiagramme zeichnen

Jan und Marie haben in ihrer Schule eine Umfrage zu den Lieblingsfächern durchgeführt. Insgesamt haben sie 250 Schülerinnen und Schüler befragt. Die Tabelle zeigt die absoluten Häufigkeiten der Antworten.

	Sport	Deutsch	Mathematik	Englisch	Sonstige
absolute Häufigkeit	75	70	60	30	15

Aus den absoluten Häufigkeiten werden die relativen Häufigkeiten der Antworten berechnet.

Rechnung 75 von 250 Befragten wählten Sport als Lieblingsfach. Das sind $\frac{75}{250} = \frac{3}{10} = 30\%$.

	Sport	Deutsch	Mathematik	Englisch	Sonstige
relative Häufigkeit	30%	28%	24%	12%	6%

Die relativen Häufigkeiten aller Lieblingsfächer lassen sich in einem Streifendiagramm oder einem Kreisdiagramm übersichtlich darstellen.

Beispiel 1 **Streifendiagramme zeichnen**

1. Ganzen Streifen zeichnen: Hier im Beispiel steht der ganze Streifen für 250 Antworten, das entspricht 100%. Es ist hilfreich, eine Streifenlänge von 10 cm zu wählen.

2. Anteile eintragen: Entsprechend der relativen Häufigkeit einer Antwort wird ein Anteil des ganzen Streifens markiert.

   Rechnung $30\% = \frac{3}{10}$ des Streifens müssen als „Sport" markiert werden.

   30% von $10\,cm$ sind $\frac{3}{10} \cdot 10\,cm = 3\,cm$

3. **Legende** ergänzen: In der Legende kann man nachlesen, wofür die einzelnen Farben stehen.

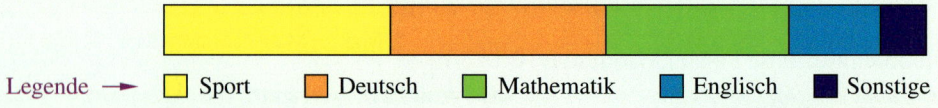

Beispiel 2 **Kreisdiagramme zeichnen**

1. Mittelpunkt markieren und Vollkreis zeich-nen: Im Beispiel steht der ganze Kreis für 250 Antworten, das entspricht 100%.

2. Anteile eintragen: Entsprechend der relativen Häufigkeit einer Antwort wird ein Anteil des Vollkreises markiert.

   Rechnung $30\% = \frac{3}{10}$ des Kreises müssen als „Sport" markiert werden.

   30% von $360°$ sind $\frac{3}{10} \cdot 360° = 108°$.

3. Legende ergänzen: In der Legende kann man nachlesen, wofür die einzelnen Farben stehen.

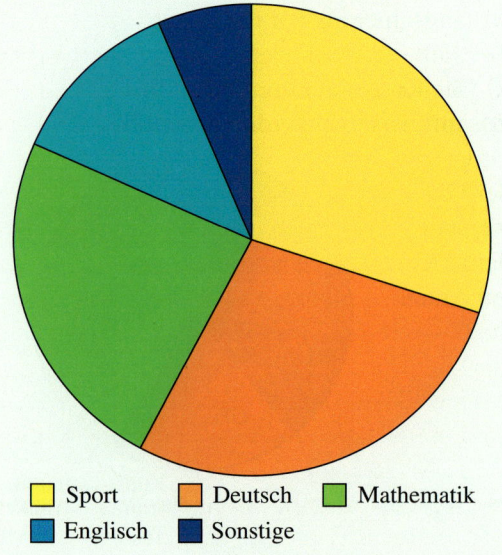

1 Bei der Schulsprecherwahl fielen 65% der abgegebenen Stimmen auf Joshua und 30% auf Greta. Die restlichen Stimmen waren ungültig.
a) Zeichne einen Streifen von 10 cm Länge.
b) Gib die Länge für jeden angegebenen Stimmanteil in mm an.
c) Zeichne das Streifendiagramm.

2 Ergebnis einer Klassensprecherwahl:

Jan	Jessica	Olaf	Wanda
9	12	3	6

a) Berechne die relative Häufigkeit der abgegebenen Stimmen für jeden Kandidaten.
b) Stell das Wahlergebnis als Streifendiagramm von insgesamt 10 cm Länge dar.

3 Das Kreisdiagramm zeigt die Verteilung der Mobilfunkkunden auf vier verschiedene Anbieter. In der Tabelle ist bereits die Winkelgröße von einem Kreisteil vorgegeben. Übertrage die Tabelle in dein Heft.

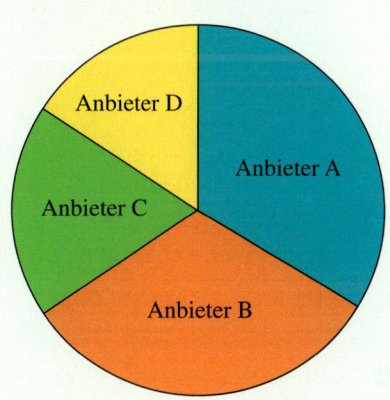

	Anbieter A	Anbieter B	Anbieter C	Anbieter D
Winkelgröße	121°			
Prozentsatz				

a) Miss die Winkelgrößen der übrigen drei Kreisteile.
b) Berechne die Prozentsätze. Runde auf ganze Prozent.

4 In der Tabelle sind die Bestandteile von 100 g Schokolade angegeben. Übertrage die Tabelle in dein Heft.

	Eiweiß	Fett	Kohlenhydrate	Sonstige
Prozentsatz	7%	30%	58%	5%
Winkelgröße				

a) Berechne die Winkelgrößen für ein Kreisdiagramm. Runde dabei auf ganze Grad.
b) Zeichne das Kreisdiagramm in dein Heft.

5 Bei der Landtagswahl 2013 kam es zu folgendem Ergebnis:
CDU: 38,3%   SPD: 30,7%   Bündnis 90/Die Grünen: 11,1%
FDP: 5,0%   Die Linke: 5,2%   Sonstige: 9,5%
a) Stell die Wahlergebnisse als Streifendiagramm dar.
b) Stell die Wahlergebnisse in einem Kreisdiagramm dar.
c) Stell die Wahlergebnisse in einem Säulendiagramm dar.
d) Welches der drei Diagramme ist aussagekräftiger? Begründe.

6 👥 Vor einer Wahl wurden 107 Personen befragt, wen sie wählen würden. Partei A erhielt 35 Stimmen, Partei B erhielt 40 Stimmen. Es gab 32 Enthaltungen.
a) Was wurde bei den Diagrammen jeweils falsch gemacht?

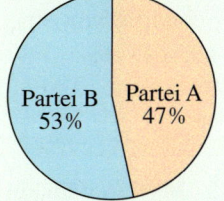

b) Zeichnet die Diagramme jeweils richtig in euer Heft. Vergleicht jeweils die Wirkungen der falschen und richtigen Diagramme.
c) Welche Partei hat wohl die Diagramme erstellt? Begründet.

199

Klar so weit?

→ Seite 178

Negative Zahlen

1 Welche Werte kannst du hier ablesen?

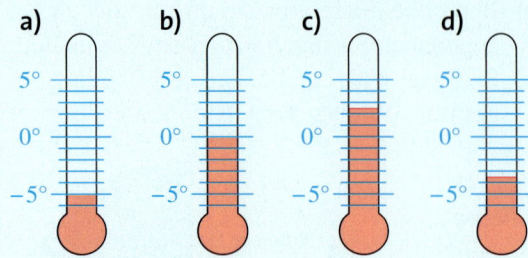

a)   b)   c)   d)

2 Fülle die Tabelle im Heft aus.
Falls du Hilfe brauchst, kannst du die Temperaturen an einer Zahlengeraden darstellen.

Nacht-temperatur	Tageshöchst-temperatur	Temperatur-änderung
−5 °C	4 °C	9° wärmer
−1 °C	3 °C	
−15 °C	−4 °C	
0 °C		3° kälter

1 Negative Zahlen an der Zahlengerade
a) Welche Zahlen sind rot markiert?

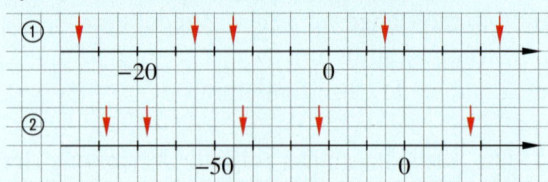

b) Zeichne eine Zahlengerade von −8 bis 8 in dein Heft. Wähle pro Einheit 2 Kästchen. Markiere folgenden Zahlen:
$$-6; \ 0; \ 3; \ -4; \ \frac{14}{2}; \ -\frac{7}{7}; \ \frac{9}{3}; \ 6$$

2 Fülle die Tabelle im Heft aus.

Nacht-temperatur	Tageshöchst-temperatur	Temperatur-änderung
−8 °C		5° wärmer
	7 °C	8° kälter
	−1 °C	8° wärmer

→ Seite 184

Baumdiagramme

3 Ein Geschäft verkauft Smileys in den Farben gelb, grün, rot und lila.
Sie lachen, zwinkern oder sind traurig.
Wie viele verschiedene Smileys gibt es?

3 Ein Angebot im Fahrradgeschäft:
Es gibt Herren- und Damenräder, jeweils in vier verschiedenen Farben, in 3 verschiedenen Größen und jeweils mit 3- und 5-Gangschaltung. Wie viele Räder hat das Geschäft im Angebot?

→ Seite 188

Häufigkeiten

4 Eine Umfrage führte zu den folgenden Schuhgrößen: 41; 36; 39; 42; 44; 35; 42; 45; 44; 38
Bestimme Minimum, Maximum und Spannweite.

5 Marvin und Jan sind Torhüter. Marvin hat drei der letzten zehn Elfmeter gehalten, Jan hat zwei von acht Elfmetern gehalten.
a) Gib die relativen Häufigkeiten der von Marvin und Jan gehaltenen Elfmeter an.
b) Für wen entscheidet sich der Trainer?

4 Die Umfrage „Mit wie vielen Haustieren lebst du zusammen?" ergab die folgenden Antworten: 1; 0; 0; 2; 1; 0; 1; 0; 0; 2; 1; 3; 0; 1; 1; 2
Bestimme Minimum, Maximum und Spannweite.

5 Bestimme die relative Häufigkeit jeder Note als Dezimalbruch. Runde auf Hundertstel.

Note	1	2	3	4	5	6
Anzahl	1	3	9	9	6	1

Mittelwerte bilden

→ Seite 192

6 Berechne den Durchschnitt von …

a) 60 und 80
b) 125 und 175
c) 133 und 137
d) 404 und 496
e) 99 und 203
f) 1 200 und 4 200
g) 397 und 1 519
h) 8 und 3 366

6 Gib das arithmetische Mittel an.

a) 13 cm, 46 cm, 49 cm und 28 cm
b) 1,25 kg, 2,5 kg, 3 kg und 2,25 kg
c) 17 min, 42 min, 9 min und 28 min
d) 1,8 km, 950 m, 0,5 km und 1 250 m

7 Bei Vergleichsarbeiten der sechsten Klassen wurden in Mathematik diese Noten erreicht:

a) Berechne den Notendurchschnitt und den Zentralwert für jede einzelne Klasse.

b) Berechne den Notendurchschnitt und den Zentralwert für die ganze Stufe 6.

c) Gibt es Klassen, in denen du den Durchschnitt nicht als brauchbaren Mittelwert angeben würdest?

Note \ Klasse	1	2	3	4	5	6
6 a	1	6	9	8	3	2
6 b	0	5	12	8	5	1
6 c	2	7	7	9	4	0
6 d	5	7	5	6	4	1

Daten in Diagrammen darstellen und auswerten

→ Seite 196

8 Wie viel Prozent der befragten Personen interessierten sich für die angegebenen Themen? Erstelle eine Tabelle.

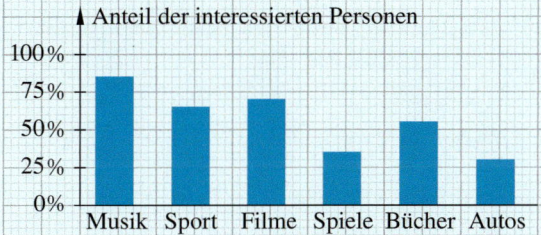

8 Auf einer Großbaustelle mischen die Bauarbeiter Kalkzementmörtel aus den folgenden Bestandteilen:

Zement	Kalk	Sand	Wasser
50 m³	100 m³	400 m³	75 m³

a) Berechne die Anteile. Gib das Ergebnis in Prozent an.

b) Erstelle dazu ein Streifendiagramm.

c) Stell das Ergebnis als Kreisdiagramm dar.

9 Für viele Tätigkeiten im Haushalt brauchen wir Wasser. Gib für die einzelnen Tätigkeiten den Anteil am Wasserverbrauch an.

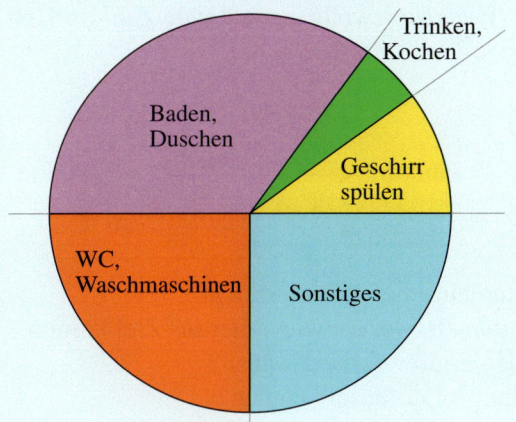

9 Eine Untersuchung befasste sich damit, welche Nahrungsmittel Kinder und Jugendliche zwischen 6 und 17 Jahren bevorzugen. Das Diagramm zeigt die absoluten Zahlen von insgesamt 100 Befragten.

Joghurt	81	17	2
Nudelgerichte	80	18	2
Suppe	60	34	6
Pommes frites	59	38	3
Cornflakes	58	31	11

mind. einmal in der Woche · seltener · nie

a) Erstelle für jede einzelne Angabe eine Tabelle mit entsprechender Prozentabgabe.

b) Zeichne jeweils ein Kreisdiagramm.

Vermischte Übungen

1 Ordne. Beginne mit der kleinsten Zahl. Die Zahlengerade kann dir dabei helfen.
a) $0; -5; 2; 20; -15; -8; -6; 7; 1$
b) $-2; 6; -9; 7; -4; 9; 3; -12; 11$
c) $7; -5; -10; 12; -9; 8; -4; 13$

1 Ordne. Beginne mit der kleinsten Zahl.
a) $-1; 0; 13; -3; -6; -4; 9; -5; 17$
b) $0; -7; 3; 5; -2; -8; 7; -12; 12$
c) $-1; 3; 7; 10; -2; 5,5; 13; -4$
d) $\frac{6}{3}; -3; \frac{20}{2}; -1; \frac{35}{7}; -12; \frac{30}{5}; -8$

2 Das Diagramm zeigt die Temperaturen, die an einem Februartag an einer Wetterstation in Trier gemessen wurden.

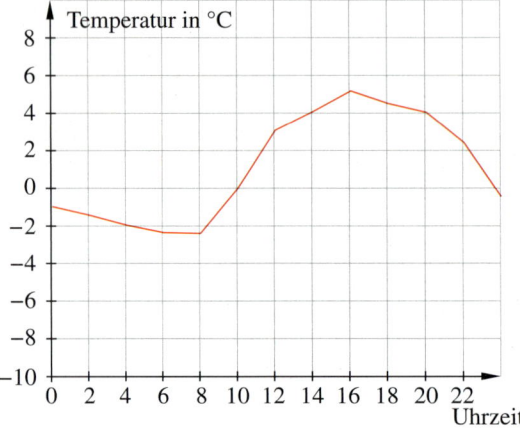

a) Beschreibe den Verlauf der Temperatur.
b) Bestimme die höchste und die niedrigste Temperatur, die gemessen wurde.
c) Übertrage die Tabelle in dein Heft und fülle sie für 0 Uhr bis 24 Uhr aus.

Uhrzeit	0	2	4	...	24
Temp. (in °C)	-1				

d) Ergänze in deinem Heft:
Zwischen 11 Uhr und 16 Uhr stieg die Temperatur um ▩ ° an.

2 Das Diagramm zeigt den Temperaturverlauf an zwei Dezembertagen am Flugplatz Bitburg.

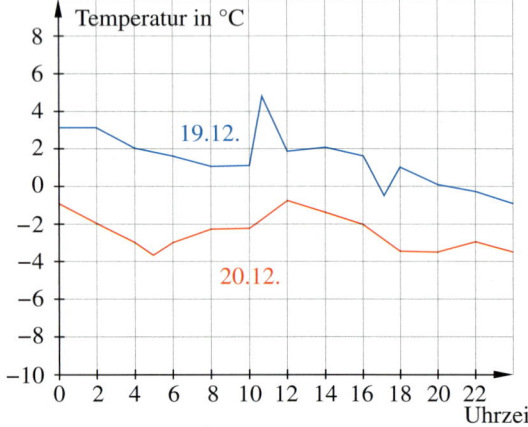

a) Beschreibe den Verlauf der Temperaturen.
b) Zeichne die Tabelle für beide Tage in dein Heft und fülle sie aus.

Uhrzeit	0	2	4	...	24
Temp. (in °C)	-1				

c) Bestimme die jeweilige Tageshöchst- und Tagestiefsttemperatur.
d) In welchem Zeitraum schien am 19.12. offensichtlich kurzzeitig die Sonne?

3 Ergänze jeweils die fehlende Zahl im Heft.

a) $-4\,°C \xrightarrow{\ 9\,°C\ wärmer\ } ▩\,°C$

b) $-7\,€ \xrightarrow{\ 5\,€\ mehr\ } ▩\,€$

c) $-1\ Punkt \xrightarrow{\ 4\ Punkte\ dazu\ } ▩\ Punkte$

d) $-6\,°C \xrightarrow{\ 6\,°C\ wärmer\ } ▩\,°C$

3 Ergänze jeweils die fehlende Zahl im Heft.

a) $▩\,°C \xleftarrow{\ 5\,°C\ kälter\ } 8\,°C$

b) $▩\,€ \xleftarrow{\ 3\,€\ weniger\ } -1\,€$

c) $▩\ Punkte \xleftarrow{\ 6\ Punkte\ weniger\ } -2\ Punkte$

d) $▩\,°C \xleftarrow{\ 13\,°C\ kälter\ } +6\,°C$

4 Bei einem Schulsportfest haben 3 Schüler den Endlauf über 100 m erreicht. Die Schülerinnen und Schüler der 6a schließen Wetten ab, wer als wievielter ins Ziel kommt.
a) Wie viele Möglichkeiten gibt es, die ersten beiden Läufer vorherzusagen?
b) Wie viele Möglichkeiten gibt es, wenn am Endlauf 4 Läufer teilnehmen?

5 In einem Kaugummiautomaten befinden sich gelbe, rote und blaue Kaugummis. Nacheinander werden zwei Kaugummis gekauft.
a) Zeichne ein Baumdiagramm.
b) Wie viele Möglichkeiten gibt es?

5 In seinem Kleiderschrank findet Thilo genug T-Shirts und Hosen, um daraus 24 verschiedene Kombinationen zu bilden.
Wie viele T-Shirts und Hosen könnten im Schrank liegen?
Finde mehrere Möglichkeiten.

6 Mithilfe von Automaten werden Pistazien in Tüten verpackt.
Auf die Tüten wird „Mindesteinwaage 150 g" gedruckt.
Beim Wiegen wurden folgende Gewichte ermittelt:
147 g; 156 g; 162 g; 145 g; 150 g; 155 g; 164 g; 153 g; 151 g.

a) Ist der Aufdruck zur Mindesteinwaage auf den Tüten richtig? Begründe.
b) Welches Durchschnittsgewicht ergibt sich aus den überprüften Tüten? Runde auf zehntel Gramm.
c) Bestimme den Zentralwert der Einwaagen bei den überprüften Tüten.

7 Die Tabelle gibt den Gewinn einer Tischlerei in den Jahren von 2008 bis 2015 an.

Jahr	2008	2009	2010	2011	2012	2013	2014	2015
Gewinn (in €)	12 000	25 000	22 000	39 000	35 000	5 000	7 000	24 000

a) Gib das Maximum, das Minimum und die Spannweite der Gewinne an.
b) Vergleiche den Durchschnitt und den Zentralwert der Gewinne.
c) Stell die Entwicklung der Gewinne in einem Liniendiagramm dar.
d) Stell die Gewinne in einem Kreisdiagramm dar. Berechne die Anteile der einzelnen Jahre am Gesamtgewinn und runde die Winkel auf ganze Gradzahlen.

8 Gib zu den Beispielen jeweils die relative Häufigkeit an.
a) 16 Lose von 64 gewinnen.
b) Es sind unter 125 Menschen 3 Rothaarige.
c) 5 von 120 Schrauben sind defekt.
d) 7 von 25 Bäumen sind krank.

8 Finde zu den Beispielen jeweils andere Angaben mit derselben relativen Häufigkeit.
a) 8 von 10 Befragten fahren mit dem Rad.
b) 4 Schülerinnen von 32 fehlen.
c) 65 von 200 neuen Autos waren 2010 grau.
d) 6 268 von 7 835 Familien haben einen PC.

9 Dies ist der Klassenspiegel der letzten Mathematikarbeit der 6 c.

Note	1	2	3	4	5	6
Anzahl	1	5	11	7	6	0

a) Bestimme die relativen Häufigkeiten jeder Note als Bruch.
b) Gib die Ergebnisse in Prozent an. Runde an der Zehntelstelle.
c) Mit welcher relativen Häufigkeit ist eine Arbeit schlechter als „ausreichend" ausgefallen?
d) Mit welcher relativen Häufigkeit ist eine Arbeit besser als „4" ausgefallen?

9 🙎🙎 Stell dir vor, du würdest die Zahlen von 1 bis 99 aufschreiben.

1, 2, 3, 4, 5, … 10, 11, 12, … 97, 98, 99

Arbeitet im Team. Diskutiert und beantwortet nacheinander die folgenden Fragen:
– Wie viele unterschiedliche Ziffern musst du notieren?
– Wie oft kommt die Ziffer 1 in allen Zahlen vor?
– Mit welcher relativen Häufigkeit kommt die Ziffer 1 in den Zahlen vor?
– Kommen die Ziffern 1 bis 9 mit der gleichen absoluten Häufigkeit vor?

10 Das Diagramm zeigt die Marktanteile einiger Fernsehsender im Jahresdurchschnitt 2012.
Bestimme die Marktanteile der einzelnen Fernsehsender.

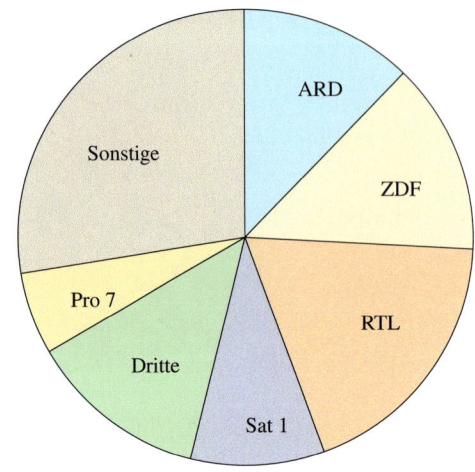

11 Berechne jeweils das arithmetische Mittel und den Zentralwert.
Welcher Wert kommt am häufigsten vor?
a) 12; 16; 16; 21; 28; 29; 31; 35; 37; 49
b) 38; 59; 60; 60; 78; 92; 92; 102; 108; 129; 129; 129; 148; 189; 189; 219; 248
c) 2,5; 3,8; 4,25; 4,5; 4,5; 5,74; 6,9; 7,45

12 Bei einer Castingshow kam es bei der Zuschauerabstimmung in der Runde der letzten Fünf zu folgendem Ergebnis:

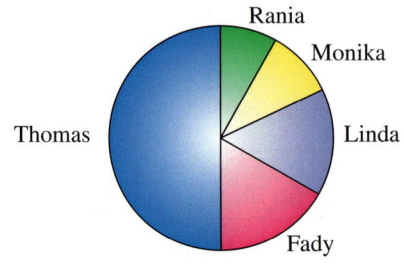

a) Bestimme die Anteile für die einzelnen Kandidaten.
Welcher Kandidat schied aus?
b) In der Runde der letzten Drei erzielten die verbliebenen Kandidaten die in der Tabelle dargestellten prozentualen Anteile.
Zeichne ein passendes Kreisdiagramm.

Thomas	47%
Fady	30%
Linda	23%

10 Eine Schule hat 740 Schülerinnen und Schüler.
Die Anteile der Jahrgangsstufen 5/6, 7/8 und 9/10 zeigt das Kreisdiagramm.

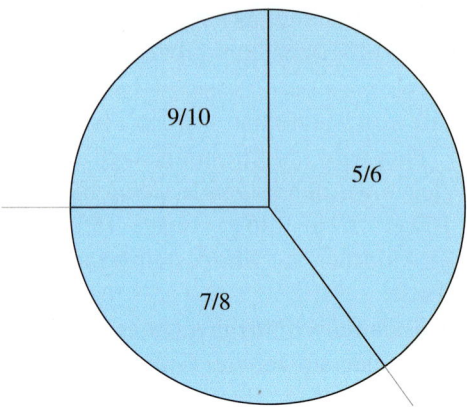

Miss die Winkel und bestimme die jeweiligen Schülerzahlen in den verschiedenen Jahrgangsstufen.

11 Betrachte die beiden Datenreihen.
Gib ohne zu rechnen an, welche der beiden Reihen vermutlich das größere arithmetische Mittel und welche Reihe den größeren Zentralwert hat. Überprüfe deine Vermutung.
① 2; 5; 10; 14; 25; 39; 42; 58
② 2; 5; 9; 21; 35; 39; 42; 58

12 Eine Schule hat fünf sechste Klassen:

Klasse	6a	6b	6c	6d	6e
Schüleranzahl	30	28	29	28	30

a) Wie viele Schüler sind durchschnittlich in einer Klasse?
b) Untersuche, wie viele Schülerinnen und Schüler an deiner Schule die sechste Klasse besuchen und wie viele es durchschnittlich pro Klasse sind.
c) David hat herausgefunden, dass an seiner Schule durchschnittlich 28 Schülerinnen und Schüler die fünfte Klasse besuchen. Durchschnittlich 29 Schülerinnen und Schüler besuchen die Klassen 6, 7 und 9 und durchschnittlich 29,5 Schülerinnen und Schüler die Klassen 8 und 10. Lässt sich mit diesen Angaben die durchschnittliche Klassengröße an Davids Schule berechnen? Berechne und begründe.

Zusammenfassung

Negative Zahlen

→ Seite 178

Negative Zahlen sind kleiner als Null.
Positive Zahlen sind größer als Null.
Die positiven und negativen Zahlen zusammen mit der Null nennt man **ganze Zahlen**.

negative Zahlen: -4; -12; -100
positive Zahlen: $+8$, 11; $+100$; 150

$\mathbb{Z} = \{ \ldots ; -2; -1; 0; 1; 2; \ldots \}$

Baumdiagramme

→ Seite 184

Mit einem **Baumdiagramm** können mögliche Ergebnisse in einer Situation oder einem Versuch schrittweise dargestellt werden.

Zwei Lose werden nacheinander gezogen. Es gibt Gewinne (G) und Nieten (N).

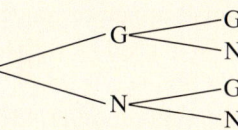

Häufigkeiten

→ Seite 188

Die **absolute Häufigkeit** gibt eine Anzahl an.
Die **relative Häufigkeit** ist ein Anteil.

Relative Häufigkeit $= \dfrac{\text{absolute Häufigkeit}}{\text{Gesamtzahl}}$

Die relative Häufigkeit kann man als Bruch, als Dezimalbruch oder als Prozentsatz angeben.

Bei der Klassensprecherwahl erhielt Lisa 9 Stimmen von insgesamt 30.

absolute Häufigkeit: 9 Stimmen

relative Häufigkeit: $\dfrac{9}{30} = \dfrac{3}{10} = 0,3 = 30\%$

Mittelwerte bilden

→ Seite 192

Addiert man alle Werte und teilt durch die Anzahl der Werte, so erhält man das **arithmetische Mittel (Durchschnitt)**.
Der **Median (Zentralwert)** ist der Wert in der Mitte aller nach der Größe geordneten Werte einer Datenreihen.
Bei einer geraden Anzahl von Daten ist der Median das arithmetische Mittel aus den beiden mittleren Werten.

$3\,cm + 8\,cm + 12\,cm + 7\,cm + 10\,cm = 40\,cm$
und $40\,cm : 5 = 8\,cm$
Das arithmetische Mittel ist $8\,cm$.
Anzahl ungerade: $3\,cm$; $7\,cm$; $\boxed{8\,cm}$; $10\,cm$; $12\,cm$
Der Median ist $8\,cm$.
Anzahl gerade: $10\,€$; $\boxed{12\,€;\ 18\,€}$; $20\,€$
$\dfrac{12\,€ + 18\,€}{2} = 15\,€$ Der Median ist $15\,€$.

Daten in Diagrammen darstellen und auswerten

→ Seiten 196, 198

Säulen- und Liniendiagramme geben meist absolute Häufigkeiten an.

Streifen- und Kreisdiagramme zeigen relative Häufigkeiten.

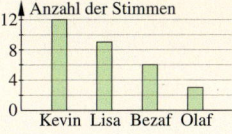
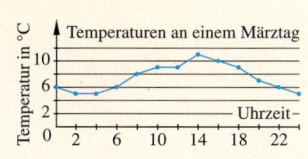
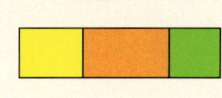
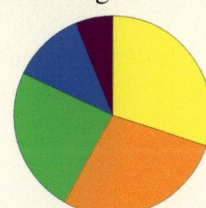

205

Teste dich!

2 Punkte

1 Welche Zahlen sind hier mit Buchstaben bezeichnet?

a) $\begin{array}{c}\\A\ {-}6\ B\ C\qquad D\ {-}1\ 0\ E\ 2\ 3\quad F\end{array}$

b) $\begin{array}{c}\\A\ B\qquad {-}4\ C\ D\ E\ 0\ F\ 2\qquad G\end{array}$

2 Punkte

2 Ordne die Zahlen der Größe nach.

a) $-6;\ 7;\ -15;\ \frac{24}{4};\ -5;\ 5{,}001$

b) $-2;\ 0{,}3;\ 0{,}9;\ -9;\ -1;\ 1{,}1;\ 1$

2 Punkte

3 An einem Märztag wurden in einigen Orten Rheinland-Pfalz die Höchsttemperaturen und Tiefsttemperaturen gemessen.

a) Wie groß ist für jeden Ort die Spannweite?

b) Gib jeweils den Zentralwert der Höchsttemperaturen und Tiefsttemperaturen an.

	Höchsttemperaturen	Tiefsttemperaturen
Speyer	$8\,°C$	$-3\,°C$
Daun	$7\,°C$	$-1\,°C$
Bitburg	$9\,°C$	$-4\,°C$
Pirmasens	$8\,°C$	$-2\,°C$
Asbach	$5\,°C$	$-4\,°C$

2 Punkte

4 Ein Imbiss verkauft Würstchen, Schnitzel und Frikadellen. Als Beilage können die Kunden Kartoffelsalat oder Pommes wählen.
Zwischen wie vielen Kombinationen können die Kunden sich entscheiden?

4 Punkte

5 Die Tabelle zeigt die Platzierungen einiger Mannschaften der 1. Bundesliga nach 12 Spieltagen.
Bestimme für vier Vereine die relative Häufigkeit, mit der …

a) ein Spiel gewonnen (g) wurde.

b) ein Spiel unentschieden (u) endete.

c) ein Spiel verloren (v) ging.

d) ein Spiel *nicht* verloren wurde.

Platz	Verein	g	u	v
1	FC Bayern München	9	1	2
2	Bor. Dortmund	7	2	3
4	Bor. Mönchengladbach	7	2	3
5	FC Schalke 04	7	1	4
8	Bayer Leverkusen	5	3	4
11	1. FC Köln	5	1	6
18	FC Augsburg	1	5	6

3 Punkte

6 Gib zu jeder Datenreihe Maximum, Minimum, Spannweite, das arithmetische Mittel und den Zentralwert an.

a) 12; 26; 28; 51; 52; 56; 57; 79; 82; 96; 44

b) 740; 824; 824; 729; 283; 391; 284; 285, 685, 825

c) 86; 2903; 5778; 6209; 7357; 59 872

3 Punkte

7 Miriam hat 15 Klassenkameradinnen gefragt, in welchem Land sie ihren Urlaub verbracht haben.

a) Bestimme jeweils die Anteile als Bruch.

b) Bestimme die Anteile in Prozent Runde auf Zehntel.

c) Wie viele Schülerinnen haben in dem jeweiligen Land Urlaub gemacht?

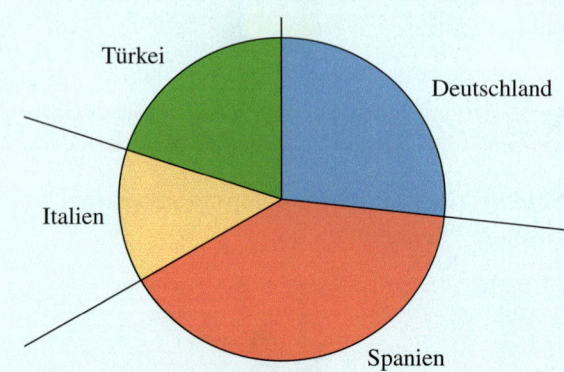

Gold: 17–18 Punkte, Silber: 14–16 Punkte, Bronze: 11–13 Punkte

Lösungen ab Seite 208

Anhang

Teilbarkeit

Noch fit?

1 individuell, z. B.
a) 4, 8, 16, 20
b) 6, 9, 21, 27
c) 8, 12, 36, 40
d) 15, 20, 25, 50
e) 20, 50, 100, 1000
f) 40, 100, 200, 1000
g) 1000, 2000, 2100, 10000
h) 1000, 2500, 5000, 50000
i) 3000, 6000, 10000, 11000

1
a) 14, 28, 42, 63
b) 16, 64, 80, 888
c) 18, 27, 81, 90
d) 24, 36, 48, 60
e) 50, 100, 200, 250
f) 36, 90, 180, 234
g) 250, 375, 500, 750
h) 560, 1120, 2800, 5600
i) 292, 584, 1022, 1314

2 a) 3   b) 5   c) 7   d) 11

2 a) 13   b) 7   c) 17   d) 23

3

:	2	3	4	6	8	12
48	24	16	12	8	6	4
240	120	80	60	40	30	20
960	480	320	240	160	120	80

3

:	2	3	4	6	12	36
72	36	24	18	12	6	2
180	90	60	45	30	15	5
252	126	84	63	42	21	7

4 a) 126 R:0   b) 84 R:0   c) 63 R:0   d) 50 R:2

4 a) 210 R:0   b) 193 R:11   c) 180 R:0   d) 168 R:0

5 14 : 7 = 2,   14 : 1 = 14,   30 : 3 = 10,
    72 : 8 = 9,   78 : 26 = 3,   78 : 6 = 13,
     9 : 1 = 9,   36 : 3 = 12,   49 : 7 = 7,

    30 : 15 = 2,   72 : 6 = 12,
     9 : 3 = 3,   9 : 9 = 1,
    154 : 11 = 14,   1 : 1 = 1

6 a) Wert des Quotienten   b) Divisor   c) Dividend
d) 18 : 3; 12 : 2; 6 : 1   e) 11 und 12   f) 123, 132, 213, 231, 312, 321
g) 2er: 2; 4; 6; 8; 10; 12; 14; 16; 18; 20   3er: 3; 6; 9; 12; 15; 18; 21; 24; 27; 30   5er: 5; 10; 15; 20; 25; 30; 35; 40; 45; 50
7er: 7; 14; 21; 28; 35; 42; 49; 56; 63; 70   10er: 10; 20; 30; 40; 50; 60; 70; 80; 90; 100

Klar so weit?

1 a) 4 | 36   b) 6 ∤ 74   c) 7 ∤ 82
d) 3 | 330   e) 5 ∤ 501   f) 8 | 56

1 a) 11 | 352   b) 13 ∤ 263   c) 24 | 576
d) 31 ∤ 810   e) 49 | 980   f) 21 ∤ 221

2 a) falsch   b) wahr   c) falsch   d) falsch
e) wahr   f) wahr

2 a) wahr   b) falsch   c) wahr   d) wahr
e) falsch   f) falsch

3 a) $T_4 = \{1; 2; 4\}$
b) $T_6 = \{1; 2; 3; 6\}$
c) $T_7 = \{1; 7\}$
d) $T_{12} = \{1; 2; 3; 4; 6; 12\}$
e) $T_{20} = \{1; 2; 4; 5; 10; 20\}$

3 a) $T_{24} = \{1; 2; 3; 4; 6; 8; 12; 24\}$
b) $T_{16} = \{1; 2; 4; 8; 16\}$
c) $T_{17} = \{1; 17\}$
d) $T_{52} = \{1; 2; 4; 13; 26; 52\}$
e) $T_{125} = \{1; 5; 25; 125\}$

4 a) 13 ist eine Primzahl, da 13 nur die Teiler 1 und 13 hat.
b) $T_{15} = \{1; 3; 5; 15\}$; 15 ist keine Primzahl, da 15 mehr Teiler
    als 1 und sich selbst hat.

4 a) Primzahl   b) Primzahl   c) 17 | 51
d) 7 | 63   e) 7 | 91   f) 3 | 27

5 a) ungerade   b) gerade   c) ungerade
d) gerade   e) ungerade   f) ungerade
g) gerade   h) ungerade   i) gerade

5 a) –   b) 2; 5; 10   c) 2; 5; 10
d) –   e) 5   f) 2; 5; 10
g) 2; 5; 10   h) –   i) 2; 5; 10

6 a) 5   b) 2   c) 2
d) –   e) 2; 5; 10   f) 2; 5; 10
g) 2   h) –   i) 2; 5; 10
j) 2   k) 2; 5; 10   l) 2

6 Für ▌ kann jede beliebige Ziffer von 0 bis 9 eingesetzt werden.
a) 770; 5▌0; 6▌0; 4▌0; 337▌510
b) 50 oder 55; 7▌0; 33▌5; 6▌00 oder 6▌05; 7▌▌0; ▌800
c) Für ● kann eine der Ziffern 2; 4; 6 oder 8 eingesetzt werden,
für ▲ kann jede beliebige Ziffer von 1 bis 9 eingesetzt werden.   ●; 15●; 80●; ▲7●; ▲9●9

7 Für ▌ kann jede beliebige Ziffer von 0 bis 9 eingesetzt werden,
für ▲ kann jede beliebige Ziffer von 1 bis 9 eingesetzt werden.
a) 50; 420; 7▌0; 240; 54▌30
b) 60 oder 65; 4▌5; 7770 oder 7775; 4300 oder 4305; ▲900
c) 30; ▲0; 7560; 4400; ▲900

7 a) …000
b) …0
c) …2; …4;…6; …8
d) …5
e) …1; …3; …7; …9

8 a) Alle Zahlen sind durch 3 teilbar außer 25: Die Quersumme von 25 ist 7, also ist 25 nicht durch 3 teilbar.
 b) Alle Zahlen sind durch 3 teilbar außer 124 (Quersumme: 7) und 749 (Quersumme: 20).

8 a) Alle Zahlen sind durch 3 teilbar außer 235 (Quersumme: 11) und 2 311 (Quersumme: 7).
 b) Alle Zahlen sind durch 3 teilbar außer 6 824 (Quersumme: 20).

9 a) 51 oder 54 oder 57; 21 oder 25 oder 27; 111 oder 114 oder 117; 42 oder 45 oder 48; 192 oder 195 oder 198
 b) 732 oder 735 oder 738; 111 oder 141 oder 171; 120 oder 150 oder 180; 300 oder 600 oder 900

9 a) 1; 4; 7 **b)** 1; 4; 7 **c)** 2; 5; 8
 d) 0; 3; 6; 9 **e)** 2; 5; 8
 f) Es gibt 33 Möglichkeiten, dabei ist es egal, welche Zahl der Paare an Position des ersten oder zweiten Platzhalters steht:
 0|1; 1|3; 2|2; 4|0; 0|7; 1|6; 2|5; 3|4; 1|9; 2|8; 3|7; 4|6; 5|5; 4|9; 8|5; 7|6; 8|8; 7|9

10 Der ggT ist unterstrichen.
 a) $T = \{1; 2; 3; \underline{6}\}$ **b)** $T = \{1; \underline{2}\}$
 c) $T = \{1; \underline{3}\}$ **d)** $T = \{1; 2; 4; \underline{8}\}$
 e) $T = \{1; 2; 3; 4; 6; \underline{12}\}$ **f)** $T = \{1; \underline{7}\}$

10 Der ggT ist unterstrichen.
 a) $T = \{1; 2; 4; 8; \underline{16}\}$
 b) $T = \{1; 2; 3; 6; 7; 14; 21; \underline{42}\}$
 c) $T = \{1; 2; \underline{4}\}$
 d) $T = \{1; 2; 3; 4; 6; \underline{12}\}$
 e) $T = \{1; 2; 3; \underline{6}\}$
 f) $T = \{1; 2; 3; 6; 7; 14; 17; 21; 34; 42; 51; 102; 119; 238; 357; \underline{714}\}$

11 a) 4 **b)** 12 **c)** 2 **d)** 1
 e) 27 **f)** 30 **g)** 25 **h)** 1

11 a) 4 **b)** 17 **c)** 12 **d)** 8
 e) 9 **f)** 6 **g)** 54 **h)** 25

12 a) $V_4 = \{4; 8; \underline{12}; 16; 20\}$ $V_6 = \{6; \underline{12}; 18; 24; 30\}$
 b) $V_7 = \{7; \underline{14}; 21; 28; 35\}$ $V_{14} = \{\underline{14}; 28; 42; 56; 70\}$
 c) $V_{12} = \{12; 24; 36; 48; \underline{60}\}$ $V_{15} = \{15; 30; 45; \underline{60}; 75\}$
 d) $V_{14} = \{14; 28; 42; 56; 70\}$ $V_8 = \{8; 16; 24; 32; 40\}$; kgV = 56
 e) $V_{15} = \{15; 30; 45; \underline{60}; 75\}$ $V_{20} = \{20; 40; \underline{60}; 80; 100\}$
 f) $V_9 = \{9; 18; 27; \underline{36}; 45\}$ $V_{12} = \{12; 24; \underline{36}; 48; 60\}$
 g) $V_4 = \{4; 8; 12; 16; 20\}$ $V_{18} = \{18; 36; 54; 72; 90\}$ kgV = 36
 h) $V_8 = \{8; 16; 24; 32; \underline{40}\}$ $V_{10} = \{10; 20; 30; \underline{40}; 50\}$

12 a) 36 **b)** 75 **c)** 42 **d)** 120
 e) 221 **f)** 180 **g)** 84 **h)** 720
 i) 756 **j)** 182

13 Gesucht sind alle gemeinsamen Teiler der Zahlen 280, 490 und 910.
Es können 1, 2, 5, 7, 10, 14, 35 oder 70 Seeräuber auf dem Schiff gewesen sein.

Teste dich!

Seite 30

1 a) $T_{18} = \{1, 2, 3, 6, 9, 18\}$ **b)** $T_{20} = \{1, 2, 4, 5, 10, 20\}$ **c)** $T_{35} = \{1, 5, 7, 35\}$
 d) $T_{48} = \{1, 2, 3, 4, 6, 8, 12, 16, 24, 48\}$ **e)** $T_{98} = \{1, 2, 7, 14, 49, 98\}$ **f)** $T_{111} = \{1, 3, 37, 111\}$

2 a)

	2	3	5	10
16	×			
30	×	×	×	×
37				
48	×	×		
300	×	×	×	×

b)

	2	3	5	10
125			×	
322	×			
500	×		×	×
675		×	×	
728	×			

3 a) 240 **b)** 630; 635 **c)** 522; 552; 582 **d)** Jede Ziffer von 0 bis 9 kann eingesetzt werden.
 e) 1 530 oder 1 536 **f)** 3 245 **g)** 6 012; 6 014; 6 016; 6 018 **h)** 7 020

4 a) 2 **b)** 4 **c)** 12 **d)** 15

5 a) 28 **b)** 60 **c)** 60 **d)** 120

6 a) 2, 3, 5, 7, 11, 13, 17, 19
 b) 31, 37
 c) individuell, es gibt 21 Primzahlen zwischen 100 und 200:
 101, 103, 107, 109, 113, 127, 131, 137, 139, 149, 151, 157, 163, 167, 173, 179, 181, 191, 193, 197, 199
 d) 5
 e) Zahlen, deren letzte Ziffer eine 0 ist, sind immer auch durch 2 und 5 teilbar.

7 Gesucht ist das kgV der Zahlen 1, 2, 3 und 4, kgV = 12. An jedem 12. Sonntag kommen alle Kinder bei der Mutter zusammen.

8 Die Zaunteile dürfen höchstens 6 m lang sein. Es werden 26 Zaunteile benötigt.

Brüche – Vergleichen, Addieren und Subtrahieren

Noch fit?

1 a) $\frac{1}{2}$ b) $\frac{3}{8}$ c) $\frac{1}{4}$ d) $\frac{2}{8}$ e) $\frac{2}{8}$

2 a) $\frac{3}{4} + \frac{1}{4} = 1$ b) $\frac{4}{7} + \frac{3}{7} = 1$

  c) $\frac{2}{9} + \frac{7}{9} = 1$ d) $\frac{10}{11} + \frac{1}{11} = 1$

2 a) $4\frac{3}{4} + \frac{1}{4} = 5$ b) $1\frac{4}{9} + 3\frac{5}{9} = 5$

  c) $3\frac{2}{7} + 1\frac{5}{7} = 5$ d) $\frac{5}{6} + 4\frac{1}{6} = 5$

3 a) $1\frac{1}{2}$ m = **150** cm   b) $3\frac{3}{4}$ m = **375** cm

  c) $3\frac{1}{5}$ kg = **3 200** g   d) $5\frac{1}{10}$ kg = **5 100** g

3 a) $1\frac{1}{2}$ h = **90** min   b) $5\frac{2}{5}$ km = **5 400** m

  c) $12\frac{3}{4}$ g = **12 750** mg   d) $10\frac{1}{4}$ l = **10 250** ml

4 a) 20   b) 24   c) 42
  d) 6   e) 10   f) 1

4 a) 30   b) 80   c) 60
  d) 3   e) 20   f) 1

5 a) Ⓐ = 6, Ⓑ = 19, Ⓒ = 35, Ⓓ = 43, Ⓔ = 56, Ⓕ = 61

5 a) Ⓐ = 8 000, Ⓑ = 14 500, Ⓒ = 22 500, Ⓓ = 26 500,
     Ⓔ = 33 000, Ⓕ = 35 500
  b)

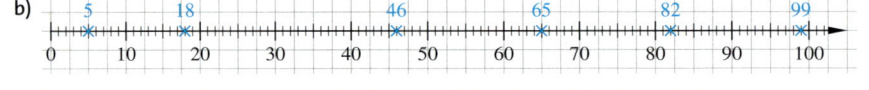

  b)

6 a) 45   b) 175   c) 72
  d) 4   e) 6   f) 50

6 a) 500   b) 360   c) 168
  d) 5   e) 4   f) 3

7 a) Es sind schon 40 Minuten gespielt worden und noch 20 Minuten zu spielen.
  b) Der Kampf dauert maximal 36 Minuten.
  c) Der Gewichtheber hebt 123 kg.
  d) Die Radfahrer haben schon 49 km geschafft, es sind noch 147 km zu fahren.

Nachgedacht
kgV: kleinstes gemeinsames Vielfaches; ggT: größter gemeinsamer Teiler. Der kleinste gemeinsame Teiler (kgT) ist immer 1.
Ein größtes gemeinsames Vielfaches (ggV) gibt es nicht (im Unendlichen).

Klar so weit?

1 a) $\frac{6}{24}, \frac{3}{12}, \frac{2}{8}, \frac{1}{4}$ (grün) $\frac{18}{24}, \frac{9}{12}, \frac{6}{8}, \frac{3}{4}$ (rot)

  b) $\frac{12}{16}, \frac{3}{4}, \frac{6}{8}$ (grün) $\frac{4}{16}, \frac{2}{8}, \frac{1}{4}$ (rot)

  c) $\frac{4}{12}, \frac{2}{6}, \frac{1}{3}$ (grün) $\frac{8}{12}, \frac{4}{6}, \frac{2}{3}$ (rot)

  d) $\frac{6}{18}, \frac{3}{9}, \frac{1}{3}$ (grün) $\frac{12}{18}, \frac{6}{9}, \frac{2}{3}$ (rot)

1 a) $\frac{1 \cdot 2}{3 \cdot 2} = \frac{2}{6}$

  b) $\frac{1 \cdot 3}{4 \cdot 3} = \frac{3}{12}$

  c) $\frac{1 \cdot 4}{2 \cdot 4} = \frac{4}{8}$

  d) $\frac{1 \cdot 3}{2 \cdot 3} = \frac{3}{6}$

2 a) $\frac{1}{2} = \frac{15}{30}; \frac{4}{5} = \frac{24}{30}; \frac{2}{3} = \frac{20}{30}; \frac{5}{6} = \frac{25}{30}; \frac{14}{15} = \frac{28}{30}$

  b) $\frac{1}{4} = \frac{6}{24}; \frac{1}{6} = \frac{4}{24}; \frac{2}{3} = \frac{16}{24}; \frac{3}{8} = \frac{9}{24}; \frac{5}{6} = \frac{20}{24}; \frac{7}{12} = \frac{14}{24}$

  c) $\frac{1}{2} = \frac{18}{36}; \frac{1}{3} = \frac{12}{36}; \frac{1}{4} = \frac{9}{36}; \frac{1}{6} = \frac{6}{36}; \frac{1}{12} = \frac{3}{36}$

  d) $\frac{3}{4} = \frac{54}{72}; \frac{2}{3} = \frac{48}{72}; \frac{5}{6} = \frac{60}{72}; \frac{3}{8} = \frac{27}{72}; \frac{4}{9} = \frac{32}{72}; \frac{11}{18} = \frac{44}{72}$

2 a) $\frac{3}{11} = \frac{9}{33}$ b) $\frac{4}{7} = \frac{24}{42}$

  c) $\frac{5}{8} = \frac{20}{32}$ d) $\frac{4}{13} = \frac{16}{52}$

  e) $\frac{3}{7} = \frac{45}{105}$ f) $\frac{3}{4} = \frac{99}{132}$

  g) $\frac{1}{3} = \frac{8}{24}$ h) $\frac{2}{5} = \frac{50}{125}$

3 a) $\frac{1}{3}$ b) $\frac{2}{3}$ c) $\frac{2}{3}$

  d) $\frac{9}{8}$ e) $\frac{1}{6}$ f) nicht möglich

3 a) $\frac{1}{20}$ b) $\frac{2}{27}$ c) $\frac{1}{3}$

  d) $\frac{2}{15}$ e) nicht möglich   f) $\frac{1}{5}$

4 $\frac{18}{24} = \frac{15}{20}$, gekürzt: $\frac{3}{4}$; $\frac{7}{28} = \frac{3}{12}$, gekürzt: $\frac{1}{4}$;

  $\frac{7}{21} = \frac{5}{15}$, gekürzt: $\frac{1}{3}$; $\frac{4}{6} = \frac{16}{24}$, gekürzt: $\frac{2}{3}$

4 $\frac{42}{35} = 1\frac{2}{10} = \frac{6}{5}$; $\frac{6}{16} = \frac{15}{40} = \frac{3}{8}$;

  $1\frac{2}{12} = \frac{56}{48} = \frac{7}{6}$; $\frac{8}{18} = \frac{20}{45} = \frac{4}{9}$

5 a) $A = \frac{1}{6}; B = \frac{3}{6}; C = \frac{4}{6}$ b) $A = \frac{2}{12}; B = \frac{4}{12}; C = \frac{5}{12}; D = \frac{7}{12}; E = \frac{9}{12}; F = \frac{11}{12}$ c) $A = \frac{2}{8}; B = \frac{3}{8}; C = \frac{5}{8}; D = \frac{6}{8}; E = \frac{7}{8}$

6 a) $\frac{14}{21} > \frac{12}{21}$ b) $\frac{45}{36} > \frac{44}{36}$ c) $\frac{15}{25} > \frac{7}{25}$ **6** a) $\frac{3}{11} < \frac{3}{5}$ b) $\frac{85}{5} = 17$ c) $\frac{57}{35} > \frac{11}{7}$

   d) $\frac{21}{24} < \frac{22}{24}$ e) $\frac{15}{42} < \frac{20}{42}$ f) $\frac{32}{60} > \frac{27}{60}$ d) $\frac{5}{12} < \frac{13}{18}$ e) $\frac{12}{14} > \frac{30}{70}$ f) $\frac{7}{20} < \frac{3}{8}$

7 a) $\frac{4}{12} = \frac{3}{9}$ b) $\frac{2}{5} = \frac{18}{45}$ c) $\frac{7}{12} < \frac{5}{6}$ **7** a) $\frac{3}{10} < \frac{7}{10} < \frac{4}{5}$ b) $\frac{2}{3} < \frac{5}{6} < \frac{7}{6}$

   d) $\frac{12}{14} < \frac{40}{35}$ e) $\frac{27}{18} = \frac{6}{4}$ f) $\frac{44}{48} > \frac{30}{36}$ c) $\frac{1}{12} < \frac{1}{6} < \frac{1}{3} < \frac{7}{12} < \frac{3}{4} < \frac{5}{6} < \frac{11}{12} < \frac{7}{6} < \frac{4}{3} < \frac{3}{2} < \frac{5}{3}$

8 a) $3\frac{2}{3}$ b) 25   c) 6   d) $77\frac{1}{2}$ e) $5\frac{2}{11}$ f) 1   g) $6\frac{5}{12}$ h) 16   i) $9\frac{4}{13}$ j) $17\frac{3}{8}$

9 a) $\frac{3}{8} + \frac{4}{8} = \frac{7}{8}$ **9**

   b) $\frac{7}{16} + \frac{5}{16} = \frac{12}{16}$

   c) $\frac{3}{6} + \frac{2}{6} = \frac{5}{6}$

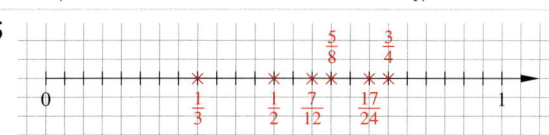

10 a) $\frac{3}{5}$ b) $\frac{6}{8} = \frac{3}{4}$ c) $\frac{8}{12} = \frac{2}{3}$ **10** a) $\frac{2}{5} + \frac{4}{5} \neq \frac{3}{8} + \frac{5}{8}$ b) $\frac{7}{3} - \frac{5}{3} = \frac{11}{6} - \frac{7}{6}$

   d) $\frac{7}{7} = 1$ e) $\frac{3}{9} = \frac{1}{3}$ f) $\frac{2}{11}$ c) $\frac{9}{30} + \frac{6}{30} = \frac{11}{28} + \frac{3}{28}$ d) $\frac{5}{4} + \frac{1}{4} \neq \frac{5}{6} - \frac{1}{6}$

11 a) $\frac{5}{6}$ b) $\frac{9}{10}$ c) $1\frac{2}{21}$ **11** a) $2\frac{41}{56}$ b) $\frac{31}{35}$ c) $1\frac{5}{16}$

   d) $1\frac{13}{28}$ e) $\frac{1}{20}$ f) $\frac{1}{6}$ d) $\frac{59}{65}$ e) $1\frac{13}{50}$ f) $1\frac{7}{36}$

12 a) $1\frac{2}{3}$ b) 2   **12** a) $1\frac{1}{3}$ b) $\frac{7}{10}$

13 a) $1\frac{5}{6}$ b) $1\frac{1}{15}$ c) $1\frac{1}{10}$ **13** a) $\frac{1}{5}$ b) $\frac{2}{7}$ c) $\frac{5}{6}$

   d) $1\frac{1}{7}$ e) $\frac{1}{4}$ f) $\frac{1}{2}$ d) $\frac{1}{5}$ e) $1\frac{5}{9}$ f) $\frac{1}{4}$

14 a) $2\frac{7}{12}$ b) $5\frac{3}{8}$ c) $5\frac{3}{14}$ d) 14   **14** a) $9\frac{1}{2}$ b) $7\frac{2}{3}$ c) $3\frac{1}{5}$ d) $7\frac{3}{4}$

Teste dich!   Seite 52

1 a) $\frac{15}{18}$; $\frac{35}{42}$; $\frac{60}{72}$ b) $\frac{9}{33}$; $\frac{21}{77}$; $\frac{36}{132}$ c) $4\frac{21}{30}$; $4\frac{49}{70}$; $4\frac{84}{120}$

2 a) $\frac{2}{3}$ b) $\frac{3}{4}$ c) $\frac{1}{4}$ d) $3\frac{2}{3}$ e) $\frac{2}{7}$ f) $12\frac{7}{12}$

3 a) $\frac{1}{5} = \frac{2}{10}$ b) $\frac{5}{15} = \frac{1}{3}$ c) $\frac{18}{24} = \frac{3}{4}$ d) $\frac{2}{5} = \frac{12}{30}$ e) $\frac{2}{3} = \frac{16}{24}$ f) $\frac{3}{4} = \frac{21}{28}$

   g) $\frac{49}{63} = \frac{7}{9}$ h) $\frac{132}{180} = \frac{11}{15}$ i) $\frac{2}{9} = \frac{18}{81}$ j) $\frac{7}{8} = \frac{49}{56}$ k) $\frac{17}{5} = 3\frac{2}{5}$ l) $\frac{14}{8} = 1\frac{3}{4}$

4 a) $6\frac{4}{7}$ b) 14   c) $4\frac{9}{17}$ d) $2\frac{17}{26}$

5

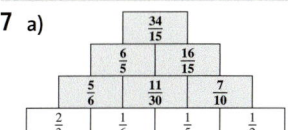... (Zahlenstrahl)

6 a) $\frac{9}{8} > \frac{8}{8} > \frac{7}{8} > \frac{6}{8} > \frac{5}{8} > \frac{4}{8} > \frac{3}{8} > \frac{2}{8} > \frac{1}{8}$ b) $\frac{47}{48} > \frac{23}{24} > \frac{11}{12} > \frac{7}{8} > \frac{5}{6} > \frac{3}{4} > \frac{2}{3} > \frac{1}{2}$ c) $\frac{5}{6} > \frac{7}{10} > \frac{2}{3} > \frac{3}{5} > \frac{8}{15} > \frac{1}{2} > \frac{13}{30} > \frac{3}{10} > \frac{4}{15} > \frac{1}{6}$

7 a)   b)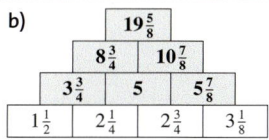

8 a) $2\frac{7}{8}$ b) $\frac{2}{5}$ c) $\frac{2}{5}$ d) $9\frac{13}{18}$

9 Frage: Trinkt Corinna 2 Liter am Tag?

$\frac{1}{4}l + \frac{1}{2}l + \frac{1}{8}l + \frac{1}{8}l + \frac{3}{4}l = 1\frac{3}{4}l = 1{,}75\,l$, also trinkt Corinna weniger als 2 Liter am Tag.

211

Winkel

Noch fit?

1 a) zwei zueinander parallele Geraden
   b) zwei Geraden, die sich in einem gemeinsamen Punkt schneiden
   c) Strecke mit den Endpunkten A und B
   d) Halbgerade und Gerade, die zueinander senkrecht sind
   e) gebogene Linie mit den Endpunkten G und H

2

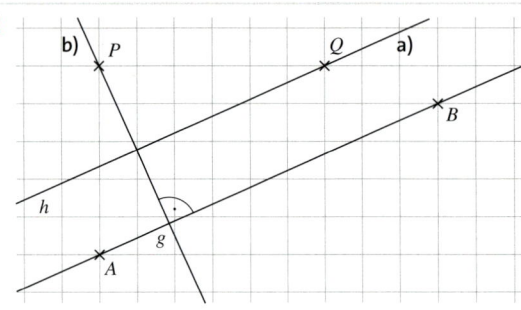

2 a) blaue Geraden
   b) rote Geraden

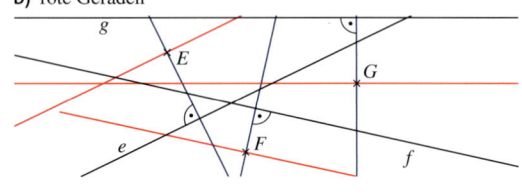

c) ebenfalls 90°

3

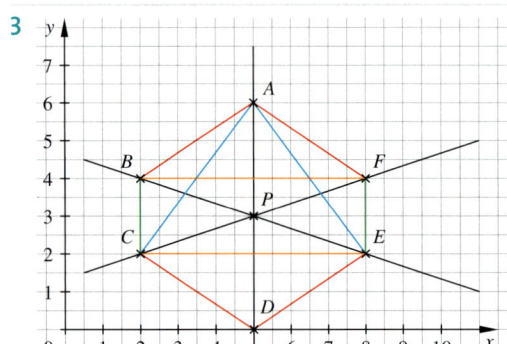

e) Abstand von P zu $\overline{CE}$: 1 cm
   Abstand von P zu $\overline{AC}$: ≈ 1,8 cm

3 verkleinerte Darstellung

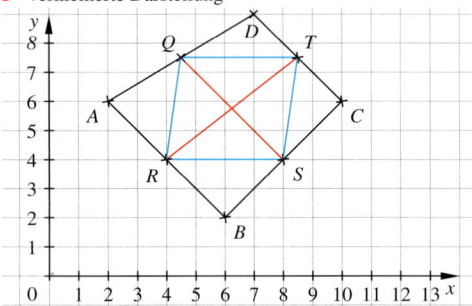

c) Abstand von A zu $\overline{QR}$: ≈ 2,3 cm
   Abstand von P zu $\overline{RS}$: = 2 cm
   Abstand von A zu $\overline{ST}$: ≈ 1,7 cm
   Abstand von P zu $\overline{QT}$: = 1,5 cm
d) nein
e) $QRST$ ist ein Parallelogramm.

212

Klar so weit?

1 a) α: überstumpfer Winkel; β: spitzer Winkel;
γ: stumpfer Winkel; δ: rechter Winkel
b)

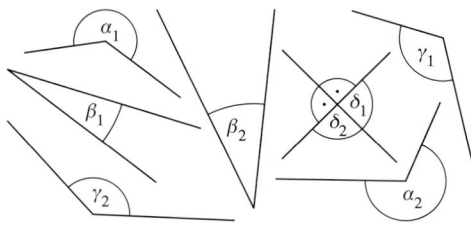

1 a)

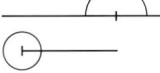

b) α_1: rechter Winkel, 90°
α_2: spitzer Winkel, ca. 25°
α_3: überstumpfer Winkel, ca. 340°
α_4: spitzer Winkel, ca. 45°
α_5: stumpfer Winkel, ca. 120°
α_6: rechter Winkel, 90°
c) individuell

2 gestreckter Winkel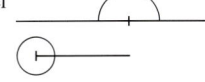

Vollwinkel

2 gestreckter Winkel

Vollwinkel

Bei diesenWinkelarten gibt es keinen Eckpunkt der Figur.

3 $\alpha = 220°$ $\beta = 70°$ $\gamma = 120°$ $\delta = 90°$

3 $\alpha_1 = 90°$ $\alpha_2 = 18°$ $\alpha_3 = 342°$
$\alpha_4 = 50°$ $\alpha_5 = 130°$ $\alpha_6 = 90°$

4

Winkel	Winkelart	geschätzte Größe	gemessene Größe
α_1	stumpfer Winkel	z. B. 110°	108°
β_1	stumpfer Winkel	z. B. 130°	131°
γ_1	überstumpfer Winkel	z. B. 270°	270°
δ_1	rechter Winkel	z. B. 90°	90°

Winkel	Winkelart	geschätzte Größe	gemessene Größe
α_2	spitzer Winkel	z. B. 70°	74°
β_2	überstumpfer Winkel	z. B. 350°	344°
γ_2	spitzer Winkel	z. B. 15°	16°
δ_2	gestreckter Winkel	z. B. 180°	180°

5 a) rosa: 38°   lila: 26°   gesamt: 64°
b) rosa: 93°   lila: 17°   gesamt: 110°
c) rosa: 47°   lila: 37°   gesamt: 84°
Addiert man jeweils beide Winkelgrößen, so erhält man die Größe des Gesamtwinkels.

6 a) 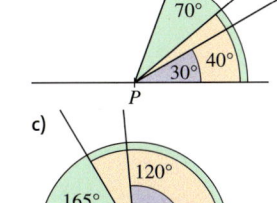 **b)**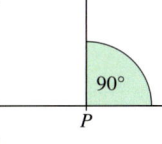

6 a) 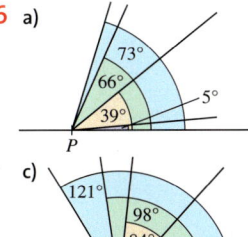 **b)**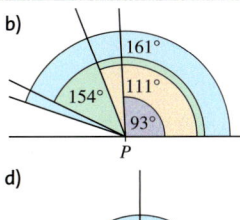

c) **d)**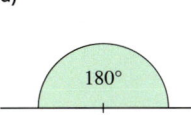

c) **d)**

7 $\alpha = 71°$ $\qquad \beta = 40°$ $\qquad \gamma = 69°$

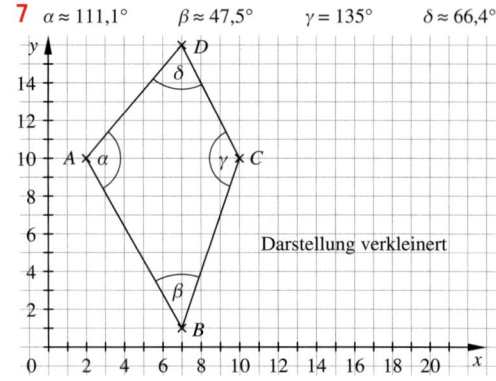

7 $\alpha \approx 111,1°$ $\qquad \beta \approx 47,5°$ $\qquad \gamma = 135°$ $\qquad \delta \approx 66,4°$

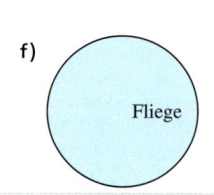

Darstellung verkleinert

8 a)

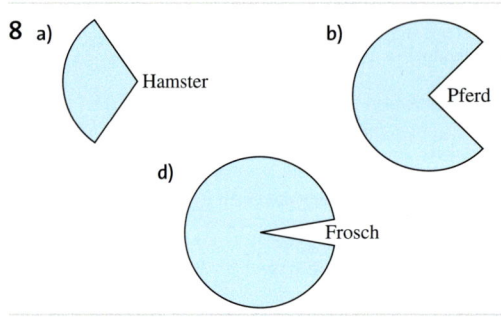

Hamster

b)

Pferd

c)

Leopard

d)

Frosch

e)

Hase

f)

Fliege

9 Zeichenübung; 49°

9 Zeichenübung

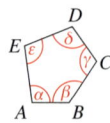

Seite 74

Teste dich!

1 Zwei Strahlen mit einem gemeinsamen Anfangspunkt bilden einen Winkel. Die beiden Strahlen heißen „Schenkel eines Winkels". Ihr gemeinsamer Anfangspunkt heißt „Scheitelpunkt eines Winkels".
Die drei Ecken des Schildes können somit jeweils als Scheitelpunkt und die davon ausgehenden Linien als Schenkel des Winkels gedeutet werden.

2 z.B.

3 a) spitzer Winkel
   e) stumpfer Winkel

b) überstumpfer Winkel
f) Vollwinkel

c) spitzer Winkel
g) gestreckter Winkel

d) rechter Winkel
h) überstumpfer Winkel

4 $\alpha = 220°$ $\qquad \beta = 70°$ $\qquad \gamma = 120°$

5 $\alpha = 61°$ $\qquad \beta = 125°$ $\qquad \gamma = 215°$

6 a)

b)

c)

d)

e)

f)

g)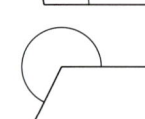

h)

7 a) $360° : 6 = 60°$

z.B.

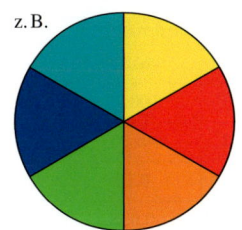

b) $360° : 9 = 40°$

z.B.

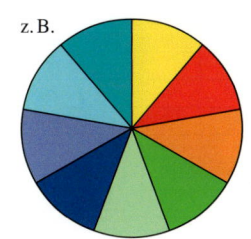

8 a) $\alpha = 30° - 18° = 12°$ b) $\gamma = 160° - 70° = 90°$ c) $\beta = 45° - 22° = 23°$ d) $\delta = 180° + 27° = 207°$

Dezimalbrüche – Umwandeln, Addieren und Subtrahieren

Noch fit? Seite 76

1

Tausender			Einer		
HT	ZT	T	H	Z	E
				5	6
		4	9	8	3
1	1	0	9	7	6
	7	0	0	0	4

1

Millionen			Tausender			Einer		
HM	ZM	EM	HT	ZT	T	H	Z	E
							6	4
						7	0	9
					1	8	0	4
				3	3	7	8	9
			6	9	8	8	7	3
			1	1	0	0	0	5
		6	2	1	3	6	8	7
4	0	6	8	8	3	7	2	9

2

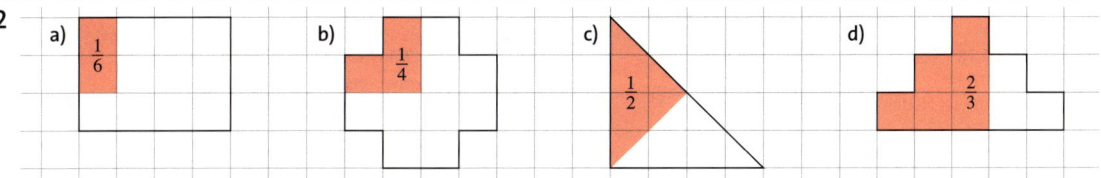

Es gibt jeweils mehrere Möglichkeiten. Diese sind die günstigsten.

3 a) $\frac{1}{4}$ m = **25** cm b) $\frac{3}{5}$ kg = **600** g c) $\frac{3}{4}$ h = **45** min

3 a) $\frac{3}{4}$ m = **75** cm b) $\frac{7}{8}$ kg = **875** g c) $\frac{5}{12}$ h = **25** min

4 a) $\frac{2}{10}$ b) $\frac{7}{10}$ c) $\frac{3}{10}$ d) $\frac{6}{10}$

4 a) $\frac{7}{100}$ b) $\frac{17}{100}$ c) $\frac{25}{100}$ d) $\frac{56}{100}$

5 a) $\frac{1}{2} = \frac{\mathbf{5}}{10}$; $\frac{1}{5} = \frac{\mathbf{2}}{10}$; $\frac{3}{5} = \frac{\mathbf{6}}{10}$

b) $\frac{1}{10} = \frac{\mathbf{10}}{100}$; $\frac{1}{20} = \frac{\mathbf{5}}{100}$; $\frac{1}{25} = \frac{\mathbf{4}}{100}$

5 a) $\frac{4}{\mathbf{10}}$ b) $\frac{\mathbf{5}}{10}$ c) $\frac{75}{\mathbf{100}}$

d) $\frac{\mathbf{24}}{100}$ e) $\frac{2}{\mathbf{10}}$ f) $\frac{\mathbf{8}}{100}$

6 a) $\frac{3}{10} < \frac{4}{10}$ b) $\frac{10}{12} > \frac{10}{15}$ c) $\frac{5}{10} = \frac{1}{2}$

6 a) $\frac{4}{10} > \frac{39}{100}$ b) $\frac{4}{25} = \frac{16}{100}$ c) $\frac{1\,000}{10\,000} > \frac{1\,000}{20\,000}$

7 a) 4 290; 4 300; 4 000
b) 25 500; 25 500; 26 000
c) 300 500; 300 500; 301 000
d) 4 510; 4 500; 5 000

7 a) 2 570 000; 2 600 000; 3 000 000
b) 23 400 000; 23 400 000; 230 000 000
c) 9 900 000; 9 900 000; 10 000 000

8 a) 263 355 b) 15 502 c) 8 834

215

Klar so weit?

1

H	Z	E	z	h	t	Dezimalbruch
		5	2	8		5,28
1	1	7	8	0	9	**117,809**
		0	4	7		**0,47**
2	7	0	5			270,5
	8	1	9	2	7	81,927
1	0	0	0	0	1	100,001

1

H	Z	E	z	h	t	Dezimalbruch	Bruch
	2	6	0	8		26,08	$26\frac{8}{100}$
1	0	0	9	5		100,95	$\mathbf{100\frac{95}{100}}$
8	4	0	9	0	1	**840,901**	$\mathbf{840\frac{901}{1000}}$
		0	2	4		**0,24**	$\frac{24}{100}$
		0	0	3	5	**0,035**	$\frac{35}{1000}$

2 a)

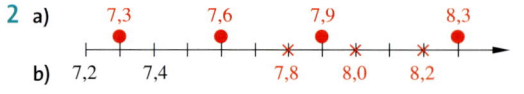

b) 7,2   7,4   7,8   8,0   8,2

2 a)

b) 9,71   9,73   9,75   9,79   9,81

3 a) $0,5 > 0,1$ b) $0,2 < 0,25$;   c) $0,6 = 0,6$

3 a) $0,8 < 0,9$ b) $2,5 > 0,25$ c) $0,13 = 0,13$

4 a) 3%   b) 27%   c) 70%

4 a) 22%   b) 1%   c) 9%   d) 75%   e) 10%   f) 6%

5 a) $\frac{1}{2}$; 0,5   b) $\frac{2}{100}$; 0,02   c) $\frac{35}{100}$; 0,35

  d) $\frac{8}{100}$; 0,08   e) $\frac{11}{100}$; 0,11   f) $\frac{95}{100}$; 0,95

5 a) $\frac{3}{10}$; 0,3   b) $\frac{11}{20}$; 0,55   c) $\frac{3}{50}$; 0,06

6 a) $\frac{5}{10}$; 0,5   b) $\frac{4}{10}$; 0,4   c) $\frac{24}{100}$; 0,24

6 a) 3,75   b) 5,75   c) 0,45

  $5\frac{3}{4}$ ist die größte der drei Zahlen.

7 a) $\frac{2}{10} = \frac{1}{5}$ b) $\frac{4}{100} = \frac{2}{5}$ c) $\frac{15}{100} = \frac{3}{20}$

  d) $\frac{4}{100} = \frac{1}{25}$ e) $\frac{19}{100}$ f) $\frac{154}{100} = 1\frac{27}{50}$

7 a) $\frac{1}{4}$ b) $\frac{13}{20}$ c) $\frac{33}{100}$

  d) $\frac{251}{500}$ e) $\frac{251}{200}$ f) $\frac{3}{2} = 1\frac{1}{2}$

8 a) $0,\overline{6}$ b) $0,\overline{4}$ c) 0,125   d) $0,\overline{45}$

8 a) $0,\overline{3}$ b) $0,\overline{846\,153}$ c) $0,02\overline{7}$ d) $0,\overline{259}$

9 a) $5,\mathbf{8}7 > 5,\mathbf{7}8$ b) $2,9\mathbf{3} > 2,9\mathbf{1}$
  c) $0,6\mathbf{4} > 0,6\mathbf{3}4$ d) $0,6\mathbf{9} > 0,6\mathbf{0}9$
  Es wurde jeweils stellenweise verglichen.

9 a) $2,341 < 2,347 < 2,417 < 2,437 < 2,440$,
  stellenweise verglichen
  b) $0,056 < 0,24 < 0,365 < 0,47 < 0,5$, stellenweise verglichen

10 a) z. B. 1,2; 1,8; 1,9
  b) z. B. 3,81; 3,82; 3,89
  c) z. B. 1,521; 1,524; 1,528
  d) z. B. 3,891; 3,802; 3,893

10 a) z. B. 3,611; 3612; 3,6129
  b) z. B. 7,91; 7,912; 7,918
  c) z. B. 5,0012; 5,0014; 5,0016
  d) z. B. 4,121; 4,122; 4,126

11

Zahl	Rundungsstelle	gerundete Zahl
5,58	Zehntel	**5,6**
6,789	**Hundertstel**	6,79
3,6 bis 4,4	Zehntel	3,4

11 a) 2 g; 1,9 g; 1,87 g; 1,866 g
  b) 6 g; 6,0 g; 6,01 g; 6,005 g;
  c) 1 km; 1,0 km; 0,99 km; 0,992 km
  d) 0 t; 0,1 t; 0,07 t; 0,066 t
  e) 16 m; 15,8 m; 15,77 m; 15,770 m
  f) 11 €; 11,0 €; 10,99 €; 10,990 €

12 a) 0,9   b) 1,0   c) 9,1
  d) 0,4   e) 0,4   f) 8,1

12 a) 9,1   b) 8,1   c) 23,1
  d) 0,4   e) 1,2   f) 12,9

13 a) 6,76   b) 10,545   c) 6,08
  d) 6,58   e) 1,307   f) 3,848
  g) 823,23   h) 13 365,021   i) 960,42

13 a) 924,677   b) 10,8101   c) 20,557
  d) 8,509   e) 2,2704   f) 47,292
  g) 9,6289   h) 213,261   i) 4 542,036

14 a) 5,4   b) 47,8   c) 41,7   d) 67,2
  e) 134,4   f) 148,7   g) 5,1   h) 29,2

14 a) 5,2   b) 226,6   c) 5,3   d) 62,38
  e) $0,647 + 1,258 + 3,\mathbf{4}00 + 7,012 = 12,317$

15 a) $a = 1,5$ b) $a = 7,4$ c) $a = 15,7$ d) $a = 4,6$ **15** a) $x = 4,5$ b) $x = 2,8$ c) $x = 15,8$ d) $x = 7,2$
    e) $a = 13,2$ f) $a = 9,7$ g) $a = 20$ h) $a = 14$

Teste dich!

Seite 102

1 a)

		13,68		
	3,98		9,7	
0,84		3,14		6,56
0,2	0,64	2,5	4,06	

b)

		5,45		
	1,6		3,85	
1,25		0,35		3,5
1	$\frac{1}{4}$	0,1	$3\frac{2}{5}$	

2 a) Ü: 30; 28,727   b) Ü: 25; 25,15

3 a) 20%; 58%; 61,5%; 7%; 50,3%   b) 75%; 25%; 80%; 24%; 2%

4 a) Madrid: 3,2 Mio.;   Hamburg: 1,8 Mio.;   Rom: 2,6 Mio.
    b) Istanbul: 13,8 Mio.;   London: 7,9 Mio.;   Delhi: 11,0 Mio.
    c) Hongkong: 7,0 Mio.;   Peking: 15,8 Mio.;   Essen: 0,6 Mio.

5 a) $\frac{1}{8}$ $(= 0,125) < 0,25 < 0,5 < 0,75 < \frac{4}{5}$ $(= 0,8)$

  b) $0,3 < 0,\overline{30} < 0,33 < 0,3304 < 0,333 < 0,\overline{3}$

6 a) 5,1 t   b) 9,9 t   c) 17 Säcke
    d) 2 Fahrten reichen aus, z. B.
      1. Fahrt: 3 m³ Sand (1700 kg) + 1,95 t Kalksandsteine + 29 Zementsäcke (1450 kg) + Leergewicht (2400 kg) = 7,5 t
      2. Fahrt: 3 Eisenträger (4250 kg) + 11 Zementsäcke (550 kg) + Leergewicht (2400 kg) = 7,2 t

7 $\frac{1}{5} + \frac{3}{4} + 40\% = 20\% + 75\% + 40\% = 135\%$, dann hätte die Klasse mehr als 100% Schüler.

8 a) 359,9 km   b) 14,7 km

Symmetrie

Noch fit?

Seite 104

1 a) Beide Spielfelder sind achsensymmetrisch.
    b) individuell, z. B. Fußball, Tennis, Basketball, Eishockey, Volleyball

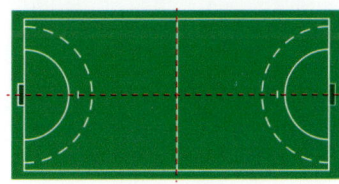
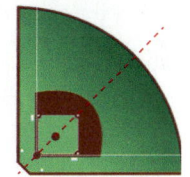

2

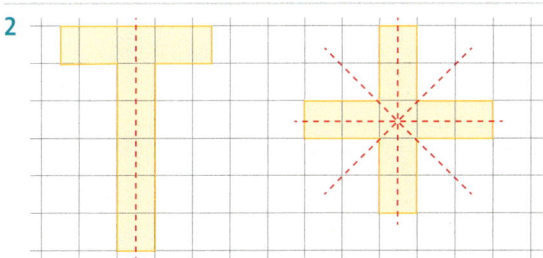

2

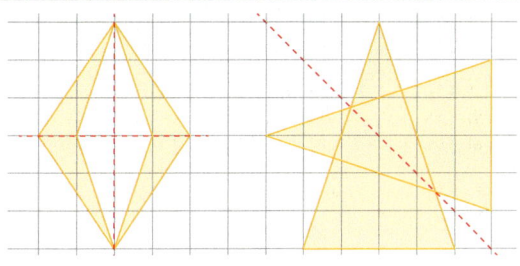

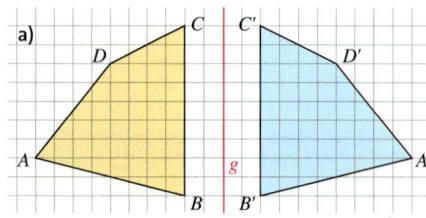

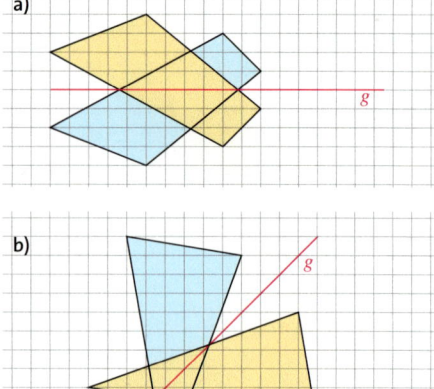

4 a) z.B. (6|0,5); (6|4,5); (6|6)   **b)** z.B. (1|5); (3,5|5); (5,5|5)
c) z.B. (7,5|7); (9|5,5); (10,5|4)

Nachgedacht
Die Tänzerinnen ① und ③ stehen annähernd achsensymmetrisch.

Seite 114/115

Klar so weit?

1 a) Karte ② ist punktsymmetrisch und somit die richtige Spielkarte.
  b) ① Die obere Hälfte der Karte wurde kopiert und unten angesetzt.
   ② Die obere Hälfte der Karte wurde kopiert, um 180° gedreht und unten angesetzt.
   ③ Die obere Hälfte der Karte wurde an ihrem unteren Rand (= Spiegelachse) gespiegelt.

2 a) Zeichenübung, individuell
   Rechtecke und Quadrate sind punktsymmetrisch.
  b) Bei allen Rechtecken liegt der Symmetriepunkt im Schnittpunkt der Diagonalen.

2 Zeichenübung, individuell
  Bei punktsymmetrischen Vielecken liegt der Symmetriepunkt
  im Schnittpunkt der Verbindungen aller zueinander symmetri-
  scher Punkte (Original- und Bildpunkt).

3 a)

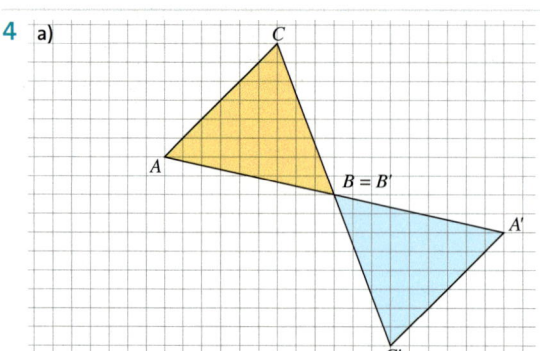

b) Man zeichnet einen Strahl vom Originalpunkt durch den
  Symmetriepunkt. Der Bildpunkt liegt auf der Halbgeraden
  und hat denselben Abstand zum Symmetriepunkt wie der
  Originalpunkt.
c) $A'(5|1)$, $B'(1|5)$, $C'(0|2)$;
  $A = B'$ und $B = A'$

4

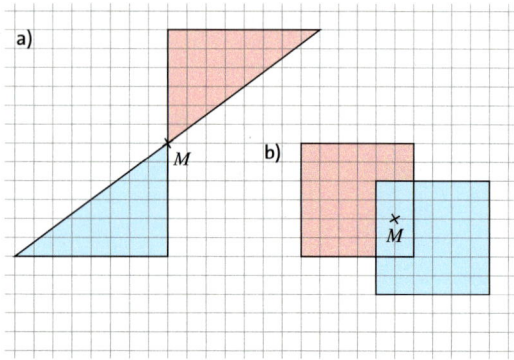

218

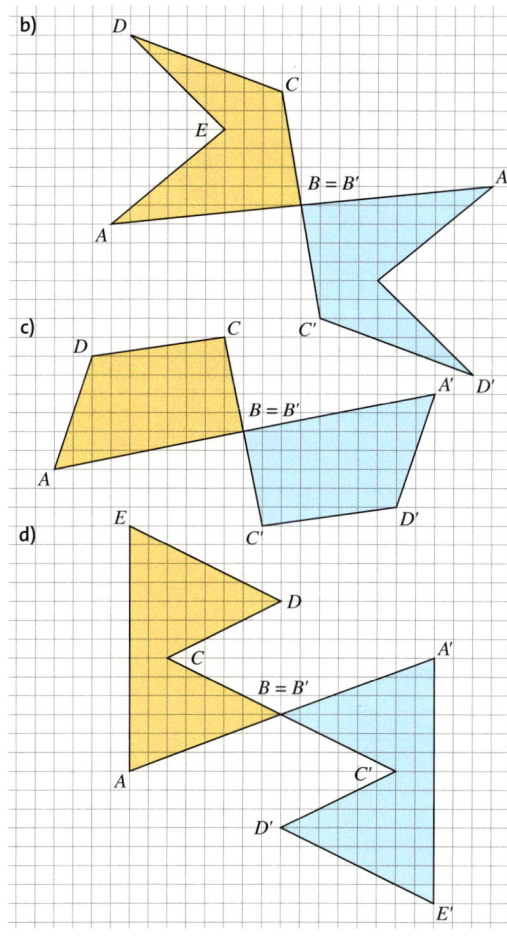

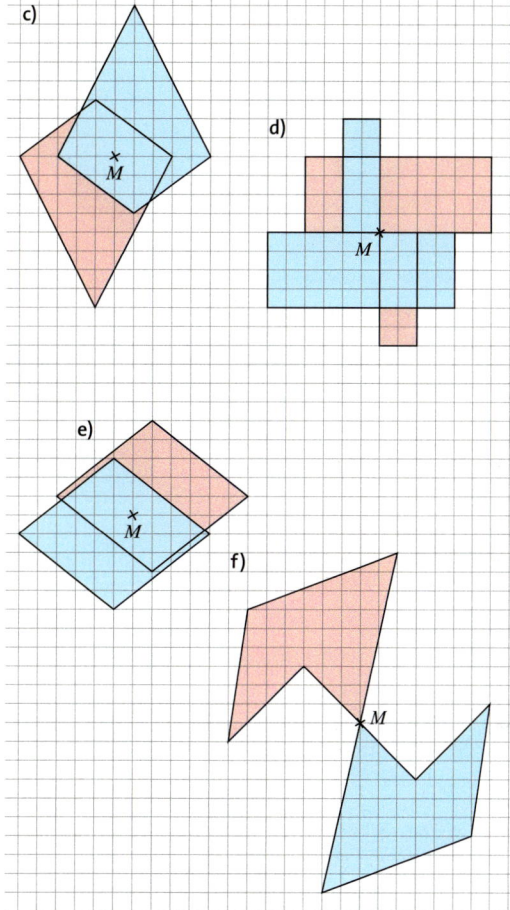

5 a) drehsymmetrisch; 90°
 b) drehsymmetrisch; 45°
 c) drehsymmetrisch; 72°

5 a) **180°**; 360°
 b) **120°**; 240°; 360°
 c) **60°**; 120°; 180°; 240°; 300°; 360°
 d) **90°**; 180°; 270°; 360°

6

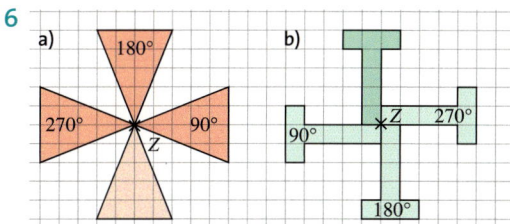

6

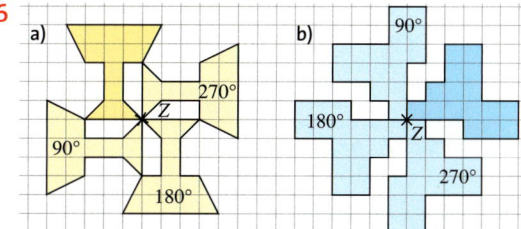

7 a) Das Glücksrad ist drehsymmetrisch, bei einer Drehung um 120° um den Mittelpunkt kommt es zur Deckung.
 b) Das Glücksrad ist nicht drehsymmetrisch, da es erst bei einer Drehung um 360° um den Mittelpunkt zur Deckung kommt.
 c) Das Glücksrad ist drehsymmetrisch, bei einer Drehung um 90° um den Mittelpunkt kommt es zur Deckung.
 d) Das Glücksrad ist nicht drehsymmetrisch, da es erst bei einer Drehung um 360° um den Mittelpunkt zur Deckung kommt.

7 a) Die Figur ist drehsymmetrisch, bei einer Drehung um 120° um den Mittelpunkt kommt die Figur zur Deckung.
 b) Die Figur ist drehsymmetrisch, bei einer Drehung um 180° um den Schnittpunkt der Diagonalen kommt die Figur zur Deckung.

219

8 a)   b)

8 a)   b)

nicht drehsymmetrisch

Der kleinste Symmetriewinkel beträgt jeweils 180°.

Der kleinste Symmetriewinkel bei a) beträgt 90°.

Teste dich!

1

Der Originalpunkt A, das Symmetriezentrum Z und der Bildpunkt A' liegen auf einer Geraden. A und A' haben jeweils denselben Abstand zu Z.

A' kann auch durch eine Drehung um 180° um Z aus A hervorgehen.

2

Name	Seestern	Blüte	Orange	Eichenblatt	Bumerang
achsensymmetrisch	×	×	×	×	nein
punktsymmetrisch	×	×	×	nein	×
drehsymmetrisch	×	×	×	nein	×
Symmetriewinkel	72°	72°	45°	–	120°

3 a) achsensymmetrisch: *0; 1; 3; 8*
  punktsymmetrisch: *0; 2; 5; 8*
 b) z. B. *12:21; 21:12; 01:10; 10:01; 15:51*

4

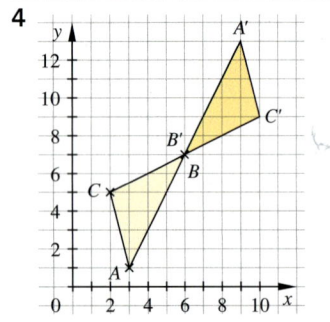

5

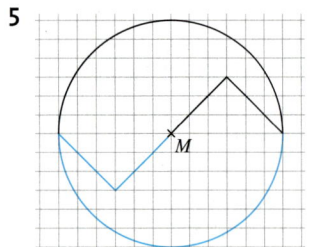

6

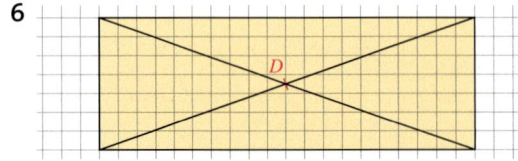

Die Figur ist achsensymmetrisch sowie punktsymmetrisch.

220

7 einfachste Möglichkeit mit dem Drehwinkel 180°

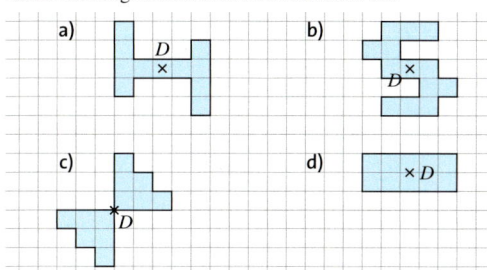

a) 4 Kästchen
b) 1 Kästchen
c) genau 6 Kästchen
d) kein Kästchen

Der Drehwinkel kann auch 90° sein. Dann sind mehr Kästchen zu ergänzen.

Dezimalbrüche und Brüche – Multiplizieren und Dividieren

Noch fit?

Seite 122

1 a) $\frac{6}{12}$ wird gekürzt auf $\frac{3}{6}$ und auf $\frac{1}{2}$.

b) $\frac{7}{4}$ wird als gemischte Zahl $1\frac{3}{4}$ geschrieben.

1 a) $\frac{1}{3}$ wird erweitert auf $\frac{2}{6}$ und auf $\frac{4}{12}$.

b) $\frac{6}{3}$ werden als natürliche Zahl 2 geschrieben.

2 a) $\frac{1}{3}$　b) $\frac{1}{5}$　c) nicht möglich　d) $\frac{3}{11}$

e) $\frac{3}{10}$　f) nicht möglich　g) $\frac{3}{11}$　h) $\frac{1}{4}$

2 a) $\frac{1}{12}$　b) $\frac{5}{6}$　c) $\frac{2}{5}$　d) $\frac{5}{2} = 2\frac{1}{2}$

e) $\frac{11}{3} = 3\frac{2}{3}$　f) $1\frac{3}{10}$　g) $\frac{11}{30}$　h) $\frac{13}{4} = 3\frac{1}{4}$

3 a) 0,3　b) 0,7　c) 0,37　d) 0,831
e) 3,875　f) 0,75　g) 2,5　h) 1,6

3 a) 0,08　b) 0,5　c) 0,125　d) 0,12
e) $2,41\overline{6}$　f) $1,\overline{81}$　g) $12,\overline{6}$　h) $5,08\overline{3}$

4 a) 1 260; 12 600; 126 000
b) 38 400; 3 840; 384
Die Ergebnisse unterscheiden sich jeweils um die Anzahl der endständigen Nullen.

4 a) 1 080; 10 800; 108 000
b) 9 000; 900; 90

5 a) ①Ü: z. B. 250 · 2 = 500; 468;　②Ü: 920; 912;
③Ü: 60 000; 59 220;　④Ü: 18 000; 20 672;
⑤Ü: 48 000; 46 020;　⑥Ü: 900 000; 882 882
b) ① 47; P: 47 · 5 = 235;　② 236; P: 4 · 236 = 944;
③ 108; P: 108 · 7 = 756　④ 1 235; P: 1 235 · 4 = 4 940

5 a) ①Ü: z. B. 250 · 7 = 1 750; 1 638;　②Ü: 4 800; 4 536;
③Ü: 140 000; 139 668;　④Ü: 90 000; 91 809;
⑤Ü: 65 000; 67 200;　⑥Ü: 540 000; 552 420
b) ① 567 R1; P: 567 · 3 = 1 701 und 1 701 + 1 = 1 702;
② 963 R4; ③ 1 023 R4; ④ 257 R10

6 a)

```
1 2 7  ·  4 5 3
      5 0 8 0 0
        6 3 5 0
    +     3 8 1
      5 7 5 3 1
```

b)

```
3 8 0 3 6 : 3 7 = 1 0 2 8
- 3 7
    1 0
-    0
    1 0 3
-    7 4
      2 9 6
    - 2 9 6
          0
```

Klar so weit?

Seite 140/141

1 a) 3,4　b) 0,72
c) 0,72　d) 45
e) 10　f) 0,91

1 a) Ü: z. B. 1 · 0,6 = 0,6; 0,63　b) Ü: 1 · 0,5 = 0,5; 0,48
c) Ü: 1,8 · 0,5 = 0,9; 0,85　d) Ü: 1,4 · 0,5 = 0,7; 0,84
e) Ü: 4 · 0,04 = 0,16; 0,14　f) Ü: 0,2 · 0,02 = 0,004; 0,004 4

2 a) Ü: 0,03 · 0,3 = 0,009; 0,007 5
b) Ü: 2 · 0,05 = 0,1; 0,09
c) Ü: 0,2 · 0,007 = 0,001 4; 0,001 33
d) Ü: 0,003 · 0,01 = 0,00003; 0,000036

2 a) Ü: 0,06 · 7 = 0,42; 0,414 77　b) Ü: 5 · 16 = 80; 84,309
c) Ü: 0,2 · 8 = 1,6; 1,170 3　d) Ü: 5 · 0,004 = 0,2; 0,199 88

3 a) 227,50 €　b) ≈ 32,53 €
c) ≈ 58,70 €　d) ≈ 982,10 €

3 26,5 · 15,5 = 410,75; Das Grundstück hat einen Flächeninhalt von 410,75 m².
410,75 · 185,50 ≈ 76 194,13; Das Grundstück kostet 76 194,13 €.

4 a) Fisch: ≈ 4,49 €　Tomaten: ≈ 1,27 €　Trauben: ≈ 1,19 €
b) Fisch: ≈ 7,49 €　Tomaten: ≈ 2,11 €　Trauben: ≈ 1,99 €

221

5 a) 4l;   b) 8l
c) 12l   d) 3m
e) 6m   f) 5m
individuelle Rechengeschichte z.B. zu a)
Der Inhalt einer 2-l-Flasche wird auf Gläser mit je 0,5l
Fassungsvermögen verteilt, dabei können insgesamt vier
Gläser gefüllt werden.

5 a) 101,35; P: $101,35 \cdot 8 = 810,8$
b) 104,65; P: $104,65 \cdot 6 = 627,9$
c) 78,94; P: $78,94 \cdot 15 = 1184,1$
d) 12,125; P: $12,125 \cdot 18 = 218,25$
e) 55,55; P: $55,55 \cdot 12 = 666,6$
f) 16,425; P: $16,425 \cdot 28 = 459,6$
g) 0,900 6; P: $0,900 6 \cdot 0,5 = 0,450 3$
h) 20,006; P: $20,006 \cdot 2,1 = 42,0126$
i) 387;4; P: $387,4 \cdot 0,525 = 203,385$
j) 27; P: $27 \cdot 1,000 1 = 27,002 7$

6 a) 22,59; P: $22,59 \cdot 4 = 90,36$
b) 0,269; P: $0,269 \cdot 9 = 2,421$
c) 1,5; P: $1,5 \cdot 5 = 7,50$
d) 0,052; P: $0,052 \cdot 7 = 0,364$
e) 0,005 5; P: $0,005 5 \cdot 8 = 0,044$
f) 1,002; P: $1,002 \cdot 9 = 9,018$
g) 549,6; P: $549,6 \cdot 0,4 = 219,84$
h) 1,006; P: $1,006 \cdot 0,17 = 0,171 02$
i) 31,89; P: $31,89 \cdot 2,05 = 65,374 5$
j) 0,05; P: $0,05 \cdot 2,501 = 0,125 05$

6 Ü: $30 : 5 = 6$
Die andere Seite ist 6,25 m lang.

7 Ü: $70 : 60 \approx 1,1\overline{6}$
1l Benzin kostet 1,14 €.

7 a) Ü: $13 : 0,5 = 260; \approx 32,8$
b) Ü: $0,5 : 1 = 0,5; 0, \approx 0,3$
c) Ü: $24 : 3 = 8; \approx 7,6$
d) Ü: $14 : 7 = 2; \approx 1,7$
e) Ü: $7 : 14 = 0,5; 0,6$
f) Ü: $0,06 : 1 = 0,06; 9 \approx 0,1$

8 a) $1\frac{3}{7}$ b) $\frac{9}{10}$ c) 14
d) 10   e) 18   f) $13\frac{1}{3}$

8 a) 1   b) $1\frac{1}{2}$ c) $\frac{22}{25}$
d) $2\frac{1}{7}$ e) $2\frac{3}{4}$ f) $4\frac{7}{17}$

9 a) $\frac{1 \cdot 1}{5 \cdot 3} = \frac{1}{15}$ b) $\frac{2 \cdot 1}{1 \cdot 5} = \frac{2}{5}$
c) $\frac{11 \cdot 1}{4 \cdot 13} = \frac{11}{52}$ d) $\frac{1 \cdot 2}{1 \cdot 4} = \frac{1}{2}$
e) $\frac{4 \cdot 1}{17 \cdot 3} = \frac{4}{51}$ f) $\frac{1 \cdot 1}{2 \cdot 2} = \frac{1}{4}$

9 a) $\frac{5}{2} \cdot \frac{13}{4} = 8\frac{1}{8}$ b) $\frac{17}{5} \cdot \frac{25}{6} = 14\frac{1}{6}$
c) $\frac{29}{7} \cdot \frac{41}{8} = 21\frac{13}{56}$ d) $\frac{17}{3} \cdot \frac{11}{4} = 15\frac{7}{12}$
e) $\frac{23}{3} \cdot \frac{21}{5} = 32\frac{1}{5}$ f) $\frac{17}{2} \cdot \frac{28}{3} = 79\frac{1}{3}$

10 $27 : 9 = 3$
3 Kinder fahren mit dem Fahrrad zur Schule.

10 $\frac{5}{14} \cdot \frac{28}{1} = 10$
10 Kinder haben eine andere Muttersprache als Deutsch.

11 a) $\frac{3}{35}$ b) $4\frac{1}{2}$ c) $\frac{1}{12}$
d) 30   e) $\frac{2}{25}$ f) $\frac{8}{3} : 2 = \frac{4}{3} = 1\frac{1}{3}$
g) 12   h) $\frac{3}{2} : 3 = \frac{1}{2}$ i) $\frac{3}{2} : \frac{1}{2} = 3$

11 a) $\frac{1}{2} : \frac{5}{4} = \frac{2}{5}$ b) $\frac{2}{3} : \frac{11}{6} = \frac{4}{11}$ c) $\frac{3}{5} : \frac{9}{4} = \frac{4}{15}$
d) $\frac{5}{7} : \frac{15}{2} = \frac{2}{21}$ e) $\frac{5}{8} : \frac{15}{4} = \frac{1}{6}$ f) $\frac{2}{9} : \frac{4}{3} = \frac{1}{6}$
g) $\frac{5}{2} : \frac{5}{4} = 2$ h) $\frac{4}{3} : \frac{11}{10} = \frac{40}{33} = 1\frac{7}{33}$ i) $\frac{7}{3} : \frac{7}{4} = \frac{4}{3} = 1\frac{1}{3}$

12 a) 2; P: $2 \cdot \frac{3}{8} = \frac{3}{4}$ b) $\frac{18}{35}$; P: $\frac{18}{35} \cdot \frac{5}{9} = \frac{2}{7}$
c) $\frac{15}{7} = 2\frac{1}{7}$; P: $\frac{15}{7} \cdot \frac{3}{10} = \frac{9}{14}$
d) 7; P: $7 \cdot \frac{1}{8} = \frac{7}{8}$ e) $1\frac{1}{2}$; P: $\frac{3}{2} \cdot \frac{2}{5} = \frac{3}{5}$
f) $1\frac{1}{21}$; P: $\frac{22}{21} \cdot \frac{6}{11} = \frac{4}{7}$

12 a) $\frac{5}{6} \cdot \frac{3}{4} = 1\frac{1}{9}$; P: $1\frac{1}{9} \cdot \frac{3}{4} = \frac{5}{6}$
b) $\frac{5}{8} \cdot \frac{3}{4} = \frac{5}{6}$; P: $\frac{5}{6} \cdot \frac{3}{4} = \frac{3}{4}$
c) $\frac{7}{12} \cdot \frac{14}{15} = \frac{5}{8}$; P: $\frac{7}{12} \cdot \frac{5}{8} = \frac{14}{15}$
d) $1\frac{1}{6} \cdot \frac{7}{18} = 3$; P: $3 \cdot \frac{7}{18} = 1\frac{1}{6}$

13 a) $\frac{1}{4}$l   b) $\frac{11}{24}$l
c) $\frac{13}{24}$l   d) $\frac{1}{9}$l

13 a) $20 : \frac{3}{2} = 13\frac{1}{3}$; Es werden $13\frac{1}{3}$ Flaschen pro Minute abgefüllt.
b) $60 : \frac{40}{3} = 4\frac{1}{2}$; Es dauert $4\frac{1}{2}$ Sekunden, bis eine Flasche gefüllt ist.

Seite 146

Teste dich!

1 a) 3 140   b) 2,8   c) 67,36   d) 11,31
e) 3,375   f) 0,91136   g) 2,365   h) 11,21

2 a) 1,57   b) 1,264   c) 0,0165   d) 0,8
e) 1,36   f) 32,4   g) 6,12   h) 3,4

3 a) $\frac{1}{6}$ b) $\frac{4}{45}$ c) $\frac{1}{4}$

d) $\frac{1}{6}$ e) $\frac{27}{40}$ f) $\frac{11}{5} \cdot \frac{25}{9} = 6\frac{1}{9}$

4 a) $7\frac{1}{2}$; P: $\frac{15}{2} \cdot \frac{2}{3} = 5$ b) $\frac{9}{10}$; P: $\frac{9}{10} \cdot \frac{2}{3} = \frac{3}{5}$ c) $\frac{1}{4}$; P: $\frac{1}{4} \cdot 2 = \frac{1}{2}$

d) $\frac{9}{10}$; P: $\frac{9}{10} \cdot \frac{5}{6} = \frac{3}{4}$ e) $1\frac{1}{2}$; P: $\frac{3}{2} \cdot \frac{4}{27} = \frac{2}{9}$ f) $\frac{1}{2}$; P: $\frac{1}{2} \cdot 3 = \frac{3}{2} = 1\frac{1}{2}$

5 a) $585\,kg : 12,5\,kg = 46,8$ Er erhält 46 Säcke und es bleiben 10 kg Kartoffeln übrig.
b) $10\,kg : 1,12\,kg = 8$ Er füllt acht kleine Säcke.

6 Das Bild des Käfers ist ca. 10,7 cm groß.

7 a) Der Stoff reicht aus, da er mit 80 cm breiter als 75 cm und mit 1,75 m länger als 1,5 m ist.
b) 1,5 laufende Meter des Stoffs kosten 27,75 €.
c) Frau Tholen bezahlt nur noch 20,81 €.

8 a) In einer Minute werden $31\frac{1}{2}$ Flaschen gefüllt.
b) Für eine Flasche benötigt die Maschine ca. 1,9 Sekunden.
c) Für einen Kasten mit zwölf Flaschen benötigt der Automat ca. 22,8 Sekunden.

Körper

Noch fit?

Seite 148

1 a) $800\,dm^2$ b) $3\,000\,cm^2$ c) $40\,000\,000\,cm^2$ d) $600\,000\,cm^2$
e) $34\,000\,mm^2$ f) $900\,cm^2$ g) $1\,200\,dm^2$ h) $140\,dm^2$

2 ① Rechteck ② Quadrat
③ Parallelogramm ④ Raute

2 Zeichenübung, die Seitenlängen betragen …
a) $a = 5\,cm$
b) z. B. $a = 2\,cm$, $b = 5\,cm$
c) z. B. $a = 3\,cm$, $b = 4\,cm$
d) $a = 3,5\,cm$ (wie angegeben)

3

	Seite a	Seite b	Umfang u
a)	3 dm	3 dm	**12 dm**
b)	15 cm	13 cm	**56 cm**
c)	44 m	96 m	**280 m**
d)	12 cm	1,2 dm	**48 cm**
e)	8 dm	26 cm	**212 cm**

3

	Seite a	Seite b	Umfang u
a)	3,2 cm	2,4 cm	**11,2 cm**
b)	**12 cm**	12 cm	48 cm
c)	4,7 cm	**4,7 cm**	18,8 cm
d)	5,3 dm	24 dm	**58,6 dm**
e)	**7,8 m**	5,8 m	27,2 m

4

	Länge	Breite	Flächeninhalt
a)	8 cm	7 cm	**56 cm²**
b)	9 dm	18 dm	**162 dm²**
c)	15 mm	21 mm	**315 mm²**
d)	5 m	19 m	**95 m²**

4 a) $A = 10,8\,cm^2 = 1\,080\,mm^2$
b) $A = 9\,cm^2 = 900\,mm^2$
c) $A = 1\,200\,000\,m^2 = 1,2\,km^2$
d) $A = 192\,cm^2 = 1,92\,dm^2$
e) $A = 0,582\,4\,m^2 = 58,24\,dm^2$

5 a) Der Flächeninhalt des Fußbodens hat eine Größe von 36 m².
b) Das Parkett kostet 882 €.

5 Kims Teppich: $A = 9,002\,5\,m^2$
Johns Teppich: $A = 9,3025\,m^2$
Kims Teppich ist zuerst fertig.

6 1. Rechteck und Parallelogramm.
2. $A = a \cdot b$
3. Alle Seiten sind gleich lang, gegenüberliegende Seiten sind parallel.
4. 10
5. 100

Nachgedacht

Es gibt acht verschiedenen Rechtecke, wobei sich jeweils zwei nur durch die Benennung der Seiten unterscheiden.

a in cm	1	2	3	4	6	8	12	24
b in cm	24	12	8	6	4	3	2	1

Klar so weit?

1 a) Dreiecksprisma   b) Würfel   c) Quader
   d) Pyramide   e) Kegel   f) Zylinder   g) Kugel

2 a) Schuhkarton: Quader   Apfelsine: Kugel   Eistüte: Kegel
    Ziegelstein: Quader   CD: Zylinder   Telefonbuch: Qauder
    Würfelzucker: Würfel   Münze: Kreis   Seifenblase: Kugel
    Schultüte: Kegel
   b) individuell, z. B.
    Würfel: Spielwürfel
    Quader: Getränkekarton
    Pyramide: Hausdach
    Kegel: Pylon
    Kugel: Ball
    Zylinder: Hutschachtel

1 Pyramide, Dreiecksprisma, Sechseckprisma, Quader, Halbkugel, Kegel

2

Körper	Ecken	Kanten	Flächen
Quader	5	12	6
Dreiecksprisma	5	6	5
Kugel	0	0	1

a) Der Quader hat besonders viele Flächen, Ecken und Kanten.
b) Zylinder

3 Die Schrägbilder stammen alle von dem gleichen Quader, da ihre Seitenlängen übereinstimmen.

4

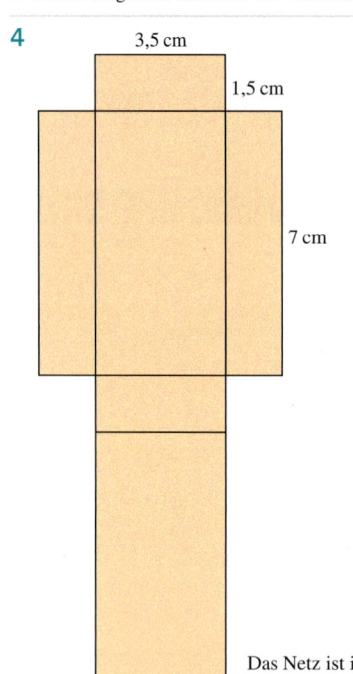

3,5 cm

1,5 cm

7 cm

Das Netz ist in halber Größe dargestellt.

4 z. B.

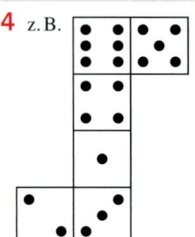

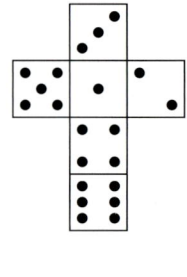

5 Die Netze sind verkleinert dargestellt. Es gibt elf mögliche Würfelnetze.

Die Seitenflächen können nicht beliebig aneinandergezeichnet werden, da sonst beim Zusammenfalten eventuell kein Würfel entsteht.

6 $O = 27\,\text{cm}^2$

5 z. B.

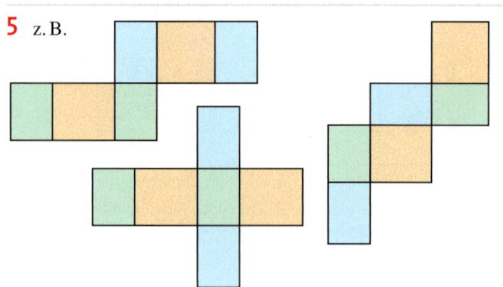

Beim Zeichnen muss darauf geachtet werden, dass alle Seiten, die beim Zusammenfalten aneinanderstoßen, dieselbe Länge haben und sich keine Flächen überdecken.

6 $O = 550\,\text{cm}^2$

7 a) 34 Flächeneinheiten   b) 24 Flächeneinheiten
c) 28 Flächeneinheiten   d) 28 Flächeneinheiten
b) < c) = d) < a)

8 a) $V = 512\,cm^3$ b) $V = 512\,cm^3$

9 $V = 131\,040\,mm^3$

10 $V = 48\,cm^3$

7 a) $O = 64\,dm^2$
b) $O = 64\,dm^2$
c) $O = 88\,dm^2$

8 a) $25\,mm$ b) $4\,080\,cm^3$ c) $600\,m$ d) $15\,dm$

9 Es gibt drei Möglichkeiten:
$a = 1\,cm;\ b = 1\,cm;\ c = 240\,cm$
$a = 2\,cm;\ b = 2\,cm;\ c = 60\,cm$
$a = 4\,cm;\ b = 4\,cm;\ c = 15\,cm$

10 $V = 135\,cm^3$

Teste dich!

1 a) Gegenüberliegende Flächen sind jeweils gleich. Würfel und Quader haben jeweils 8 Ecken, 6 Flächen und 12 Kanten.
b) Alle Kanten sind gleich lang. Alle Flächen sind gleich groß.

2 ④ ist das Schrägbild eines Würfels, denn nach hinten verlaufende Kanten sind in halber Länge und in einem Winkel von 45° angetragen. ① enthält keine schräg verlaufenden Linien. In ② sind die schrägen Linien mit 45° gezeichnet. In ③ sind die schrägen Linien nicht halb so lang wie die Würfellänge.

3 a) $V = 13\,cm^3$ b) $V = 12\,cm^3$ c) $V = 16\,cm^3$ d) $V = 7\,cm^3$ e) $V = 24\,cm^3$

4 a) $65\,000\,mm^3$ b) $15\,000\,dm^3$ c) $7\,cm^3$ d) $72\,000\,000\,mm^3$ e) $5\,000\,l$ f) $450\,000\,ml$
g) $7\,200\,mm^3$ h) $1\,500\,dm^3$ i) $7,5\,cm^3$ j) $0,085\,dm^3$ k) $3\,500\,l$ l) $4\,750\,ml$

5 a) $V = 60\,cm^3$ $O = 94\,cm^2$ b) $V = 13\,125\,cm^3$ $O = 3\,550\,cm^2$

6 $O = 10\,086\,mm^2$

7 a) $5\,cm$ b) $V = 125\,cm^3$

8 Lady: $270\,cm^3$ ca. 5× größer   Feeling: $595\,cm^3$ fast 6× größer

Daten

Noch fit?

1 a) Gewicht (absteigend): Ganesh, Calvin, Jenny, Indra, Dunja, Tuffi, Farina, Bala
b) Alter (absteigend): Jenny, Indra, Dunja, Ganesh, Calvin, Tuffi, Farina/Bala
Das Gewicht ist nicht vom Alter abhängig.

1 Eiweiß (absteigend): Würstchen, Brötchen, Chips, Bananen, Butter
Fett (absteigend): Butter, Chips, Würstchen, Brötchen, Bananen
Kohlenhydrate (absteigend): Brötchen, Chips, Bananen, Butter, Würstchen
Energiegehalt (absteigend): Butter, Chips, Würstchen, Brötchen, Bananen

2 a) Unterschied 12 Grad
b) Fachbegriffe
Maximum: 12 °C
Minimum: 0 °C
Spannweite: 12 Grad

2 a) Maximum: 12.03.03 (Tom)
Minimum: 24.11.04 (Anna)
b) größtes Mädchen: 134 cm (Sina)
kleinster Junge: 131 cm (Tom)
c) Spannweite beim Gewicht: 42 kg bis 27 kg = 15 kg

3

Farbe	Strichliste	Häufigkeit
lila	||	2
blau	||||	4
gelb	|||	3
rot	|||	3
grün	|||	3

3

Antwort (Mädchen)	Strichliste	Häufigkeit
nein	卌 卌	10
ja	|||	3
keine Meinung	||	2

Antwort (Jungen)	Strichliste	Häufigkeit
nein	卌 |||	8
ja	||||	4
keine Meinung	||	2

4 a) individuell, z. B.:
Das Balkendiagramm zeigt für fünf Personen einen Betrag in Euro an.
Mögliche Fragestellung: „Wie viel Taschengeld erhält jedes der fünf Kinder im Monat?"

Klar so weit?

1 a) $-5\,°C$ **b)** $0\,°C$ **c)** $2,5\,°C$ **d)** $-3,5\,°C$

1 a) ① $-26;\ -14;\ -10;\ 6;\ 18$
② $-78;\ -67,5;\ -42,5;\ -22,5;\ 17,5$
b)

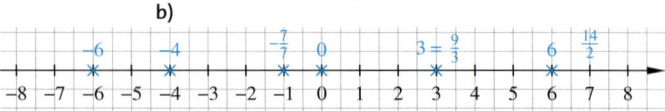

2

Nacht-temperatur	Tageshöchst-temperatur	Temperatur-änderung
$-5\,°C$	$4\,°C$	9 Grad wärmer
$-1\,°C$	$3\,°C$	**4 Grad wärmer**
$-15\,°C$	$-4\,°C$	**11 Grad wärmer**
$0\,°C$	$-3\,°C$	3 Grad kälter

2

Nacht-temperatur	Tageshöchst-temperatur	Temperatur-änderung
$-8\,°C$	$-3\,°C$	5 Grad wärmer
$15\,°C$	$7\,°C$	8 Grad kälter
$-9\,°C$	$-1\,°C$	8 Grad wärmer

3 4 Farben zu je 3 Aussehen, also $4 \cdot 3 = 12$

3 2 Typen zu je 4 Farben;
3 Größen und 2 Schaltungen, also $2 \cdot 4 \cdot 3 \cdot 2 = 48$

4 Minimum: 35   Maximum: 45   Spannweite: 10

4 Minimum: 0   Maximum: 3   Spannweite: 3

5 a) Marvin: 0,3   Jan: 0,25
b) vermutlich für Marvin

5 Note 1: 0,03   Note 2: 0,10   Note 3: 0,31   Note 4: 0,31
Note 5: 0,21   Note 6: 0,03

6 a) 70   **b)** 150   **c)** 135   **d)** 450
e) 151   **f)** 2 700   **g)** 958   **h)** 1 687

6 a) 34 cm   **b)** 2,25 kg   **c)** 24 min   **d)** 1,125 km

7 a) 6a: Notendurchschnitt = 3,4   Zentralwert: 3
6b: Notendurchschnitt = 3,5   Zentralwert: 3
6c: Notendurchschnitt = 3,2   Zentralwert: 3
6d: Notendurchschnitt = 3,0   Zentralwert: 3
b) Notendurchschnitt der gesamten Stufe 6 = 3,3   Zentralwert: 3
c) Alle Durchschnittswerte sind im Bereich 3. Genauere Übereinstimmung in Klasse 6d.
Brauchbarer Mittelwert in Klasse 6a und 6b.

8 Musik: 80%   Sport: 65%   Filme: 70%   Spiele: 35%
Bücher: 55%   Autos: 30%

8 a) Zement: 8%   Kalk: 16%   Sand: 64%   Wasser: 12%
b)

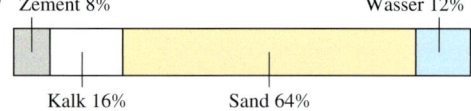

c)

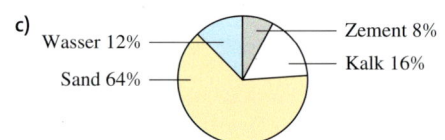

9 Baden/Duschen: 34,72% Trinken/Kochen: 5%
WC/Waschmaschinen: 25% Geschirr spülen: 10,28%
Sonstiges: 25%

9 a)

Nahrungsmittel	mind. 1-mal in der Woche	seltener	nie
Joghurt	81%	17%	2%
Nudelgerichte	80%	18%	2%
Suppe	60%	34%	6%
Pommes frites	59%	38%	3%
Cornflakes	58%	31%	11%

b)

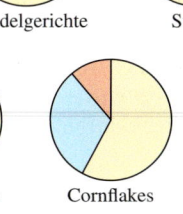

Joghurt Nudelgerichte Suppe

Pommes frites Cornflakes

☐ mind. 1-mal in der Woche ☐ seltener ☐ nie

Teste dich!

1 a) $A = -7; B = -5; C = -4; D = -2; E = 1; F = 4$

b) $A = -7; B = -6; C = -3; D = -2; E = -1; F = 1; G = 4$

2 a) $-15; -6; -5,001; 5,001; \frac{24}{4}; 7$

b) $-9; -2; -1; 0,3; 0,9; 1; 1,1$

3 a) Speyer: 11 Grad   Daun: 8 Grad   Bitburg: 13 Grad   Pirmasens: 10 Grad   Asbach: 9 Grad
b) Zentralwert Höchsttemperaturen: $8\,°C$ Zentralwert Tiefsttemperaturen: $-3\,°C$

4 3 Sorten zu je 2 Beilagen, also $3 \cdot 2 = 6$ Kombinationen

5

Verein	a) gewonnen	b) unentschieden	c) verloren	d) *nicht* verloren
FC Bayern München	75%	$\approx 8,3\%$	$\approx 16,7\%$	$\approx 83,3\%$
Bor. Dortmund	$\approx 58,3\%$	$\approx 16,7\%$	25%	75%
Bor. Möchengladbach	$\approx 58,3\%$	$\approx 16,7\%$	25%	75%
FC Schalke 04	$\approx 58,3\%$	$\approx 8,3\%$	$\approx 33,3\%$	$\approx 66,7\%$
Bayer Leverkusen	$\approx 41,7\%$	25%	$\approx 33,3\%$	$\approx 66,7\%$
1. FC Köln	$\approx 41,7\%$	$\approx 8,3\%$	50%	50%
FC Augsburg	$\approx 8,3\%$	$\approx 41,7\%$	50%	50%

6 a) Maximum: 96   Minimum: 12   Spannweite: 84   arithmetisches Mittel: 53   Zentralwert: 52
b) Maximum: 825   Minimum: 283   Spannweite: 542   arithmetisches Mittel: 587   Zentralwert: 707
c) Maximum: 59 872   Minimum: 86   Spannweite: 59 786   arithmetisches Mittel: 13 701   Zentralwert: 5 993,5

7 a) Deutschland: $\frac{96}{360}$ Spanien: $\frac{144}{360}$ Italien: $\frac{48}{360}$ Türkei: $\frac{72}{360}$

b) Deutschland: 26,7%   Spanien: 40%   Italien: 13,3%   Türkei: 20%

c) Deutschland: 4 Schülerinnen   Spanien: 6 Schülerinnen   Italien: 2 Schülerinnen   Türkei: 3 Schülerinnen

Mathelexikon und Stichwortverzeichnis

A absolute Häufigkeit [188, 205] siehe *Häufigkeit*

Addition
 Summand + Summand = Wert der Summe

arithmetisches Mittel [192, 205] Beispiel: arithmetisches Mittel von 3, 5, 7, 9:
 $(3 + 5 + 7 + 9) : 4 = 6$
 (Summe der Zahlen) : Anzahl der Zahlen
 = arithmetisches Mittel

Assoziativgesetz (Verbindungsgesetz)
 – Addition: $(a + b) + c = a + (b + c)$ **[44]**
 – Multiplikation: $(a \cdot b) \cdot c = a \cdot (b \cdot c)$ **[125]**

B Balkendiagramm [196]

Baumdiagramm [184, 205] Beispiel:

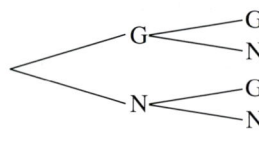

Zwei Lose werden nacheinander gezogen. Es gibt Gewinne (G) und Nieten (N).

Begrenzungsfläche [156, 173] siehe *Körpernetz*

Bildpunkt [106, 119] siehe *Punktspiegelung*

Bruch $\frac{Zähler}{Nenner}$
 – **Addition [42, 51]** $\frac{1}{2} + \frac{1}{4} = \frac{2}{4} + \frac{1}{4} = \frac{3}{4}$
 – **Division [136, 145]** $\frac{1}{2} : \frac{3}{5} = \frac{1}{2} \cdot \frac{5}{3} = \frac{5}{6}$
 – **Multiplikation [132, 145]** $\frac{2}{3} \cdot \frac{5}{7} = \frac{2 \cdot 5}{3 \cdot 7} = \frac{10}{21}$
 – **Subtraktion [42, 51]** $\frac{5}{6} - \frac{2}{3} = \frac{5}{6} - \frac{4}{6} = \frac{1}{6}$
 siehe auch: *erweitern, gleichnamig, kürzen*

D Deckfläche [150, 173] siehe *Körper*

Dezimalbruch [78, 101] Bruch in Dezimalschreibweise (Zahlen mit einem Komma)
 Beispiel: $\frac{7}{10} = 0{,}7$
 – **Addition [90, 101]** $3{,}42 + 2{,}73 = 6{,}15$
 – **Division [128, 145]** $3{,}6 \cdot 2{,}72 = 9{,}792$
 – **Multiplikation [124, 145]** $1{,}85 : 2{,}5 = 0{,}74$
 – **Subtraktion [90, 101]** $7{,}80 - 1{,}92 = 5{,}88$
 – **runden [86, 101]** siehe *runden*

Dezimalzahl [78, 101] siehe *Dezimalbruch*

Distributivgesetz (Verteilungsgesetz) [142]
 $a \cdot (b + c) = a \cdot b + a \cdot c$
 $a \cdot (b - c) = a \cdot b - a \cdot c$
 $(a + b) : c = a : c + b : c$
 $(a - b) : c = a : c - b : c$

Division
 Dividend : Divisor = Wert des Quotienten

Divisor [128, 145] siehe *Division*

drehsymmetrisch [110, 119] siehe *Symmetrie*

Drehverfahren [64, 73] Verfahren zum Zeichnen von *Winkeln*

Drehzentrum [110, 119] siehe *Symmetrie*

Durchschnitt [192, 205] siehe *arithmetisches Mittel*

E Ecke [150, 173] siehe *Körper*

erweitern [34, 51] Beispiel: erweitern mit 4:
 $\frac{2}{5} = \frac{2 \cdot 4}{5 \cdot 4} = \frac{8}{20}$

Expertenrunde [16]

G ganze Zahlen [178, 205] Die positiven und negativen Zahlen zusammen mit der Null nennt man ganze Zahlen.
 $\mathbb{Z} = \{\ldots ; -2; -1; 0; 1; 2; \ldots\}$

Gegenzahl [178, 205] Beispiel: -3 ist die Gegenzahl von $+3$; $+12$ ist die Gegenzahl von -12

Geodreieck [60, 73]

gestreckter Winkel [56, 73] ein *Winkel* von 180°; siehe *Winkel*

ggT [20, 29] siehe *größter gemeinsamer Teiler*

gleichnamig [38, 51] *Brüche* mit gleichem Nenner nennt man gleichnamig; Beispiel: $\frac{3}{5}$ und $\frac{4}{5}$

Grad (°) [56, 73] Die Größe eines *Winkels* wird in Grad gemessen.

größter gemeinsamer Teiler [20, 29] die größte Zahl, die in den Teilermengen zweier Zahlen vorkommt; Beispiel: $T_8 = \{1; 2; \underline{4}; 8\}$; $T_{12} = \{1; 2; 3; \underline{4}; 6; 12\}$; ggT $(8; 12) = 4$

Grundfläche [150, 173] siehe *Körper*

Gruppenpuzzle [16]

H Häufigkeit
 – **relative [188, 196, 205]**
  relative Häufigkeit $= \frac{\text{absolute Häufigkeit}}{\text{Gesamtzahl}}$
 – **absolute [188, 196, 205]** gibt an, wie oft ein bestimmtes Ergebnis vorkommt

Hauptnenner [38, 51] Der Hauptnenner ist der kleinste gemeinsame Nenner zweier Brüche.

Hohlmaß [164, 173] Um Volumenmaße von Flüssigkeiten anzugeben, verwendet man die Hohlmaße Liter (l) und Milliliter (ml).
 Beispiele: $1\,l = 1000\,ml$; $1\,l = 1\,dm^3$

K Kante [150, 173] siehe *Körper*

Kehrbruch [136, 145] Beispiel: der Kehrbruch von $\frac{2}{5}$ ist $\frac{5}{2}$

228

Kehrwert [136, 145] siehe *Kehrbruch*

kgV, kleinstes gemeinsames Vielfaches [20, 29]
die kleinste Zahl, die in beiden *Vielfachen*-mengen zweier Zahlen vorkommt; Beispiel: $V_8 = \{8; 12; \underline{24}; 32; ...\}$; $V_{12} = \{12; \underline{24}; 36; ...\}$; kgV $(8; 12) = 24$

Kommutativgesetz (Vertauschungsgesetz)
– Addition: $a + b = b + a$
– Multiplikation: $a \cdot b = b \cdot a$ **[124, 132]**

Koordinatensystem [181] zwei zueinander senkrecht stehenden Zahlengeraden, die sich im Nullpunkt (0|0) schneiden; Beispiel:

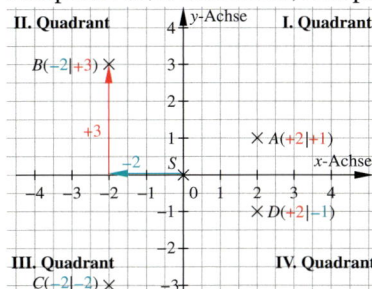

Körper [150, 173] Beispiele:

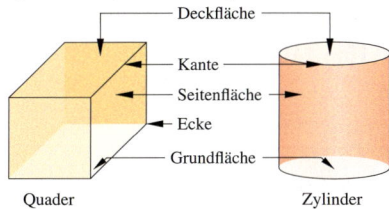

Quader   Zylinder

Dort, wo zwei Flächen zusammenstoßen, entstehen Kanten. Treffen mindestens drei Kanten aufeinander, entstehen Ecken.

Körpernetz [156, 173] eine zusammenhängende Abwicklung aller Begrenzungsflächen eines *Körpers*; Beispiel:

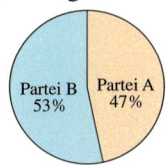

Kreisdiagramm [196, 198, 205] zeigt relative Häufigkeiten an (Kreis $\cong$ 100%); Beispiel:

kürzen [34, 51] Beispiel: kürzen durch 4:
$$\frac{8}{20} = \frac{8:4}{20:4} = \frac{2}{5}$$

L Liniendiagramm [196, 205] Beispiel:

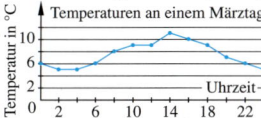

M Markierungsverfahren [64, 73] Verfahren zum Zeichnen von *Winkeln*

Maximum [188] größter Wert einer Datenmenge

Median [192, 205] auch: Zentralwert; Der Wert, der genau in der Mitte aller der Größe nach geordneten Werte einer Datenmenge liegt. Beispiel: 8; 15; $\underline{17}$; 35; 72; Median: 17

Minimum [188] kleinster Wert einer Datenmenge

Multiplikation
Faktor $\cdot$ Faktor = Wert des Produkts

N negative Zahl [178, 205] Negative Zahlen sind kleiner als Null. Beispiele: -2; -15

Netz [156, 173] siehe *Körpernetz*

O Oberfläche [160, 173] alle Begrenzungsflächen eines *Körpers* ergeben zusammen die Oberfläche des Körpers

Oberflächeninhalt (O) [160, 173] Der Oberflächeninhalt (O) eines Körpers ist die Summe der Flächeninhalte seiner Begrenzungsflächen.

Originalpunkt [106, 119] siehe *Punktspiegelung*

P Parkettierung [113]

Periode, periodischer Dezimalbruch [82, 101, 128] Bei vielen *Brüchen* führt die Division dazu, dass sich im Ergebnis Ziffern unendlich oft wiederholen. Diese Brüche nennt man periodische Dezimalbrüche. Die Ziffer (oder die Ziferngruppe), die sich wiederholt, wird durch einen Strich darüber gekennzeichnet und Periode genannt. Beispiel: $\frac{1}{3} = 0,333... = 0,\overline{3}$

positive Zahl [178, 205] Positive Zahlen sind größer als Null. Beispiele: 3; $+5$; 112

Primzahl [10, 29] Zahlen die genau zwei Teiler haben (und zwar 1 und sich selbst); Beispiele: 2; 3; 5; 7; 11; 13

Probe [90, 128, 136, 145] Bei den Grundrechenarten rechnet man zur Probe die *Umkehraufgabe*. Bei Gleichungen setzt man zur Probe die Lösung ein.

Prozent [78, 101] Das Zeichen % (Prozent) bedeutet „von Hundert". Beispiel: $1\% = \frac{1}{100}$

P **Prozentschreibweise [78, 101]** Brüche mit dem Nenner 100 kann man in der *Prozent-schreibweise* angeben. Beispiel: $\frac{75}{100} = 75\%$

Punktspiegelung [106, 119]

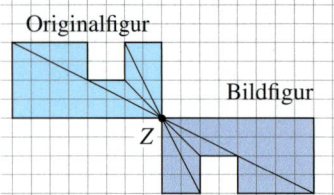

Punktsymmetrie [106, 119] siehe *Symmetrie*

Q **Quader [150, 173]**
– **Körpernetz, Netz [156, 173]** siehe *Körper-netz*
– **Oberfläche, Oberflächeninhalt [160, 173]**
– **Schrägbild [152]** siehe *Schrägbild*
– **Volumen [165, 173]**

Quersumme [14, 29] die Summe aller Ziffern einer Zahl; Beispiel: Die Quersumme von 735 ist $7 + 3 + 5 = 15$

R **Rauminhalt [164]** siehe *Volumen*

rechter Winkel [56, 73] ein *Winkel* von 90°; siehe *Winkel*

relative Häufigkeit [188, 205] siehe *Häufigkeit*

Runden [86, 101] Ist die Stelle rechts von der *Rundungsstelle* 0, 1, 2, 3, 4 wird abgerundet. Ist die Stelle rechts von der *Rundungsstelle* 5, 6, 7, 8, 9 wird aufgerundet.

Rundungsstelle [86, 101] die Stelle auf die gerundet werden soll

Rundungsziffer [86] steht rechts von der *Rundungsstelle*

S **Säulendiagramm [196, 205]** Beispiel:

Scheitelpunkt [56, 73] siehe *Winkel*
Schenkel [56, 73] siehe *Winkel*
Schrägbild [152] Beispiel:

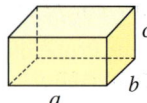

Seitenansicht [152]

Seitenfläche [150, 173] siehe *Körper*

Skala [60, 73, 178] Maßeinteilung an Mess-instrumenten, z. B. am Geodreieck oder am Thermometer

Spannweite [188] Unterschied zwischen Maximum und Minimum einer Datenreihe

spitzer Winkel [56, 73] ein *Winkel*, der größer als 0° aber kleiner als 90° ist; siehe *Winkel*

Stängel-Blätter-Diagramm [187]

stellengleich, stellengerecht, stellenweise [86, 90, 101] Zehner werden unter Zehner geschrieben, Einer unter Einer, Zehntel unter Zehntel, …
Dezimalbrüche werden stellenweise addiert und subtrahiert (Komma unter Komma).

Streifendiagramm [198, 205] zeigt relative Häufigkeiten an (Streifen ≙ 100%); Beispiel:

stumpfer Winkel [56, 73] ein *Winkel*, der größer als 90° aber kleiner als 180° ist; siehe *Winkel*

Subtraktion
Minuend – Subtrahend = Wert der Differenz

Symmetrie [106, 110, 119]
Beispiele:
Achsensymmetrie:

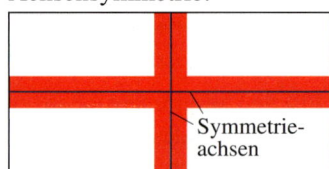

Drehsymmetrie:

Punktsymmetrie:

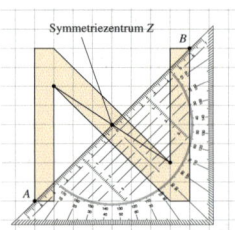

Symmetriezentrum [106, 119] siehe *Symmetrie*

T **Tabelle [196]**

teilbar [10, 29] siehe *Teiler*

Teilbarkeitsregeln durch…
- **2:** die letzte Ziffer ist gerade **[14, 29]**
- **3:** die *Quersumme* ist durch 3 teilbar **[14, 29]**
- **4:** die letzten beiden Ziffern stellen eine durch 4 teilbare Zahl dar **[16]**
- **5:** die letzte Ziffer ist eine 0 oder 5 **[14, 29]**
- **8:** die letzten 3 Ziffern stellen eine durch 8 teilbare Zahl dar **[17]**
- **9:** die *Quersumme* ist durch 9 teilbar **[17]**
- **10:** die letzte Ziffer ist eine 0 **[14, 29]**

Teiler [10, 29] Eine Zahl ist ein Teiler einer anderen Zahl, wenn beim Dividieren kein Rest bleibt.
Beispiel: 6 ist ein Teiler von 18, d.h. 18 ist durch 6 teilbar (6|18); 6 ist kein Teiler von 20 (6∤20)

teilerfremd [20, 29] Zahlen, die keinen Gemeinsamen *Teiler* außer der 1 haben

Teilermenge [10, 29] alle *Teiler* einer Zahl; z.B. Teilermenge von 12: $T_{12} = \{1; 2; 3; 4; 6; 12\}$

U **überstumpfer Winkel [56, 67, 73]** ein *Winkel*, der größer als 180° aber kleiner als 360° ist; siehe *Winkel*

Umkehraufgabe [90, 128, 136] Beispiel: eine Umkehraufgabe von $5 + 6 = 11$ ist $11 - 5 = 6$

Umrechnungszahl [164, 173] Beispiel: Wandelt man *Volumenmaße* in die benachbarte *Volumeneinheit* um, so ist die Umrechnungszahl 1000.

ungleichnamig [38, 42, 51] Brüche mit unterschiedlichem Nenner; Beispiel: $\frac{3}{8}$ und $\frac{4}{5}$

V **Verschiebung [113]** Beispiel:

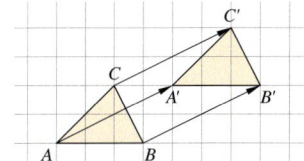

Vielfaches [20, 29] Ist eine Zahl einmal, zweimal, dreimal, … so groß wie eine andere Zahl, so ist sie ein Vielfaches dieser Zahl.

vollständig gekürzt [34, 51] Einen *Bruch*, der nicht mehr weiter *gekürzt* werden kann, nennt man vollständig gekürzt.

Vollwinkel [56, 67, 73, 198] ein *Winkel* von 360°; siehe *Winkel*

Volumen [164, 165, 173] Der Rauminhalt eines Körpers wird auch Volumen genannt. Das Volumen gibt die Größe eines Körpers an.

Volumeneinheiten [164, 173] Volumeneinheiten sind z.B. mm^3, cm^3, dm^3, m^3

Volumenmaß [164, 173] Beispiel: Umwandlung von Volumenmaßen: $1\,cm^3 = 1000\,mm^3$

Vorderansicht [152]

W **Winkel [56, 73]**
- **Winkel messen [60, 67, 73]**
- **Winkel zeichnen [64, 67, 73]**
Bezeichnungen am Winkel:

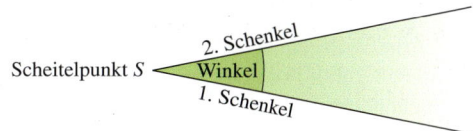

spitzer Winkel: rechter Winkel:

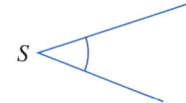 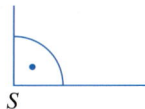

stumpfer Winkel: gestreckter Winkel:

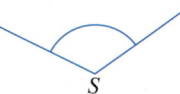 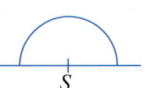

überstumpfer   Vollwinkel:
Winkel:

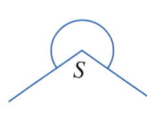 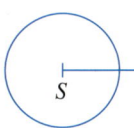

Würfel [150, 173]
- **Körpernetz, Netz [156, 173]**
- **Oberfläche, Oberflächeninhalt [160, 173]**
- **Schrägbild [152]**
- **Volumen [165, 173]**

Z **Zahlengerade [178]** bildet anders als der *Zahlenstrahl* auch die negativen Zahlen ab

Zahlenstrahl [38, 51, 78, 86, 101] Beispiel:

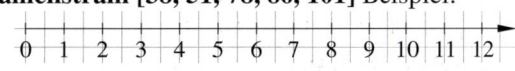

Zehnerbruch [82, 101] Brüche mit dem Nenner 10, 10, 1000, …

Zehnerpotenz [128, 145] Zehnerpotenzen sind 10, 100, 1000, 10 000 usw.

Zentralwert [192, 205] siehe *Median*

231

Bildverzeichnis

Titelbild Topic Media/imagebroker.net; 7/R1.4, R2.1 Fotolia/svoss; 7/R1.5, R6.3, R1.1, R3.2, R2.5, R5.4, R5.1, R5.5, R2.2, R5.2 Fotolia/ErnstPieber; 7/R3.3, R6.4, R3.4, R6.5, R1.3, R3.3, Fotolia/OHE; 7/R4.3, R6.2 Fotolia/schaef; 7/R2.3, R4.4 Fotolia/holetree; 7/R1.2, R4.2 Fotolia/Flo-Bo; 7/R2.4, R4.5 Fotolia/ tostphoto; 7/R5.3, R6.1 Fotolia/grafikplusfoto; 9/ob.re. Fotolia/schaeferfotografie; 9/ob., Mi.li. Markus Holm, Berlin; 11/un.re. Fotolia/janvier; 13/un.re. Mauritius images/imageBROKER/Michael Weber; 20/ Mi.li. Fotolia/bofotolux; 27/un.li. Fotolia/Fotolia/Brian Jackson; 30/un.re. Fotolia/Fotolia/Jürgen Fälchle; 31/ Fotolia/Nadalina; 33/Mi.li. Matthias Hamel; 34/ob.li. Shutterstock/Merydolla; 37/ob.re. Fotolia/Cornelia Pithart; 41/un.re. Hanna & Markus Holm, Berlin; 42/ob.li. Shutterstock/kallitu; 43/un.re. Fotolia/salixcaprea; 50/ob.li. Fotolia/gekaskr; 53/ Fotolia/Silvano Rebai; 55/ob.li. Fotolia/Brian Jackson; 55/ob.Mi. Fotolia/ Sondem; 55/ob.re. Fotolia/ah_fotobox; 55/Mi.Mi. Cornelsen Schulverlage/Kerstin Kälberer; 55/Mi.re. Cornelsen Schulverlage/Kerstin Kälberer; 56/ob.li. Shutterstock/oknoart; 56/unten Cornelsen Schulverlage/ Kerstin Kälberer; 57/ob.li. Fotolia/pure-life-pictures; 57/ob.Mi. Döring, V., Hohen Neuendorf; 57/ob.re. Fotolia/rdnzl; 59/Mi.re. Cornelsen Schulverlage/Kerstin Kälberer; 63/Mitte Shutterstock/Allexxandar; 65/ ob.re. Cornelsen Schulverlage/Kerstin Kälberer; 71/ob.re. Matthias Felsch, Berlin; 71/Mi.li. Fotolia/Fotolia/ johnmerlin; 72/unten Cornelsen Verlag/Matthias Hamel; 75/ Fotolia/eduardtitov.com; 77/ob.re. Udo Wennekers; 78/ob.li Fotolia/Oliver Boehmer - bluedesign®; 81/ob.re. Mauritius images/STOCK4B-RF; 81/ Mi.li. Fotolia/Wolfgang Mücke; 81/Mi.re. Fotolia/euthymia; 82/ob.li Fotolia/samopauser; 82/ob.li Fotolia/ ExQuisine ; 82/ob.li Fotolia/gitusik ; 85/un.li. Cornelsen Schulverlage/Peter Hartmann; 89/ Döring, V., Hohen Neuendorf; 98/un.li. Matthias Hamel; 99/un.re. Fotolia/jarma; 103/ Shutterstock/Anneka; 105/ob.re. ClipDealer/Rebmann; 106/oben Fotolia/Bergfee; 106/Mi.li. Fotolia/Dennis Junker; 108/un.li. Shutterstock/ abramsdesign; 108/un.Mi. Fotolia/Luo Andi; 108/un.re. Shutterstock/Nick Hawkes; 109/ob.li. (1) Shutter-stock/Jody Ann; 109/ob.Mi. (3) Fotolia/txakel; 109/ob.re. (4) Fotolia/MVPixel; 109/Mi.re. Cornelsen Schul-verlage/Kerstin Kälberer; 110/un.li. Fotolia/Sergey Novikov; 110/un.Mi. Cornelsen Schulverlage/Mathias Wosczyna; 110/un.Mi. Cornelsen Schulverlage/Mathias Wosczyna; 110/un.re. Fotolia/iluzia; 111/ob.re. Interfoto/Bahnmüller; 112/ob.li., ob.Mi., ob.re., un.re. Rainer Zillgens; 113/Mi.li. ClipDealer/Rebmann; 113/ Mi.li. Shutterstock/Igor Ebert; 113/Mi.re. Shutterstock/KUNANEK SUPAKOSOL; 113/Mi.re. Fotolia/ SusaZoom; 114/ob.re. Döring, V., Hohen Neuendorf; 116/Mi.li. Fotolia/nickolae; 116/Mi.li. Fotolia/Bergfee; 116/Mi.li. Fotolia/Bergfee; 116/Mi.li. Fotolia/Bergfee; 116/Mi.li. Shutterstock/opicobello; 117/ob.li. Fotolia/ blackboard1965; 117/unten (2) Shutterstock/Sanchai Khudpin; 117/unten (3&7) Shutterstock/mffoto; 117/unten (4) Shutterstock/Atlaspix; 117/unten (5) Fotolia/fineart-collection; 117/unten (6) Fotolia/createur; 117/unten (8) Fotolia/createur; 118/Mitte Döring, V., Hohen Neuendorf; 118/unten (1) Shutterstock / James Steidl; 118/unten (2) Shutterstock / Yanping Wang; 118/unten (3) Shutterstock / Yanping Wang; 120/oben (1) Fotolia/Joachim Opelka; 120/oben (2) Fotolia/Friedberg; 120/oben (3) Fotolia/Harald Biebel; 120/oben (4) Fotolia/mouzes; 120/oben (5) Ruhmke, Marcus, Berlin; 121/ Fotolia/pyzata; 123/Mi.re. Döring, V., Hohen Neuendorf; 124/Mi.re. Shutterstock/ownway; 127/un.re. Döring, V., Hohen Neuendorf; 128/ob.re. Fotolia/ Dionisvera; 132/ob.li. Döring, V., Hohen Neuendorf; 135/Mi.re. Colourbox/Colourbox.com; 136/ob.li. Cornelsen Schulverlage/Matthias Hamel 136/Mi.re. Torsten Feltes, Berlin; 138/Mi.li. Cornelsen Verlag/ Mathias Wosczyna; 140/Mi.re. Fotolia/Africa Studio; 140/Mi.re. Fotolia/kovaleva_ka; 143/ob.li. Cornelsen Verlag/Mathias Wosczyna; 143/ob.re. Clara & Markus Holm, Berlin; 143/Mi.li. Cornelsen Verlag/Mathias Wosczyna; 146/Mi.re. Döring, V., Hohen Neuendorf; 151/ob.re. Shutterstock/imagedb.com; 151/Mi.re. Fotolia/pixs:sell; 151/un.li. Fotolia/INGO HOFFMANN; 151/un.re. Fotolia/manfredxy; 155/ob.li Fotolia/ lucadp; 155/ob.re. Gerald Zörner, Berlin; 159/ob.li Döring, V., Hohen Neuendorf; 159/Mi.re. Shutterstock/ criben; 159/un.li. Fotolia/LUX; 162/ob.re. Fotolia/EvrenKalinbacak; 163/ob.re. Fotolia/Wolfgang Mücke; 163/un.re. Döring, V., Hohen Neuendorf; 164/Mi.li. Fotolia/Jan Becke; 164/Mi.li. Fotolia/rdnzl ; 164/Mi.re. Fotolia/maexico; 164/Mi.re. Fotolia/HandmadePictures; 164/un.re. Döring, V., Hohen Neuendorf; 168/ob.re. Fotolia/Petair; 168/un.re. Mauritius images/Alamy; 172/un.re. Shutterstock/ET1972; 175/ Fotolia/ Dreaming Andy; 177/Mi.re. Shutterstock/Fernando Cortes; 178/ob.li Fotolia/pacer180; 178/ob.re. Fotolia/ juan_g_aunion; 178/ob.re. Fotolia/Sven Vietense; 178/Mi.re. Mauritius images/Alamy; 183/Mi.li. Fotolia/ rdnzl; 183/Mi.li. Shutterstock/Richard Schramm; 183/ Shutterstock/Paul Cowan; 183/ Shutterstock/Markus Mainka; 183/Mi.re. Shutterstock/Maks Narodenko; 183/Mi.re. Shutterstock/Olga Popova; 183/Mi.re. Foto-lia/andregric; 184/un.re. Shutterstock/M. Unal Ozmen; 185/un.li. Fotolia/maexico; 186/un.re. Fotolia/grafik-plusfoto; 186/un.re. Fotolia/MaBe; 186/un.re. Shutterstock/Gines Valera Marin; 188/ob.li Fotolia/Pelz; 189/ un.li. Fotolia/yurchello; 199/un.re. Fotolia/Branko Srot; 200/Mi.li. Fotolia/fotomek ; 203/ob.re. Fotolia/ Voyagerix; 207/ Topic Media/imagebroker.net;